2024

Berufliches Gymnasium

Original-Prüfungsaufgaben mit Lösungen

W0472901

Baden-Württemberg

Mathematik eAN

STARK

© 2023 Stark Verlag GmbH
20. neu bearbeitete und ergänzte Auflage
www.stark-verlag.de

Inhalt

Hinweise und Tipps zur schriftlichen Abiturprüfung in Mathematik (eAN)

Schriftliche Abiturprüfung 2020 (Auswahl)

Schriftliche Abiturprüfung 2021 (Auswahl)

Schriftliche Abiturprüfung 2022 (Auswahl)

Offizielle Musterprüfung für 2024

Teil A (ohne Hilfsmittel)

Pflichtteil

Wahlteil

Teil B

Aufgabe 1: Analysis

Aufgabe 2: Stochastik

Aufgabe 3: Lineare Algebra

Zwei weitere Problemlöseaufgaben

Schriftliche Abiturprüfung 2023 (Auswahl) .... www.stark-verlag.de/mystark

Sobald die Original-Prüfungsaufgaben 2023 freigegeben sind, können Sie eine für das Abitur 2024 passende Auswahl der Aufgaben als PDF auf der Plattform MyStark herunterladen (Zugangscode vgl. Umschlaginnenseite).

Bei **MyStark** finden Sie:

- **Interaktives Training** zum hilfsmittelfreien Prüfungsteil, teilweise mit Veranschaulichung durch **Videos**
- Eine für das Abitur 2024 passende Auswahl der Aufgaben des **Jahrgangs 2023**, sobald dieser zum Download bereit steht

Den Zugangscode zu MyStark finden Sie auf der Umschlaginnenseite.

Im Interaktiven Training und unter
www.stark-verlag.de/mathematik-glossar/
finden Sie ein kostenloses **Glossar** zum Nachschlagen aller wichtigen Definitionen mit hilfreichen Abbildungen und Erläuterungen.

Kostenlose **Webinare** zur Prüfungsvorbereitung finden Sie ab Mitte März 2024 unter:
www.stark-verlag.de/schule/unser-angebot/kurse/online-kurse

Lösungen der Aufgaben:

Karen Grabarek	(Musterprüfung)
Jens Hatzenbühler	(Musterprüfung; 2022: Analysis Teil 2, Matrizen; 2020 – 2021: Matrizen)
Ulrich Müller	(Musterprüfung; 2022: Analysis Teil 1, Stochastik, Vektorgeometrie; 2020 – 2021: Stochastik, Vektorgeometrie)
Jürgen Reister	(2020 – 2021: Analysis)

Vorwort

Liebe Abiturientin, lieber Abiturient,

haben Sie Mathematik als Kernkompetenzfach auf erhöhtem Anforderungsniveau gewählt, ist die schriftliche Abiturprüfung in Mathematik verpflichtend vorgeschrieben.

Das vorliegende Buch soll Ihnen helfen, sich optimal auf die **schriftliche Abiturprüfung in Mathematik auf erhöhtem Anforderungsniveau** (eAN) vorzubereiten. Es wendet sich an Abiturienten und Abiturientinnen der Beruflichen Gymnasien:

- AG: Agrarwissenschaftliches Gymnasium
- BTG: Biotechnologisches Gymnasium
- EG: Ernährungswissenschaftliches Gymnasium
- SGG: Sozial- und gesundheitswissenschaftliches Gymnasium
- TG: Technisches Gymnasium
- WG: Wirtschaftswissenschaftliches Gymnasium

Das Buch enthält die **offizielle Musterprüfung für das Abitur ab 2024** sowie eine **Auswahl** weiterhin zur Vorbereitung geeigneter Aufgaben der **Original-Abiturprüfungen 2020 bis 2022**. Da diese Aufgaben unverändert als Ganzes abgedruckt werden müssen, sind Teile, die nicht mehr geprüft werden, durch einen grauen Balken am Rand gekennzeichnet.
Eine Auswahl der **Abiturprüfung 2023** steht Ihnen auf der Plattform MyStark zum Download zur Verfügung.

Zu allen Aufgaben finden Sie **ausführliche Lösungen**. Die beste Vorbereitung auf das Abitur wäre, die Aufgaben selbstständig zu lösen. Da das vielleicht nicht in jedem Fall reibungslos klappt, haben wir zu jeder Aufgabe **Hinweise und Tipps** hinzugefügt, die Ihnen den Einstieg in die Aufgabe erleichtern sollen.

Beachten Sie bei der Arbeit mit diesem Buch insbesondere die „Hinweise und Tipps zur schriftlichen Abiturprüfung in Mathematik (eAN)".

Sollten nach Erscheinen dieses Bandes noch wichtige Änderungen in der Abiturprüfung 2024 vom Kultusministerium Baden-Württemberg bekannt gegeben werden, finden Sie aktuelle Informationen dazu ebenfalls bei MyStark.

Wir wünschen Ihnen allen viel Erfolg bei Ihrer Prüfungsvorbereitung und Ihrer Abiturprüfung.

Ihr Autorenteam

Stichwortverzeichnis 2020 – 2022

Das Stichwortverzeichnis ist entsprechend den Aufgaben in drei Themenbereiche gegliedert: Analysis, Stochastik und Lineare Algebra

Folgende Abkürzungen wurden zur Kennzeichnung der einzelnen Aufgaben gewählt:

20/I 1.2	Abitur 20**20**, Teil **1**, Aufgabe 1, Teilaufgabe **1.2**
20/I *V* 3.1	Abitur 20**20**, Teil **1**, Wahlgebiet **V**ektorgeometrie, Teilaufgabe **3.1**
21/I *S1* 2.2	Abitur 20**21**, Teil **1**, **S**tochastik Vorschlag **1**, Teilaufgabe **2.2**
21/I *M2* 3.1	Abitur 20**21**, Teil **1**, Wahlgebiet **M**atrizen Vorschlag **2**, Teilaufgabe **3.1**
22/III 2.2	Abitur 20**22**, Teil **3**, Aufgabe 2, Teilaufgabe **2.2**
M/A 5I	**M**usterprüfung, Teil **A**, Aufgabe **5**, Auswahl **I**
M/B 1I 1.2a	**M**usterprüfung, Teil **B**, Aufgabe **1**, Lehrerauswahl **I**, Teilaufgabe **1.2a**
M/B 3II b	**M**usterprüfung, Teil **B**, Aufgabe **3**, Lehrerauswahl **II**, Teilaufgabe **b**

Analysis

Stochastik

Lineare Algebra

Hinweise und Tipps zur schriftlichen Abiturprüfung in Mathematik (eAN)

Ablauf der Prüfung

Die zentrale schriftliche Abiturprüfung

Die schriftliche Abiturprüfung wird ab 2024 in vier Fächern abgelegt:

- im jeweiligen Profilfach
- im fünfstündig gewählten Kernkompetenzfach Deutsch oder Mathematik auf erhöhtem Anforderungsniveau
- im vierstündigen Kernkompetenzfach Deutsch oder Mathematik auf grundlegendem Anforderungsniveau oder in einer fortgeführten Fremdsprache
- in einem 4. schriftlichen Prüfungsfach

Zusätzlich gilt: Eines Ihrer Prüfungsfächer muss Mathematik oder eine Naturwissenschaft sein.

Genauere Informationen finden Sie im **Leitfaden für die gymnasiale Oberstufe** des Ministeriums für Kultus, Jugend und Sport, der jedes Jahr neu herausgegeben wird.

Aufbau der Prüfungsaufgaben

Die schriftliche Abiturprüfung im Fach Mathematik auf erhöhtem Anforderungsniveau besteht aus zwei Prüfungsteilen: Teil A (ohne Hilfsmittel) und Teil B (mit zugelassenen Hilfsmittel). Beide Teile beinhalten jeweils Prüfungsaufgaben aus den drei Sachgebieten Analysis, Stochastik und Lineare Algebra.

Das Sachgebiet Lineare Algebra umfasst dabei die Themengebiete Vektorgeometrie und Matrizen. Die Prüfungsaufgaben aus diesem Sachgebiet können dabei ausschließlich aus einem der beiden Themengebiete stammen – entweder nur Vektorgeometrie bzw. nur Matrizen – oder aus beiden Themengebieten zusammengestellt sein.

Beim Themengebiet Matrizen sind die Inhalte in der schriftlichen Prüfung so gewählt, dass sie unabhängig von der Profilierung – Produktionsprozesse (WG), Abbildungen (TG), Austausch- und Populationsprozesse (AG, BTG, EG, SGG) – gelöst werden können.

Die Aufgaben im Fach Mathematik (eAN) bestehen aus zwei Teilen nach dem folgenden Schema:

Teil	Aufgabe	Stoffgebiet	BE	Auswahl
Teil A (ohne Hilfsmittel)	1	Analysis	5	keine Auswahl (Pflicht)
	2	Analysis	5	keine Auswahl (Pflicht)
	3	Stochastik	5	keine Auswahl (Pflicht)
	4	Lineare Algebra	5	keine Auswahl (Pflicht)
	5 (I)	Stoffgebiet 1	5	Schülerauswahl: Entweder zwei Aufgaben mit je 5 BE aus den Aufgaben 5 (I) bis 5 (IV) oder: Aufgabe 6 mit 10 BE (**P**roblem**L**öse**A**ufgabe)
	5 (II)		5	
	5 (III)	Stoffgebiet 2	5	
	5 (IV)		5	
	6 (PLA)	Stoffgebiet 3	10	
Teil B (mit Hilfsmitteln)	1 (I)	Analysis	40	Die Auswahl erfolgt durch die Lehrperson.
	1 (II)	Analysis	40	
	2 (I)	Stochastik	25	Die Auswahl erfolgt durch die Lehrperson.
	2 (II)	Stochastik	25	
	3 (I)	Lineare Algebra	25	Die Auswahl erfolgt durch die Lehrperson.
	3 (II)	Lineare Algebra	25	

Zu Beginn der Prüfung werden **alle** Aufgaben an die Schülerinnen und Schüler ausgeteilt, getrennt nach Teil A und Teil B.

Im **Teil A** (ohne Hilfsmittel) sind **keine Hilfsmittel** zugelassen. Bei der Bearbeitung von **Teil B** ist die **Nutzung aller zugelassenen Hilfsmittel erlaubt**. In Baden-Württemberg sind dies ein wissenschaftlicher Taschenrechner **(WTR)** ohne Handbuch bzw. Einlegeblatt sowie die für die beruflichen Schulen (BS) eingeführte **Merkhilfe**. Weitere Hilfsmittel sind nicht erlaubt.

Nach Abgabe der bearbeiteten Aufgaben aus Teil A (ggf. mit Ausnahme der PLA) erhält die Schülerin/der Schüler die zugelassenen Hilfsmitteln (siehe oben). Teil A kann dann nachträglich nicht mehr bearbeitet werden.

Insgesamt können in der Prüfung **120 Bewertungseinheiten (BE)** erreicht werden. Davon sind maximal **30 BE** im **Teil A** und maximal **90 BE** im **Teil B** erreichbar.

Teil A:
Für die ersten vier Aufgaben aus Teil A besteht keine Auswahlmöglichkeit. Diese vier Aufgaben aus dem Pflichtteil müssen alle wie vorgelegt bearbeitet werden. Zwei Aufgaben sind dabei aus dem Sachgebiet Analysis und je eine weitere Aufgabe aus dem Sachgebiet Stochastik bzw. Lineare Algebra. Jede dieser vier Aufgaben umfasst 5 BE.

Für die restlichen 10 BE im Teil A besteht eine Schülerauswahl. Die Schülerinnen und Schüler erhalten insgesamt vier Aufgaben mit jeweils 5 BE (Aufgabe 5 (I) bis (IV)) und eine **P**roblem**L**öse**A**ufgabe (PLA) mit insgesamt 10 BE (Aufgabe 6).
Die Aufgaben 5 (I) bis 5 (IV) und Aufgabe 6 decken die drei Sachgebiete (Analysis, Stochastik und Lineare Algebra) ab (insgesamt 10 BE je Sachgebiet). Dabei ist nicht vorgegeben, aus welchem Sachgebiet die PLA stammt. Dies kann von Jahr zu Jahr variieren.

Die Schülerinnen und Schüler haben die Möglichkeit, zwei der vier Aufgaben 5 (je 5 BE) **oder** die PLA (10 BE) zu wählen. Bei der Auswahl aus den Aufgaben 5 (I) bis 5 (IV) ist die Wahl des Sachgebiets irrelevant. Es können dabei zwei Aufgaben aus demselben Sachgebiet oder aber je eine Aufgabe aus einem der beiden Sachgebiete gewählt werden. Entscheidet sich die Schülerin/der Schüler für die PLA (Aufgabe 6), so stehen zum Bearbeiten alle zugelassenen Hilfsmittel zur Verfügung, d. h., diese wird in Teil B (mit Hilfsmitteln) bearbeitet.

Teil B:
In Prüfungsteil B müssen drei Aufgaben bearbeitet werden. Eine aus dem Sachgebiet Analysis, eine aus dem Sachgebiet Stochastik und eine aus dem Sachgebiet Lineare Algebra. Im Sachgebiert Analysis sind maximal 40 BE, in den Sachgebieten Stochastik und Lineare Algebra sind jeweils maximal 25 BE zu erreichen.

Die Auswahl der drei Aufgaben trifft vor Beginn der Prüfung die Lehrperson. Dieser liegen zwei Aufgaben je Sachgebiet vor, aus denen sie genau eine Aufgabe auswählt. Alle drei Aufgaben der Lehrerauswahl sind von den Schülerinnen und Schülern in der Prüfung zu bearbeiten.

Bearbeitungszeit:
Die Bearbeitungszeit beträgt **insgesamt 300 Minuten**. Die Reihenfolge der Bearbeitung und der Zeitaufwand pro Aufgabe bleiben grundsätzlich der Schülerin/dem Schüler überlassen. Jedoch muss die **Abgabe von Teil A spätestens nach 100 Minuten** erfolgen.

Als Orientierung kann man mit einen Zeitrichtwert von 2,25 Minuten je BE und einer Auswahlzeit von 30 Minuten im Aufgabenteil A planen. Dies ist jedoch nur als Empfehlung zu verstehen. Eine Pause zwischen den Aufgabenteilen findet nicht statt.

Arbeit mit diesem Buch

Zur Orientierung für die neue Struktur der Abiturprüfung dienen die Aufgaben der **Musterprüfung**. Die Abituraufgaben der letzten Jahre weisen die bisherige Struktur nach dem alten Bildungsplan auf. Da die Inhalte dieser alten Abiturprüfungen jedoch weitestgehend deckungsgleich mit dem neuen Bildungsplan sind, empfiehlt es sich, auch diese zur Vorbereitung für die Abiturprüfung 2024 zu verwenden. Da die Aufgaben unverändert als Ganzes abgedruckt werden müssen, sind einzelne Aufgabenteile, die nicht mehr geprüft werden, durch einen grauen Balken am Rand gekennzeichnet.

Falls Sie bei einer Aufgabe nicht gleich eine Idee zur Lösung haben, helfen Ihnen die **Hinweise und Tipps**, einen Einstieg in die Aufgabe zu finden. Ihre erarbeitete Lösung können Sie mit den abgedruckten **ausführlichen Lösungsvorschlägen** vergleichen.

Üben Sie außerdem die Verwendung der Merkhilfe bei der Lösung der Aufgaben im Teil B; Sie finden die aktuelle Fassung der Merkhilfe auf den Seiten des Landesbildungsservers Baden-Württemberg (http://www.schule-bw.de).

Die folgende Auflistung gibt einen groben Überblick über die Inhalte des gültigen Bildungsplans für das berufliche Gymnasium; für detaillierte Auskünfte steht der ausführliche Bildungsplan zur Verfügung. Sie finden diesen unter https://www.bildungsplaene-bw.de.

Inhalte des gültigen Bildungsplans[1] (eingeführt zum Schuljahr 2021/22)

Klasse	Themen	Inhalte
Eingangsklasse	Funktionen	Eigenschaften von Funktionen
		Funktionstypen • Potenzfunktionen • Polynomfunktionen • Exponentialfunktionen
		Gleichungen und Lösungsstrategien
		Modellieren mit Funktionen und Problemlösen
		Änderungsrate und grafisches Differenzieren
	Vektorielle Geometrie	Grundlagen (Vektor, Rechnen mit Vektoren, Skalarprodukt)
Jahrgangsstufen 1 und 2	Funktionen (Fortsetzung)	Problemlösen
		Modellieren
		trigonometrische Funktionen und zugehörige Gleichungen
		Verknüpfung, Verkettung und Umkehrung von Funktionen
		Differenzialrechnung
		Integralrechnung
		Aufstellen von Funktionstermen
		Optimieren
	Vektorielle Geometrie	Vertiefung (Geraden, Ebenen, Lagebeziehungen, Abstände)
	Stochastik	Zufallsexperimente (ein- und mehrstufig)
		Wahrscheinlichkeit, Wahrscheinlichkeitsverteilung
		Baumdiagramm, Vierfeldertafel
		Bedingte Wahrscheinlichkeit und stochastische Unabhängigkeit
		Kombinatorik
		Zufallsgrößen (Wahrscheinlichkeitsfunktion, Erwartungswert, Standardabweichung)
		Binomialverteilung

1 Kultus und Unterricht, Lehrplanheft 1/2020, Reihe I Nr. 39, 23.07.2020

		Normalverteilung
		Sigma-Regeln, Prognoseintervall
		Schätzen unbekannter Wahrscheinlichkeiten, Konfidenzintervall
	Lineare Algebra	Lineare Gleichungssysteme

Leistungsanforderung und Bewertung

Die Korrektur einer Prüfungsarbeit erfolgt in drei Stufen.

Erstkorrektur: Sie wird grundsätzlich von der Fachlehrkraft durchgeführt, die die Arbeiten korrigiert und bewertet.

Zweitkorrektur: Die Prüfungsarbeiten werden vom Erstkorrektor anonymisiert (Abtrennung der Kopfleiste mit den Schülerdaten und Vergabe einer Schülernummer). Danach werden die Schülerarbeiten von der zuständigen Schulbehörde an einen Zweitkorrektor versandt, der die Arbeiten ebenfalls korrigiert und bewertet. Der Zweitkorrektor hat wegen der Anonymität keinerlei Informationen über die Namen des Erstkorrektors, der Schüler*innen und der Schule. Dadurch ist gewährleistet, dass die Zweitkorrektur ausschließlich nach fachlichen und sachlichen Gesichtspunkten erfolgt.

Endbewertung: Die Endbewertung der Prüfungsarbeiten erfolgt durch eine dritte Fachlehrkraft.

Grundlage der Bewertung ist die Reinschrift. Bietet sie etwas Falsches, der Entwurf aber das Richtige, so ist der Entwurf nur dann zu werten, wenn es sich um einen offensichtlichen Übertragungsfehler handelt. Ist die Reinschrift unvollständig, kann der Entwurf dann herangezogen werden, wenn er zusammenhängend konzipiert und die Reinschrift zu ca. 75 % fertiggestellt ist. Bei allen drei Korrekturstufen spielen selbstverständlich die **fachliche Richtigkeit** und **Vollständigkeit** der Gedankengänge die größte Rolle. Nicht zu unterschätzen ist aber auch die **Qualität der Darstellung** (mathematische Fachsprache, strukturelles Vorgehen, Rechtschreibung, korrekte Grammatik, Zeichensetzung, saubere äußere Form). Verstöße gegen die sprachliche Richtigkeit oder gegen die äußere Form können zu Punktabzügen führen. Haben sich die Fehler so gehäuft, dass Sinn und sachgerechter Gang einer Teilaufgabe völlig entstellt werden, oder sind die Fehler so schwerwiegend, dass der weitere Lösungsweg keine sinnvollen Ergebnisse mehr erbringt, werden die unbrauchbaren Ausführungen nicht gewertet.

Bewertungstabelle (120-BE-Tabelle)

Die Umrechnung der Bewertungseinheiten (BE) in Notenpunkte (NP) geschieht nach der folgenden 120-BE-Tabelle (Skalierung gültig ab Abitur 2024):

BE	120 – 114	113 – 108	107 – 102	101 – 96	95 – 90	89 – 84	83 – 78	77 – 72	71 – 66	65 – 60	59 – 54	53 – 48	47 – 40	39 – 32	31 – 24	23 – 0
NP	15	14	13	12	11	10	09	08	07	06	05	04	03	02	01	00
Note	sehr gut			gut			befriedigend			ausreichend			mangelhaft			ungenügend

Arbeitsanweisungen

Für die Arbeitsanweisungen innerhalb einer Aufgabe haben sich verschiedene Sprechweisen eingebürgert, die im Folgenden kurz erläutert werden:

Arbeitsanweisung	**Erläuterung**
Berechnen Sie (exakt) …	Der Ansatz der Berechnung und alle Rechenschritte müssen angegeben werden. *Hinweis:* Ist die Anweisung ergänzt um das Wort „exakt“, sind gerundete oder näherungsweise bestimmte Resultate nicht erlaubt (z. B. nicht $x = 9{,}42$ anstatt $x = 3\pi$).
Geben Sie … an. Nennen Sie …	Es genügt, das Ergebnis ohne ausführlichen Rechenweg anzugeben. Eine Begründung ist nicht erforderlich.
Bestimmen Sie … Ermitteln Sie …	Aus den in der Aufgabenstellung angegebenen Bedingungen und Vorgaben soll ein Ergebnis oder eine Lösung in nachvollziehbaren Schritten entwickelt werden. Dem Prüfling ist dabei, sofern nichts Weiteres angegeben, die Art des Vorgehens (z. B. grafisch oder rechnerisch) freigestellt.
Erläutern Sie …	Erwartet wird eine Erklärung, die z. B. einen mathematischen Sachverhalt oder eine mathematische Vorgehensweise für den Leser in logischer Weise nachvollziehbar macht.
Beurteilen Sie …	Es wird erwartet, dass der Prüfling ein Urteil fällt und dieses ebenfalls begründet.
Entscheiden Sie …	Es wird erwartet, dass der Prüfling eine Entscheidung trifft. Eine Begründung ist nicht erforderlich.
Stellen Sie … grafisch dar. Zeichnen Sie …	Erwartet wird eine saubere, exakte Zeichnung oder grafische Darstellung, an der sich die erforderlichen Sachverhalte ablesen lassen.
Skizzieren Sie …	Erwartet wird eine saubere Skizze, bei welcher der Schwerpunkt nicht so sehr auf der Detailtreue liegt, sich aber dennoch die Charakteristika (z. B. der Funktion) ablesen lassen.
Deuten Sie … Interpretieren Sie …	Es wird erwartet, dass z. B. ein Term, eine grafische Darstellung oder ein Ergebnis mit dem zugrunde liegenden Sachverhalt in Zusammenhang gebracht wird.
Beschreiben Sie …	Erwartet wird, dass der Prüfling eine Beschreibung in angemessener Weise formuliert. Im Vordergrund stehen hierbei die sprachliche Formulierung und die verwendete Fachsprache. Eine Begründung ist nicht erforderlich.

Begründen Sie … Weisen Sie … nach Zeigen Sie …	Es wird erwartet, dass eine mathematische Behauptung aufgrund gegebener Voraussetzungen lückenlos bewiesen bzw. bestätigt wird. Dem Prüfling ist dabei, sofern nichts Weiteres angegeben, die Art des Vorgehens (z. B. grafisch oder rechnerisch) freigestellt.
Untersuchen Sie …	Ein mathematischer Sachverhalt soll untersucht werden, indem man geeignete Verfahren (z. B. rechnerisch oder grafisch) anwendet. Die Vorgehensweise ist dabei nachvollziehbar zu dokumentieren.

Methodische Hinweise und allgemeine Tipps zur schriftlichen Prüfung

Vorbereitung

- Bereiten Sie sich **langfristig** (spätestens ab Januar) auf die Abiturprüfung vor und fertigen Sie sich eine Übersicht über die von Ihnen bereits bearbeiteten Themen, Inhalte und Verfahren an. Erstellen Sie einen Zeitplan: Teilen Sie die Inhalte in sinnvolle Teilbereiche ein und legen Sie fest, bis wann Sie welche Teilbereiche bearbeitet haben wollen. Es ist zweckmäßig, alle schriftlichen Bearbeitungen dieser Aufgaben übersichtlich aufzubewahren, das erleichtert spätere Wiederholungen.
- Machen Sie sich mit jenen Funktionen Ihres WTR wieder vertraut, die Sie bereits vergessen haben. Ein Handbuch zu Ihrem WTR ist als zugelassenes Hilfsmittel in der Abiturprüfung **nicht** vorgesehen!
- Nutzen Sie zur Prüfungsvorbereitung neben diesem Übungsbuch Ihre **Unterrichtsaufzeichnungen**, das Lehrbuch, den WTR. Und Ihre **Fachlehrkraft**!
- Verwenden Sie während der Prüfungsvorbereitung grundsätzlich nur die **Hilfsmittel**, die auch in der Prüfung zugelassen sind. Machen Sie sich mit den Inhalten der Merkhilfe vertraut.
- Oft ist der Zeitfaktor ein großes Problem. Testen Sie, ob Sie eine Aufgabe in der dafür vorgegebenen Zeit allein lösen können. **Simulieren Sie selbst eine Prüfungssituation**.
- Testen Sie sich auch selbst, ob Sie sich 300 Minuten – also 5 Stunden – „am Stück", d. h. ohne Pause, auf die Prüfungsaufgaben konzentrieren können.
- Gehen Sie optimistisch in die Prüfung. Wer sich gut vorbereitet hat, braucht sich keine Sorgen zu machen.
- Vor der eigentlichen Prüfung dürfen Sie ein bisschen aufgeregt sein. Aber lassen Sie sich nicht von der allgemeinen Unruhe um Sie herum anstecken und von Ihren hypernervösen Mitschülern und Mitschülerinnen irritieren. Haben Sie Vertrauen zu sich selbst.

Bearbeitung der Prüfung

- Lesen Sie die Aufgabenstellungen genau durch, bevor Sie eine Entscheidung treffen. Sie vermeiden dadurch, dass Sie im Verlauf der Prüfung zu einer anderen Aufgabe wechseln müssen. Sollten Sie dennoch die Aufgabe wechseln, dann vermerken Sie **eindeutig** (am besten zum Ende der Prüfungszeit), welche Aufgabe als Prüfungsleistung ge- und bewertet werden soll. Beachten Sie: Wenn die eindeutige Kennzeichnung unterbleibt, riskieren Sie, dass keine Ihrer Lösungen gewertet wird!

- Es ist hilfreich, wenn Sie bei der Analyse der Aufgabenstellungen auf dem Aufgabenblatt wichtige Angaben oder Informationen (z. B. gegebene Größen, Lösungshinweise) **farbig markieren**.
- Um den Lösungsansatz zu einer Aufgabe zu finden oder die gegebene Problemstellung zu veranschaulichen, kann das **Anfertigen einer Skizze** nützlich sein.
- Beachten Sie, dass in manchen Teilaufgaben explizit oder versteckt **Zwischenlösungen** angegeben sind, die Ihnen als Kontrolle dienen bzw. mit denen Sie weiterarbeiten können. Lesen Sie also erst mal die ganze Aufgabe durch, denn z. B. in Teil b könnte die Gleichung stehen, die Sie in Teil a herleiten sollen.
- Falls Sie mit einer Aufgabe gar nicht weiterkommen, so halten Sie sich nicht zu lange daran auf. Versuchen Sie, mit der nächsten Teilaufgabe oder mit einer Aufgabe aus einem anderen Schwerpunkt weiterzumachen. Wenn Sie die anderen Aufgaben bearbeitet haben, kommen Sie nochmals auf die angefangene Aufgabe zurück und versuchen Sie in Ruhe, eine Lösung zu finden.
- Orientieren Sie sich an der angegebenen **Punktzahl**: Je mehr Punkte eine Teilaufgabe ergibt, desto mehr Zeit sollte für die Bearbeitung eingeplant werden.
- Achten Sie auf die sprachliche Richtigkeit und eine saubere äußere Form Ihrer Lösungen.

Lösungsplan

Aufgrund des Umfangs und der Komplexität von Aufgaben auf Abiturniveau empfiehlt es sich, beim Lösen systematisch zu arbeiten. Folgende Vorgehensweise kann Ihnen dabei helfen:

Schritt 1:
Nehmen Sie sich ausreichend Zeit zum **Analysieren** der Aufgabenstellung. Stellen Sie fest, zu welchem Themenbereich die Aufgabe gehört. Sammeln Sie alle Informationen, welche direkt gegeben sind, und achten Sie darauf, ob evtl. versteckte Informationen enthalten sind.

Schritt 2:
Markieren Sie die **Arbeitsanweisungen** in der Aufgabenstellung. Diese geben an, was in der Aufgabe von Ihnen verlangt wird. Vergegenwärtigen Sie sich die Bedeutung der verwendeten Fachbegriffe (vgl. obige Tabelle).

Schritt 3:
Versuchen Sie, den Sachverhalt zu veranschaulichen. Fertigen Sie gegebenenfalls mithilfe der Angaben und Zwischenergebnisse aus vorherigen Teilaufgaben eine **Skizze** an.

Schritt 4:
Erarbeiten Sie nun schrittweise den **Lösungsplan**, um aus den gegebenen Größen die gesuchte Größe zu erhalten. Notieren Sie sich, welche Einzel- bzw. Zwischenschritte auf dem Lösungsweg notwendig sind. Prinzipiell haben Sie zwei Möglichkeiten, oft hilft auch eine Kombination beider Vorgehensweisen:
- Sie gehen vom Gegebenen aus und versuchen, das Gesuchte zu erschließen.
- Sie gehen vom Gesuchten aus und überlegen „rückwärts“, wie Sie zur Ausgangssituation kommen.

Schritt 5:
Suchen Sie nach geeigneten Möglichkeiten, das Endergebnis zu **kontrollieren**. Oftmals sind bereits Überschlagsrechnungen, Punktproben oder Grobskizzen ausreichend. Und vergessen Sie nicht, Ihren WTR zur Kontrolle einzusetzen.

Besondere Hinweise zum neuen Aufgabentyp „Problemlöseaufgabe"

Der Aufgabentyp „Problemlöseaufgabe" (PLA) ist ab dem Abitur 2024 im Teil A wahlweise zu bearbeiten und kann in den Prüfungsteil B (mit Hilfsmitteln) übernommen werden. Bei diesem Aufgabentyp wird insbesondere Wert gelegt auf eine saubere Dokumentation Ihrer Lösung.
Stellen Sie Ihren Lösungsansatz übersichtlich strukturiert und nachvollziehbar dar.
Reflektieren Sie Ihr Ergebnis, machen Sie evtl. eine Probe.
Falls Sie mit Ihrem Lösungsansatz nicht weiterkommen, begründen Sie, warum Ihr Lösungsansatz nicht zum Ziel führt, und erläutern Sie evtl. eine Alternativstrategie, die Sie dann aus Zeitgründen nicht weiterverfolgen können.

Halten Sie sich also an die drei Schritte des Problemlöseverfahrens:
„Analysieren und Verstehen" – „Durchführung" – „Reflexion des Ergebnisses"

Tipps zu den einzelnen Schritten:

Schritt 1: Analysieren des Problems
- Lesen Sie die Problemstellung genau durch.
- Ordnen Sie das Problem in ein mathematisches Themengebiet ein.
- Machen Sie sich Notizen und fertigen Sie ggf. Skizzen an.
- Formulieren Sie Ihre Überlegungen und Gedanken auch schriftlich.
- Formulieren Sie die Ausgangslage in eigenen Worten. Welcher Wert soll optimiert werden? Welches Problem soll gelöst werden?
- Welche Lösung wird von Ihnen gefordert? Reicht eine Näherungslösung aus oder ist eine optimale Lösung gefordert?
- Nutzen Sie die Fachsprache des mathematischen Teilgebietes, dem die Aufgabe zugeordnet werden kann.

Schritt 2: Durchführung
- Betrachten Sie z. B. zunächst konkrete Zahlenbeispiele.
- Erkennen Sie Gemeinsamkeiten.
- Äußern Sie Vermutungen.
- Entwickeln Sie eine Lösungsstrategie.
- Beginnen Sie Ihre Lösung je nach Aufgabenstellung mit einfachen Beispielen oder Gegenbeispielen und entwickeln Sie dann komplexere Lösungsvarianten.
- Begründen Sie, warum Sie sich für einen Lösungsweg entscheiden, und zeigen Sie evtl. alternative Lösungswege auf, die dann aber nicht weiter verfolgt werden.
- Halten Sie sich an die formal richtige mathematische Schreibweise Ihrer Berechnungen (z. B. bei Integralen, Ableitungen, Wahrscheinlichkeiten, Vektoren etc.).

Schritt 3: Reflexion
- Geben Sie Ihre Lösung an und überprüfen Sie diese nach Möglichkeit.
- Formulieren Sie weitere Erkenntnisse oder Vermutungen, zu denen Sie im Laufe der Bearbeitung gekommen sind.
- Überlegen Sie, ob Ihre Lösung praktisch umsetzbar ist. Was könnte für die Durchführung Ihrer Lösung sprechen – was dagegen?
- Denken Sie über den mathematischen „Tellerrand" hinaus. Gibt es Aspekte aus anderen Fachgebieten, die bei der Problemlösung eine Rolle spielen könnten (z. B. rechtliche Einwände, Aspekte des Umweltschutzes, physikalische Grenzen, Wirtschaftlichkeit …)?
- Gilt Ihre Lösung immer oder nur unter bestimmten Voraussetzungen? Unter welchen Annahmen ist eine Lösung möglich oder unmöglich?

Aufgabe 1: Analysis (Pflichtaufgabe)

Punkte

1.1 Geben Sie die Nullstellen des Polynoms p mit $p(x) = x^3 - 100x;\ x \in \mathbb{R}$ an.
Erstellen Sie ohne weitere Rechnung eine Skizze des Schaubilds von p. 4

1.2 Die folgende Tabelle enthält Funktionswerte und Werte der ersten beiden Ableitungen einer Polynomfunktion h vom Grad 4. Das Schaubild von h ist K.

x	−1,5	−1	−0,5	0	0,5	1	1,5
h(x)	2,375	−2	−1,625	−1	−1,625	−2	2,375
h'(x)	−18	−2	2	0	−2	2	18
h''(x)	48	18	0	−6	0	18	48

Entscheiden Sie, ob folgende Aussagen wahr oder falsch sind, und begründen Sie Ihre Entscheidungen, ohne Funktionsterme zu berechnen.

(1) $P(-1\,|\,2)$ liegt auf K.

(2) K besitzt zwei Wendepunkte.

(3) K besitzt drei Punkte mit waagrechter Tangente. 6

1.3 Gegeben ist die Funktion f mit $f(x) = 3 \cdot \sin\left(2 \cdot \left(x + \frac{\pi}{12}\right)\right);\ x \in \mathbb{R}$.

1.3.1 Geben Sie zwei benachbarte Wendepunkte des Schaubilds von f an. 3

1.3.2 Ermitteln Sie einen Wert für $b > 10$, für den gilt: $\int_1^b f(x)\,dx = 0$ 2

15

Aufgabe 2: Stochastik (Pflichtaufgabe)

Punkte

2 Ein Glücksrad besteht aus drei Sektoren unterschiedlicher Größe. Der rote Sektor nimmt die Hälfte des Glücksrads ein, der weiße Sektor ein Drittel und der grüne Sektor den Rest. Dreht man das Glücksrad, so zeigt beim Stillstand ein Pfeil auf genau einen der drei Sektoren.

2.1 Berechnen Sie die Wahrscheinlichkeit des folgenden Ereignisses:
A: Bei viermaligem Drehen zeigt der Pfeil genau einmal auf den weißen Sektor. 2

2.2 Geben Sie im Sachzusammenhang ein Ereignis B mit der Wahrscheinlichkeit

$$P(B) = 3 \cdot \left(\frac{1}{6}\right)^2 \left(\frac{5}{6}\right)^2$$

an. 2

2.3 Bei einem Spiel wird das Glücksrad einmal gedreht. Der Einsatz beträgt 2 Euro.
Zeigt der Pfeil auf den roten Sektor, so erhält man keine Auszahlung.
Zeigt der Pfeil auf den weißen Sektor, so beträgt die Auszahlung 2 Euro.
Zeigt der Pfeil auf den grünen Sektor, erhält man den Hauptgewinn.
Bestimmen Sie, wie hoch beim Hauptgewinn die Auszahlung sein muss, damit es sich um ein faires Spiel handelt. 3

7

Aufgabe 3: Lineare Algebra: Wahlgebiet Vektorgeometrie

Punkte

3 Gegeben sind die Punkte $A(1\,|\,-1\,|\,2)$ und $B(-1\,|\,-3\,|\,4)$ sowie der Punkt $M(0\,|\,-2\,|\,3)$, der auf der Geraden g durch A nach B liegt.
Die Ebene E ist gegeben durch E: $-x_1 - x_2 + x_3 = 5$.

3.1 Zeigen Sie, dass E den Punkt M enthält und dass E orthogonal zu g ist. 3

3.2 Vom Punkt $C(3\,|\,1\,|\,0)$ ist bekannt, dass er auf g liegt.
Bestimmen Sie den Punkt D auf g (mit $D \neq C$), der von M den gleichen Abstand wie C hat. 2

3.3 Begründen Sie, dass für jeden Punkt P von E gilt: $|\overrightarrow{PA}| = |\overrightarrow{PB}|$ 3

8

Aufgabe 3: Lineare Algebra: Wahlgebiet Matrizen

Punkte

3.1 Betrachtet werden die Matrizen A, B, C und D.
A hat 3 Zeilen und 7 Spalten, d. h., das Format von A ist 3×7.
B hat das Format 7×2 und $D = A \cdot B \cdot C$ hat das Format 3×4.
Geben Sie das Format der Matrix C an. 2

3.2 Betrachtet wird eine Matrix Q und ihre Inverse $R = Q^{-1}$.
Vereinfachen Sie den Term
$(R \cdot Q \cdot (4 \cdot Q) - 2 \cdot Q \cdot R \cdot Q) \cdot R$
so weit wie möglich. 2

3.3 Gegeben sind die Matrizen

$$X = \begin{pmatrix} 1 & 0 & 2 \\ 3 & 2 & c \end{pmatrix};\ Y = \begin{pmatrix} 3 & 2 \\ a(a-1) & 2 \\ 3 & 1 \end{pmatrix};\ Z = \begin{pmatrix} 9 & b^2 \\ 12 & 11 \end{pmatrix};\ \text{mit } a, b, c \in \mathbb{R}.$$

Es gilt: $Z = X \cdot Y$

Bestimmen Sie alle möglichen Werte für a, b und c.
Geben Sie die Anzahl der Lösungen der Form (a; b; c) an. 4

8

Hinweise und Tipps

1.1 **Tipps:**
- Zerlegen Sie den Funktionsterm in Faktoren.
- Lesen Sie daraus die Nullstellen ab.
- Welche Möglichkeiten des Verlaufs gibt es für das Schaubild einer ganzrationalen Funktion dritten Grades für $x \to \infty$ bzw. $x \to -\infty$?

1.2 **Tipps:**
- (1) Lesen Sie h(–1) aus der Tabelle ab.
- (2) Wie bestimmt man Wendepunkte, welche Bedingung muss gelten? Wievielten Grades ist die Ableitungsfunktion h''? Betrachten Sie jetzt die letzte Zeile der Tabelle.
- (3) Welche Bedingung muss gelten für eine waagrechte Tangente? Betrachten Sie die Vorzeichenwechsel von h' von $x = -1$ zu $x = -0{,}5$ usw.

1.3.1 **Tipps:**
- Welche Auswirkungen haben die drei Zahlen 3, 2 und $\frac{\pi}{12}$ auf das Schaubild der Sinusfunktion?
- Skizzieren Sie damit das Schaubild von f.
- Wie weit sind die Nullstellen und damit die Wendepunkte voneinander entfernt?

1.3.2 **Tipps:**

- Tragen Sie in einer Skizze für irgendeinen Wert von b die relevanten Flächen ein.
- Wie kann ein Integral null ergeben?
- Suchen Sie entsprechende rechte Grenzen des Integrals.

2.1 **Tipps:**

- Das Glücksrad ist in drei Sektoren eingeteilt. Die Wahrscheinlichkeiten dafür, dass der Pfeil nach Drehen des Glücksrads auf den roten bzw. weißen Sektor zeigt, können der Aufgabenstellung entnommen werden. Durch Subtraktion dieser Wahrscheinlichkeiten von 1 (= 100 %) lässt sich die fehlende dritte Wahrscheinlichkeit berechnen.
- Bei Ereignis A interessieren nur die beiden Ausgänge „Pfeil zeigt auf den weißen Sektor" (W) bzw. „Pfeil zeigt nicht auf den weißen (sondern den roten oder grünen) Sektor" ($\overline{W}$). Wie groß ist die Wahrscheinlichkeit P(W), wie groß demnach die Wahrscheinlichkeit $P(\overline{W})$?
- Beim viermaligen Drehen muss der Pfeil genau einmal auf den weißen Sektor und dreimal auf einen nicht weißen Sektor zeigen. Wie viele Möglichkeiten gibt es, einmal W und dreimal $\overline{W}$ zu kombinieren?
- Alternativ hierzu lässt sich die Wahrscheinlichkeit für A auch mithilfe eines Baumdiagramms berechnen.

2.2 **Tipps:**

- Der angegebene Term $3 \cdot \left(\frac{1}{6}\right)^2 \cdot \left(\frac{5}{6}\right)^2 = 3 \cdot \frac{1}{6} \cdot \frac{1}{6} \cdot \frac{5}{6} \cdot \frac{5}{6}$ stellt eine Wahrscheinlichkeit dar. Auf welchen Sektor S des Glückrads zeigt der Pfeil nach einmaligem Drehen mit einer Wahrscheinlichkeit von $\frac{1}{6}$? Welcher Ausgang $\overline{S}$ hat dann die Wahrscheinlichkeit $\frac{5}{6} = 1 - \frac{1}{6}$?
- Der Pfeil soll jeweils zweimal auf diesen Sektor (S) und zweimal nicht darauf ($\overline{S}$) zeigen. Wie oft wird also insgesamt gedreht?
- Welche Kombinationsmöglichkeiten gibt es aus S, S, $\overline{S}$ und $\overline{S}$? Es kann hilfreich sein, sich alle diese Möglichkeiten zu notieren. Der Faktor 3 gibt weiterhin an, dass das Ereignis B bei (nur) genau drei dieser Möglichkeiten eintritt. Welche Beschreibung lässt sich finden, um genau (und nur!) drei der Möglichkeiten zu kennzeichnen?

2.3 **Tipps:**

- Welchen Wert muss der Erwartungswert bei einem fairen Spiel annehmen?
- Formulieren Sie hierfür eine geeignete Zufallsvariable, die z. B. den Gewinn des Spielers angibt. Welche Werte kann diese Zufallsvariable annehmen? Verwenden Sie für die unbekannte und zu berechnende Höhe des Auszahlungsbetrags beim Hauptgewinn eine Variable. Vergessen Sie nicht, von jedem Auszahlungsbetrag 2 € Einsatz abzuziehen! Die Wahrscheinlichkeiten für die einzelnen Werte entsprechen den Wahrscheinlichkeiten P(R), P(W) bzw. P(G).
- Lösen Sie die Gleichung $E(X) = 0$ nach der Variablen für den Auszahlungsbetrag des Hauptgewinns auf.

3 Wahlgebiet Vektorgeometrie

3.1 Tipps:

- Durch eine Punktprobe kann man nachweisen, dass die Ebene E den Punkt M enthält. Ergibt sich nach dem Einsetzen der Koordinaten von M in die Koordinatenform der Ebene E eine wahre Aussage, so liegt der Punkt M in der Ebene E.
- Die Gerade g verläuft durch die Punkte A und B. Bestimmen Sie zunächst die Geradengleichung. Die Ebene E ist orthogonal zur Geraden g, wenn ein Normalenvektor von E und der Richtungsvektor von g linear abhängig (kollinear) sind. Wie kann ein Normalenvektor der Ebene E aus der Koordinatenform bestimmt werden? Sind dieser Vektor und der Richtungsvektor der Geraden g linear abhängig (kollinear)?
- *Alternative Lösung* (falls die Formel zur Berechnung des Schnittwinkels zwischen einer Geraden und einer Ebene auch ohne Merkhilfe bekannt ist):
  Der Schnittwinkel zwischen der Geraden g und der Ebene E kann mit $\sin(\alpha) = \frac{|\vec{u} \cdot \vec{n}|}{|\vec{u}| \cdot |\vec{n}|}$ berechnet werden. Ergibt sich hieraus, dass der Schnittwinkel $\alpha = 90°$ ist, ist die Orthogonalität ebenfalls nachgewiesen.

3.2 Tipps:

- Es kann helfen, sich den Sachverhalt anhand einer groben Skizze (ohne die Koordinaten der Punkte zu berücksichtigen!) zu veranschaulichen. Die Punkte C, D und M liegen auf der Geraden g. Da $D \neq C$ ist, aber beide Punkte den gleichen Abstand zu M haben, muss D „auf der anderen Seite" der Ebene liegen.
- Allgemein gilt $\overrightarrow{OD} = \overrightarrow{OC} + \overrightarrow{CD}$. Welchen Abstand hat der Punkt D vom Punkt C? Wie kann daher der Vektor $\overrightarrow{CD}$ mithilfe des Vektors $\overrightarrow{CM}$ – die Koordinaten dieser beiden Punkte sind ja bekannt – dargestellt werden?
- Die Komponenten des Ortsvektors $\overrightarrow{OD}$ führen zu den Koordinaten des Punktes D.

3.3 Tipps:

- Ein beliebiger Punkt P kann mit den Koordinaten $(p_1 | p_2 | p_3)$ beschrieben werden. Damit lassen sich allgemein die Vektoren $\overrightarrow{PA}$ und $\overrightarrow{PB}$ und ihre Längen $|\overrightarrow{PA}|$ und $|\overrightarrow{PB}|$ bestimmen. Die Gleichung $|\overrightarrow{PA}| = |\overrightarrow{PB}|$ kann nach Quadrieren und geeigneten Umformungen in die Form $-p_1 - p_2 + p_3 = 5$ gebracht werden. Da dies der Koordinatenform der Ebene E entspricht, gilt die Behauptung $|\overrightarrow{PA}| = |\overrightarrow{PB}|$ für alle Punkte P der Ebene E.
- *Alternative Lösung:*
  In Teilaufgabe 3.2 wurde nachgewiesen, dass die Punkte C und D auf der Geraden g und gleich weit von M entfernt liegen. Ein Vergleich der Koordinaten der Punkte A und C bzw. B und D legt unter Berücksichtigung des Richtungsvektors $\overrightarrow{AB} = \begin{pmatrix} -2 \\ -2 \\ 2 \end{pmatrix}$ von g eine Vermutung für die Lage der Punkte A und B bzgl. M nahe. Welche?
  Erstellen Sie eine Skizze mit der Ebene E und einem beliebigen Punk P dieser Ebene, der Geraden g, die orthogonal zu E verläuft, dem Schnittpunkt M von E und g und den beiden (verschiedenen) Punkten A und B, die auf der Geraden liegen und gleich weit von M entfernt sind. Verbinden Sie den Punkt P jeweils mit den Punkten A, B und M. Es entstehen zwei rechtwinklige Dreiecke. Mithilfe des Satzes von Pythagoras kann nachgewiesen werden, dass $|\overrightarrow{PA}| = |\overrightarrow{PB}|$ gilt.

3 Wahlgebiet Matrizen

3.1 **Tipps:**

- Schreiben Sie die gegebene Gleichung $D = A \cdot B \cdot C$ noch einmal ab und notieren Sie an jeder Matrix das in der Aufgabe gegebene Format.
- Zwei Matrizen können miteinander multipliziert werden, wenn die Anzahl der Spalten der ersten Matrix gleich der Anzahl der Zeilen der zweiten Matrix ist. Welches Format hat dann die Ergebnismatrix?
- Lösen Sie die Matrizengleichung jetzt schrittweise auf, indem Sie bekannte Matrizenformate zu einer Ergebnismatrix zusammenfassen.

3.2 **Tipps:**

- Ersetzen Sie im gegebenen Term die Matrix R durch die Inverse Q^{-1}.
- Welche Ergebnismatrix ergibt sich bei der Multiplikation einer Matrix Q mit ihrer Inversen Q^{-1}?
- Die Einheitsmatrix E wird auch als neutrales Element der Matrizenmultiplikation bezeichnet, d. h., es gilt: $E \cdot Q = Q = Q \cdot E$
- Fassen Sie den Term in der Klammer so weit wie möglich zusammen.
- Sollten Sie die Klammer durch Ausmultiplizieren auflösen, denken Sie daran, dass für Matrizenmultiplikationen im Allgemeinen gilt: $A \cdot B \neq B \cdot A$
- Vergessen Sie nicht, die Lösung so weit wie möglich zu vereinfachen.

3.3 **Tipps:**

- Bilden Sie das Produkt der Matrizen X und Y durch Matrizenmultiplikation.
- In der Ergebnismatrix sind die zu bestimmenden Unbekannten a und c noch vorhanden.
- Die Ergebnismatrix muss laut Aufgabenstellung mit der Matrix Z identisch sein.
- Zwei Matrizen sind identisch, wenn jedes Element der beiden Matrizen gleich ist. Vergleichen Sie also die einzelnen Elemente der Matrizen und beachten Sie, dass es unterschiedliche Lösungen geben kann.
- Denken Sie daran, <u>alle</u> möglichen Lösungen im geforderten Format (a; b; c) anzugeben.

Lösungen

1.1 Gegeben ist das Polynom p mit $p(x) = x^3 - 100x,\ x \in \mathbb{R}$.

Nullstellen

Dazu zerlegen wir den Funktionsterm in Faktoren:

$$p(x) = x^3 - 100x = x \cdot (x^2 - 100) = x \cdot (x + 10) \cdot (x - 10)$$

Aus dieser Darstellung kann man direkt die Nullstellen ablesen:

$x_1 = -10, \quad x_2 = 0, \quad x_3 = 10$

Skizze

Gesucht ist eine Skizze ohne weitere Rechnung.
Das Schaubild einer ganzrationalen Funktion dritten Grades verläuft entweder von links oben nach rechts unten oder von links unten nach rechts oben. Da hier vor dem Summanden mit der größten Hochzahl „+" steht, streben die y-Werte für große x-Werte gegen „$+\infty$", das Schaubild also nach oben.

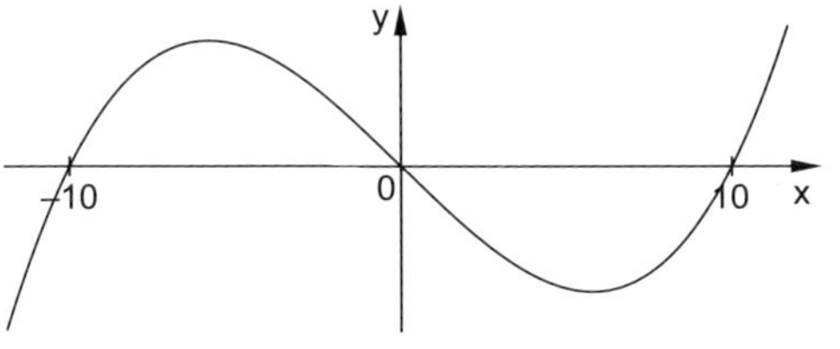

1.2 **Überprüfung von Aussagen**

(1) P(−1 | 2) liegt auf K.

Die Aussage ist falsch, weil laut Tabelle $h(-1) = -2 \neq 2$ gilt.

(2) K besitzt zwei Wendepunkte.

Eine Polynomfunktion 4. Grades hat als zweite Ableitung eine Polynomfunktion 2. Grades. Eine Funktion 2. Grades hat maximal zwei einfache Nullstellen.
Laut Tabelle gilt:

$h''(-0{,}5) = h''(0{,}5) = 0$

Damit besitzt K zwei Wendepunkte, die Aussage ist also richtig.

(3) K besitzt drei Punkte mit waagrechter Tangente.

Erster Ansatz:
Man sucht in der Tabelle drei x-Werte, deren h'-Werte null sind. Dies ist zunächst nur bei $x = 0$ der Fall. Damit ist die Aussage aber noch nicht falsch!

Zweiter Ansatz:
Wir betrachten vier x-Werte und die zugehörigen h'-Werte:

$h'(-1) = -2, \quad h'(-0{,}5) = 2$

Zwischen $x = -1$ und $x = -0{,}5$ hat h' einen Vorzeichenwechsel, also liegt dort eine Nullstelle von h' und damit ein Kurvenstück mit waagrechter Tangente.

$h'(-0{,}5) = 2, \quad h'(0{,}5) = -2$

Es gilt die gleiche Begründung wie oben, also liegt auch zwischen $x = -0{,}5$ und $x = 0{,}5$ ein Kurvenstück mit waagrechter Tangente.

$h'(0{,}5) = -2, \quad h'(1) = 2$

Begründung siehe oben, damit hat die Kurve K drei Punkte mit waagrechter Tangente, die Aussage ist richtig.

1.3 Gegeben ist die Funktion f mit $f(x) = 3 \cdot \sin\left(2 \cdot \left(x + \frac{\pi}{12}\right)\right)$; $x \in \mathbb{R}$.

1.3.1 **Gesucht sind zwei benachbarte Wendepunkte**

Zunächst untersuchen wir die Bedeutung der drei Zahlen 3, 2 und $\frac{\pi}{12}$ für das Schaubild. Aus dem Term $\left(x + \frac{\pi}{12}\right)$ liest man ab, dass das Schaubild um $\frac{\pi}{12}$ nach links verschoben ist.

Die „2" ändert die Periode nach der Formel:

$$p = \frac{2\pi}{|b|} = \frac{2\pi}{2} = \pi$$

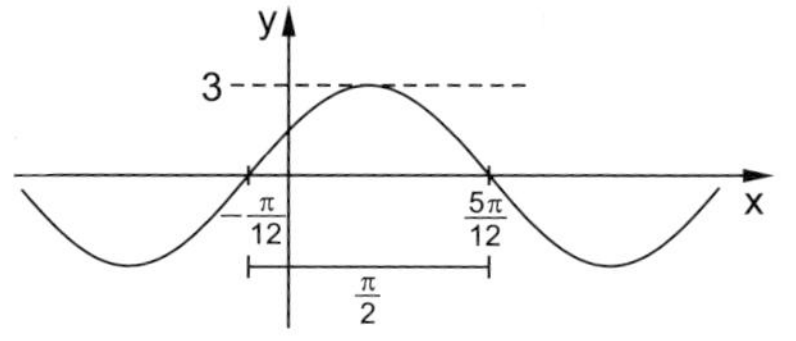

Die nächste Nullstelle rechts von $-\frac{\pi}{12}$ liegt eine halbe Periode rechts von $-\frac{\pi}{12}$, somit bei:

$$-\frac{\pi}{12} + \frac{\pi}{2} = \frac{5\pi}{12}$$

Der Faktor 3 ändert die Amplitude, nicht aber die Lage der Nullstellen.

Die Nullstellen sind gleichzeitig auch Wendepunkte, da die x-Achse Mittellinie des Schaubilds ist, somit:

$$W_1\left(-\frac{\pi}{12} \,\middle|\, 0\right) \text{ und } W_2\left(\frac{5\pi}{12} \,\middle|\, 0\right)$$

1.3.2 **Bestimmung eines Parameters**

Gegeben ist das Integral $\int_1^b f(x)\,dx = 0$. Gesucht ist ein Wert $b > 10$.

Skizze:

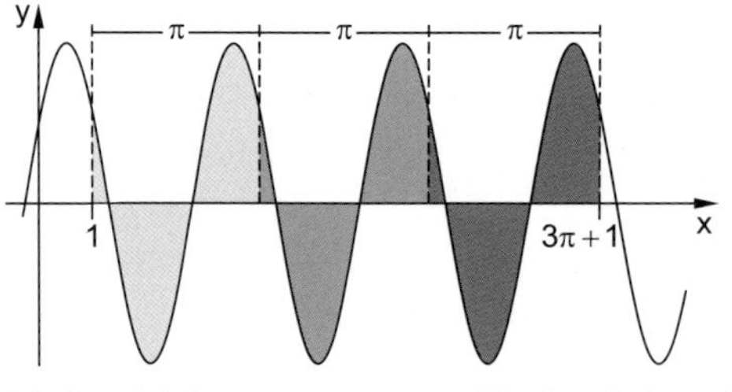

Die im gleichen Grau getönten Flächen heben sich jeweils auf.

$3\pi + 1 \approx 10{,}42 > 10$

Für $b = 3\pi + 1$ gilt also: $\int_1^{3\pi+1} f(x)\,dx = 0$

Es gibt unendlich viele Werte für $b > 10$, nämlich $b = k \cdot \pi + 1$ mit $k \in \mathbb{N}$ und $k \geq 3$.

2 Das Glücksrad ist in einen roten (R), einen weißen (W) und einen grünen (G) Sektor eingeteilt. Da der rote Sektor die Hälfte und der weiße Sektor ein Drittel der Gesamtfläche des Glücksrads einnimmt, gilt für die Wahrscheinlichkeit, dass

der Pfeil bei Stillstand auf den roten Sektor zeigt: $P(R) = \frac{1}{2}$

der Pfeil bei Stillstand auf den weißen Sektor zeigt: $P(W) = \frac{1}{3}$

der Pfeil bei Stillstand auf den grünen Sektor zeigt: $P(G) = 1 - \frac{1}{2} - \frac{1}{3} = \frac{1}{6}$

2.1 **Berechnung der Wahrscheinlichkeit des Ereignisses A**

Wird das Glücksrad einmal gedreht, so zeigt der Pfeil mit der Wahrscheinlichkeit $P(W) = \frac{1}{3}$ bei Stillstand auf den weißen und mit der Wahrscheinlichkeit des Gegenereignisses $P(\overline{W}) = 1 - \frac{1}{3} = \frac{2}{3}$ auf einen nicht weißen (roten oder grünen) Sektor.
Ereignis A tritt genau dann ein, wenn beim viermaligen Drehen der Pfeil genau einmal auf den weißen Sektor und die drei anderen Male auf einen nicht weißen Sektor zeigt. Dies ist bei den Ergebnissen $W\overline{W}\,\overline{W}\,\overline{W}$, $\overline{W}W\overline{W}\,\overline{W}$, $\overline{W}\,\overline{W}W\overline{W}$ und $\overline{W}\,\overline{W}\,\overline{W}W$ der Fall.
Nach der Pfadmultiplikationsregel berechnet man die Wahrscheinlichkeit jedes dieser vier Ausgänge durch Multiplikation des Faktors $\frac{1}{3}$ (Wahrscheinlichkeit P(W)) mit dreimal dem Faktor $\frac{2}{3}$ (Wahrscheinlichkeit $P(\overline{W})$). Hieraus ergibt sich:

$$P(W\overline{W}\,\overline{W}\,\overline{W}) = P(\overline{W}W\overline{W}\,\overline{W}) = P(\overline{W}\,\overline{W}W\overline{W}) = P(\overline{W}\,\overline{W}\,\overline{W}W) = \frac{1}{3}\cdot\frac{2}{3}\cdot\frac{2}{3}\cdot\frac{2}{3} = \frac{1}{3}\cdot\left(\frac{2}{3}\right)^3$$

Für die Wahrscheinlichkeit des Ereignisses A ergibt sich somit:

$$P(A) = P(W\overline{W}\,\overline{W}\,\overline{W}) + P(\overline{W}W\overline{W}\,\overline{W}) + P(\overline{W}\,\overline{W}W\overline{W}) + P(\overline{W}\,\overline{W}\,\overline{W}W)$$
$$= 4\cdot\frac{1}{3}\cdot\left(\frac{2}{3}\right)^3 = 4\cdot\frac{1}{3}\cdot\frac{8}{27} = \frac{32}{81}$$

Mit einer Wahrscheinlichkeit von $\frac{32}{81}$ zeigt der Pfeil genau einmal auf den weißen Sektor.

Die Wahrscheinlichkeit P(A) lässt sich auch gut an einem Baumdiagramm veranschaulichen.

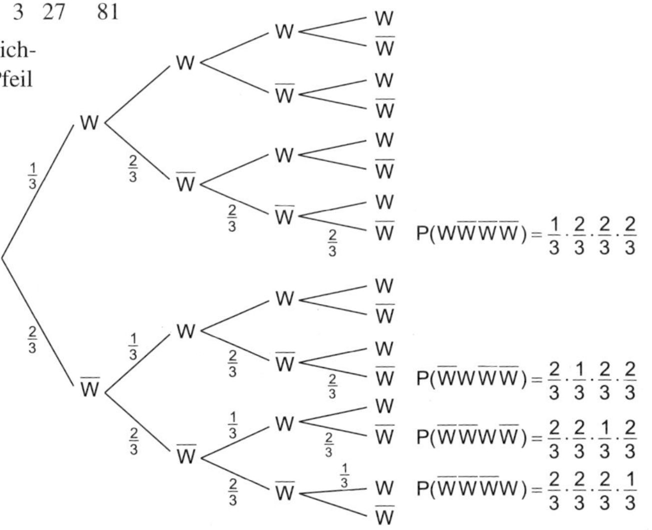

2.2 **Angabe eines Ereignisses B im Sachzusammenhang**

Die durch den Term

$$3\cdot\left(\frac{1}{6}\right)^2\cdot\left(\frac{5}{6}\right)^2=3\cdot\frac{1}{6}\cdot\frac{1}{6}\cdot\frac{5}{6}\cdot\frac{5}{6}$$

angegebene Wahrscheinlichkeit besteht aus fünf Faktoren. Die vier Brüche sind Wahrscheinlichkeiten, der Faktor 3 gibt die Anzahl der Möglichkeiten an. Nach der Pfadmultiplikationsregel führt dies zu dem Schluss, dass das durchgeführte Zufallsexperiment darin besteht, dass das Glücksrad viermal nacheinander gedreht wird.

Mit einer Wahrscheinlichkeit von $\frac{1}{6}$ zeigt der Pfeil nach einmaligem Drehen auf den grünen Sektor und mit einer Wahrscheinlichkeit von $\frac{5}{6}=1-\frac{1}{6}$ auf einen nicht grünen Sektor. Ohne den Faktor 3 gibt der Term $\frac{1}{6}\cdot\frac{1}{6}\cdot\frac{5}{6}\cdot\frac{5}{6}$ also die Wahrscheinlichkeit an, dass beim viermaligen Drehen des Glücksrads der Pfeil genau zweimal auf den grünen Sektor (G) und zweimal auf einen nicht grünen Sektor $(\overline{G})$ zeigt.

Dies ist bei den folgenden Ergebnissen der Fall:

$GG\overline{G}\overline{G},\ G\overline{G}G\overline{G},\ G\overline{G}\overline{G}G,\ \overline{G}GG\overline{G},\ \overline{G}G\overline{G}G,\ \overline{G}\overline{G}GG$

Die Formulierung von Ereignis B muss nun so gewählt werden, dass das Ereignis nur bei drei dieser Ergebnisse eintritt. Betrachtet man die ersten drei Ergebnisse der Aufzählung, erkennt man, dass alle drei damit beginnen, dass der Pfeil nach dem ersten Drehen auf den grünen Sektor zeigt; dies ist bei den letzten drei Ergebnissen nicht der Fall. Analog kann man die letzten drei Ergebnisse betrachten. Bei diesen zeigt der Pfeil nach dem ersten Drehen auf einen nicht grünen Sektor; dies ist bei den ersten drei Ergebnissen nicht der Fall. Eine dritte Möglichkeit der Unterscheidung ist, die Ergebnisse zu wählen, bei denen der Pfeil zweimal hintereinander auf den grünen (bzw. nicht grünen) Sektor zeigt.

Im Sachzusammenhang kann als Ereignis B eines der folgenden Ereignisse angegeben werden:

B: Beim viermaligen Drehen zeigt der Pfeil nach dem ersten Drehen auf den grünen (nicht grünen) Sektor und bei den weiteren drei Drehungen noch genau einmal.

B: Beim viermaligen Drehen zeigt der Pfeil genau zweimal hintereinander auf den grünen (nicht grünen) Sektor.

2.3 **Höhe der Auszahlung beim Hauptgewinn, falls das Spiel fair ist**

Ein Spiel ist dann fair, wenn der Erwartungswert für den Gewinn den Wert null annimmt. Als Definition für die Zufallsvariable bei diesem Spiel eignet sich

X: Gewinn des Spielers (in Euro)

Die Höhe des Auszahlungsbetrags für den Hauptgewinn ist nicht bekannt, soll aber berechnet und angegeben werden. Daher verwenden wir dafür die Variable h.

Alle zur Berechnung des Erwartungswertes E(X) notwendigen Werte können der folgenden Tabelle entnommen werden:

x_i	$0\text{ €}-2\text{ €}=-2\text{ €}$	$2\text{ €}-2\text{ €}=0\text{ €}$	$h\text{ €}-2\text{ €}$
Ergebnis	R	W	G
$P(X=x_i)$	$\frac{1}{2}$	$\frac{1}{3}$	$\frac{1}{6}$

$$E(X)=(-2\text{ €})\cdot\frac{1}{2}+0\text{ €}\cdot\frac{1}{3}+(h\text{ €}-2\text{ €})\cdot\frac{1}{6}\overset{!}{=}0$$

$$-1\,€ + 0\,€ + (h\,€ - 2\,€) \cdot \frac{1}{6} = 0$$

$$-1\,€ + \frac{h}{6}\,€ - \frac{1}{3}\,€ = 0 \qquad \left|\, + \frac{4}{3}\,€\right.$$

$$\frac{h}{6}\,€ = \frac{4}{3}\,€ \qquad |\cdot 6$$

$$h = 8$$

Damit das Spiel fair ist, muss die Auszahlung für den Hauptgewinn 8 € betragen.

3 Wahlgebiet Vektorgeometrie

3.1 Nachweis, dass die Ebene E den Punkt M enthält

Der Nachweis dafür, dass ein Punkt in der Ebene E liegt, lässt sich mithilfe einer Punktprobe erbringen. Hierzu werden die Koordinaten des Punktes $M(0\,|-2\,|\,3)$ in die Koordinatenform $-x_1 - x_2 + x_3 = 5$ der Ebene E eingesetzt:

$$-0 - (-2) + 3 = 2 + 3 = 5$$

Diese Gleichung ist eine wahre Aussage. Somit enthält die Ebene E den Punkt M.

Orthogonalität von E und g

Die Gerade g verläuft durch die Punkte A und B. Mit den gegebenen Koordinaten dieser Punkte lässt sich ihre Geradengleichung aufstellen:

$$g\colon\ \vec{x} = \overrightarrow{OA} + r \cdot \overrightarrow{AB} = \begin{pmatrix} 1 \\ -1 \\ 2 \end{pmatrix} + r \cdot \begin{pmatrix} -1 - \ \ 1 \\ -3 - (-1) \\ 4 - \ \ 2 \end{pmatrix} = \begin{pmatrix} 1 \\ -1 \\ 2 \end{pmatrix} + r \cdot \begin{pmatrix} -2 \\ -2 \\ 2 \end{pmatrix}$$

Da die Ebenengleichung in Koordinatenform gegeben ist, lässt sich ein Normalenvektor $\vec{n}_E$ der Ebene E durch Ablesen der Koeffizienten bestimmen. Man erhält:

$$\vec{n}_E = \begin{pmatrix} -1 \\ -1 \\ 1 \end{pmatrix}$$

Dieser Normalenvektor $\vec{n}_E$ und der Richtungsvektor $\vec{u}$ der Geraden g sind linear abhängig (kollinear), denn es gilt:

$$\vec{u} = \begin{pmatrix} -2 \\ -2 \\ 2 \end{pmatrix} = 2 \cdot \begin{pmatrix} -1 \\ -1 \\ 1 \end{pmatrix} = 2 \cdot \vec{n}_E$$

Somit haben beide Vektoren $\vec{u}$ und $\vec{n}_E$ dieselbe Richtung. Da $\vec{n}_E$ als Normalenvektor orthogonal zu E ist, muss auch g orthogonal zu E verlaufen.

Alternativ hierzu ist auch der folgende Lösungsweg denkbar.
Für den Schnittwinkel der Geraden g und der Ebene E gilt:

$$\sin(\alpha) = \frac{|\vec{u} \cdot \vec{n}_E|}{|\vec{u}| \cdot |\vec{n}_E|}$$

$$\sin(\alpha) = \frac{\left|\begin{pmatrix} -2 \\ -2 \\ 2 \end{pmatrix} \cdot \begin{pmatrix} -1 \\ -1 \\ 1 \end{pmatrix}\right|}{\sqrt{(-2)^2 + (-2)^2 + 2^2} \cdot \sqrt{(-1)^2 + (-1)^2 + 1^2}} = \frac{|2 + 2 + 2|}{\sqrt{12} \cdot \sqrt{3}} = \frac{6}{\sqrt{36}} = \frac{6}{6} = 1$$

$$\sin^{-1}(1) = 90° = \alpha$$

Auch auf diesem Wege kann nachgewiesen werden, dass E orthogonal zu g ist.

3.2 **Bestimmen eines Punktes $D \neq C$ auf g mit gleichem Abstand vom Punkt M**

Der in dieser Teilaufgabe beschriebene Sachverhalt ist in der Skizze rechts dargestellt.

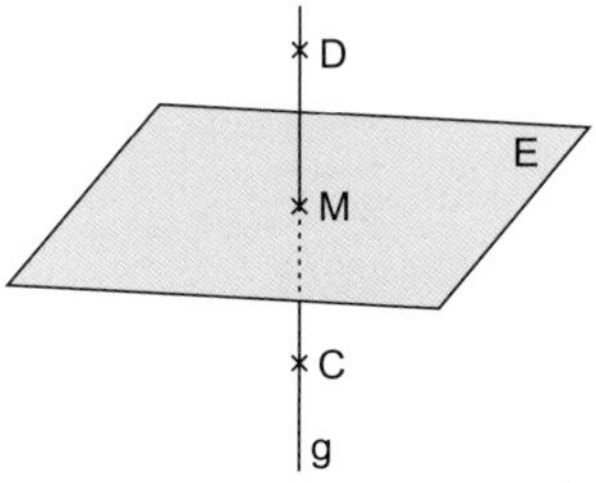

Die drei Punkte C, D und M liegen auf der zu E orthogonalen Geraden g. Der Punkt M liegt zudem in der Ebene E (vgl. Teilaufgabe 3.1). Da $D \neq C$ ist, beide Punkte aber den gleichen Abstand zu M haben, müssen C und D auf verschiedenen Seiten der Ebene E liegen. Folglich gilt:

$|\overrightarrow{CM}| = |\overrightarrow{MD}|$ und $\overrightarrow{CM} = \overrightarrow{MD}$

Hieraus ergibt sich dann auch:

$$\overrightarrow{CD} = \overrightarrow{CM} + \overrightarrow{MD} = 2 \cdot \overrightarrow{CM} = 2 \cdot \begin{pmatrix} 0-3 \\ -2-1 \\ 3-0 \end{pmatrix} = 2 \cdot \begin{pmatrix} -3 \\ -3 \\ 3 \end{pmatrix} = \begin{pmatrix} -6 \\ -6 \\ 6 \end{pmatrix}$$

Die Koordinaten des Punktes D können aus den Komponenten seines Ortsvektors $\vec{d} = \overrightarrow{OD}$ abgelesen werden. Daher ist es sinnvoll, diesen Ortsvektor $\vec{d}$ mit den bekannten Vektoren $\overrightarrow{OC}$ und $\overrightarrow{CD}$ darzustellen. Es gilt:

$$\vec{d} = \overrightarrow{OD} = \overrightarrow{OC} + \overrightarrow{CD} = \overrightarrow{OC} + 2 \cdot \overrightarrow{CM} = \begin{pmatrix} 3 \\ 1 \\ 0 \end{pmatrix} + \begin{pmatrix} -6 \\ -6 \\ 6 \end{pmatrix} = \begin{pmatrix} -3 \\ -5 \\ 6 \end{pmatrix}$$

Folglich ist der Punkt $D(-3 \mid -5 \mid 6)$ der gesuchte Punkt auf g, der den gleichen Abstand zum Punkt M hat wie der Punkt C.

3.3 **Begründung, dass für jeden Punkt P der Ebene E gilt: $|\overrightarrow{PA}| = |\overrightarrow{PB}|$**

Ein beliebiger Punkt P der Ebene E habe die Koordinaten $P(p_1 \mid p_2 \mid p_3)$.

Damit ist $\overrightarrow{PA} = \begin{pmatrix} 1-p_1 \\ -1-p_2 \\ 2-p_3 \end{pmatrix}$ und $\overrightarrow{PB} = \begin{pmatrix} -1-p_1 \\ -3-p_2 \\ 4-p_3 \end{pmatrix}$ sowie:

$$|\overrightarrow{PA}| = \sqrt{(1-p_1)^2 + (-1-p_2)^2 + (2-p_3)^2} = \sqrt{1 - 2p_1 + p_1^2 + 1 + 2p_2 + p_2^2 + 4 - 4p_3 + p_3^2}$$
$$= \sqrt{p_1^2 + p_2^2 + p_3^2 - 2p_1 + 2p_2 - 4p_3 + 6}$$

$$|\overrightarrow{PB}| = \sqrt{(-1-p_1)^2 + (-3-p_2)^2 + (4-p_3)^2} = \sqrt{1 + 2p_1 + p_1^2 + 9 + 6p_2 + p_2^2 + 16 - 8p_3 + p_3^2}$$
$$= \sqrt{p_1^2 + p_2^2 + p_3^2 + 2p_1 + 6p_2 - 8p_3 + 26}$$

Durch Gleichsetzen erhält man die Gleichung:

$$\sqrt{p_1^2 + p_2^2 + p_3^2 - 2p_1 + 2p_2 - 4p_3 + 6} = \sqrt{p_1^2 + p_2^2 + p_3^2 + 2p_1 + 6p_2 - 8p_3 + 26} \quad |\,^2$$

$$p_1^2 + p_2^2 + p_3^2 - 2p_1 + 2p_2 - 4p_3 + 6 = p_1^2 + p_2^2 + p_3^2 + 2p_1 + 6p_2 - 8p_3 + 26 \quad | -p_1^2 - p_2^2 - p_3^2$$

$$-2p_1 + 2p_2 - 4p_3 + 6 = 2p_1 + 6p_2 - 8p_3 + 26 \quad | -2p_1 - 6p_2 + 8p_3 - 6$$

$$-4p_1 - 4p_2 + 4p_3 = 20$$

$$4 \cdot (-p_1 - p_2 + p_3) = 20 \quad | :4$$

$$-p_1 - p_2 + p_3 = 5$$

Die Umformungen der Gleichung $|\overrightarrow{PA}| = |\overrightarrow{PB}|$ haben also zu der Ebenengleichung der Ebene E für den Punkt P geführt und damit zu einer wahren Aussage für einen Punkt P aus E. Somit kann im Umkehrschluss gefolgert werden, dass die Gleichung $|\overrightarrow{PA}| = |\overrightarrow{PB}|$ für jeden Punkt P der Ebene E gilt. Dies bedeutet, dass jeder Punkt der Ebene E sowohl zum Punkt A als auch zum Punkt B denselben Abstand hat.

Alternative Lösung:
Eine andere Möglichkeit besteht darin, sich die Koordinaten der Punkte A, B, C und D genauer anzuschauen. Die x_1- und x_2-Koordinaten von C sind jeweils um 2 größer als die Koordinaten von A und die x_3-Koordinate um 2 kleiner. Dies ist bei den Punkten B und D ebenso der Fall. Da in Teilaufgabe 3.2 nachgewiesen wurde, dass die Punkte C und D auf der Geraden g punktsymmetrisch zum Punkt M liegen, und der Richtungsvektor der Geraden g der Vektor $\vec{u} = \begin{pmatrix} -2 \\ -2 \\ 2 \end{pmatrix}$ ist, liegt es nahe zu vermuten, dass auch die Punkte A und B punktsymmetrisch zum Punkt M auf der Geraden g liegen.
Für den Mittelpunkt M_{AB} der beiden Punkte A und B gilt:

$$M_{AB}\left(\frac{1-1}{2} \,\middle|\, \frac{-1-3}{2} \,\middle|\, \frac{2+4}{2}\right)$$

$$M_{AB}(0 \mid -2 \mid 3) = M$$

Dies bestätigt die Vermutung.

Die Skizze veranschaulicht diesen Sachverhalt. Verbindet man die Punkte P, M und B bzw. P, A und M und berücksichtigt, dass g senkrecht zur Ebene E verläuft, so erkennt man, dass die Dreiecke PMB und PAM rechtwinklig sind. Bei beiden gilt somit der Satz des Pythagoras, sodass die folgenden Beziehungen gelten:

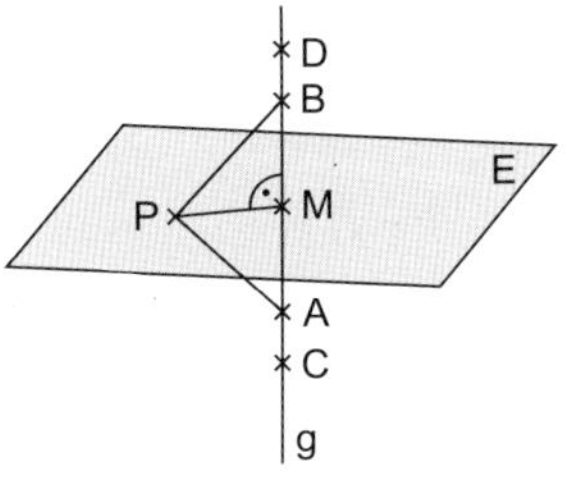

$$|\overrightarrow{PA}| = \sqrt{|\overrightarrow{PM}|^2 + |\overrightarrow{MA}|^2}$$

$$|\overrightarrow{PB}| = \sqrt{|\overrightarrow{PM}|^2 + |\overrightarrow{MB}|^2}$$

Der Abstand $|\overrightarrow{PM}|$ des Punktes P zum Punkt M ist in beiden Dreiecken gleich. Da M der Mittelpunkt der Strecke $\overline{AB}$ ist, gilt auch $|\overrightarrow{MA}| = |\overrightarrow{MB}|$. Damit ist der Radikand beider Wurzeln gleich und es ist nachgewiesen, dass $|\overrightarrow{PA}| = |\overrightarrow{PB}|$ gilt.

3 Wahlgebiet Matrizen

3.1 Format einer Matrix

Es gilt laut Aufgabenstellung: $D_{3,4} = A_{3,7} \cdot B_{7,2} \cdot C_{?,?}$

$$A_{3,7} \cdot B_{7,2} = F_{3,2} \quad \Rightarrow \quad D_{3,4} = F_{3,2} \cdot C_{?,?}$$

$$D_{3,4} = F_{3,2} \cdot C_{\mathbf{2,4}}$$

Die Matrix C muss das Format 2×4 haben.

3.2 Vereinfachen eines Terms

$(R \cdot Q \cdot (4 \cdot Q) - 2 \cdot Q \cdot R \cdot Q) \cdot R$ — es gilt $R = Q^{-1}$

$= (Q^{-1} \cdot Q \cdot (4 \cdot Q) - 2 \cdot Q \cdot Q^{-1} \cdot Q) \cdot Q^{-1}$ — es gilt $Q \cdot Q^{-1} = E = Q^{-1} \cdot Q$

$= (E \cdot (4 \cdot Q) - 2 \cdot E \cdot Q) \cdot Q^{-1}$

$= (4 \cdot Q - 2 \cdot Q) \cdot Q^{-1}$

$= 2 \cdot Q \cdot Q^{-1}$

$= 2 \cdot E$

Alternative Vereinfachung durch Ausmultiplizieren der Klammer:

$(R \cdot Q \cdot (4 \cdot Q) - 2 \cdot Q \cdot R \cdot Q) \cdot R$ — Multiplikation mit R „von rechts“

$= R \cdot Q \cdot (4 \cdot Q) \cdot R - 2 \cdot Q \cdot R \cdot Q \cdot R$ — es gilt $R = Q^{-1}$

$= Q^{-1} \cdot Q \cdot (4 \cdot Q) \cdot Q^{-1} - 2 \cdot Q \cdot Q^{-1} \cdot Q \cdot Q^{-1}$ — es gilt $Q \cdot Q^{-1} = E = Q^{-1} \cdot Q$

$= E \cdot (4 \cdot Q) \cdot Q^{-1} - 2 \cdot E \cdot E$

$= 4 \cdot Q \cdot Q^{-1} - 2 \cdot E$

$= 4 \cdot E - 2 \cdot E$

$= 2 \cdot E$

Der vereinfachte Term heißt $2 \cdot E$.

3.3 Bestimmen möglicher Werte von Parametern

Es gilt: $X \cdot Y = Z$

Mit $X = \begin{pmatrix} 1 & 0 & 2 \\ 3 & 2 & c \end{pmatrix}$ und $Y = \begin{pmatrix} 3 & 2 \\ a(a-1) & 2 \\ 3 & 1 \end{pmatrix}$ ergibt sich:

$$X \cdot Y = \begin{pmatrix} 1 & 0 & 2 \\ 3 & 2 & c \end{pmatrix} \cdot \begin{pmatrix} 3 & 2 \\ a(a-1) & 2 \\ 3 & 1 \end{pmatrix} = \begin{pmatrix} 9 & 4 \\ 9 + 2a(a-1) + 3c & 10 + c \end{pmatrix} = Z$$

Mit $Z = \begin{pmatrix} 9 & b^2 \\ 12 & 11 \end{pmatrix}$ ergibt sich:

$$\begin{pmatrix} 9 & 4 \\ 9 + 2a(a-1) + 3c & 10 + c \end{pmatrix} = \begin{pmatrix} 9 & b^2 \\ 12 & 11 \end{pmatrix}$$

Die vier Elemente der beiden Matrizen müssen jeweils identisch sein:

I $\quad 9 = 9 \quad \Rightarrow$ wahre Ausage

II $\quad b^2 = 4 \quad \Rightarrow \quad b_1 = 2$ und $b_2 = -2$

III $\quad 11 = 10 + c \quad \Rightarrow \quad c = 1$

IV $\quad 9 + 2a(a-1) + 3c = 12 \quad c = 1$ einsetzen

$9 + 2a(a-1) + 3 = 12$

$2a(a-1) = 0 \quad \Rightarrow \quad a_1 = 0$ und $a_2 = 1$

Es ergeben sich insgesamt vier verschiedene Lösungen:

(0; 2; 1), (0; –2; 1), (1; 2; 1), (1; –2; 1)

Berufliche Gymnasien Baden-Württemberg: Mathematik
Abiturprüfung 2020 – Teil 2 (Analysis)

Aufgabe 1: Analysis (Pflichtaufgabe)

Punkte

1.1 Die Funktion f ist gegeben durch $f(x) = 10 \cdot x \cdot e^{-x}$; $x \in \mathbb{R}$. Das Schaubild von f ist K_f.
Die erste Ableitung f' von f ist $f'(x) = 10 \cdot (1-x) \cdot e^{-x}$; $x \in \mathbb{R}$ und die zweite Ableitung f'' von f ist $f''(x) = 10 \cdot (x-2) \cdot e^{-x}$; $x \in \mathbb{R}$.

1.1.1 Weisen Sie nach, dass $\left(1 \,\middle|\, \frac{10}{e}\right)$ der Hochpunkt von K_f ist.
Geben Sie eine Gleichung der Asymptote von K_f an. 4

1.1.2 Zeichnen Sie K_f für $0 \le x \le 6$. 3

1.1.3 Zeigen Sie, dass F mit $F(x) = -10 \cdot (x+1) \cdot e^{-x}$; $x \in \mathbb{R}$ eine Stammfunktion von f ist.
Bestimmen Sie den Wert von a in der Gleichung: $\int_1^2 f(x)\,dx = \frac{a \cdot e - 30}{e^2}$ 5

1.2 Für $x \ge 0$ sind die Funktionen g mit $g(x) = \frac{1}{4}x^2$ und h mit $h(x) = 2\sqrt{x}$ gegeben.
Die Abbildung zeigt die Schaubilder K_g von g und K_h von h.

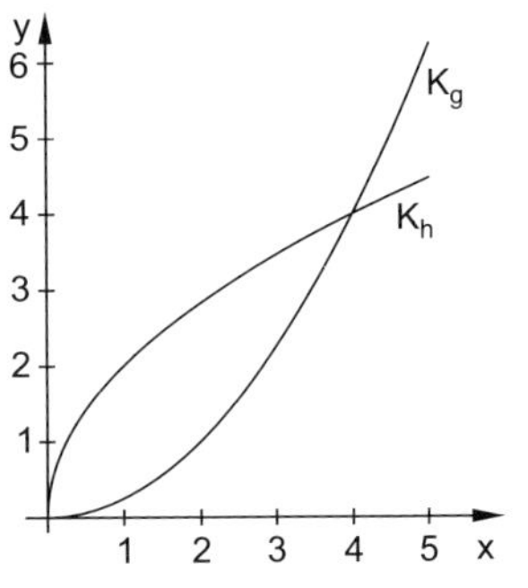

1.2.1 Prüfen Sie die folgende Aussage:
„Die Gerade durch die beiden Punkte $P(1 \mid h(1))$ und $Q(2 \mid g(2))$ ist sowohl die Normale von K_h in P als auch die Normale von K_g in Q." 4

1.2.2 Die y-Achse, K_h und die Parallele zur x-Achse mit der Gleichung $y = c$, mit $c > 0$, begrenzen eine Fläche. Durch Rotation dieser Fläche um die x-Achse entsteht ein Rotationskörper.
Bestimmen Sie den Wert von c, sodass dessen Volumen 32π beträgt. 4

20

Hinweise und Tipps

1.1.1 **Tipps:**

- Berechnen Sie zunächst f(1), um den y-Wert nachzuweisen.
- Welche Bedingungen müssen gelten für einen Hochpunkt? Weisen Sie diese nach mithilfe der angegebenen Ableitungen.
- Für die Existenz einer Asymptote betrachten Sie das Verhalten der Funktion für $x \to \infty$ und $x \to -\infty$.
- Für $x \to \infty$ müssen Sie überlegen, welcher der Faktoren $10 \cdot x$ bzw. e^{-x} schneller gegen unendlich bzw. gegen null geht.

1.1.2 **Tipp:**

Erstellen Sie eine Wertetabelle für x von 0 bis 6 und beachten Sie die aus Teilaufgabe 1.1.1 bekannten Eigenschaften.

1.1.3 **Tipps:**

- Wie ist eine Stammfunktion F definiert, welcher Zusammenhang besteht also zwischen F und f?
- Verwenden Sie die gegebene Stammfunktion, um das Integral zu berechnen.

1.2.1 **Tipps:**

- Was versteht man unter einer Normalen?
- Berechnen Sie zunächst die y-Werte von P und Q.
- Bestimmen Sie jetzt die Steigungen der Kurven K_h in P bzw. K_g in Q.
- Vergleichen Sie diese Werte mit der Steigung der Geraden durch P und Q.

1.2.2 **Tipps:**

- Zeichnen Sie in einer Skizze von K_h die Fläche ein, die um die x-Achse rotieren soll.
- Berechnen Sie die rechte Grenze der Integration durch Schnitt der Geraden $y = c$ mit der Kurve K_h.
- Verwenden Sie die Formel für das Rotationsvolumen aus der Merkhilfe. Beachten Sie aber, dass Sie die Differenz zweier Rotationsvolumina bilden müssen, nicht die Differenz der Funktionsterme.
- Das Ergebnis der Berechnung setzen Sie gleich 32π und berechnen daraus c.

Lösungen

1.1 Gegeben sind eine Funktion f und deren Ableitungen durch:

$f(x) = 10 \cdot x \cdot e^{-x};\ x \in \mathbb{R}$

$f'(x) = 10 \cdot (1 - x) \cdot e^{-x};\ x \in \mathbb{R}$

$f''(x) = 10 \cdot (x - 2) \cdot e^{-x};\ x \in \mathbb{R}$

Das Schaubild von f ist K_f.

1.1.1 **Nachweis des Hochpunktes $H\left(1 \,\middle|\, \frac{10}{e}\right)$**

Nachweis des y-Wertes:

$f(1) = 10 \cdot 1 \cdot e^{-1} = \frac{10}{e}$

Für einen Hochpunkt muss gelten: $f'(x) = 0$ und $f''(x) < 0$

Also $10 \cdot (1 - x) \cdot e^{-x} = 0$

$\Rightarrow \quad x = 1$

Einsetzen in $f''(x)$:

$f''(1) = 10 \cdot (1 - 2) \cdot e^{-1} = -10 \cdot e^{-1} = -\frac{10}{e} < 0$

Damit ist $H\left(1 \,\middle|\, \frac{10}{e}\right)$ Hochpunkt des Graphen.

Gleichung der Asymptote von K_f

Für $x \to -\infty$ gehen die y-Werte gegen $-\infty$, also liegt dort keine Asymptote vor.

Für $x \to +\infty$ geht der Faktor $10 \cdot x$ gegen $+\infty$, der Faktor e^{-x} aber schneller gegen null, somit geht der gesamte Term gegen null.

Oder mit der Regel von L'Hôpital (steht nicht im Lehrplan):

$$\lim_{x \to \infty} 10 \cdot x \cdot e^{-x} = \lim_{x \to \infty} \frac{10x}{e^x} = \lim_{x \to \infty} \frac{10}{e^x} = 0$$

Die Gleichung der (waagrechten) Asymptote lautet also $y = 0$.

Senkrechte Asymptoten können nicht vorliegen, weil die Funktion für alle x-Werte definiert ist ($\mathbb{D} = \mathbb{R}$).

1.1.2 **Schaubild**

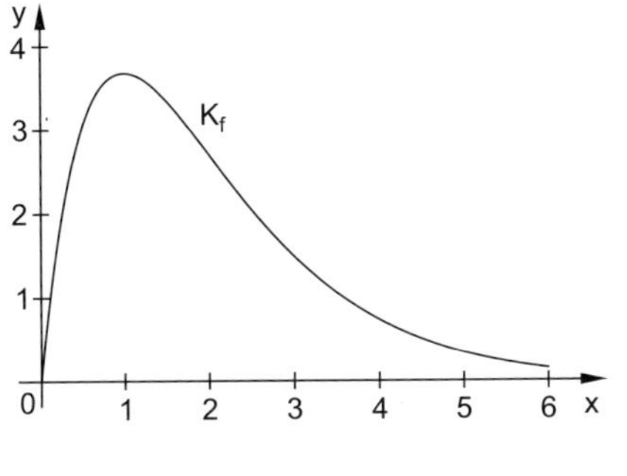

1.1.3 **Nachweis der Stammfunktion**

Zu zeigen ist die Stammfunktion F mit $F(x) = -10 \cdot (x+1) \cdot e^{-x}$.

Für eine Stammfunktion F von f gilt:

$F'(x) = f(x)$

Die Funktion F leitet man mit der Produktregel ab:

$$\begin{aligned} F'(x) &= -10 \cdot 1 \cdot e^{-x} + (-10 \cdot (x+1)) \cdot e^{-x} \cdot (-1) \\ &= -10 \cdot e^{-x} + 10 \cdot (x+1) \cdot e^{-x} \\ &= e^{-x} \cdot (-10 + 10x + 10) \\ &= e^{-x} \cdot 10x = f(x) \end{aligned}$$

Damit ist F eine Stammfunktion von f.

Bestimmung des Wertes von a

$$\int_1^2 f(x)\,dx = F(2) - F(1) = -10 \cdot (2+1) \cdot e^{-2} - (-10 \cdot (1+1) \cdot e^{-1}) = -30 \cdot e^{-2} + 20 \cdot e^{-1}$$

$$\begin{aligned} -30 \cdot e^{-2} + 20 \cdot e^{-1} &= \frac{a \cdot e - 30}{e^2} && | \cdot e^2 \\ -30 + 20e &= a \cdot e - 30 && | + 30 \\ 20e &= a \cdot e && | : e \\ 20 &= a \end{aligned}$$

1.2 Gegeben sind die Funktionen g und h durch $g(x) = \frac{1}{4}x^2$ und $h(x) = 2\sqrt{x}$ für $x \geq 0$.

Die Schaubilder sind K_g und K_h.

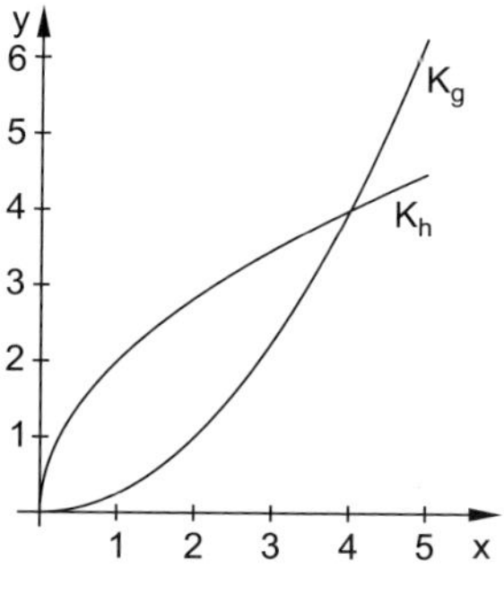

1.2.1 **Normale von K_h und K_g**

Zunächst werden die y-Werte der Punkte P und Q bestimmt.

$h(1) = 2 \cdot \sqrt{1} = 2 \quad \Rightarrow \quad P(1|2)$

$g(2) = \frac{1}{4} \cdot 2^2 = 1 \quad \Rightarrow \quad Q(2|1)$

Die Normale von K_h in P ist die Senkrechte zur Tangente an K_h in P.

$h(x) = 2\sqrt{x} = 2 \cdot x^{\frac{1}{2}}$

$h'(x) = 2 \cdot \frac{1}{2} \cdot x^{-\frac{1}{2}} = \frac{1}{\sqrt{x}}$

Steigung von K_h in P: $h'(1) = \frac{1}{\sqrt{1}} = 1 = m$

Entsprechend für die Funktion g:

$g(x) = \frac{1}{4}x^2$

$g'(x) = \frac{1}{2}x$, also $g'(2) = 1 = m$

Steigung der Geraden durch P und Q:

$m_{PQ} = \frac{y_2 - y_1}{x_2 - x_1} = \frac{2-1}{1-2} = -1$

Es gilt: $m \cdot m_{PQ} = 1 \cdot (-1) = -1$

D. h., die Gerade durch P und Q steht senkrecht auf den Tangenten in P bzw. Q; sie ist somit die Normale von K_h in P und von K_g in Q.

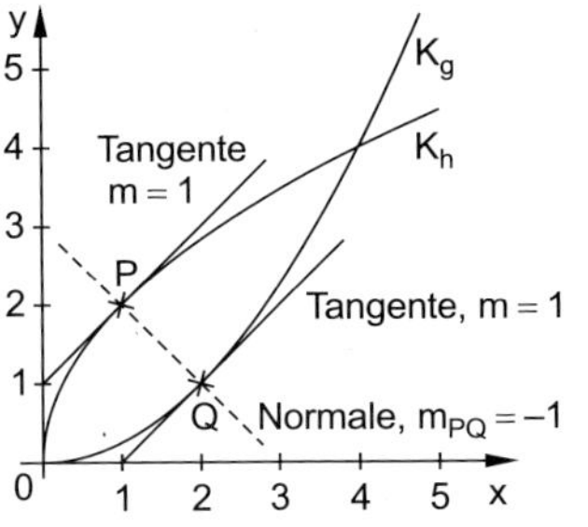

1.2.2 **Rotationsvolumen**

Berechnung der rechten Integrationsgrenze als Schnittstelle der Parallelen zur x-Achse mit K_h (vgl. Punkt S in Skizze):

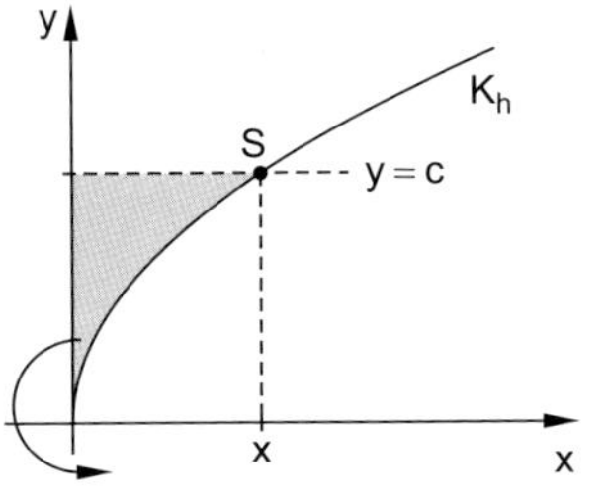

$c = 2\sqrt{x} \quad |:2$

$\frac{c}{2} = \sqrt{x} \quad |^2$

$\frac{c^2}{4} = x$ rechte Grenze der Integration

Volumen des Rotationskörpers:

$$V = \pi \cdot \int_0^{\frac{1}{4}c^2} (c^2 - (h(x))^2)\,dx = \pi \cdot \int_0^{\frac{1}{4}c^2} (c^2 - 4x)\,dx$$

$$= \pi \cdot \left[c^2x - 2x^2\right]_0^{\frac{1}{4}c^2}$$

$$= \pi \cdot \left(c^2 \cdot \frac{1}{4}c^2 - 2 \cdot \left(\frac{1}{4}c^2\right)^2 - 0\right)$$

$$= \pi \cdot \left(\frac{1}{4}c^4 - \frac{1}{8}c^4\right)$$

$$= \frac{1}{8}\pi c^4$$

Zu bestimmen ist jetzt c so, dass das Volumen 32π beträgt mit $c > 0$:

$\frac{1}{8}\pi c^4 = 32\pi \quad |\cdot 8 \quad |:\pi$

$c^4 = 256 \quad |\sqrt[4]{\ }$

$c = 4$

Für $c = 4$ beträgt das Volumen 32π.

Aufgabe 2: Anwendungsorientierte Analysis (Wahlaufgabe)

Punkte

2 Der Wasserzufluss bzw. der Wasserabfluss eines Staubeckens wird über 24 Stunden hinweg beobachtet und durch die Funktion v mit

$$v(t) = \frac{1}{4}(t^2 - 36)(t - 20);\ \ 0 \le t \le 24,$$

modelliert.

Hierbei gibt t die Zeit seit Beginn der Beobachtung (t = 0) in Stunden an.

v(t) wird in Kubikmeter pro Stunde $\left(\frac{m^3}{h}\right)$ gemessen.

Bei Wasserzufluss ist v(t) positiv und bei Wasserabfluss ist v(t) negativ.

Die Abbildung zeigt das Schaubild von v.

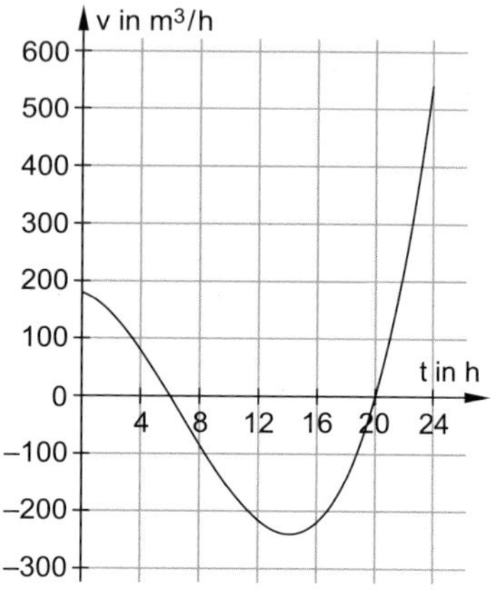

2.1 Nehmen Sie Stellung zu folgender Aussage:
„Es gibt einen Zeitpunkt, an dem 280 $\frac{m^3}{h}$ abfließen.“
Geben Sie den maximalen Wasserzufluss und den dazugehörigen Zeitpunkt an. 3

2.2 Berechnen Sie den Wert des Wasserzuflusses zu Beginn der Beobachtung und wie viele Minuten vergehen, bis v diesen Wert erneut erreicht. 4

2.3 20 Stunden nach Beobachtungsbeginn befinden sich noch 1000 m^3 Wasser im Becken.
Erläutern Sie, wie man die Wassermenge im Staubecken zum Zeitpunkt t = 0 ermitteln kann, und geben Sie diese Wassermenge näherungsweise an. 3

10

Hinweise und Tipps

2.1 **Tipps:**

- Was zeigt das Schaubild an (siehe Aufgabenstellung)? Suchen Sie dort den Wert $-280\,\frac{m^3}{h}$.
- Lesen Sie den Zeitpunkt für den maximalen Zufluss aus dem Schaubild ab und berechnen Sie den zugehörigen Funktionswert von v.

2.2 **Tipps:**

- Bestimmen Sie zunächst v(0).
- Berechnen Sie dann aus der Funktionsgleichung einen weiteren Zeitpunkt t, bei dem sich derselbe Funktionswert ergibt wie bei $t=0$.

2.3 **Tipps:**

- Die in den 20 Stunden insgesamt zu- bzw. abgeflossene Wassermenge berechnet sich mit dem Integral über v(t) von $t=0$ bis $t=20$.
- Überlegen Sie, was das negative Ergebnis bedeutet.
- Vergleichen Sie dies mit der Angabe der Wassermenge für $t=20$.

Lösungen

2 Gegeben ist die Funktion v durch:

$$v(t)=\frac{1}{4}\cdot(t^2-36)\cdot(t-20);\quad 0\le t\le 24$$

Sie gibt den Wasserzu- bzw. -abfluss eines Staubeckens an.

2.1 **Bewertung einer Aussage**

Der maximale Wasserabfluss (negativer v-Wert) beträgt laut Schaubild etwa $240\,\frac{m^3}{h}$. Die gegebene Aussage ist somit falsch.

Maximaler Zufluss

Laut Schaubild liegt der maximale Wasserzufluss bei 24 Stunden.

$$v(24)=\frac{1}{4}\cdot(24^2-36)\cdot(24-20)$$
$$=\frac{1}{4}\cdot(540\cdot 4)$$
$$=540$$

Der maximale Zufluss beträgt dann $540\,\frac{m^3}{h}$.

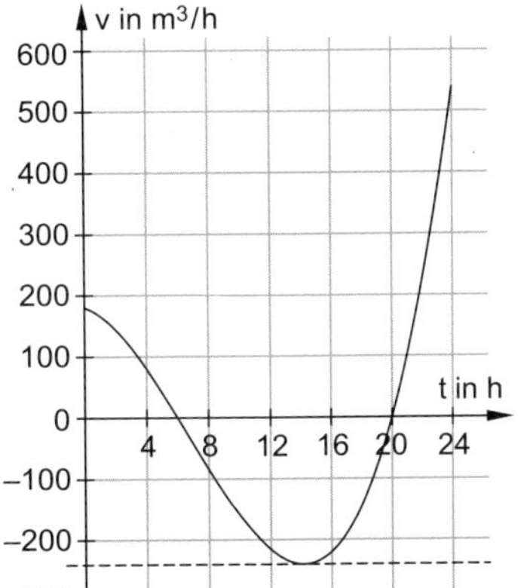

2.2 **Wasserzufluss**

Beginn der Beobachtung:

$$t=0 \quad \Rightarrow \quad v(0)=\frac{1}{4}\cdot(-36)\cdot(-20)=180$$

Zu Beginn der Beobachtung beträgt der Wasserzufluss 180 $\frac{m^3}{h}$.

Zu welchem Zeitpunkt beträgt er wieder 180 $\frac{m^3}{h}$?

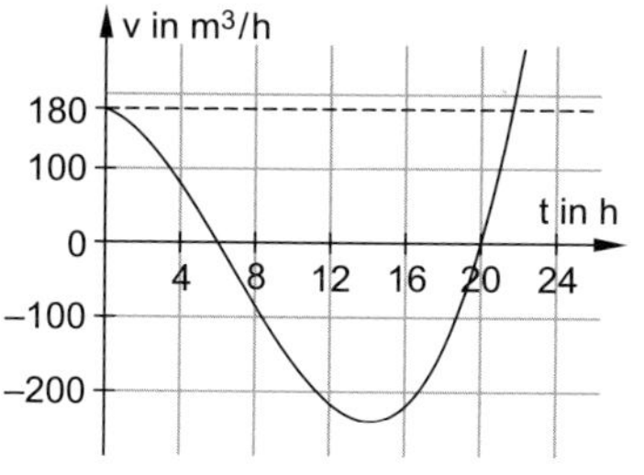

$$180=\frac{1}{4}\cdot(t^2-36)\cdot(t-20) \quad |\cdot 4$$

$$720=t^3-20t^2-36t+720 \quad |-720$$

$$0=t\cdot(t^2-20t-36)$$

$$\Rightarrow \quad t_1=0 \qquad t^2-20t-36=0$$

$$t_{2/3}=10\pm\sqrt{100+36}$$

$$t_2=10+\sqrt{136}>0$$

$$[t_3=10-\sqrt{136}<0]$$

$$t_2=10+\sqrt{136}\approx 21{,}66 \text{ Stunden} \approx 1\,300 \text{ Minuten}$$

Es vergehen also etwa 1 300 Minuten, bis der Anfangswert wieder erreicht wird.

2.3 **Wassermenge im Staubecken**

Die Wassermenge zur Zeit $t=0$ im Staubecken erhält man mithilfe des Integrals über $v(t)$ von $t=0$ bis $t=20$, das die gesamte zu- bzw. abgeflossene Wassermenge in den ersten 20 Stunden angibt. Laut Schaubild ergeben sich positive und negative Teile, insgesamt also ein negatives Ergebnis, deshalb bedeutet dieser Wert die abgeflossene Wassermenge. Bei $t=20$ sind noch 1 000 m^3 im Becken, also waren zu Beginn 1 000 m^3 plus die abgeflossene Menge im Staubecken.

Die abgeflossene Menge kann man näherungsweise im Schaubild durch „Kästchenzählen" bestimmen.

Ein genauer Wert ergibt sich alternativ durch Berechnung des Integrals:

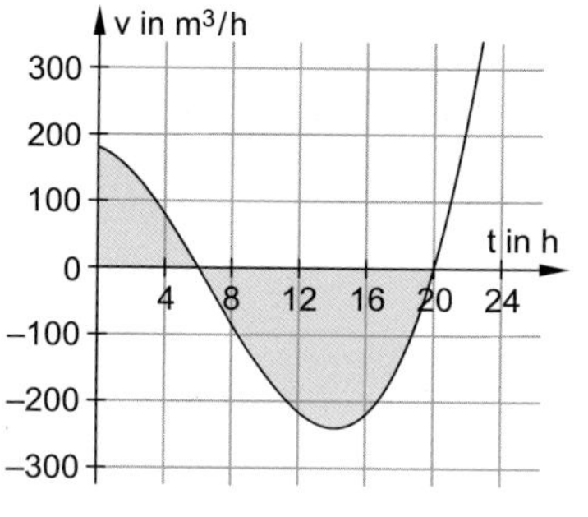

$$I=\int_0^{20}\frac{1}{4}\cdot(t^3-20t^2-36t+720)\,dt$$

$$=\int_0^{20}\left(\frac{1}{4}t^3-5t^2-9t+180\right)dt$$

$$=\left[\frac{1}{16}t^4-\frac{5}{3}t^3-\frac{9}{2}t^2+180t\right]_0^{20}$$

$$=\frac{1}{16}\cdot 20^4-\frac{5}{3}\cdot 20^3-\frac{9}{2}\cdot 20^2+180\cdot 20-0$$

$$\approx -1\,533$$

Nach 20 Stunden sind also 1 533 m^3 weniger Wasser im Becken als zu Beginn.

Zur Zeit $t=20$ befinden sich 1 000 m^3 Wasser im Becken, folglich waren es am Anfang 1 000 m^3 + 1 533 m^3 = 2 533 m^3.

Aufgabe 3: Anwendungsorientierte Analysis (Wahlaufgabe)

Punkte

3 Das Training einer Schwimmerin wird mit Videos ausgewertet. Abbildung 1 zeigt modellhaft die Geschwindigkeit v der Schwimmerin in Metern (m) pro Sekunde (s) in Abhängigkeit von der Zeit t in s.

Ein Armzyklus dauert 1,2 s.

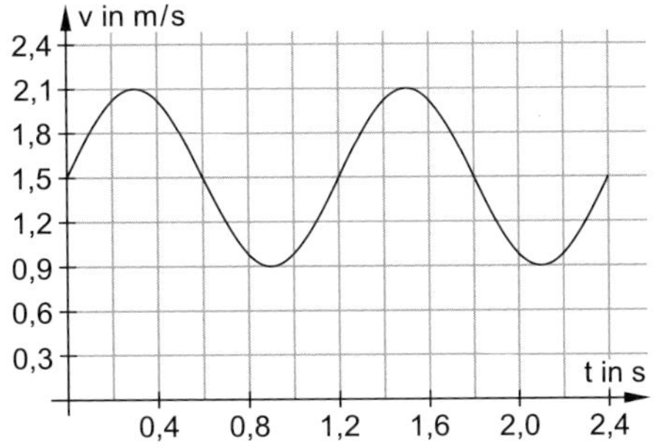

Abbildung 1

3.1 Begründen Sie mithilfe von Abbildung 1, dass die Geschwindigkeit v ab dem Beobachtungsbeginn $(t=0)$ durch die Funktionsgleichung

$$v(t) = 1{,}5 + 0{,}6 \cdot \sin\left(\frac{5\pi}{3} \cdot t\right)$$

beschrieben werden kann. 3

3.2 Ermitteln Sie die Länge der Strecke, die gemäß des Modells während eines Armzyklus zurückgelegt wird.
Bestimmen Sie damit die Zeit, die die Schwimmerin für 36 m benötigt. 3

3.3 Zum Zeitpunkt $t=24$ beginnt die Schwimmerin ihren Endspurt. Dabei erhöht sich ihre Geschwindigkeit pro Sekunde zusätzlich um $0{,}05\,\frac{\text{m}}{\text{s}}$.

Die Geschwindigkeit der Schwimmerin ist in Abbildung 2 dargestellt und wird ab $t=24$ durch eine Funktion v_E modelliert.

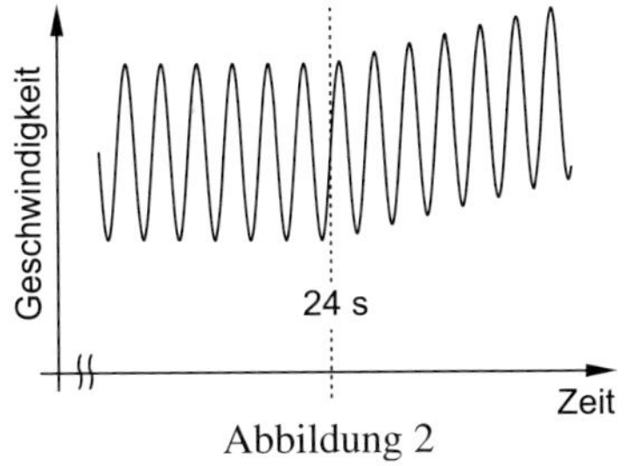

Abbildung 2

3.3.1 Interpretieren Sie den Ansatz $\int_{24}^{24+u} v_E(t)\,dt = 14$ im Sachzusammenhang. 2

3.3.2 Geben Sie einen Funktionsterm für die Funktion v_E an. 2

10

Hinweise und Tipps

3.1 **Tipps:**

- Welche Art von Schaubild liegt vor?
- Lesen Sie aus dem Schaubild die Werte für die Verschiebung, die Amplitude und die Periode ab und vergleichen Sie mit dem gegebenen Funktionsterm.

3.2 **Tipps:**

- Die Länge der zurückgelegten Strecke wird durch das Integral über v(t) zwischen 0 s und 1,2 s berechnet.
- Aus diesem Ergebnis ergibt sich dann auch die Zeit für 36 m.

3.3.1 **Tipp:**

Betrachten Sie das Integral aus Teilaufgabe 3.2 und überlegen Sie, was u und das Ergebnis 14 bedeuten.

3.3.2 **Tipps:**

- Die neue Funktion ergibt sich aus der bisherigen durch Addition eines Terms (Gerade!) ab $t = 24$.
- Bestimmen Sie die Gleichung dieser Geraden und geben Sie den Funktionsterm an.

3 Gegeben ist ein Schaubild, das die Geschwindigkeit v einer Schwimmerin in Abhängigkeit der Zeit t in Metern (m) pro Sekunde (s) zeigt.

3.1 **Begründung der Funktionsgleichung**

Die Mittellinie liegt bei $v = 1{,}5$, also erfolgt eine Verschiebung um 1,5 nach oben.

Die Amplitude beträgt $2{,}1 - 1{,}5 = 0{,}6$.

Die Periode p beträgt 1,2.

Aus $p = \frac{2\pi}{b}$ folgt:

$$b = \frac{2\pi}{p} = \frac{2\pi}{1{,}2}$$

$$b = \frac{2\pi}{\frac{6}{5}} = \frac{10}{6}\pi = \frac{5}{3}\pi$$

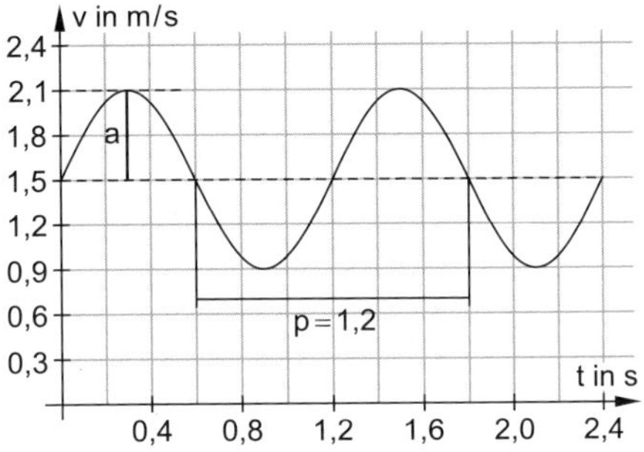

Die Funktion hat somit die gegebene Gleichung $v(t) = 1{,}5 + 0{,}6 \cdot \sin\left(\frac{5\pi}{3} \cdot t\right)$.

Es ist eine Sinusfunktion, weil sie für $t = 0$ von der Mittellinie aus nach oben geht.

3.2 **Zurückgelegte Strecke**

Die Länge der Strecke wird durch das Integral $I = \int_0^{1{,}2} v(t)\,dt$ berechnet.

Das Integral kann man als Fläche des Rechtecks mit der Breite 1,2 und der Höhe 1,5 bestimmen, da der Bogen oberhalb der Mittellinie den Bogen unterhalb der Mittellinie ausgleicht.

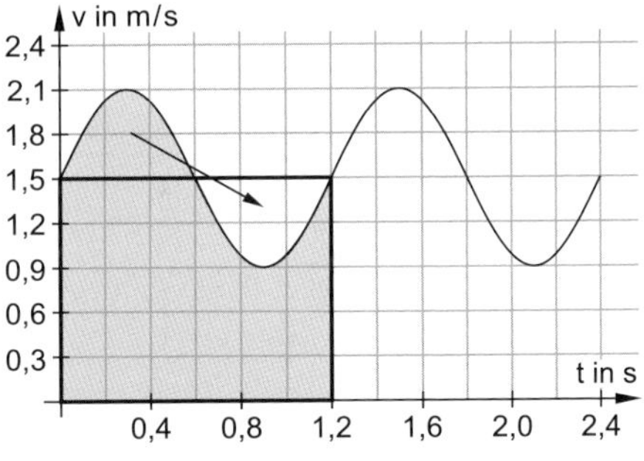

Oder ausführliche Berechnung des Integrals:

$$I = \int_0^{1{,}2} \left(1{,}5 + 0{,}6 \cdot \sin\left(\frac{5\pi}{3} \cdot t\right)\right) dt$$

$$= \left[1{,}5t - 0{,}6 \cdot \frac{3}{5\pi} \cdot \cos\left(\frac{5\pi}{3} \cdot t\right)\right]_0^{1{,}2}$$

$$= 1{,}5 \cdot 1{,}2 - 0{,}6 \cdot \frac{3}{5\pi} \cdot \cos\left(\frac{5\pi}{3} \cdot \frac{6}{5}\right) - \left(0 - 0{,}6 \cdot \frac{3}{5\pi} \cdot \cos 0\right)$$

$$= 1{,}5 \cdot 1{,}2 - \frac{1{,}8}{5\pi} \cdot 1 - \left(-\frac{1{,}8}{5\pi} \cdot 1\right)$$

$$= 1{,}5 \cdot 1{,}2 = 1{,}8$$

Innerhalb eines Armzyklus (in 1,2 Sekunden) werden also 1,8 m zurückgelegt.

Benötigte Zeit

$$\frac{36\text{ m}}{1{,}8\text{ m}} = 20 \quad \Rightarrow \quad t = 20 \cdot 1{,}2\text{ s} = 24\text{ s}$$

Die Schwimmerin braucht 24 Sekunden für 36 m.

3.3.1 **Interpretieren eines Ansatzes**

$$\int_{24}^{24+u} v_E(t)\,dt = 14$$

Die Zahl 14 gibt die Strecke an, die ab dem Zeitpunkt $t = 24$ zurückgelegt wird.
u ist die Zeit, die für die zusätzliche Strecke von 14 m benötigt wird.

3.3.2 **Gesucht ist ein Funktionsterm**

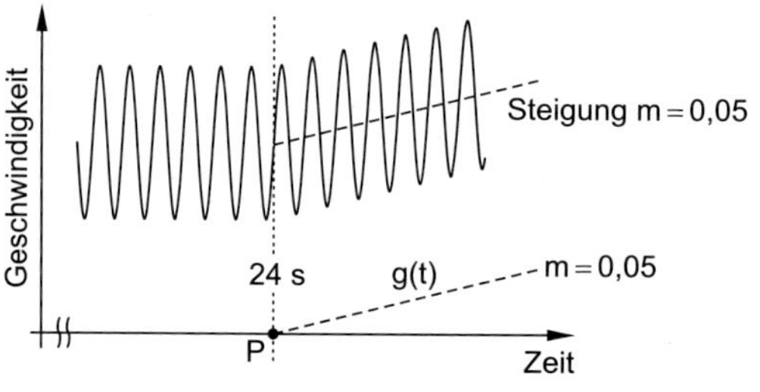

$$v_E(t) = \underset{\substack{\uparrow \\ \text{ursprüngliche} \\ \text{Geschwindigkeit} \\ \text{bis } t = 24}}{v(t)} + \underset{\substack{\uparrow \\ \text{dazuaddiert werden} \\ \text{die Werte der} \\ \text{Geraden } g(t)}}{g(t)}$$

Ansatz: $g(t) = mt + b$ mit $P(24\,|\,0)$ und $m = 0{,}05$

$\Rightarrow \quad 0 = 0{,}05 \cdot 24 + b$

$\quad b = -1{,}2 \qquad \Rightarrow \quad g(t) = 0{,}05t - 1{,}2$

$\Rightarrow \quad v_E(t) = v(t) + 0{,}05t - 1{,}2; \quad t \geq 24$

Aufgabe 4: Anwendungsorientierte Analysis (Wahlaufgabe)

Punkte

4 Die Abbildung zeigt die Aufsprungbahn einer Skisprungschanze.

Der obere Teil der Aufsprungbahn wird durch f mit

$f(x) = 0{,}000012 \cdot x^3 - 0{,}00378 \cdot x^2 - 0{,}27 \cdot x + 76$

für $0 \le x \le 120$ modelliert.

Der untere Teil der Aufsprungbahn dient als Auslauf. Alle Angaben sind in Meter.

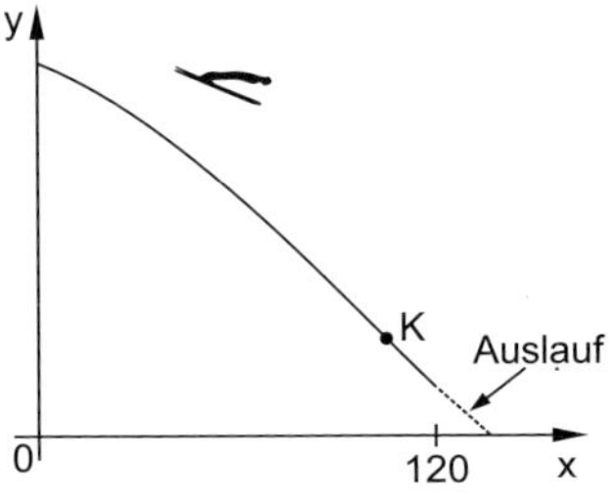

4.1 Die Aufsprungbahn hat im kritischen Punkt K ihr größtes Gefälle.

Weisen Sie nach, dass die x-Koordinate von K den Wert 105 besitzt, und berechnen Sie den Winkel, den die Aufsprungbahn in K mit der Horizontalen einschließt. 5

4.2 Die Flugbahn eines Skispringers wird durch die Parabel mit der Gleichung

$y = -0{,}00132 \cdot x^2 - 0{,}436 \cdot x + 80$

modelliert.

Prüfen Sie, ob die Flugbahn an der Stelle $x = 100$ tangential in die Aufsprungbahn übergeht. 3

4.3 Erläutern Sie im Sachkontext, welche Größe durch die Berechnung

$\sqrt{(f(0) - f(40))^2 + 1600} + \sqrt{(f(40) - f(80))^2 + 1600} + \sqrt{(f(80) - f(120))^2 + 1600}$

$\approx 137{,}5$

näherungsweise bestimmt wird. 2

10

Hinweise und Tipps

4.1 **Tipps:**

- Erste Möglichkeit: Die Kurve soll bei K das größte Gefälle haben, d. h., die Ableitungsfunktion von f hat bei diesem x-Wert den negativsten Wert, somit hat das Schaubild von f' einen Tiefpunkt.
- Zweite Möglichkeit: Das Schaubild von f hat bei K einen Wendepunkt mit einem Übergang von einer Rechts- in eine Linkskurve.
- Die Steigung in K ist gleich dem Tangens des Steigungswinkels.

4.2 **Tipp:**

Welche beiden Bedingungen müssen erfüllt sein für die Funktionen f und g und deren Ableitungen für einen Übergang ohne Knick?

4.3 **Tipps:**

- Die Gleichung dient zur Berechnung einer Länge.
- Überlegen Sie anhand der gegebenen Skizze, was die Terme f(0), f(40) usw. bedeuten.

Lösungen

4 Gegeben ist das Schaubild der Aufsprungbahn einer Skisprungschanze.

Die Funktionsgleichung für die Aufsprungbahn lautet

$f(x) = 0{,}000012 \cdot x^3 - 0{,}00378 \cdot x^2 - 0{,}27 \cdot x + 76$

für $0 \le x \le 120$.

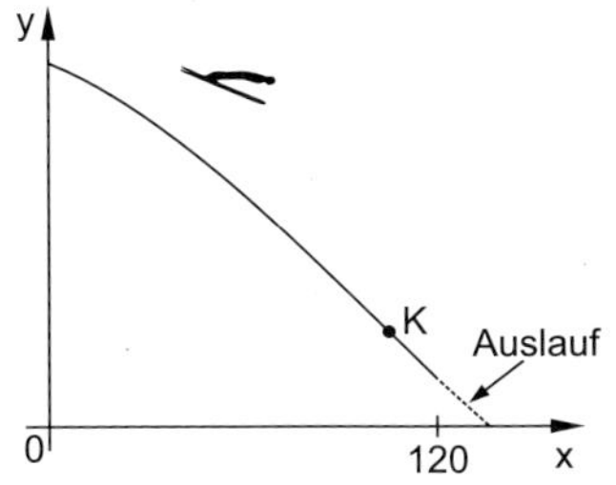

4.1 **Kritischer Punkt K mit größtem Gefälle**

Zu zeigen ist: Die Aufsprungbahn hat in K einen Wendepunkt mit einem Übergang von einer Rechtskurve in eine Linkskurve.

$f(x) = 0{,}000012x^3 - 0{,}00378x^2 - 0{,}27x + 76$

$f'(x) = 0{,}000036x^2 - 0{,}00756x - 0{,}27$

$f''(x) = 0{,}000072x - 0{,}00756$

$f'''(x) = 0{,}000072 > 0$

Für einen Wendepunkt muss gelten:

$f''(x) = 0, \quad \text{also} \quad 0{,}000072x - 0{,}00756 = 0$

$x = 105$

$f'''(105) > 0 \quad \Rightarrow$ Es liegt ein Wendepunkt vor bei $x = 105$.

Wendepunkt bedeutet, dass an dieser Stelle die Steigung der Kurve einen größten oder kleinsten Wert annimmt, z. B.:

(1)

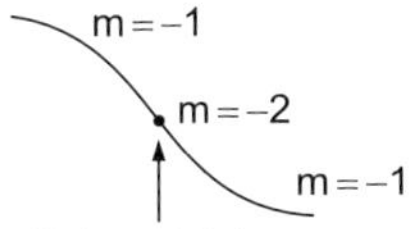

kleinste Steigung
(kleinster negativer Wert)

(2)

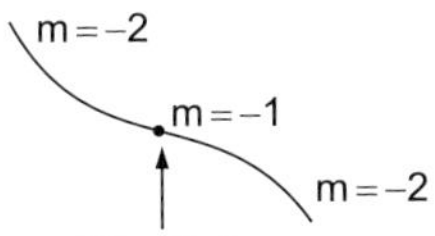

größte Steigung
(größter negativer Wert)

Die Steigungsfunktion f' hat als Schaubild eine nach oben geöffnete Parabel und damit einen Tiefpunkt; es liegt also Fall (1) vor.

Die Steigung ist somit am Wendepunkt K am kleinsten (am negativsten), folglich ist dort das Gefälle am größten.

Winkel zur Horizontalen bei K

$m = \frac{a}{b} = \tan\alpha$

$m = f'(105) = 0{,}000036 \cdot 105^2 - 0{,}00756 \cdot 105 - 0{,}27$

$= -0{,}6669 = \tan\alpha$

$\Rightarrow \quad \alpha \approx 33{,}7°$ (positiver Winkel)

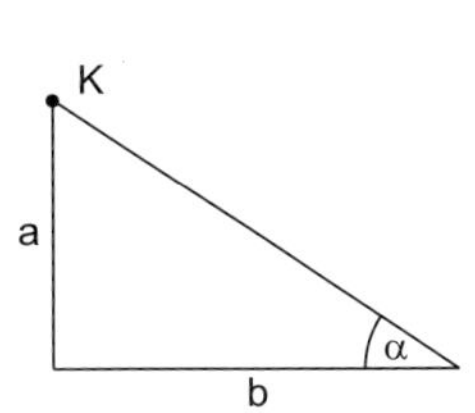

4.2 **Flugbahn eines Skispringers**

Die Flugbahn wird modelliert durch die Gleichung $y = -0{,}00132x^2 - 0{,}436x + 80 = g(x)$.

Wenn die Flugbahn tangential in die Aufsprungbahn übergeht, müssen sowohl die Funktionswerte als auch die Steigungswerte gleich sein:

$f(100) = g(100) \;\wedge\; f'(100) = g'(100)$

$f(100) = 23{,}2 \quad \text{und} \quad g(100) = 23{,}2$

$f'(100) = -0{,}666$

$g'(x) = -0{,}00264x - 0{,}436$

$g'(100) = -0{,}7$

Die Funktionswerte sind zwar gleich, nicht aber die Steigungen, d. h., die Flugbahn geht nicht knickfrei in die Aufsprungbahn über.

4.3 **Erläuterung einer Berechnung**

$\sqrt{(f(0)-f(40))^2+1600}+\sqrt{(f(40)-f(80))^2+1600}+\sqrt{(f(80)-f(120))^2+1600} \approx 137{,}5$

Berechnet werden die Längen der Strecken $\overline{AB}$, $\overline{BC}$ und $\overline{CD}$ (vgl. Skizze).

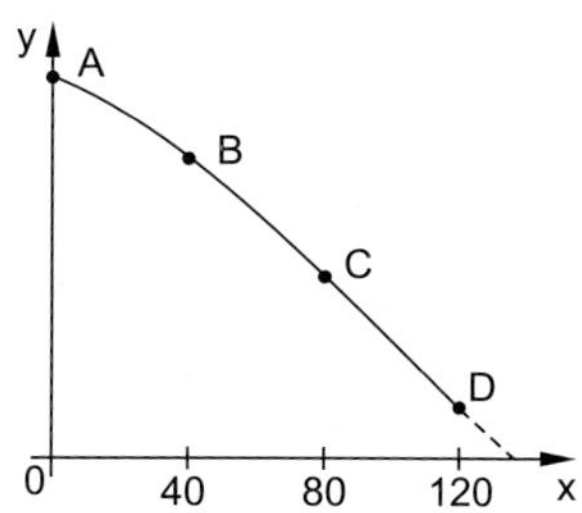

Die folgende Berechnung ist nicht verlangt:

$A(0\,|\,f(0)) = A(0\,|\,76)$

$B(40\,|\,f(40)) \approx B(40\,|\,60)$

$C(80\,|\,f(80)) \approx C(80\,|\,36)$

$D(120\,|\,f(120)) \approx D(120\,|\,10)$

$$\left.\begin{aligned}\overline{AB} &= \sqrt{(76-60)^2+40^2} \approx 43{,}08\\ \overline{BC} &= \sqrt{(60-36)^2+40^2} \approx 46{,}65\\ \overline{CD} &= \sqrt{(36-10)^2+40^2} \approx 47{,}71\end{aligned}\right\}\ \text{Summe} \approx 137{,}44$$

Die Strecke 137,5 m ist also eine Näherung für die Länge der Aufsprungbahn zwischen 0 und 120.

Aufgabe 1: Stochastik (Wahlaufgabe)

Punkte

1 Bei einem Festival können Teilnehmer zwischen zwei verschiedenen Veranstaltungen wählen. Erfahrungsgemäß besuchen 36 % aller Teilnehmer die Beachparty, während alle anderen zum Rockkonzert gehen.
Die Tickets für das Festival kann man entweder online oder an der Abendkasse kaufen. Langjährige Erfahrungswerte zeigen, dass die Teilnehmer der Beachparty zu 70 % ihr Ticket online erwerben. Außerdem weiß man, dass insgesamt 26,8 % aller Teilnehmer ihr Ticket an der Abendkasse kaufen.

1.1 Berechnen Sie jeweils die Wahrscheinlichkeit für folgende Ereignisse.

E_1: Von 5 zufällig ausgewählten Teilnehmern besuchen alle die Beachparty.

E_2: Von 30 zufällig ausgewählten Teilnehmern gehen mindestens 20 zur Beachparty.

E_3: Von 1 000 Teilnehmern des Festivals besuchen mindestens 380, jedoch höchstens 390 Leute die Beachparty. 6

1.2 Berechnen Sie die Wahrscheinlichkeit, dass ein Teilnehmer das Rockkonzert besucht und sein Ticket online erwirbt.

Ein Teilnehmer hat sein Ticket online erworben.
Berechnen Sie die Wahrscheinlichkeit, dass er dann Teilnehmer der Beachparty ist. 5

1.3 Für die Beachparty im Sommer 2020 stehen 1 500 Tickets zur Verfügung.
Mit einer Wahrscheinlichkeit von mindestens 99 % sollen alle der am Festival Interessierten, die zur Beachparty gehen möchten, tatsächlich ein Ticket für die Beachparty erhalten. Ein Schüler behauptet, dass somit die Anzahl n aller am Festival Interessierten unter 3 980 liegen muss.
Überprüfen Sie diese Behauptung und ermitteln Sie den maximalen Wert für n. 4

15

Hinweise und Tipps

1 **Tipp:**

Die Festivalteilnehmer werden zunächst anhand des Merkmals „Teilnehmer besucht die Beachparty" in zwei Besuchergruppen B bzw. $\overline{B}$ eingeteilt. Diese wiederum werden dann jeweils in die beiden Gruppen „Teilnehmer kauft Ticket online" (O) bzw. „Teilnehmer kauft Ticket an der Abendkasse (nicht online)" ($\overline{O}$) eingeteilt. Zur Bestimmung der fehlenden Wahrscheinlichkeiten und zur Lösung von Teilaufgabe 1.2 ist es sinnvoll, eine Vierfeldertafel zu erstellen.

1.1 **Tipps:**

- Die Trefferwahrscheinlichkeit ist bei allen drei Ereignissen E_1, E_2 und E_3 gleich, da jeweils nach den Besuchern der Beachparty gefragt ist; der Stichprobenumfang unterscheidet sich aber. Welcher Stichprobenumfang n liegt den drei Ereignissen jeweils zugrunde?
- Formulieren Sie eine Zufallsvariable X, die die Anzahl der Besucher der Beachparty unter den n zufällig ausgewählten Teilnehmern angibt. Welchen Wert muss X für Ereignis E_1 annehmen, welche Werte für die Ereignisse E_2 bzw. E_3?
- Berechnen Sie die Wahrscheinlichkeit von E_1 mit der Formel von Bernoulli. Bei Ereignis E_2 ist nach einer kumulierten Wahrscheinlichkeit $P(X \geq k) = 1 - P(X \leq k-1)$ gefragt. Die Wahrscheinlichkeit für E_3 lässt sich mit $P(a \leq X \leq b) = P(X \leq b) - P(X \leq a-1)$ berechnen. Nutzen Sie zur Berechnung jeweils den WTR.

1.2 **Tipps:**

- Mit den Merkmalen $\overline{B}$ und O lässt sich die Wahrscheinlichkeit, dass ein Teilnehmer das Rockkonzert besucht und sein Ticket online erwirbt, mathematisch als $P(\overline{B} \cap O)$ formulieren. Diese Wahrscheinlichkeit lässt sich der Vierfeldertafel entnehmen.
- Die Formulierung „Ein Teilnehmer hat sein Ticket online erworben" (Grundannahme für die gesuchte Wahrscheinlichkeit!) weist auf eine bedingte Wahrscheinlichkeit P_O hin. Da dieser Teilnehmer auch Teilnehmer der Beachparty sein soll, ist die Wahrscheinlichkeit $P_O(B)$ zu berechnen. Die hierzu notwendigen Wahrscheinlichkeiten $P(O \cap B)$ und $P(B)$ finden sich ebenfalls in der Vierfeldertafel.

1.3 **Tipps:**

- Formulieren Sie zur Überprüfung der Schülerbehauptung eine geeignete Zufallsvariable, z. B. X: Anzahl der am Festival Interessierten, die zur Beachparty gehen möchten. Die Behauptung des Schülers bezieht sich auf einen Stichprobenumfang von $n = 3\,980$ am Festival Interessierten. Mit der Wahrscheinlichkeit $P(B) = 0{,}36$ will ein Interessierter an der Beachparty teilnehmen. Deshalb ist X $B_{3\,980;\,0{,}36}$-verteilt.
- Welche Werte der Zufallsvariablen X sind von Bedeutung, damit alle, die zur Beachparty gehen möchten, auch eines der 1 500 Tickets erstehen können? Betrachten Sie die entsprechende kumulierte Wahrscheinlichkeit aller hierfür relevanten Werte und vergleichen Sie, ob diese bei 3 980 Interessierten mindestens 99 % beträgt. Bedeutet das Ergebnis, dass der Schüler recht hat?
- Wie zuvor nachgewiesen, ist $F_{3\,980;\,0{,}36}(1\,500) < 99\,\%$. Da $P(B) = 0{,}36$ und die zur Verfügung stehenden 1 500 Tickets feste Werte sind, kann die kumulierte Wahrscheinlichkeit nur durch Ändern der Anzahl n aller am Festival Interessierten größer oder gleich 99 % werden. Erreicht man dies durch Verringern oder Erhöhen der Anzahl n? Mit einer Intervallschachtelung bzw. durch Probieren mit dem WTR lässt sich die maximale Anzahl n berechnen, für die gilt: $F_{n;\,0{,}36}(1\,500) \geq 0{,}99$

Lösungen

1 Aus dem Satz der Aufgabenstellung „Erfahrungsgemäß besuchen 36 % <u>aller</u> Teilnehmer die Beachparty“ (B) kann die Wahrscheinlichkeit $P(B) = 0{,}36$ entnommen werden. Der letzte Satz der Aufgabenstellung „Außerdem weiß man, dass insgesamt 26,8 % <u>aller</u> Teilnehmer ihr Ticket an der Abendkasse kaufen“ (also nicht online ($\overline{O}$)) gibt die Wahrscheinlichkeit $P(\overline{O}) = 0{,}268$ an. Mit dem Hinweis „Langjährige Erfahrungswerte zeigen, dass die Teilnehmer der Beachparty (B) zu 70 % ihr Ticket online erwerben (O)“ wiederum kann die Wahrscheinlichkeit $P(B \cap O) = 0{,}36 \cdot 0{,}7 = 0{,}252$ berechnet werden.

Diese Wahrscheinlichkeiten sind in der Vierfeldertafel unten **fett** hervorgehoben. Die fehlenden Wahrscheinlichkeiten lassen sich durch Bilden der Differenzen berechnen:

$P(B \cap \overline{O}) = 0{,}36 - 0{,}252 = 0{,}108$

$P(O) = 1 - P(\overline{O}) = 1 - 0{,}268 = 0{,}732$

$P(\overline{B} \cap O) = 0{,}732 - 0{,}252 = 0{,}48$

$P(\overline{B}) = 1 - P(B) = 1 - 0{,}36 = 0{,}64$

$P(\overline{B} \cap \overline{O}) = 0{,}64 - 0{,}48 = 0{,}268 - 0{,}108 = 0{,}16$

Vierfeldertafel:

	O	$\overline{O}$	
B	**0,36 · 0,7** = 0,252	0,108	**0,36**
$\overline{B}$	0,48	0,16	0,64
	0,732	**0,268**	1

1.1 **Berechnen von Wahrscheinlichkeiten der Ereignisse E_1, E_2 und E_3**

Bei den drei Ereignissen E_1, E_2 und E_3 werden zufällig ausgewählte Teilnehmer danach untersucht, ob sie die Beachparty besuchen. Daher ist es sinnvoll, die Zufallsvariable X zu definieren als

X: Anzahl der zufällig ausgewählten Teilnehmer, die die Beachparty besuchen.

Mit der Wahrscheinlichkeit $p = 36\,\% = 0{,}36$ (Trefferwahrscheinlichkeit) besucht ein Teilnehmer die Beachparty. Jedem Ereignis liegt ein anderer Stichprobenumfang n zugrunde. Bei Ereignis E_1 ist $n = 5$, bei Ereignis E_2 ist $n = 30$ und bei Ereignis E_3 ist $n = 1\,000$.

Somit ist die Zufallsvariable X bei Ereignis E_1 $B_{5;\,0{,}36}$-verteilt und für die gesuchte Wahrscheinlichkeit folgt:

$$P(E_1) = P(X = 5) = \binom{5}{5} \cdot 0{,}36^5 \cdot 0{,}64^0 = 1 \cdot 0{,}0060466\ldots \cdot 1 \approx 0{,}006$$

Mit einer Wahrscheinlichkeit von etwa 0,6 % besuchen von 5 zufällig ausgewählten Teilnehmern alle die Beachparty.

Bei Ereignis E_2 ist X $B_{30;\,0{,}36}$-verteilt; für die gesuchte Wahrscheinlichkeit gilt:

$$P(E_2) = P(X \geq 20) = 1 - P(X \leq 19) = 1 - 0{,}9993777\ldots \approx 0{,}0006223$$

Mit einer Wahrscheinlichkeit von ungefähr 0,062 % gehen von 30 zufällig ausgewählten Teilnehmern mindestens 20 zur Beachparty.

Bei Ereignis E_3 ist X $B_{1000;\,0,36}$-verteilt und für die Wahrscheinlichkeit $P(E_3)$ ergibt sich:

$$P(E_3) = P(380 \le X \le 390) = P(X \le 390) - P(X \le 379) = 0{,}9772867\ldots - 0{,}9002156\ldots \approx 0{,}0771$$

Mit einer Wahrscheinlichkeit von ungefähr 7,71 % besuchen von 1000 Teilnehmern des Festivals mindestens 380, jedoch höchstens 390 die Beachparty.

1.2 **Berechnen der Wahrscheinlichkeit $P(\overline{B} \cap O)$**

Ein zufällig ausgewählter Festivalteilnehmer besucht das Rockkonzert ($\overline{B}$) **und** hat sein Ticket online erworben (O). Da beide Merkmale erfüllt sein müssen, ist die Wahrscheinlichkeit $P(\overline{B} \cap O)$ gesucht. Diese lässt sich obiger Vierfeldertafel entnehmen:

$$P(\overline{B} \cap O) = 0{,}48$$

Die Wahrscheinlichkeit, dass ein Teilnehmer das Rockkonzert besucht und sein Ticket online erwirbt, beträgt $0{,}48 = 48\ \%$.

Berechnen der bedingten Wahrscheinlichkeit $P_O(B)$

Mit dem Satz „Ein Teilnehmer hat sein Ticket online erworben" wird der Personenkreis eingeschränkt. Die gesuchte Wahrscheinlichkeit bezieht sich nicht auf alle Festivalteilnehmer, sondern nur auf jene, die ein Online-Ticket erworben haben. Die gesuchte Wahrscheinlichkeit ist somit eine bedingte Wahrscheinlichkeit P_O. Der ausgewählte Teilnehmer soll dann auch Teilnehmer der Beachparty sein. Gesucht ist also die bedingte Wahrscheinlichkeit $P_O(B)$. Für sie gilt:

$$P_O(B) = \frac{P(O \cap B)}{P(O)} \quad \text{(vgl. Merkhilfe)}$$

Aus obiger Vierfeldertafel können die Wahrscheinlichkeiten $P(O \cap B) = 0{,}252$ und $P(O) = 0{,}732$ entnommen werden. So ergibt sich:

$$P_O(B) = \frac{P(O \cap B)}{P(O)} = \frac{0{,}252}{0{,}732} = 0{,}3442623\ldots \approx 0{,}3443$$

Falls ein Teilnehmer sein Ticket online erworben hat, beträgt die Wahrscheinlichkeit, dass er Teilnehmer der Beachparty ist, etwa 34,43 %.

1.3 **Überprüfen der Schülerbehauptung**

Die Vorgaben legen es nahe, die Zufallsvariable X folgendermaßen zu definieren:

X: Anzahl der am Festival Interessierten, die zur Beachparty gehen möchten

Da für die Schülerbehauptung die Anzahl $n = 3\,980$ aller am Festival Interessierten zu untersuchen ist und erfahrungsgemäß 36 % aller Teilnehmer die Beachparty besuchen, ist die Zufallsvariable X $B_{3980;\,0,36}$-verteilt.

Die 1500 Beachparty-Tickets reichen dann aus, wenn von allen am Festival Interessierten

	Wert der Zufallsvariablen X	Wahrscheinlichkeit
keiner,	$X = 0$	$P(X = 0)$
genau einer,	$X = 1$	$P(X = 1)$
genau zwei,	$X = 2$	$P(X = 2)$
…	…	…
genau 1499	$X = 1499$	$P(X = 1499)$
oder genau 1500	$X = 1500$	$P(X = 1500)$

ein Ticket für die Beachparty kaufen wollen.

Wie sich die am Festival Interessierten im Sommer 2020 tatsächlich entscheiden werden, kann man im Voraus jedoch nicht wissen. Um festzustellen, ob die 1 500 Beachparty-Tickets zu 99 % ausreichen – egal, welcher der obigen Fälle 2020 eintritt –, muss man daher die Wahrscheinlichkeiten aller dieser Möglichkeiten addieren.

Für diese kumulierte Wahrscheinlichkeit ergibt sich:

$P(X \leq 1\,500) = F_{3\,980;\,0{,}36}(1\,500) = 0{,}9871177\ldots \quad (< 0{,}99)$

Diese Wahrscheinlichkeit ist kleiner als 99 %. Die Anzahl der am Festival Interessierten muss also (noch) kleiner sein, damit die Tickets für die Beachparty zu 99 % ausreichen. Somit hat der Schüler mit seiner Behauptung recht.

Ermitteln des maximalen Wertes für die Anzahl n

Wie eben nachgewiesen, ist $F_{n;\,0{,}36}(1\,500) < 0{,}99$ für $n = 3\,980$. Bei den vorgegebenen Bedingungen sind die Anzahl der verfügbaren 1 500 Tickets und die Wahrscheinlichkeit $P(B) = 0{,}36$, dass 36 % aller Teilnehmer die Beachparty besuchen, feste Werte.
Die kumulierte Wahrscheinlichkeit lässt sich also allein durch die Anzahl n aller am Festival Interessierten verändern. Diese Wahrscheinlichkeit erhöht sich, wenn sich die Anzahl n verringert.

Durch geeignete Intervallschachtelung bzw. systematisches Probieren mit dem WTR kann die maximale Anzahl n mit $F_{n;\,0{,}36}(1\,500) \geq 0{,}99$ bestimmt werden.

Mit $n = 3\,975$ ergibt sich: $F_{3\,975;\,0{,}36}(1\,500) = 0{,}9889957\ldots < 0{,}99$

Mit $n = 3\,973$ ergibt sich: $F_{3\,973;\,0{,}36}(1\,500) = 0{,}9896779\ldots < 0{,}99$

Mit $n = 3\,972$ ergibt sich: $F_{3\,972;\,0{,}36}(1\,500) = 0{,}9900051\ldots \geq 0{,}99$

Für die maximale Anzahl $n = 3\,972$ am Festival Interessierter reichen 1 500 Beachparty-Tickets aus, damit mit einer Wahrscheinlichkeit von mindestens 99 % jeder, der zur Beachparty gehen möchte, tatsächlich ein Ticket dafür erhält.

Aufgabe 2: Stochastik (Wahlaufgabe)

Punkte

2 Bei einer großen Feier werden ein Hauptgericht mit Fleisch, ein vegetarisches Hauptgericht sowie anschließend eine Nachspeise angeboten.
Die Planer greifen auf langjährige Erfahrungswerte ihrer Vorgänger zurück, bei denen alle Gäste genau ein Hauptgericht wählen, jedoch nur 85 % der Gäste eine Nachspeise nehmen. 30 % aller Gäste entscheiden sich für das vegetarische Hauptgericht. Von den Gästen, die sich für ein vegetarisches Hauptgericht entschieden haben, nehmen anschließend 75 % auch eine Nachspeise.

2.1 Bestimmen Sie die Wahrscheinlichkeit, dass ein zufällig ausgewählter Gast ein Hauptgericht mit Fleisch wählt und eine Nachspeise nimmt.

Beziehen Sie Stellung zu folgender Aussage: „Von denjenigen Gästen, die eine Nachspeise nehmen, ist der Anteil der Gäste, die auch ein vegetarisches Hauptgericht wählen, größer als 27 %.“ 6

2.2 Eine Planung geht zunächst von 800 Gästen aus.
Bestimmen Sie für folgende Ereignisse jeweils die Wahrscheinlichkeit:

A: Genau 240 Gäste wählen das vegetarische Hauptgericht.

B: Höchstens 250 Gäste wählen das vegetarische Hauptgericht.

C: Mehr als 220, aber höchstens 250 Gäste wählen das vegetarische Hauptgericht. 6

2.3 Bei einem Stichprobenumfang von 80 Gästen gaben 30 an, dass sie ein vegetarisches Hauptgericht wählen werden.
Beurteilen Sie auf der Basis eines 95 %-Vertrauensintervalls, ob die Planer dem oben genannten langjährigen Erfahrungswert vertrauen können. 3

15

Hinweise und Tipps

2 **Tipp:**

Zunächst ist es sinnvoll, die verschiedenen Wahrscheinlichkeiten, die sich in der Aufgabenstellung finden lassen, in einem Baumdiagramm oder einer Vierfeldertafel festzuhalten. Es werden ein Hauptgericht mit Fleisch (F), ein vegetarisches Hauptgericht ($\overline{F}$) und eine Nachspeise (N) angeboten. 30 % aller Gäste entscheiden sich für ein vegetarisches Hauptgericht ($P(\overline{F})$). Da zudem alle Gäste ein Hauptgericht wählen, ist $P(F) = 1 - P(\overline{F})$ ebenfalls bekannt. Außerdem nehmen nur 85 % aller Gäste eine Nachspeise (P(N)). Von den Gästen, die sich für ein vegetarisches Hauptgericht entschieden haben, nehmen anschließend 75 % auch eine Nachspeise. Aufgrund der Pfadmultiplikationsregel gilt damit für die Wahrscheinlichkeit $P(\overline{F} \cap N) = 0{,}3 \cdot 0{,}75$. Hiermit lassen sich die fehlenden Wahrscheinlichkeiten berechnen.

2.1 **Tipps:**

- Die Wahrscheinlichkeit, dass ein zufällig ausgewählter Gast ein Hauptgericht mit Fleisch wählt und eine Nachspeise nimmt, ist $P(F \cap N)$. Diese Wahrscheinlichkeit kann dem erstellten Baumdiagramm bzw. der Vierfeldertafel entnommen werden.
- Die Aussage „Von denjenigen Gästen, die eine Nachspeise nehmen, ist der Anteil der Gäste, die …" macht deutlich, dass sich die Wahrscheinlichkeit nicht auf alle Gäste bezieht, sondern nur auf diejenigen, die eine Nachspeise nehmen. Es handelt sich somit um eine bedingte Wahrscheinlichkeit P_N.
- Da es um den Anteil der Gäste geht, die ein vegetarisches Hauptgericht wählen, ist die bedingte Wahrscheinlichkeit $P_N(\overline{F})$ zu berechnen und mit den zu beurteilenden 27 % zu vergleichen. Die benötigten Wahrscheinlichkeiten P(N) und $P(N \cap \overline{F})$ können der Vierfeldertafel oder dem Baumdiagramm entnommen werden.

2.2 **Tipps:**

- Formulieren Sie eine zu den Ereignissen A, B und C passende Zufallsvariable, etwa X: Anzahl der Gäste, die das vegetarische Hauptgericht wählen. Die Planung geht von einer Gesamtzahl $n = 800$ Gäste aus. Die Trefferwahrscheinlichkeit ist für die drei Ereignisse A, B und C ebenfalls gleich, da jeweils nach der Wahrscheinlichkeit gefragt ist, dass eine bestimmte Anzahl k der Gäste ein vegetarisches Hauptgericht wählt. Deshalb ist $p = P(\overline{F}) = 0{,}3$.
- Die Zufallsvariable X ist also $B_{800;\,0{,}3}$-verteilt.
  Hieraus ergeben sich die zu berechnenden Wahrscheinlichkeiten $P(A) = P(X = 240)$, $P(B) = P(X \leq 250)$ und $P(C) = P(220 < X \leq 250)$ mithilfe des WTR.

2.3 **Tipps:**

- Die Formel für das Vertrauensintervall finden Sie in der Merkhilfe.
  Die relative Häufigkeit h kann aus den Angaben, dass von 80 Gästen 30 angaben, dass sie ein vegetarisches Hauptgericht wählen werden, bestimmt werden.
  Aufgrund der Vorgabe eines 95 %-Vertrauensintervalls ergibt sich $c = 1{,}96$.
- Das berechnete Vertrauensintervall gibt mit 95 %-iger Sicherheit die untere bzw. obere Grenze für die Wahrscheinlichkeit an, dass ein Gast ein vegetarisches Hauptgericht wählt. Liegt der langjährige Erfahrungswert von 30 % in diesem Intervall? Können die Planer diesem Erfahrungswert also zu 95 % vertrauen?

Lösungen

2 Zunächst ist es sinnvoll, die gegebenen Wahrscheinlichkeiten in einem Baumdiagramm oder einer Vierfeldertafel festzuhalten. Anschließend können fehlende Wahrscheinlichkeiten berechnet werden. Es werden ein Hauptgericht mit Fleisch (F), ein vegetarisches Hauptgericht ($\overline{F}$) und eine Nachspeise (N) angeboten.

30 % <u>aller</u> Gäste entscheiden sich für ein vegetarisches Hauptgericht; also ist $P(\overline{F}) = 0{,}3$.

Da wiederum <u>alle</u> Gäste ein Hauptgericht wählen, entscheiden sich die restlichen Gäste für ein Hauptgericht mit Fleisch. Es ist $P(F) = 1 - P(\overline{F}) = 1 - 0{,}3 = 0{,}7$.

Außerdem nehmen nur 85 % <u>aller</u> Gäste eine Nachspeise. Für diese Wahrscheinlichkeit ergibt sich somit $P(N) = 0{,}85$.

Zudem ist bekannt, dass von den Gästen, die sich für ein vegetarisches Hauptgericht entschieden haben, 75 % anschließend auch eine Nachspeise nehmen. Diese Gäste können mathematisch mit der Mengenverknüpfung $\overline{F} \cap N$ beschrieben werden. Die Wahrscheinlichkeit hierfür errechnet sich nach der Pfadmultiplikationsregel mit:

$P(\overline{F} \cap N) = 0{,}3 \cdot 0{,}75 = 0{,}225$

Mit den beiden letzten Wahrscheinlichkeiten lässt sich als weitere Wahrscheinlichkeit $P(F \cap N)$ erschließen. Da alle Gäste genau ein Hauptgericht wählen – es also keine Gäste gibt, die *nur* den Nachtisch ohne Hauptgericht wählen –, setzt sich der Personenkreis, der einen Nachtisch (N) wählt, aus den Gästen zusammen, die ein Hauptgericht mit Fleisch und einen Nachtisch ($F \cap N$) oder die ein Hauptgericht ohne Fleisch und einen Nachtisch ($\overline{F} \cap N$) nehmen. Daraus ergibt sich folgende Gleichung:

$$P(N) = P(F \cap N) + P(\overline{F} \cap N)$$
$$0{,}85 = P(F \cap N) + 0{,}225 \qquad | -0{,}225$$
$$0{,}625 = P(F \cap N)$$

Im nachfolgenden Baumdiagramm bzw. in der nachfolgenden Vierfeldertafel sind die gegebenen bzw. gerade berechneten Wahrscheinlichkeiten **fett** hervorgehoben und die fehlenden Wahrscheinlichkeiten ergänzt.

Baumdiagramm:

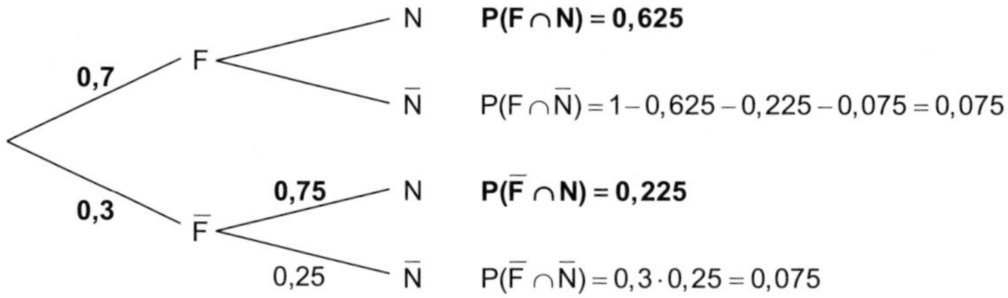

Vierfeldertafel:

	N	$\overline{N}$	
F	0,625	0,075	**0,7**
$\overline{F}$	**0,3 · 0,75** = 0,225	0,075	**0,3**
	0,85	0,15	1

2.1 **Berechnen der Wahrscheinlichkeit $P(F \cap N)$**

Es ist nach der Wahrscheinlichkeit gefragt, dass ein zufällig ausgewählter Gast ein Hauptgericht mit Fleisch (F) **und** eine Nachspeise nimmt (N). In Mengenschreibweise kann dieses Ereignis als Schnittmenge $F \cap N$ beschrieben werden. Mit den oben angestellten Überlegungen kann diese Wahrscheinlichkeit aus dem Baumdiagramm bzw. der Vierfeldertafel entnommen werden:

$P(F \cap N) = 0{,}625$

Mit einer Wahrscheinlichkeit von $0{,}625 = 62{,}5\ \%$ wählt ein zufällig ausgewählter Gast ein Hauptgericht mit Fleisch und nimmt eine Nachspeise.

Beurteilen einer Aussage über eine bedingte Wahrscheinlichkeit

Die Aussage „Von denjenigen Gästen, die eine Nachspeise nehmen, ist der Anteil der Gäste, die …" weist eindeutig darauf hin, dass sich die besagte Wahrscheinlichkeit nicht auf alle Gäste (100 %) bezieht, sondern nur auf diejenigen, die eine Nachspeise nehmen. Es handelt sich somit um eine bedingte Wahrscheinlichkeit P_N. Von diesen Gästen interessiert man sich für diejenigen, die ein vegetarisches Hauptgericht ($\overline{F}$) wählen. Gesucht ist also die bedingte Wahrscheinlichkeit:

$$P_N(\overline{F}) = \frac{P(N \cap \overline{F})}{P(N)} \quad \text{(vgl. Merkhilfe)}$$

Die nötigen Wahrscheinlichkeiten P(N) und $P(N \cap \overline{F}) = P(\overline{F} \cap N)$ können der Vierfeldertafel oder dem Baumdiagramm entnommen werden. Damit ergibt sich:

$$P_N(\overline{F}) = \frac{P(N \cap \overline{F})}{P(N)} = \frac{0{,}225}{0{,}85} = 0{,}2647058\ldots < 0{,}27\,!$$

Die Aussage ist falsch, da die bedingte Wahrscheinlichkeit $P_N(\overline{F})$ kleiner als 27 % ist.

2.2 **Berechnen der Wahrscheinlichkeiten der Ereignisse A, B und C**

Die Planung geht von einer Gesamtzahl $n = 800$ Gäste aus. Die relevante Trefferwahrscheinlichkeit ist für die drei Ereignisse A, B und C gleich, da jeweils nach der Wahrscheinlichkeit gefragt ist, dass eine bestimmte Anzahl k der Gäste ein vegetarisches Hauptgericht wählt. Die Wahrscheinlichkeit hierfür ist $p = P(\overline{F}) = 0{,}3$.

Die Zufallsvariable X kann zu den Ereignissen A, B und C mit

X: Anzahl der Gäste, die das vegetarische Hauptgericht wählen

geeignet formuliert werden. Diese Zufallsvariable ist dann $B_{800;\,0{,}3}$-verteilt.

Mit P(A) ist die Wahrscheinlichkeit gesucht, dass von den 800 Gästen genau 240 das vegetarische Hauptgericht wählen:

$P(A) = P(X = 240) = B_{800;\,0{,}3}(240) = 0{,}0307670\ldots \approx 3{,}08\ \%$

Mit einer Wahrscheinlichkeit von etwa 3,08 % wählen von 800 Gästen genau 240 Gäste das vegetarische Hauptgericht.

Bei Ereignis B sollen höchstens 250 Gäste das vegetarische Hauptgericht wählen. Für die Werte der Zufallsvariablen gilt somit $X \leq 250$ und als kumulierte Wahrscheinlichkeit ergibt sich:

$P(B) = (X \leq 250) = F_{800;\,0{,}3}(250) = 0{,}7915605\ldots \approx 79{,}16\ \%$

Mit einer Wahrscheinlichkeit von etwa 79,16 % wählen von 800 Gästen höchstens 250 Gäste das vegetarische Hauptgericht.

Da bei Ereignis C nach der Wahrscheinlichkeit gefragt ist, dass von den 800 Gästen mehr als 220, aber höchstens 250 Gäste das vegetarische Hauptgericht wählen, muss die entsprechende kumulierte Wahrscheinlichkeit berechnet werden:

$$\begin{aligned}P(C) = P(220 < X \leq 250) = P(X \leq 250) - P(X \leq 220) &= F_{800;\,0,3}(250) - F_{800;\,0,3}(220)\\ &= 0{,}7915605\ldots - 0{,}0653490\ldots\\ &= 0{,}7262115\ldots \approx 72{,}62\,\%\end{aligned}$$

Mit einer Wahrscheinlichkeit von etwa 72,62 % wählen von 800 Gästen mehr als 220, aber höchstens 250 Gäste das vegetarische Hauptgericht.

2.3 **Beurteilung auf Basis eines 95 %-Vertrauensintervalls, ob die Planer dem langjährigen Erfahrungswert $p = 0{,}3$ vertrauen können**

Für das gesuchte Vertrauensintervall VI in der allgemeinen Form gilt:

$$VI = \left[h - c \cdot \sqrt{\frac{h(1-h)}{n}};\ h + c \cdot \sqrt{\frac{h(1-h)}{n}}\right] \quad \text{(vgl. Merkhilfe)}$$

Da bei einem Stichprobenumfang von 80 Gästen 30 angaben, dass sie ein vegetarisches Hauptgericht wählen werden, lässt sich die relative Häufigkeit h berechnen mit:

$$h = \frac{30}{80} = \frac{3}{8} = 0{,}375$$

Da die Planer eine 95 %-Vertrauenssicherheit haben möchten, gilt für das Vertrauensintervall $c = 1{,}96$ (siehe Merkhilfe).

Hiermit ergibt sich das Vertrauensintervall für eine 95 %-ige Sicherheit:

$$\begin{aligned}VI &= \left[0{,}375 - 1{,}96 \cdot \sqrt{\frac{0{,}375 \cdot (1-0{,}375)}{80}};\ 0{,}375 + 1{,}96 \cdot \sqrt{\frac{0{,}375 \cdot (1-0{,}375)}{80}}\right]\\ &= [0{,}268911\ldots;\ 0{,}481088\ldots]\end{aligned}$$

Da $p = 30\,\% = 0{,}3$ in diesem Intervall liegt, ist folgende Beurteilung möglich:

Dem langjährigen Erfahrungswert, dass 30 % aller Gäste das vegetarische Hauptgericht wählen, können die Planer auf Basis dieses Vertrauensintervalls zu 95 % vertrauen.

Berufliche Gymnasien Baden-Württemberg: Mathematik
Abiturprüfung 2020 – Teil 4 (Lineare Algebra)

Lineare Algebra: Wahlgebiet Vektorgeometrie

Punkte

1 Ein Architekt plant ein modernes Museum.

Im Modell hat das Museum eine rechteckige Grundfläche mit den Eckpunkten $A_1(0\,|\,0\,|\,0)$, $B_1(10\,|\,0\,|\,0)$, $C_1(10\,|\,5\,|\,0)$, $D_1(0\,|\,5\,|\,0)$ und ein Dach, das aus den vier Eckpunkten $A_2(0\,|\,0\,|\,2)$, $B_2(10\,|\,0\,|\,2)$, $C_2(10\,|\,6\,|\,2)$, $D_2(0\,|\,5{,}5\,|\,2{,}5)$ gebildet wird. Die von der Grundfläche zum Dach verlaufenden Kanten des Modells verbinden Punkte gleichen Buchstabens, z. B. ist A_1 mit A_2 verbunden.

Eine Längeneinheit im Modell entspricht 10 Meter (m).

1.1 Zeichnen Sie das Modell in ein geeignetes Koordinatensystem. 4

1.2 Die Vorderseite des Modells (d. h. der Schnitt mit der Ebene $x_1 = 10$) bildet ein Trapez. Diese Fläche soll zu 80 % aus einem Spezialglas bestehen, das 400 Euro pro m^2 kostet.
Berechnen Sie die hierfür zu kalkulierenden Kosten. 3

1.3 Die Kante $\overline{A_2C_2}$ teilt das Dach in zwei dreieckige Flächen.
Bestimmen Sie den Winkel, den diese beiden Flächen im Innern des Modells bilden. 4

1.4 Im Punkt C_2 soll ein Laser installiert werden, der den Laserstrahl in Richtung $\overrightarrow{C_1C_2}$ geradlinig in den Himmel schickt. Entsprechend soll im Punkt D_2 ein weiterer Laser mit Laserstrahl in Richtung $\overrightarrow{D_1D_2}$ installiert werden.

1.4.1 Geben Sie für jeden der beiden Laserstrahlen eine Gleichung der entsprechenden Geraden an. 2

1.4.2 Bestimmen Sie die Höhe über der Grundfläche, in der diese beiden Laserstrahlen genau 212,5 m voneinander entfernt sind. 2

15

Hinweise und Tipps

1.1 **Tipp:**

Zeichnen Sie die gegebenen Punkte des Modells in ein dreidimensionales Koordinatensystem ein und verbinden Sie jeweils die Punkte der Grundfläche und des Daches sowie die Punkte gleichen Buchstabens mit Kanten.

1.2 **Tipp:**

Die Formel zur Berechnung des Flächeninhalts eines Trapezes findet sich in der Merkhilfe. Die Bestimmung der Seitenlängen $a = |\overrightarrow{B_1C_1}|$ und $c = |\overrightarrow{B_2C_2}|$ sowie der Höhe $h = |\overrightarrow{B_1B_2}|$ vereinfacht sich, wenn man berücksichtigt, dass die Kanten $\overline{B_1C_1}$ und $\overline{B_2C_2}$ parallel zur x_2-Achse verlaufen und die Kante $\overline{B_1B_2}$ parallel zur x_3-Achse verläuft.

1.3 **Tipps:**

- Die Merkhilfe gibt an, dass sich der Winkel, den zwei Ebenen einschließen, mit $\cos(\alpha) = \frac{|\vec{n}_1 \cdot \vec{n}_2|}{|\vec{n}_1| \cdot |\vec{n}_2|}$ berechnen lässt.
- Da die Fläche $A_2B_2C_2$ parallel zur x_1x_2-Ebene liegt, muss ein Normalenvektor ein Vielfaches des Vektors $\begin{pmatrix} 0 \\ 0 \\ 1 \end{pmatrix}$ sein. Warum? Ein Normalenvektor zur Fläche $A_2C_2D_2$ lässt sich z. B. mit dem Vektorprodukt $\overrightarrow{A_2C_2} \times \overrightarrow{A_2D_2}$ bestimmen.
- Mit der Formel erhält man aber einen spitzen Winkel. Wo befindet sich dieser von den beiden Ebenen eingeschlossene Winkel? Innerhalb des Modells oder außerhalb? Wie lässt sich somit der von den Ebenen im Modell eingeschlossene Winkel berechnen? Durch Addition dieses spitzen Winkels zu 180° oder durch Subtraktion?

1.4.1 **Tipp:**

Mit dem Punkt C_2 und dem Richtungsvektor $\overrightarrow{C_1C_2}$ bzw. dem Punkt D_2 und dem Richtungsvektor $\overrightarrow{D_1D_2}$ kann für beide Laserstrahlen die Gleichung der entsprechenden Geraden in Parameterform angegeben werden.

1.4.2 **Tipps:**

- Bestimmen Sie zunächst die allgemeinen Koordinaten zweier Punkte P_1 (auf Laserstrahl 1) und P_2 (auf Laserstrahl 2) mithilfe der in Teilaufgabe 1.4.1 aufgestellten Geradengleichungen. Diese beiden Punkte sollen in einer zu berechnenden Höhe den Abstand $d = |\overrightarrow{P_1P_2}| = 212{,}5\text{ m} \mathrel{\hat{=}} 21{,}25\text{ LE}$ zueinander haben. Stellen Sie die entsprechende Gleichung auf.
- Diese Gleichung enthält aber zwei Variablen (die beiden Parameter der Geradengleichungen), sodass sie nicht eindeutig lösbar ist.
- Welche Koordinate der Punkte P_1 und P_2 gibt die Höhe der Punkte über der Grundfläche an? Da diese Höhe gleich sein soll, erhalten Sie eine weitere Gleichung. Lösen Sie diese Gleichung nach einem der Parameter auf und eliminieren Sie damit die entsprechende Variable in der Gleichung $d = |\overrightarrow{P_1P_2}| = 21{,}25$.
- Lösen Sie anschließend diese Gleichung. Nach Einsetzen der erhaltenen Lösung in die entsprechende Geradengleichung gibt die x_3-Komponente die gesuchte Höhe über der Grundfläche in Längeneinheiten an. Rechnen Sie zum Schluss die Längeneinheiten noch in Meter um.

Lösungen

1.1 **Zeichnen des Modells in ein geeignetes Koordinatensystem**

Die Zeichnung des Modells könnte so aussehen:

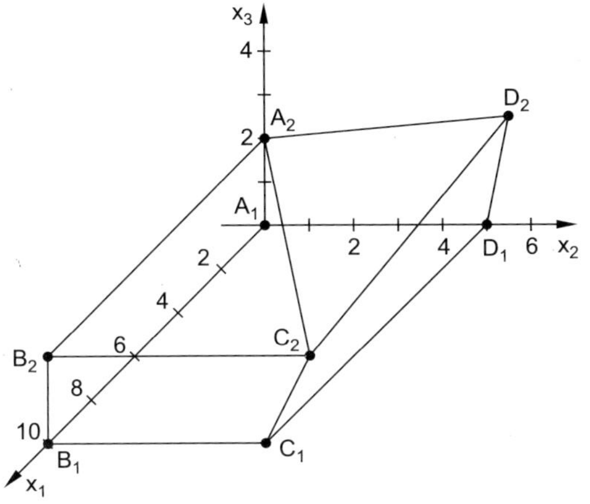

1.2 **Berechnen der zu kalkulierenden Kosten für die Verglasung der Vorderseite**

Der Schnitt des Modells mit der Ebene $x_1 = 10$ ergibt ein Trapez, das von den Eckpunkten B_1, B_2, C_1 und C_2 gebildet wird. Die Formel für die Berechnung des Flächeninhalts eines Trapezes findet sich in der Merkhilfe auf Seite 1. Es gilt:

$A = \frac{1}{2} \cdot (a + c) \cdot h$, wobei a und c die parallelen Seiten des Trapezes sind, h die Höhe.

Aus dem Vergleich mit der trapezförmigen Vorderseite des Modells ergeben sich die folgenden Längen:

$a = |\overrightarrow{B_1C_1}| \qquad c = |\overrightarrow{B_2C_2}| \qquad h = |\overrightarrow{B_1B_2}|$

Da die Kanten $\overline{B_1C_1}$ und $\overline{B_2C_2}$ parallel zur x_2-Achse verlaufen und die Kante $\overline{B_1B_2}$ parallel zur x_3-Achse verläuft, können ihre Längen als Differenz der x_2-Koordinaten bzw. der x_3-Koordinaten der jeweiligen Punkte berechnet werden:

$a = |\overrightarrow{B_1C_1}| = 5 - 0 = 5 \text{ LE} \qquad c = |\overrightarrow{B_2C_2}| = 6 - 0 = 6 \text{ LE} \qquad h = |\overrightarrow{B_1B_2}| = 2 - 0 = 2 \text{ LE}$

Für den Flächeninhalt des Trapezes $B_1C_1C_2B_2$ ergibt sich damit der Flächeninhalt:

$$A = \frac{1}{2} \cdot (a + c) \cdot h = \frac{1}{2} \cdot (|\overrightarrow{B_1C_1}| + |\overrightarrow{B_2C_2}|) \cdot |\overrightarrow{B_1B_2}| = \frac{1}{2} \cdot (5 \text{ LE} + 6 \text{ LE}) \cdot 2 \text{ LE} = 11 \text{ FE}$$

Da 1 LE im Modell nach Angabe 10 m entspricht und $1 \text{ FE} = 1 \text{ LE} \cdot 1 \text{ LE}$ ist, ergibt sich für die tatsächliche Fläche der Vorderseite des Museums:

$11 \text{ FE} = 11\,(\text{LE} \cdot \text{LE}) \mathrel{\hat{=}} 11 \cdot (10 \text{ m} \cdot 10 \text{ m}) = 1100 \text{ m}^2$

Da 80 % der gesamten Fläche aus einem Spezialglas bestehen soll, das 400 € pro m^2 kostet, betragen die Kosten K für den verglasten Teil der Vorderseite:

$$K = \frac{80}{100} \cdot 1\,100\ m^2 \cdot 400\ \frac{€}{m^2} = 352\,000\ €$$

Die zu kalkulierenden Kosten betragen somit 352 000 €.

1.3 **Bestimmung des Winkels, den die beiden Dachflächen im Innern des Modells bilden**

Die Kante $\overline{A_2C_2}$ teilt das Dach in die beiden dreieckigen Flächen $A_2B_2C_2$ und $A_2C_2D_2$. Diese beiden Flächen können als Teil der Ebenen betrachtet werden, die jeweils durch die drei Punkte A_2, B_2 und C_2 bzw. A_2, C_2 und D_2 festgelegt sind.

Der spitze Winkel α_1, den die beiden Ebenen miteinander einschließen, lässt sich dann mit $\cos(\alpha_1) = \frac{|\vec{n}_1 \cdot \vec{n}_2|}{|\vec{n}_1| \cdot |\vec{n}_2|}$ berechnen, wobei $\vec{n}_1$ und $\vec{n}_2$ Normalenvektoren der Ebenen sind.

Da die Ebene $A_2B_2C_2$ parallel zur x_1x_2-Ebene liegt, verläuft jeder Normalenvektor parallel zur x_3-Achse. Jeder Normalenvektor zu dieser Ebene ist also ein Vielfaches des Richtungsvektors der x_3-Achse. Damit kann z. B. $\vec{n}_1 = \begin{pmatrix} 0 \\ 0 \\ 1 \end{pmatrix}$ ohne weitere Rechnung als Normalenvektor dieser Ebene bestimmt werden.

Betrachtet man die beiden Vektoren $\overrightarrow{A_2C_2}$ und $\overrightarrow{A_2D_2}$ als Spannvektoren der Ebene $A_2C_2D_2$, so lässt sich ein Normalenvektor $\vec{n}_2$ zu dieser Ebene mit dem Vektorprodukt (Kreuzprodukt) berechnen:

$$\vec{n}_2 = \overrightarrow{A_2C_2} \times \overrightarrow{A_2D_2} = \begin{pmatrix} 10 \\ 6 \\ 0 \end{pmatrix} \times \begin{pmatrix} 0 \\ 5{,}5 \\ 0{,}5 \end{pmatrix} = \begin{pmatrix} 6 \cdot 0{,}5 - 0 \cdot 5{,}5 \\ 0 \cdot 0 - 10 \cdot 0{,}5 \\ 10 \cdot 5{,}5 - 6 \cdot 0 \end{pmatrix} = \begin{pmatrix} 3 \\ -5 \\ 55 \end{pmatrix}$$

Für den spitzen Winkel α_1 zwischen den beiden Ebenen erhält man damit:

$$\cos(\alpha_1) = \frac{|\vec{n}_1 \cdot \vec{n}_2|}{|\vec{n}_1| \cdot |\vec{n}_2|} = \frac{\left| \begin{pmatrix} 0 \\ 0 \\ 1 \end{pmatrix} \cdot \begin{pmatrix} 3 \\ -5 \\ 55 \end{pmatrix} \right|}{\left| \begin{pmatrix} 0 \\ 0 \\ 1 \end{pmatrix} \right| \cdot \left| \begin{pmatrix} 3 \\ -5 \\ 55 \end{pmatrix} \right|} = \frac{|0 \cdot 3 + 0 \cdot (-5) + 1 \cdot 55|}{\sqrt{0^2 + 0^2 + 1^2} \cdot \sqrt{3^2 + (-5)^2 + 55^2}} = \frac{|55|}{1 \cdot \sqrt{3\,059}}$$

$$\alpha_1 = \cos^{-1}\left(\frac{55}{\sqrt{3\,059}} \right) = 6{,}051738\ldots° \approx 6{,}1°$$

Nach Aufgabenstellung soll der Winkel α bestimmt werden, den die beiden Flächen im Innern des Modells einschließen. Die rechts abgebildete Skizze zeigt die beiden Dachflächen in der Seitenansicht. Der berechnete Winkel α_1 ist der von den beiden Ebenen eingeschlossene spitze Winkel. Anhand der Skizze erkennt man, dass sich der gesuchte Winkel α, den die beiden Flächen im Innern des Modells bilden, aus α_1 durch Addition von 180° ergibt:

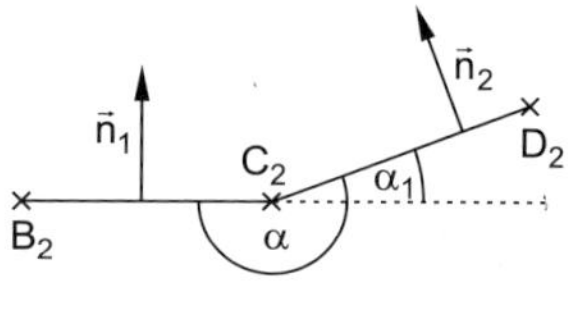

$$\alpha = \alpha_1 + 180° = 6{,}1° + 180° = 186{,}1°$$

Die beiden dreieckigen Flächen $A_2B_2C_2$ und $A_2C_2D_2$ bilden im Innern des Modells einen Winkel von 186,1°.

1.4.1 **Beschreiben der beiden Laserstrahlen durch entsprechende Geradengleichungen**

Der eine Laser L_1 wird im Punkt C_2 installiert und sein Laserstrahl verläuft in Richtung $\overrightarrow{C_1C_2}$. Mit $\vec{c}_2 = \overrightarrow{OC_2} = \begin{pmatrix} 10 \\ 6 \\ 2 \end{pmatrix}$ und dem Richtungsvektor $\overrightarrow{C_1C_2} = \begin{pmatrix} 10-10 \\ 6-5 \\ 2-0 \end{pmatrix} = \begin{pmatrix} 0 \\ 1 \\ 2 \end{pmatrix}$ erhält man die Geradengleichung:

$$\ell_1\colon\ \vec{x} = \begin{pmatrix} 10 \\ 6 \\ 2 \end{pmatrix} + r \cdot \begin{pmatrix} 0 \\ 1 \\ 2 \end{pmatrix};\ r \in \mathbb{R}$$

Entsprechend ergibt sich für den zweiten Laser L_2 mit $\vec{d}_2 = \overrightarrow{OD_2} = \begin{pmatrix} 0 \\ 5{,}5 \\ 2{,}5 \end{pmatrix}$ und dem Richtungsvektor $\overrightarrow{D_1D_2} = \begin{pmatrix} 0-0 \\ 5{,}5-5 \\ 2{,}5-0 \end{pmatrix} = \begin{pmatrix} 0 \\ 0{,}5 \\ 2{,}5 \end{pmatrix}$ die Geradengleichung:

$$\ell_2\colon\ \vec{x} = \begin{pmatrix} 0 \\ 5{,}5 \\ 2{,}5 \end{pmatrix} + s \cdot \begin{pmatrix} 0 \\ 0{,}5 \\ 2{,}5 \end{pmatrix};\ s \in \mathbb{R}$$

1.4.2 **Bestimmen der Höhe über der Grundfläche, in der die beiden Laserstrahlen genau 212,5 m voneinander entfernt sind**

In einer zu bestimmenden Höhe sollen die beiden Laserstrahlen L_1 und L_2 genau 212,5 m $\triangleq$ 21,25 LE voneinander entfernt sein.

Die Lage der Punkte auf dem Laserstrahl L_1 wird durch die Geradengleichung ℓ_1, die Lage der Punkte auf dem Laserstrahl L_2 durch die Geradengleichung ℓ_2 beschrieben (vgl. Teilaufgabe 1.4.1). Ein (beliebiger) Punkt P_1 auf Laserstrahl L_1 hat aufgrund der Geradengleichung ℓ_1 die Koordinaten $P_1(10\,|\,6+r\,|\,2+2r)$. Entsprechend ergeben sich die Koordinaten eines (beliebigen) Punktes P_2 auf Laserstrahl L_2 aufgrund der Geradengleichung ℓ_2 mit $P_2(0\,|\,5{,}5+0{,}5s\,|\,2{,}5+2{,}5s)$.

Für ihren Abstand d gilt:

$$d = \left|\overrightarrow{P_1P_2}\right| = \left|\begin{pmatrix} 0 \\ 5{,}5+0{,}5s \\ 2{,}5+2{,}5s \end{pmatrix} - \begin{pmatrix} 10 \\ 6+r \\ 2+2r \end{pmatrix}\right| = \left|\begin{pmatrix} -10 \\ -0{,}5+0{,}5s-r \\ 0{,}5+2{,}5s-2r \end{pmatrix}\right| \stackrel{!}{=} 21{,}25$$

Diese Gleichung enthält aber zwei Variablen (die Parameter r und s der Geradengleichungen), sodass diese Gleichung nicht eindeutig lösbar ist. Sie wird es aber, wenn eine der beiden Variablen eliminiert und durch die andere ausgedrückt werden kann.

Die beiden Punkte P_1 und P_2 sollen nach Aufgabenstellung die gleiche Höhe über der Grundfläche haben. Da die x_3-Komponente die Höhe eines Punktes über der Grundfläche angibt, haben die beiden Punkte auf den Laserstrahlen genau dann gleiche Höhe, wenn sie in dieser Komponente übereinstimmen. Es muss somit gelten:

$$2+2r = 2{,}5+2{,}5s \quad\Rightarrow\quad 2r = 0{,}5+2{,}5s \quad\Rightarrow\quad r = 0{,}25+1{,}25s$$

Zwei Punkte auf den beiden Laserstrahlen befinden sich also in gleicher Höhe, wenn die Variablen r und s in dieser Beziehung zueinander stehen.

Mit $r = 0,25 + 1,25s$ kann in obiger Abstandsgleichung die Variable r eliminiert werden und man erhält eine Gleichung mit nur einer Variablen, nämlich der Variablen s:

$$d = \left|\begin{pmatrix} -10 \\ -0,5+0,5s-r \\ 0,5+2,5s-2r \end{pmatrix}\right| = \left|\begin{pmatrix} -10 \\ -0,5+0,5s-(0,25+1,25s) \\ 0,5+2,5s-2\cdot(0,25+1,25s) \end{pmatrix}\right| = \left|\begin{pmatrix} -10 \\ -0,75-0,75s \\ 0 \end{pmatrix}\right|$$

$$= \sqrt{(-10)^2+(-0,75-0,75s)^2+0^2} = \sqrt{100+0,5625+1,125s+0,5625s^2}$$

$$= \sqrt{100,5625+1,125s+0,5625s^2}$$

Da dieser Abstand d genau 212,5 m $\hat{=}$ 21,25 LE sein soll, ergibt sich:

$$\sqrt{100,5625+1,125s+0,5625s^2} = 21,25 \quad \Big|\,^2$$

$$100,5625+1,125s+0,5625s^2 = 451,5625 \quad \Big| -451,5625$$

$$-351+1,125s+0,5625s^2 = 0 \quad \Big| : 0,5625$$

$$s^2+2s-624 = 0$$

$$s_{1/2} = \frac{-2 \pm \sqrt{4+2\,496}}{2}$$

$$s_{1/2} = \frac{-2 \pm 50}{2}$$

$$(s_1 = -26) \quad \text{oder} \quad s_2 = 24$$

Der Wert $s_1 = -26$ kommt als Lösung nicht infrage, da der Laserstrahl in Richtung $\overrightarrow{D_1D_2}$ in den Himmel und nicht in Gegenrichtung zum Boden geschickt wird.

Setzt man $s_2 = 24$ in die x_3-Komponente (Höhe!) der Geradengleichung ℓ_2 ein, so ergibt sich $x_3 = 2,5 + 2,5 \cdot 24 = 62,5$ (LE).

Die beiden Laserstrahlen sind in einer Höhe von 625 m über der Grundfläche genau 212,5 m voneinander entfernt.

Aufgabe 1: Analysis (Pflichtaufgabe)

Punkte

1.1 Die Funktion f ist gegeben durch $f(x) = -\frac{1}{2}x^3 + \frac{3}{2}x^2;\ x \in \mathbb{R}$.
Das Schaubild von f ist K_f.

1.1.1 Bestimmen Sie die Nullstellen von f und skizzieren Sie K_f ohne weitere Rechnung. 4

1.1.2 Ermitteln Sie die x-Koordinate des Punktes, in dem K_f die Steigung $\frac{3}{2}$ hat. 2

1.2 Die Abbildung zeigt einen Ausschnitt des Schaubilds einer Funktion s.

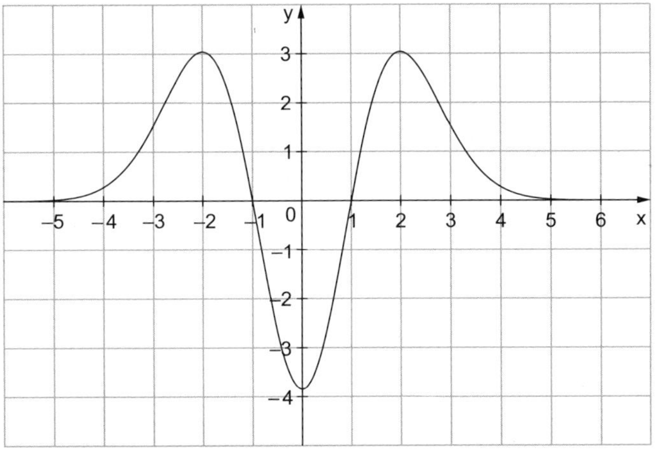

Entscheiden Sie, ob folgende Aussagen wahr oder falsch sind. Begründen Sie.

(1) Es gilt: $s''(4) < 0$

(2) Das Schaubild der Ableitungsfunktion s' von s besitzt für $0 < x < 2$ einen Hochpunkt.

(3) Der Wert von $\int_0^4 s(x)\,dx$ ist größer als 0. 5

1.3 Die Funktion d ist für $x > 0$ gegeben durch $d(x) = \frac{1}{x^2} + x^2$ und D ist eine Stammfunktion von d.

Zeigen Sie:

(1) D ist für $x > 0$ monoton wachsend.

(2) Die Stelle $x = 1$ ist die einzige Wendestelle von D. 4

15

Aufgabe 2: Stochastik (Pflichtaufgabe)

Punkte

Vorschlag 1*

2.1 Eine Fußballmannschaft gewinnt jedes ihrer Spiele mit einer Wahrscheinlichkeit von $\frac{2}{3}$.

2.1.1 Das Ereignis A hat die folgende Wahrscheinlichkeit:

$$P(A) = 10 \cdot \left(\frac{2}{3}\right)^9 \cdot \left(\frac{1}{3}\right)$$

Geben Sie eine Formulierung für das Ereignis A im Sachzusammenhang an. 2

2.1.2 Berechnen Sie die Wahrscheinlichkeit, dass die Mannschaft von vier Spielen genau zwei Spiele gewinnt und diese aufeinanderfolgen. 2

2.2 Eine andere Mannschaft wird von ihren Misserfolgen demotiviert.

Die Mannschaft gewinnt das erste Spiel mit einer Wahrscheinlichkeit p. Gewinnt sie das erste Spiel nicht, so ist die Wahrscheinlichkeit, dann das zweite Spiel zu gewinnen, $\frac{1}{2}$p.

Die Wahrscheinlichkeit, dass die Mannschaft mindestens eines der beiden Spiele gewinnt, beträgt $\frac{4}{9}$.

Begründen Sie, dass durch Lösen der Gleichung

$$1 - (1-p) \cdot \left(1 - \frac{1}{2}p\right) = \frac{4}{9}$$

die Wahrscheinlichkeit p ermittelt werden kann. 4

8

Vorschlag 2

2 In einer Urne befinden sich zunächst neun Kugeln.

Vier Kugeln haben die Farbe blau, zwei sind weiß und drei sind grün.

2.1 Zwei Kugeln werden nacheinander aus der Urne ohne Zurücklegen gezogen.

Berechnen Sie die Wahrscheinlichkeit der folgenden Ereignisse:

A: Die beiden gezogenen Kugeln sind weiß.

B: Unter den beiden gezogenen Kugeln befindet sich mindestens eine weiße Kugel.

C: Eine der beiden gezogenen Kugeln ist weiß und die andere blau. 5

2.2 Es wird nun eine unbekannte Anzahl x von grünen Kugeln der Urne hinzugefügt, sodass bei zweimaligem Ziehen ohne Zurücklegen die Wahrscheinlichkeit, zwei grüne Kugeln zu ziehen, genau 50 % ist.

Ermitteln Sie eine Gleichung, mit der x berechnet werden kann. 3

8

*Anmerkung der Redaktion: Aufgrund der Corona-Pandemie gab es in der Prüfung 2021 in den Teilen 1 und 4 jeweils zwei Aufgabenvorschläge für die Bereiche Stochastik und Lineare Algebra (Vektorgeometrie bzw. Matrizen), um eine Vorauswahl durch die Lehrkraft je nach Behandlung im Unterricht zu ermöglichen.

Aufgabe 3: Lineare Algebra: Wahlgebiet Vektorgeometrie

Punkte

Vorschlag 1

3 Die Punkte A(5 | 1 | 0), B, C und D liegen in einer gemeinsamen Ebene und es gilt:

$$\overrightarrow{AC} = \begin{pmatrix} -6 \\ 6 \\ 0 \end{pmatrix} \text{ und } \overrightarrow{BD} = \begin{pmatrix} -2 \\ -2 \\ 8 \end{pmatrix}$$

Der Schnittpunkt von $\overline{AC}$ und $\overline{BD}$ liegt in der Mitte von A und C.

3.1 Begründen Sie, dass $\overrightarrow{AC}$ und $\overrightarrow{BD}$ einen rechten Winkel einschließen und den gleichen Betrag haben. 3

3.2 Fertigen Sie eine geeignete zweidimensionale Skizze an, die zeigt, dass das Viereck ABCD kein Quadrat sein muss. 2

3.3 Ermitteln Sie für den Fall, dass das Viereck ABCD ein Quadrat ist, die Koordinaten der Eckpunkte B und D. 2

7

Vorschlag 2

3.1 Berechnen Sie die Lösungsmenge des linearen Gleichungssystems: 3

$$\begin{aligned} x_1 + 2 \cdot x_2 - x_3 &= -4 \\ -x_1 + 2 \cdot x_2 \qquad &= -3 \\ x_2 + x_3 &= 2 \end{aligned}$$

3.2 Gegeben sind die Geraden g und h mit

$$g: \vec{x} = \begin{pmatrix} 1 \\ -1 \\ 2 \end{pmatrix} + r \cdot \begin{pmatrix} 1 \\ 2 \\ -1 \end{pmatrix};\ r \in \mathbb{R} \text{ und } h: \vec{x} = \begin{pmatrix} 2 \\ 0 \\ 1 \end{pmatrix} + s \cdot \begin{pmatrix} -1 \\ -2 \\ 1 \end{pmatrix};\ s \in \mathbb{R}.$$

3.2.1 Zeigen Sie, dass g und h parallel, aber nicht identisch sind. 2

3.2.2 Bestimmen Sie einen Punkt P, der von g und h den gleichen Abstand hat. 2

7

Aufgabe 3: Lineare Algebra: Wahlgebiet Matrizen

Punkte

Vorschlag 1

3.1 Gegeben sind die Matrizen A und B. Die Matrix A hat 2 Zeilen und 3 Spalten, d. h., A hat das Format 2×3. B hat das Format 3×2.

Geben Sie an, welche der folgenden beiden Berechnungen möglich ist:

(1) $3 \cdot A + 2 \cdot B$

(2) $A \cdot B$

Bestimmen Sie das Format der Ergebnismatrix. 2

3.2 Für jede Matrix $A = \begin{pmatrix} a_{11} & a_{12} \\ a_{21} & a_{22} \end{pmatrix}$ bezeichnet $A^T = \begin{pmatrix} a_{11} & a_{21} \\ a_{12} & a_{22} \end{pmatrix}$ die transponierte Matrix von A.

Eine Matrix A heißt orthogonal, falls $A \cdot A^T = \begin{pmatrix} 1 & 0 \\ 0 & 1 \end{pmatrix}$.

3.2.1 Prüfen Sie, ob die Matrix

$$\frac{1}{13} \cdot \begin{pmatrix} 5 & -12 \\ 12 & 5 \end{pmatrix}$$

orthogonal ist. 2

3.2.2 Zeigen Sie, dass $\begin{pmatrix} 0 & -1 \\ -1 & 0 \end{pmatrix}^5$ orthogonal ist. 3

7

Vorschlag 2

3.1 Berechnen Sie den Lösungsvektor des linearen Gleichungssystems, das durch die folgende erweiterte Koeffizientenmatrix gegeben ist:

$$\left(\begin{array}{ccc|c} 1 & 2 & -1 & -4 \\ -1 & 2 & 0 & -3 \\ 0 & 1 & 1 & 2 \end{array}\right)$$

3

3.2 Gegeben sind die Matrizen $A = \begin{pmatrix} 1 & -3 \\ 2 & 1 \end{pmatrix}$ und $B = \begin{pmatrix} 0 & -3 \\ 2 & 1 \end{pmatrix}$.

3.2.1 Zeigen Sie, dass die Matrizenmultiplikation von A und B nicht kommutativ ist, das heißt $A \cdot B \neq B \cdot A$. 2

3.2.2 Durch Abänderung genau eines Koeffizienten der Matrix B lässt sich eine Matrix $\widetilde{B}$ erzeugen, die die folgenden beiden Eigenschaften hat:

(1) $\widetilde{B} \neq A$

(2) Die Matrizenmultiplikation von A und $\widetilde{B}$ ist kommutativ.

Geben Sie eine mögliche Matrix $\widetilde{B}$ an. 2

7

Hinweise und Tipps

1.1.1 **Tipps:**

- Zerlegen Sie den Funktionsterm in Faktoren.
- Lesen Sie daraus die Nullstellen ab.
- Was bedeutet eine doppelte Nullstelle für den Verlauf des Schaubilds?
- Welche Möglichkeiten des Verlaufs gibt es für das Schaubild einer ganzrationalen Funktion dritten Grades für $x \to \infty$ bzw. $x \to -\infty$?

1.1.2 **Tipps:**

- Für die Steigung benötigen Sie die Ableitung.
- Setzen Sie f'(x) gleich $\frac{3}{2}$ und lösen Sie die Gleichung nach x auf.

1.2 **Tipps:**

- (1) Aus welcher Ableitung liest man die Krümmung einer Kurve ab? Lesen Sie aus dem Schaubild die Krümmung bei $x = 4$ ab.
- (2) Lesen Sie die Steigungen des Schaubilds von s im Bereich $0 < x < 2$ ab. Unterscheiden Sie dabei die Bereiche $0 < x < 1$ und $1 < x < 2$. Für welchen x-Wert ist die Steigung am größten, hat also ein Maximum?
- (3) Betrachten Sie für die Untersuchung des Integrals die Bereiche $0 < x < 1$ und $1 < x < 4$.

1.3 **Tipps:**

- (1) Welcher Zusammenhang besteht zwischen den Funktionen D und d? Welche y-Werte nimmt die Funktion d = D' für alle positiven x-Werte an?
- (2) Mit welcher Ableitung bestimmt man Wendestellen? Betrachten Sie D'', also d', und bestimmen Sie daraus die positiven einfachen Nullstellen von D''.

2 Vorschlag 1

2.1.1 **Tipps:**

- Die angegebene Wahrscheinlichkeit ist eine Bernoulli-Kette, die auch in der Form $P(A) = \binom{10}{9} \cdot \left(\frac{2}{3}\right)^9 \cdot \left(\frac{1}{3}\right)^1$ geschrieben werden kann.
- Vergleicht man dies mit der allgemeinen Form einer Bernoulli-Kette, so lässt sich mit der Trefferwahrscheinlichkeit $p = \frac{2}{3}$ die Anzahl n der Durchführungen (Spiele) und die Anzahl k der Treffer (gewonnene Spiele) ablesen. Von wie vielen durchgeführten Spielen n gewinnt die Fußballmannschaft genau k?

2.1.2 **Tipps:**

- Sie können sich zunächst überlegen, wie viele Möglichkeiten es gibt, dass die Fußballmannschaft bei vier Spielen zwei aufeinanderfolgende gewinnt.
- Da die Wahrscheinlichkeit, ein Fußballspiel zu gewinnen bzw. nicht, unabhängig vom Ausgang der anderen Spiele ist, gewinnt die Mannschaft ein Spiel mit der Wahrscheinlichkeit $\frac{2}{3}$ und gewinnt es nicht mit der Wahrscheinlichkeit $1 - \frac{2}{3} = \frac{1}{3}$.
- Wie oft enthält somit das Produkt zur Berechnung der gesuchten Wahrscheinlichkeit den Faktor $\frac{2}{3}$, wie oft den Faktor $\frac{1}{3}$? Multiplizieren Sie dann die so erhaltene Wahrscheinlichkeit mit der Anzahl der Möglichkeiten.

2.2 **Tipps:**

- Die Wahrscheinlichkeit $\frac{4}{9}$ auf der rechten Seite der Gleichung ist die in der Aufgabenstellung angegebene Wahrscheinlichkeit, dass die Mannschaft mindestens eines der beiden Spiele gewinnt.
- Auf der linken Seite der Gleichung wird von 1 die Wahrscheinlichkeit $(1-p)\cdot\left(1-\frac{1}{2}p\right)$ abgezogen, also die Wahrscheinlichkeit des Gegenereignisses. Wie lautet dieses Gegenereignis?
- Zur Bestimmung des Terms für die Wahrscheinlichkeit dieses Gegenereignisses ist ein Baumdiagramm hilfreich.

2 Vorschlag 2

2.1 **Tipps:**

- Die Wahrscheinlichkeiten, beim ersten Zug eine blaue, eine weiße bzw. eine grüne Kugel zu ziehen, erhalten Sie als Quotienten aus der Anzahl der Kugeln einer bestimmten Farbe im Verhältnis zu der Gesamtzahl der Kugeln in der Urne.
- Da es sich bei diesem Zufallsexperiment um ein Ziehen ohne Zurücklegen handelt, verringert sich die Gesamtzahl der Kugeln, die sich vor dem zweiten Zug in der Urne befinden, um eins. Abhängig davon, welche Kugel im ersten Zug gezogen wurde und welche Farbe diese hat, befindet sich dann vor dem zweiten Zug auch eine blaue, eine weiße bzw. eine grüne Kugel weniger in der Urne. Entsprechend ändern sich die Wahrscheinlichkeiten für den zweiten Zug.
- Es ist hilfreich, sich dieses Zufallsexperiment „Zweimaliges Ziehen einer Kugel ohne Zurücklegen“ mit einem Baumdiagramm zu veranschaulichen.
- Vor dem ersten Zug sind zwei der insgesamt neun Kugeln in der Urne weiß. Wird eine weiße Kugel gezogen, befindet sich vor dem zweiten Zug unter den dann insgesamt noch acht Kugeln nur noch eine weiße. Durch Multiplikation dieser beiden Wahrscheinlichkeiten lässt sich die Wahrscheinlichkeit von Ereignis A berechnen.
- Die Wahrscheinlichkeit von Ereignis B lässt sich auf zwei Arten berechnen. Ereignis B tritt genau dann ein, wenn eine weiße und eine nicht weiße Kugel oder zwei weiße Kugeln gezogen werden. Bedenken Sie, dass zuerst die weiße Kugel und dann die nicht weiße Kugel oder zuerst die nicht weiße Kugel und anschließend die weiße Kugel gezogen werden kann. Durch Aufaddieren der zugehörigen Wahrscheinlichkeiten ergibt sich die gesuchte Wahrscheinlichkeit.
  Alternativ hierzu können Sie die Wahrscheinlichkeit P(B) auch mithilfe des Gegenereignisses $\overline{B}$ berechnen. Wie lautet das Gegenereignis zu „mindestens eine weiße Kugel“? Es gilt dann $P(B)=1-P(\overline{B})$.

2.2 **Tipps:**

- Ursprünglich befanden sich neun Kugeln in der Urne; drei davon waren grün. Wird nun eine unbekannte Anzahl x von grünen Kugeln hinzugefügt, muss zur Bestimmung der Wahrscheinlichkeit, im ersten Zug eine grüne Kugel zu ziehen, diese Anzahl x sowohl im Zähler als auch im Nenner hinzuaddiert werden.
- Da ohne Zurücklegen gezogen wird, verringert sich vor dem zweiten Zug die Anzahl der grünen Kugeln und die Anzahl der Kugeln insgesamt in der Urne jeweils um eins. Folglich ergibt sich für die Wahrscheinlichkeit, im zweiten Zug eine grüne Kugel zu ziehen, ein Bruch, dessen Zähler und Nenner jeweils um eins kleiner ist.
- Das Produkt aus diesen beiden Brüchen soll den Wert $50\,\% = 0{,}5$ haben.
- Die Aufgabenstellung verlangt nicht, diese aufgestellte Gleichung zu lösen.

3 Wahlgebiet Vektorgeometrie – Vorschlag 1

3.1 **Tipps:**

- Mithilfe des Skalarproduktes kann nachgewiesen werden, dass zwei Vektoren einen rechten Winkel einschließen. Welchen Wert muss dann das Skalarprodukt annehmen?
- Für den Betrag (= Länge) eines Vektors gilt: $|\vec{a}| = \sqrt{a_1^2 + a_2^2 + a_3^2}$
  Durch Einsetzen der in der Aufgabenstellung gegebenen Komponenten des Vektors $\overrightarrow{AC}$ bzw. des Vektors $\overrightarrow{BD}$ kann der Betrag der Vektoren berechnet werden. Sind beide Werte gleich, ist der Nachweis erbracht.

3.2 **Tipp:**

Nur bei den Vierecken Quadrat, Raute und Drachen stehen die Diagonalen senkrecht aufeinander. Welches Viereck würde sich aber ergeben, wenn bei einer Raute die Diagonalen gleich lang sind? Skizzieren Sie folglich einen Drachen, dessen Diagonalen gleich lang sind und der keine Raute ist.

3.3 **Tipps:**

- Zur Bestimmung der Koordinaten der Eckpunkte B und D kann eine Skizze hilfreich sein. Bei einem Quadrat sind die Diagonalen gleich lang, stehen senkrecht aufeinander und halbieren sich gegenseitig.
- Die Koordinaten der Punkte B und D erhalten Sie aus den Ortsvektoren $\overrightarrow{OB}$ und $\overrightarrow{OD}$. Durch passende Addition bzw. Subtraktion können diese Ortsvektoren durch den Ortsvektor $\overrightarrow{OA}$ und die Vektoren $\frac{1}{2}\overrightarrow{AC}$, $\frac{1}{2}\overrightarrow{BD}$ bzw. $-\frac{1}{2}\overrightarrow{BD}$ dargestellt werden. (Die Koordinaten des Punktes A und die nötigen Vektoren sind gegeben.)
- Addiert man zum Ortsvektor $\overrightarrow{OA}$ die Hälfte des Diagonalenvektors $\overrightarrow{AC}$, so erhält man den Ortsvektor $\overrightarrow{OS}$, wobei S der Schnittpunkt der Diagonalen $\overline{AC}$ und $\overline{BD}$ ist. Durch Addition der Hälfte des Diagonalenvektors $\overrightarrow{BD}$ zum Ortsvektor $\overrightarrow{OS}$ ergibt sich dann der Ortsvektor $\overrightarrow{OD}$ und durch Subtraktion der Hälfte des Diagonalenvektors $\overrightarrow{BD}$ der Ortsvektor $\overrightarrow{OB}$.

3 Wahlgebiet Vektorgeometrie – Vorschlag 2

3.1 **Tipps:**

- Formen Sie das lineare Gleichungssystem so um, dass sich eine Gleichung mit einer Variablen, eine Gleichung mit zwei Variablen und eine Gleichung mit drei Variablen ergeben (Gauß-Algorithmus).
- Bestimmen Sie dann die Lösungen für x_1, x_2 und x_3. Die gesuchte Lösungsmenge enthält das Tripel mit den Lösungen für x_1, x_2 und x_3.

3.2.1 **Tipps:**

- Zwei Geraden sind parallel, wenn ihre Richtungsvektoren kollinear (= linear abhängig) sind. Weisen Sie also nach, dass der eine Richtungsvektor ein Vielfaches des anderen ist.
- Identisch sind zwei Geraden, wenn beide Geraden alle Punkte gemeinsam haben. Weisen Sie somit durch Punktprobe nach, dass es einen Punkt gibt, der <u>nicht</u> auf beiden Geraden liegt. Dieser Nachweis ist möglich, indem Sie zeigen, dass der Aufpunkt A_g der Geraden g nicht auf der Geraden h liegt bzw. der Aufpunkt A_h der Geraden h nicht auf der Geraden g liegt.

3.2.2 **Tipps:**

- Fertigen Sie zur Veranschaulichung eine Skizze an.
- Da g und h parallel zueinander verlaufen, hat jeder Punkt P auf der Mittelparallelen von g und h den gleichen Abstand zu den beiden Geraden. Verbindet man einen beliebigen Punkt der Geraden g mit einem beliebigen Punkt der Geraden h, so halbiert die Mittelparallele diese Strecke. Der Mittelpunkt M dieser Strecke hat also den gleichen Abstand zu beiden Geraden.
- Zur Berechnung der Koordinaten eines solchen Punktes M können der Aufpunkt A_g von g und der Vektor $\frac{1}{2}\overrightarrow{A_gA_h}$ oder der Aufpunkt A_h von h und der Vektor $\frac{1}{2}\overrightarrow{A_hA_g}$ verwendet werden.

3 Wahlgebiet Matrizen – Vorschlag 1

3.1 **Tipps:**

- Überlegen Sie, welche Formate zwei Matrizen haben müssen, damit sie addiert bzw. multipliziert werden können.
- Ändert eine skalare Multiplikation etwas am Format einer Matrix?
- Welches Format ergibt sich bei der Multiplikation zweier Matrizen für die Ergebnismatrix?

3.2.1 **Tipps:**

- Bei der transponierten Matrix A^T sind Zeilen und Spalten im Vergleich zur Matrix A vertauscht.
- Notieren Sie die transponierte Matrix der gegebenen Matrix und führen Sie die Matrizenmultiplikation durch.
- Die angegebene Matrix ist orthogonal, wenn Sie als Ergebnismatrix die Einheitsmatrix erhalten.

3.2.2 **Tipps:**

- Bestimmen Sie zunächst die Matrix $\begin{pmatrix} 0 & -1 \\ -1 & 0 \end{pmatrix}^5$.
- Überlegen Sie, wie Sie das Ergebnis mit möglichst wenigen Matrizenmultiplikationen erhalten können.
- Bestimmen Sie dann die transponierte Matrix und prüfen Sie durch Matrizenmultiplikation, ob die Ausgangsmatrix orthogonal ist.

3 Wahlgebiet Matrizen – Vorschlag 2

3.1 **Tipps:**

- Gegeben ist die erweiterte Koeffizientenmatrix eines linearen Gleichungssystems (LGS). Wenden Sie zur Lösung des LGS zunächst den Gauß-Algorithmus an.
- An der oberen Dreiecksmatrix (wenn unterhalb der Hauptdiagonalen nur noch Nullen stehen) lässt sich erkennen, ob das LGS genau eine, keine oder unendlich viele Lösungen hat.
- Lösen Sie das LGS von unten nach oben auf und geben Sie den Lösungsvektor an.
- Denken Sie an die richtige Reihenfolge der einzelnen Vektorkomponenten.

3.2.1 **Tipps:**

- Bilden Sie jeweils das Produkt der gegebenen Matrizen A und B durch Matrizenmultiplikation.
- Der Begriff „(nicht) kommutativ" ist in der Aufgabe symbolisch erklärt. Sie sollen zeigen, dass beim Vertauschen der beiden Matrizen in der Multiplikation nicht das gleiche Ergebnis herauskommt.

3.2.2 **Tipps:**

- Die Matrix A bleibt bei diesem Aufgabenteil unverändert.
- In Matrix B soll genau ein Koeffizient so abgeändert werden, dass die neue Matrix $\widetilde{B}$ nicht identisch ist mit der Matrix A und des Weiteren gilt: $A \cdot \widetilde{B} = \widetilde{B} \cdot A$
- Sie können diese Teilaufgabe lösen, indem Sie jeweils einen Koeffizienten der Matrix B abändern und testen, ob beide Bedingungen erfüllt sind. Der Koeffizient 0 in Matrix B darf beispielsweise nicht in den Wert 1 abgeändert werden, da die Matrix $\widetilde{B}$ dann mit der Matrix A identisch wäre.
- Für eine analytische Lösung dieser Teilaufgabe setzen Sie für die einzelnen Koeffizienten der Matrix $\widetilde{B}$ die Unbekannten a, b, c und d ein und führen jeweils die Matrizenmultiplikation durch.
- Die beiden Ergebnismatrizen müssen identisch sein. Zwei Matrizen sind identisch, wenn die Koeffizienten an den jeweils gleichen Stellen der Matrizen identisch sind.

Lösungen

1.1 Gegeben ist die Funktion f mit $f(x) = -\frac{1}{2}x^3 + \frac{3}{2}x^2$; $x \in \mathbb{R}$.
Das Schaubild von f ist K_f.

1.1.1 **Nullstellen**

Bedingung für Nullstellen: $f(x) = 0$

Also $-\frac{1}{2}x^3 + \frac{3}{2}x^2 = 0$

$$x^2 \cdot \left(-\frac{1}{2}x + \frac{3}{2}\right) = 0$$

$$\Rightarrow \quad x_{1/2} = 0 \quad \text{oder} \quad -\frac{1}{2}x + \frac{3}{2} = 0$$

$$-\frac{1}{2}x = -\frac{3}{2} \quad | \cdot (-2)$$

$$x_3 = 3$$

Nullstellen: $x_{1/2} = 0$; $x_3 = 3$

Skizze

Gesucht ist eine Skizze ohne weitere Rechnung.
f ist eine ganzrationale Funktion dritten Grades. Das Schaubild verläuft entweder von links unten nach rechts oben oder von links oben nach rechts unten.
Wegen des Minuszeichens vor x^3 gehen für $x \to \infty$ die y-Werte gegen $-\infty$, das Schaubild also nach unten.
$x_{1/2} = 0$ ist eine doppelte Nullstelle, dort liegt dann ein Extrempunkt vor, $x_3 = 3$ ist eine einfache Nullstelle, die Kurve schneidet die x-Achse.

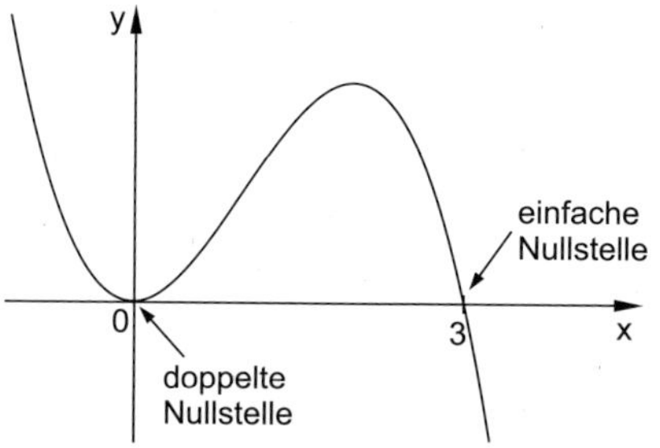

1.1.2 **x-Koordinate des Punktes, in dem K_f die Steigung $\frac{3}{2}$ hat**

Für die Steigung benötigt man die Ableitung von f.

$$f(x) = -\frac{1}{2}x^3 + \frac{3}{2}x^2$$

$$f'(x) = -\frac{3}{2}x^2 + 3x$$

Die Steigung soll $\frac{3}{2}$ sein, also:

$$-\frac{3}{2}x^2 + 3x = \frac{3}{2} \qquad \left| \cdot \left(-\frac{2}{3}\right) \right.$$

$$x^2 - 2x = -1$$

$$x^2 - 2x + 1 = 0$$

$$(x-1)^2 = 0$$

$$x_{1/2} = 1$$

Die gesuchte x-Koordinate heißt $x = 1$.

y-Wert (nicht gefragt!):

$$f(1) = -\frac{1}{2} + \frac{3}{2} = 1$$

1.2 **Bewertung von Aussagen**

Gegeben ist das Schaubild einer Funktion s:

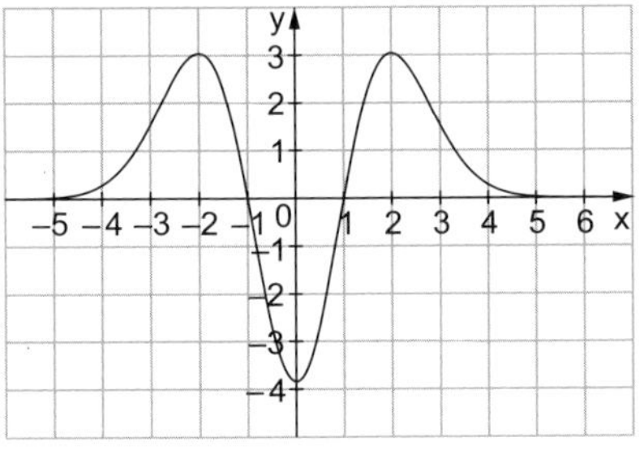

(1) $s''(4) < 0$

Die 2. Ableitung macht eine Aussage über die Krümmung einer Kurve. Bei negativer 2. Ableitung ist eine Kurve rechtsgekrümmt, bei positiver 2. Ableitung ist eine Kurve linksgekrümmt.
Laut Schaubild ist die Kurve in einer Umgebung von $x = 4$ linksgekrümmt, also ist die Aussage falsch.

(2) Hochpunkt der Ableitungsfunktion s' zwischen $x = 0$ und $x = 2$

Die Steigung der gegebenen Funktion ist für den Bereich $0 < x < 2$ positiv, wird von $x = 0$ bis etwa $x = 1$ immer größer, danach nimmt sie wieder ab bis zu 0 bei $x = 2$.
Damit liegt ein Hochpunkt von s' in diesem Bereich, die Aussage ist also richtig.

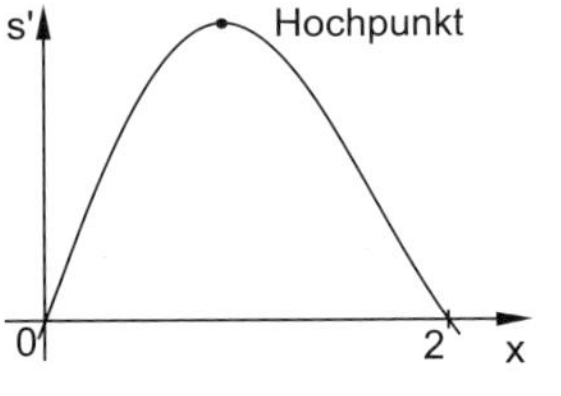

Alternative Formulierung:
Das Schaubild von s hat bei etwa $x = 1$ einen Wendepunkt, es geht dort von einer Links- in eine Rechtskurve über.
$\Rightarrow$ Beim Wendepunkt ist die Steigung am größten, das Schaubild der Ableitungsfunktion s' hat also dort einen Hochpunkt.

(3) $\int_0^4 s(x)\,dx > 0$

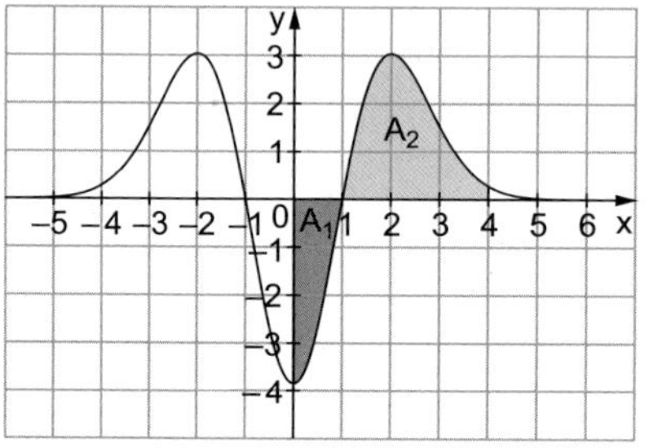

Da $A_2 > A_1$ gilt, folgt: $\int_0^4 s(x)\,dx = A_2 - A_1 > 0$

Die Aussage ist also richtig.

1.3 **Nachweis zweier Behauptungen**

Gegeben ist die Funktion d durch $d(x) = \frac{1}{x^2} + x^2;\ x > 0$.
D ist eine Stammfunktion von d.

(1) Zu zeigen ist, dass die Funktion D für $x > 0$ monoton wachsend ist.

Da D eine Stammfunktion von d ist, gilt:

$D'(x) = d(x) = \frac{1}{x^2} + x^2$

Für alle positiven x-Werte ist $d(x) > 0$, weil jeweils wegen des Quadrats zwei positive Zahlen addiert werden.
Die Ableitung von D und damit die Steigungswerte von D sind positiv, d. h., D ist monoton wachsend.

(2) Zu zeigen ist, dass die Stelle $x = 1$ die einzige Wendestelle von D ist.

Eine Wendestelle berechnet man mit der 2. Ableitung.

$D'(x) = d(x) = \frac{1}{x^2} + x^2 = x^{-2} + x^2$

$D''(x) = d'(x) = -2x^{-3} + 2x = -\frac{2}{x^3} + 2x = \frac{-2 + 2x^4}{x^3}$

$= 2 \cdot \frac{x^4 - 1}{x^3} = 2 \cdot \frac{(x^2 + 1) \cdot (x - 1) \cdot (x + 1)}{x^3}$

Die einzige positive Lösung der Gleichung $D''(x) = 0$ heißt $x = 1$. Sie ist eine einfache Nullstelle von D'', somit liegt dort ein Vorzeichenwechsel vor.
Also ist $x = 1$ die einzige Wendestelle von D für $x > 0$.

2 Vorschlag 1

2.1.1 Formulierung des Ereignisses A im Sachzusammenhang

Die Fußballmannschaft gewinnt ein Fußballspiel mit der Wahrscheinlichkeit $\frac{2}{3}$ und gewinnt es nicht mit der Wahrscheinlichkeit $1-\frac{2}{3}=\frac{1}{3}$.

Die angegebene Wahrscheinlichkeit ist eine Bernoulli-Kette, die auch in der Form $P(A)=\binom{10}{9}\cdot\left(\frac{2}{3}\right)^9\cdot\left(\frac{1}{3}\right)^1$ geschrieben werden kann.

Vergleicht man diese Wahrscheinlichkeit mit der allgemeinen Form einer Bernoulli-Kette $\binom{n}{k}\cdot p^k\cdot(1-p)^{n-k}$, so lässt sich mit der Trefferwahrscheinlichkeit $p=\frac{2}{3}$ die Anzahl n der Durchführungen (= Spiele) und die Anzahl k der Treffer (= gewonnene Spiele) daraus ablesen. Von $n=10$ durchgeführten Spielen gewinnt die Fußballmannschaft genau $k=9$ Spiele.

Die gesuchte Formulierung im Sachzusammenhang für das Ereignis A lautet daher:

A: Die Fußballmannschaft gewinnt genau 9 von 10 durchgeführten Spielen.

2.1.2 Berechnung der Wahrscheinlichkeit, dass die Mannschaft von vier Spielen genau zwei Spiele gewinnt und diese aufeinanderfolgen

Unabhängig vom Ausgang der anderen drei Spiele gewinnt die Fußballmannschaft ein Spiel mit der Wahrscheinlichkeit $\frac{2}{3}$ und gewinnt es nicht mit der Wahrscheinlichkeit $\frac{1}{3}$.

Betrachtet wird das Ereignis

B: Die Mannschaft gewinnt von vier Spielen genau zwei und diese folgen aufeinander.

Bezeichnet g ein gewonnenes Spiel und $\overline{g}$ ein nicht gewonnenes Spiel der Mannschaft, so tritt das Ereignis B genau dann ein, wenn die vier Spiele wie folgt ausgehen:

$gg\overline{g}\overline{g}$ oder $\overline{g}gg\overline{g}$ oder $\overline{g}\overline{g}gg$

Mit $P(g)=\frac{2}{3}$ und $P(\overline{g})=\frac{1}{3}$ enthält die Wahrscheinlichkeit für jeden dieser Fälle zweimal den Faktor $\frac{2}{3}$ und zweimal den Faktor $\frac{1}{3}$:

$P(gg\overline{g}\overline{g})=\frac{2}{3}\cdot\frac{2}{3}\cdot\frac{1}{3}\cdot\frac{1}{3}$ $\quad P(\overline{g}gg\overline{g})=\frac{1}{3}\cdot\frac{2}{3}\cdot\frac{2}{3}\cdot\frac{1}{3}$ $\quad P(\overline{g}\overline{g}gg)=\frac{1}{3}\cdot\frac{1}{3}\cdot\frac{2}{3}\cdot\frac{2}{3}$

Da bei der Multiplikation das Kommutativgesetz gilt, ergibt sich:

$$P(gg\overline{g}\overline{g})=P(\overline{g}gg\overline{g})=P(\overline{g}\overline{g}gg)=\frac{2}{3}\cdot\frac{2}{3}\cdot\frac{1}{3}\cdot\frac{1}{3}=\left(\frac{2}{3}\right)^2\cdot\left(\frac{1}{3}\right)^2$$

Für die gesuchte Wahrscheinlichkeit gilt dann:

$$P(B)=P(gg\overline{g}\overline{g})+P(\overline{g}gg\overline{g})+P(\overline{g}\overline{g}gg)=3\cdot\left(\frac{2}{3}\right)^2\cdot\left(\frac{1}{3}\right)^2=3\cdot\frac{4}{9}\cdot\frac{1}{9}=3\cdot\frac{4}{81}=\frac{4}{27}$$

Die Wahrscheinlichkeit, dass die Mannschaft von vier Spielen genau zwei gewinnt und diese aufeinanderfolgen, beträgt $\frac{4}{27}$.

2.2 **Begründung für die Bedeutung der Lösung einer Gleichung**

Die zwei nacheinander stattfindenden Spiele der anderen Mannschaft können als zweistufiges Zufallsexperiment aufgefasst werden. In der Aufgabenstellung sind einige (nicht alle) Wahrscheinlichkeiten dieses Zufallsexperiments angegeben. Das erste Spiel gewinnt diese Mannschaft mit einer Wahrscheinlichkeit p und gewinnt es folglich nicht mit der Wahrscheinlichkeit $1-p$. Gewinnt die Mannschaft das erste Spiel nicht, so ist die Wahrscheinlichkeit, dann das zweite Spiel zu gewinnen, nur noch halb so groß, nämlich $\frac{1}{2}p$. Die Wahrscheinlichkeit, dass sie nach nicht gewonnenem ersten Spiel das zweite Spiel auch nicht gewinnt, ist folglich $1-\frac{1}{2}p$. Überträgt man nun die gegebenen (fett gedruckt dargestellt) und die hieraus erschließbaren Wahrscheinlichkeiten in ein Baumdiagramm, kann die beschriebene Situation wie folgt dargestellt werden:

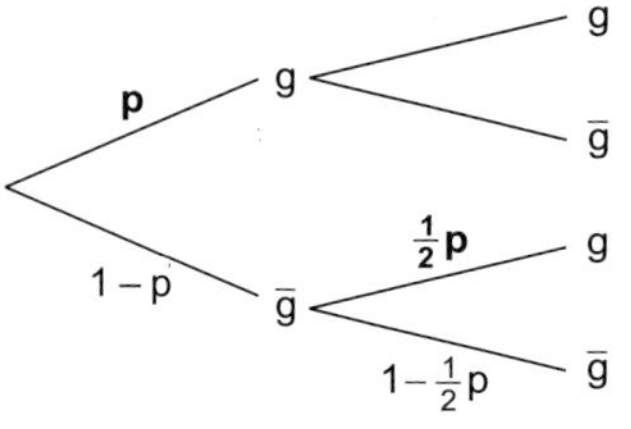

(Die Wahrscheinlichkeiten, das zweite Spiel zu gewinnen bzw. nicht zu gewinnen, falls das erste Spiel gewonnen wurde, sind in der Aufgabenstellung nicht gegeben.)

Die Wahrscheinlichkeit, dass die Mannschaft mindestens eines der beiden Spiele gewinnt, beträgt laut Aufgabentext $\frac{4}{9}$. Aus der angegebenen Gleichung lässt sich daher folgern, dass sich mit dem Term $1-(1-p)\cdot\left(1-\frac{1}{2}p\right)$ diese Wahrscheinlichkeit ebenfalls berechnen lassen muss. Für die gesuchte Begründung muss somit dargelegt werden, dass gilt:

$$P(\text{die Mannschaft gewinnt mindestens eines der beiden Spiele}) = 1-(1-p)\cdot\left(1-\frac{1}{2}p\right)$$

Definiert man das Ereignis

G: Die Mannschaft gewinnt mindestens eines der beiden Spiele.

so lautet das Gegenereignis $\overline{G}$ zu G:

$\overline{G}$: Die Mannschaft gewinnt keines der beiden Spiele.

Das Ereignis $\overline{G}$ tritt genau dann ein, wenn das Ergebnis $\overline{g}\,\overline{g}$ eintritt. Aus dem Baumdiagramm lässt sich mithilfe der Pfadmultiplikationsregel die Wahrscheinlichkeit ablesen, dass die Mannschaft beide Spiele nicht gewinnt:

$$P(\overline{G}) = P(\overline{g}\,\overline{g}) = (1-p)\cdot\left(1-\frac{1}{2}p\right)$$

Da für die Wahrscheinlichkeiten von Ereignis und Gegenereignis $P(G) = 1-P(\overline{G})$ gilt, ergibt sich die angegebene Gleichung:

$$P(G) = 1-(1-p)\cdot\left(1-\frac{1}{2}p\right) = \frac{4}{9}$$

2 **Vorschlag 2**

2.1 **Berechnung der Wahrscheinlichkeiten von Ereignissen**

In einer Urne befinden sich zunächst neun Kugeln. Da vier Kugeln blau sind, ergibt sich für die Wahrscheinlichkeit, im ersten Zug eine blaue Kugel zu ziehen, $P(\text{blau}) = \frac{4}{9}$. Entsprechend erhält man $P(\text{weiß}) = \frac{2}{9}$ und $P(\text{grün}) = \frac{3}{9}$.

Da es sich bei diesem Zufallsexperiment um Ziehen ohne Zurücklegen handelt, verringert sich die Gesamtzahl der Kugeln vor dem zweiten Zug um eins, also von neun auf acht. Je nach Ausgang des ersten Zuges verringert sich auch die Anzahl der blauen, weißen bzw. grünen Kugeln um eins oder bleibt gleich, falls die Kugelfarbe beim ersten Zug nicht gezogen wurde. Das Zufallsexperiment und seine Wahrscheinlichkeiten sind nachfolgend in einem Baumdiagramm dargestellt:

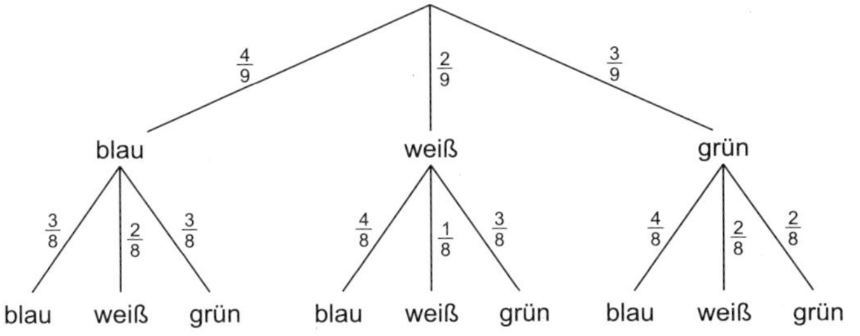

Mithilfe der Pfadmultiplikations- und Pfadadditionsregel lassen sich die gesuchten Wahrscheinlichkeiten P(A), P(B) und P(C) berechnen. Die hierfür notwendigen Wahrscheinlichkeiten können dem Baumdiagramm entnommen werden.

A: Die beiden gezogenen Kugeln sind weiß.

$$P(A) = P(ww) = \frac{2}{9} \cdot \frac{1}{8} = \frac{2}{72} = \frac{1}{36}$$

Mit einer Wahrscheinlichkeit von $\frac{1}{36}$ sind die beiden gezogenen Kugeln weiß.

B: Unter den beiden gezogenen Kugeln befindet sich mindestens eine weiße Kugel.

Ereignis B tritt dann ein, wenn sich unter den beiden gezogenen Kugeln genau eine weiße Kugel bzw. zwei weiße Kugeln befinden. Wird an der ersten Stelle die Kugelfarbe des ersten Zuges und an der zweiten Stelle die Kugelfarbe des zweiten Zuges notiert, so tritt Ereignis B bei den folgenden Ergebnissen ein:

bw, wb, ww, wg, gw (b $\hat{=}$ blau, w $\hat{=}$ weiß und g $\hat{=}$ grün)

Für die Wahrscheinlichkeit ergibt sich:

$$\begin{aligned} P(B) &= P(bw) + P(wb) + P(ww) + P(wg) + P(gw) \\ &= \frac{4}{9} \cdot \frac{2}{8} + \frac{2}{9} \cdot \frac{4}{8} + \frac{2}{9} \cdot \frac{1}{8} + \frac{2}{9} \cdot \frac{3}{8} + \frac{3}{9} \cdot \frac{2}{8} \\ &= \frac{1}{9} + \frac{1}{9} + \frac{1}{36} + \frac{1}{12} + \frac{1}{12} = \frac{15}{36} = \frac{5}{12} \end{aligned}$$

Alternativ hierzu kann die Wahrscheinlichkeit P(B) auch mithilfe des Gegenereignisses berechnet werden.

$\overline{B}$: Unter den beiden gezogenen Kugeln befindet sich keine weiße Kugel.

Das Gegenereignis $\overline{B}$ tritt ein, wenn sowohl im ersten als auch im zweiten Zug eine nicht weiße Kugel gezogen wird. Vor dem ersten Zug befinden sich neun Kugeln in der Urne, wobei sieben nicht weiß sind. Vor dem zweiten Zug verbleiben dann insgesamt acht Kugeln in der Urne, von denen noch sechs Kugeln nicht weiß sind (eine nicht weiße Kugel wurde ja im ersten Zug gezogen!). Somit ist:

$$P(\overline{B}) = \frac{7}{9} \cdot \frac{6}{8} = \frac{42}{72} = \frac{7}{12} \quad \text{und} \quad P(B) = 1 - P(\overline{B}) = 1 - \frac{7}{12} = \frac{5}{12}$$

Mit einer Wahrscheinlichkeit von $\frac{5}{12}$ befindet sich unter den beiden gezogenen Kugeln mindestens eine weiße Kugel.

C: Eine der beiden gezogenen Kugeln ist weiß und die andere blau.

Ereignis C tritt bei den beiden Ergebnissen bw und wb ein. Mit der Pfadmultiplikations- und Pfadadditionsregel gilt:

$$P(C) = P(bw) + P(wb) = \frac{4}{9} \cdot \frac{2}{8} + \frac{2}{9} \cdot \frac{4}{8} = 2 \cdot \frac{2}{9} \cdot \frac{4}{8} = \frac{2}{9}$$

Mit einer Wahrscheinlichkeit von $\frac{2}{9}$ ist eine der beiden gezogenen Kugeln weiß und die andere blau.

2.2 **Ermitteln einer Gleichung zur Berechnung einer unbekannten Anzahl x von grünen Kugeln, die der Urne hinzugefügt werden**

Ursprünglich enthielt die Urne insgesamt 9 Kugeln, von denen 3 grün waren.
Eine unbekannte Anzahl x von grünen Kugeln wird der Urne hinzugefügt. Damit befinden sich bei diesem neuen Zufallsexperiment nun insgesamt $9 + x$ Kugeln in der Urne, von denen $3 + x$ grün sind. Somit ergibt sich für die Wahrscheinlichkeit, beim ersten Zug eine grüne Kugel zu ziehen:

$$P(\text{grüne Kugel im ersten Zug}) = \frac{3+x}{9+x}$$

Auch hier handelt es sich wieder um ein zweimaliges Ziehen *ohne* Zurücklegen, sodass sich vor dem zweiten Zug insgesamt nur noch $9 + x \mathbf{- 1}$ Kugeln in der Urne befinden. Außerdem reduziert sich die Anzahl der grünen Kugeln ebenfalls um 1 (die beim ersten Zug gezogene grüne Kugel wird ja nicht mehr zurückgelegt!). Vor dem zweiten Zug sind demnach nur noch $3 + x \mathbf{- 1}$ grüne Kugeln in der Urne. Entsprechend gilt:

$$P(\text{grüne Kugel im zweiten Zug}) = \frac{3+x-1}{9+x-1} = \frac{2+x}{8+x}$$

Damit ergibt sich die relevante Wahrscheinlichkeit:

P(beim zweimaligen Ziehen ohne Zurücklegen werden zwei grüne Kugeln gezogen)

$$= \frac{3+x}{9+x} \cdot \frac{2+x}{8+x}$$

Nach Aufgabenstellung beträgt diese Wahrscheinlichkeit genau $50\,\% = 0{,}5$.

Als Gleichung, mit der x berechnet werden kann, ergibt sich hieraus:

$$\frac{3+x}{9+x} \cdot \frac{2+x}{8+x} = 0{,}5$$

3 Wahlgebiet Vektorgeometrie – Vorschlag 1

3.1 Begründung, dass die Vektoren einen rechten Winkel einschließen

Zwei Vektoren schließen einen rechten Winkel ein, wenn ihr Skalarprodukt den Wert null ergibt. Mit den gegebenen Vektoren $\overrightarrow{AC}$ und $\overrightarrow{BD}$ erhält man das Skalarprodukt:

$$\overrightarrow{AC} \cdot \overrightarrow{BD} = \begin{pmatrix} -6 \\ 6 \\ 0 \end{pmatrix} \cdot \begin{pmatrix} -2 \\ -2 \\ 8 \end{pmatrix} = (-6) \cdot (-2) + 6 \cdot (-2) + 0 \cdot 8 = 12 - 12 + 0 = 0$$

Folglich stehen die beiden Vektoren $\overrightarrow{AC}$ und $\overrightarrow{BD}$ senkrecht aufeinander.

Begründung, dass die Vektoren den gleichen Betrag haben

Der Betrag des Vektors $\overrightarrow{AC}$ ist:

$$|\overrightarrow{AC}| = \sqrt{(-6)^2 + 6^2 + 0^2} = \sqrt{36 + 36} = \sqrt{72} = \sqrt{36 \cdot 2} = 6 \cdot \sqrt{2}$$

Der Betrag des Vektors $\overrightarrow{BD}$ ist:

$$|\overrightarrow{BD}| = \sqrt{(-2)^2 + (-2)^2 + 8^2} = \sqrt{4 + 4 + 64} = \sqrt{72} = \sqrt{36 \cdot 2} = 6 \cdot \sqrt{2}$$

Die beiden Beträge sind gleich, folglich haben die beiden Vektoren die gleiche Länge.

3.2 Anfertigen einer Skizze, die zeigt, dass das Viereck ABCD kein Quadrat sein muss

Im Viereck ABCD stehen die Diagonalen senkrecht aufeinander und sind gleich lang, wie in Teilaufgabe 3.1 nachgewiesen. Außerdem halbiert laut Aufgabenstellung die Diagonale $\overline{BD}$ die Diagonale $\overline{AC}$.
Nur bei den Vierecken Quadrat, Raute und Drachen stehen die Diagonalen senkrecht aufeinander. Bei diesen Vierecken halbiert auch die eine Diagonale die andere. Sind allerdings bei einer Raute die Diagonalen gleich lang, dann handelt es sich bereits um ein Quadrat. Folglich muss das zu skizzierende Viereck ABCD ein Drachen sein, dessen Diagonalen gleich lang sind. Die Skizze könnte also wie rechts dargestellt aussehen.

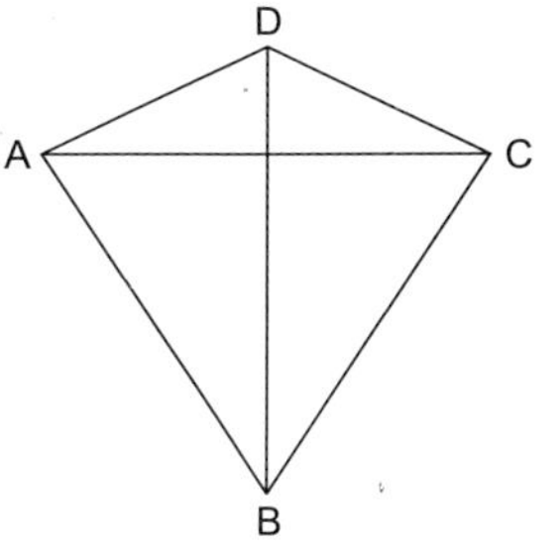

3.3 Bestimmung der Koordinaten der Eckpunkte B und D für ein Quadrat ABCD

Ist das Viereck ABCD ein Quadrat, so halbieren sich beide Diagonalen $\overline{AC}$ und $\overline{BD}$ (und sind orthogonal). Ist S der Schnittpunkt der Diagonalen, gilt (vgl. Skizze):

$$\overrightarrow{SD} = \frac{1}{2}\overrightarrow{BD} \quad \text{und} \quad \overrightarrow{SB} = \frac{1}{2}\overrightarrow{DB} = -\frac{1}{2}\overrightarrow{BD}$$

Da sich die Diagonalen halbieren, ist S außerdem die Mitte der Strecke $\overline{AC}$ und es gilt:

$$\overrightarrow{AS} = \frac{1}{2}\overrightarrow{AC}$$

Skizze:

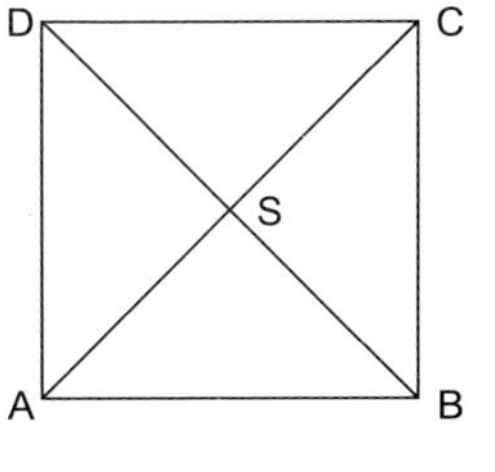

Die Komponenten der Ortsvektoren $\overrightarrow{OB}$ bzw. $\overrightarrow{OD}$ ergeben die Koordinaten der Eckpunkte B und D des Quadrates. Für diese Ortsvektoren gilt:

$$\overrightarrow{OB} = \overrightarrow{OA} + \overrightarrow{AS} + \overrightarrow{SB} = \overrightarrow{OA} + \frac{1}{2}\overrightarrow{AC} - \frac{1}{2}\overrightarrow{BD} = \begin{pmatrix} 5 \\ 1 \\ 0 \end{pmatrix} + \frac{1}{2} \cdot \begin{pmatrix} -6 \\ 6 \\ 0 \end{pmatrix} - \frac{1}{2} \cdot \begin{pmatrix} -2 \\ -2 \\ 8 \end{pmatrix} = \begin{pmatrix} 3 \\ 5 \\ -4 \end{pmatrix}$$

und

$$\overrightarrow{OD} = \overrightarrow{OA} + \overrightarrow{AS} + \overrightarrow{SD} = \overrightarrow{OA} + \frac{1}{2}\overrightarrow{AC} + \frac{1}{2}\overrightarrow{BD} = \begin{pmatrix} 5 \\ 1 \\ 0 \end{pmatrix} + \frac{1}{2} \cdot \begin{pmatrix} -6 \\ 6 \\ 0 \end{pmatrix} + \frac{1}{2} \cdot \begin{pmatrix} -2 \\ -2 \\ 8 \end{pmatrix} = \begin{pmatrix} 1 \\ 3 \\ 4 \end{pmatrix}$$

Für den Fall, dass das Viereck ABCD ein Quadrat ist, hat der Eckpunkt B die Koordinaten $B(3\,|\,5\,|\,-4)$ und der Eckpunkt D die Koordinaten $D(1\,|\,3\,|\,4)$.

Bemerkung: Nicht verlangt sind die Koordinaten des Eckpunktes C. Es gilt:

$$\overrightarrow{OC} = \overrightarrow{OA} + \overrightarrow{AC} = \begin{pmatrix} 5 \\ 1 \\ 0 \end{pmatrix} + \begin{pmatrix} -6 \\ 6 \\ 0 \end{pmatrix} = \begin{pmatrix} -1 \\ 7 \\ 0 \end{pmatrix}$$

Im Quadrat ABCD hat somit der (vierte) Eckpunkt C die Koordinaten $C(-1\,|\,7\,|\,0)$.

3 Wahlgebiet Vektorgeometrie – Vorschlag 2

3.1 Bestimmung der Lösungsmenge eines linearen Gleichungssystems

Das angegebene lineare Gleichungssystem wird mithilfe des Gauß-Algorithmus wie nachfolgend (in Matrixschreibweise dargestellt) in Dreiecksform umgeformt:

$$\left(\begin{array}{ccc|c} 1 & 2 & -1 & -4 \\ -1 & 2 & 0 & -3 \\ 0 & 1 & 1 & 2 \end{array}\right) \underset{\text{I}+\text{II}}{\Leftrightarrow} \left(\begin{array}{ccc|c} 1 & 2 & -1 & -4 \\ 0 & 4 & -1 & -7 \\ 0 & 1 & 1 & 2 \end{array}\right) \underset{\text{II}+(-4)\cdot\text{III}}{\Leftrightarrow} \left(\begin{array}{ccc|c} 1 & 2 & -1 & -4 \\ 0 & 4 & -1 & -7 \\ 0 & 0 & -5 & -15 \end{array}\right)$$

Aus der letzten Gleichung III $-5 \cdot x_3 = -15$ erhält man $x_3 = 3$.

$x_3 = 3$ in Gleichung II eingesetzt ergibt:

$$\begin{aligned} 4 \cdot x_2 - 1 \cdot 3 &= -7 \quad |+3 \\ 4 \cdot x_2 &= -4 \quad |:4 \\ x_2 &= -1 \end{aligned}$$

$x_3 = 3$ und $x_2 = -1$ eingesetzt in Gleichung I führt zu:

$$\begin{aligned} 1 \cdot x_1 + 2 \cdot (-1) - 1 \cdot 3 &= -4 \\ x_1 - 2 - 3 &= -4 \quad |+5 \\ x_1 &= 1 \end{aligned}$$

Als Lösungsmenge ergibt sich folglich $L = \{(1\,|\,-1\,|\,3)\}$.

3.2.1 Nachweis, dass g und h parallel, aber nicht identisch sind

Zwei Geraden sind parallel, wenn ihre Richtungsvektoren kollinear (= linear abhängig) sind. Aus den Geradengleichungen der beiden Geraden g und h können die Richtungsvektoren $\vec{r}_g = \begin{pmatrix} 1 \\ 2 \\ -1 \end{pmatrix}$ und $\vec{r}_h = \begin{pmatrix} -1 \\ -2 \\ 1 \end{pmatrix}$ abgelesen werden. Die Komponenten der beiden Richtungsvektoren unterscheiden sich jeweils durch das Vorzeichen.

Es gilt also:

$$\vec{r}_g = \begin{pmatrix} 1 \\ 2 \\ -1 \end{pmatrix} = (-1) \cdot \begin{pmatrix} -1 \\ -2 \\ 1 \end{pmatrix} = (-1) \cdot \vec{r}_h$$

Der Nachweis, dass $\vec{r}_g$ und $\vec{r}_h$ Vielfache voneinander sind, ist somit erbracht. Die Richtungsvektoren $\vec{r}_g$ und $\vec{r}_h$ sind kollinear (= linear abhängig) und die beiden Geraden g und h sind somit parallel oder identisch.

Identisch sind die beiden Geraden, wenn jeder Punkt der Geraden g auch auf der Geraden h liegt bzw. umgekehrt. Lässt sich also ein Punkt finden, der auf g, aber nicht auf h liegt, bzw. der auf h, aber nicht auf g liegt, können die beiden Geraden nicht identisch sein. Für diese Punktprobe eignet sich grundsätzlich jeder Punkt der Geraden g bzw. h; nachfolgend wird sie mit dem Aufpunkt der Geraden g bzw. dem Aufpunkt der Geraden h durchgeführt. (Für den Nachweis, dass g und h nicht identisch sind, ist nur eine der beiden Punktproben notwendig!)

Den Aufpunkt der Geraden g entnimmt man der Geradengleichung als $A_g(1\,|-1\,|\,2)$. Der Aufpunkt der Geraden h ist der Punkt $A_h(2\,|\,0\,|\,1)$. Setzt man die Koordinaten des Punktes A_g in die Geradengleichung von h oder die Koordinaten des Punktes A_h in die Geradengleichung von g ein, so ergeben sich die beiden Vektorgleichungen:

$$\text{I} \quad \begin{pmatrix} 1 \\ -1 \\ 2 \end{pmatrix} = \begin{pmatrix} 2 \\ 0 \\ 1 \end{pmatrix} + s \cdot \begin{pmatrix} -1 \\ -2 \\ 1 \end{pmatrix} \qquad \text{bzw.} \qquad \text{II} \quad \begin{pmatrix} 2 \\ 0 \\ 1 \end{pmatrix} = \begin{pmatrix} 1 \\ -1 \\ 2 \end{pmatrix} + r \cdot \begin{pmatrix} 1 \\ 2 \\ -1 \end{pmatrix}$$

Wegen der zweiten Zeile in Gleichung I muss $s = \frac{1}{2}$ sein. Dies führt aber bei der ersten und der dritten Zeile zu einem Widerspruch.
Wegen der ersten bzw. der dritten Zeile in Gleichung II muss $r = 1$ sein. Dies führt aber bei der zweiten Zeile zu einem Widerspruch.

Sowohl Gleichung I als auch Gleichung II sind folglich nicht lösbar. Damit ist nachgewiesen, dass der Aufpunkt A_g der Geraden g nicht auf der Geraden h und der Aufpunkt A_h der Geraden h nicht auf der Geraden g liegt.

Somit verlaufen die Geraden g und h parallel, sind aber nicht identisch.

3.2.2 Bestimmung eines Punktes P mit gleichem Abstand zu g und h

Da g und h parallel zueinander verlaufen, hat jeder Punkt P auf der Mittelparallelen von g und h den gleichen Abstand zu den beiden Geraden. Verbindet man einen beliebigen Punkt der Geraden g mit einem beliebigen Punkt der Geraden h, so halbiert die Mittelparallele diese Strecke. Der Mittelpunkt M dieser Strecke hat also den gleichen Abstand d zu beiden Geraden (vgl. Skizze).

Skizze:

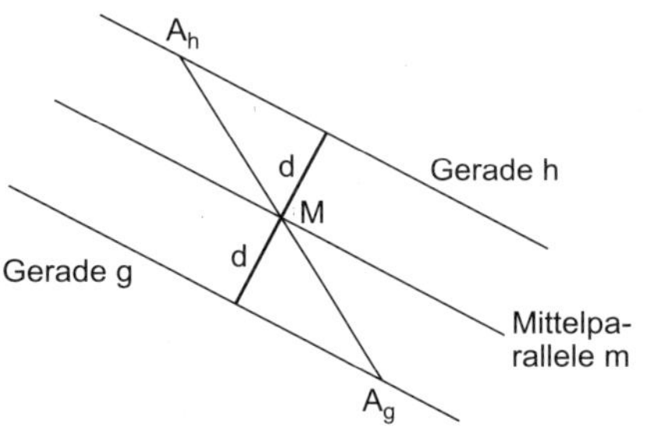

Da aus den Geradengleichungen die Koordinaten der beiden Aufpunkte A_g und A_h einfach abzulesen sind, verwenden wir wieder diese beiden Punkte, um die Koordinaten eines solchen Punktes M zu bestimmen.

Mit $\overrightarrow{OA_g}$ und dem Vektor $\frac{1}{2}\overrightarrow{A_gA_h}$ bzw. mit $\overrightarrow{OA_h}$ und dem Vektor $\frac{1}{2}\overrightarrow{A_hA_g}$ gilt:

$$\overrightarrow{OM} = \overrightarrow{OA_g} + \frac{1}{2}\overrightarrow{A_gA_h} = \begin{pmatrix} 1 \\ -1 \\ 2 \end{pmatrix} + \frac{1}{2} \cdot \begin{pmatrix} 2- & 1 \\ 0-(-1) \\ 1- & 2 \end{pmatrix} = \begin{pmatrix} 1 \\ -1 \\ 2 \end{pmatrix} + \frac{1}{2} \cdot \begin{pmatrix} 1 \\ 1 \\ -1 \end{pmatrix} = \begin{pmatrix} \frac{3}{2} \\ -\frac{1}{2} \\ \frac{3}{2} \end{pmatrix}$$

bzw.

$$\overrightarrow{OM} = \overrightarrow{OA_h} + \frac{1}{2}\overrightarrow{A_hA_g} = \begin{pmatrix} 2 \\ 0 \\ 1 \end{pmatrix} + \frac{1}{2} \cdot \begin{pmatrix} 1-2 \\ -1-0 \\ 2-1 \end{pmatrix} = \begin{pmatrix} 2 \\ 0 \\ 1 \end{pmatrix} + \frac{1}{2} \cdot \begin{pmatrix} -1 \\ -1 \\ 1 \end{pmatrix} = \begin{pmatrix} \frac{3}{2} \\ -\frac{1}{2} \\ \frac{3}{2} \end{pmatrix}$$

Ein möglicher Punkt P hat also die Koordinaten $P\left(\frac{3}{2} \middle| -\frac{1}{2} \middle| \frac{3}{2}\right)$.

3 Wahlgebiet Matrizen – Vorschlag 1

3.1 Addition und Multiplikation von Matrizen

Zwei Matrizen A und B können nur addiert werden, wenn ihre Matrizenformate jeweils gleich sind. Eine skalare Multiplikation ändert an dem Format einer Matrix nichts.
Folglich ist Berechnung (1) $3 \cdot A + 2 \cdot B$ nicht möglich.

Bei der Multiplikation zweier Matrizen muss die Spaltenanzahl der ersten Matrix mit der Zeilenanzahl der zweiten Matrix übereinstimmen.
Folglich ist Berechnung (2) $A \cdot B$ möglich und es ergibt sich:

(2) $A_{2,3} \cdot B_{3,2} = C_{2,2}$

Die Ergebnismatrix hat das Format 2×2.

3.2.1 Orthogonale Matrix

Es gilt: $A = \frac{1}{13} \cdot \begin{pmatrix} 5 & -12 \\ 12 & 5 \end{pmatrix} = \begin{pmatrix} \frac{5}{13} & -\frac{12}{13} \\ \frac{12}{13} & \frac{5}{13} \end{pmatrix} \quad \Rightarrow \quad A^T = \begin{pmatrix} \frac{5}{13} & \frac{12}{13} \\ -\frac{12}{13} & \frac{5}{13} \end{pmatrix}$

Für das Produkt erhält man:

$$A \cdot A^T = \begin{pmatrix} \frac{5}{13} & -\frac{12}{13} \\ \frac{12}{13} & \frac{5}{13} \end{pmatrix} \cdot \begin{pmatrix} \frac{5}{13} & \frac{12}{13} \\ -\frac{12}{13} & \frac{5}{13} \end{pmatrix} = \begin{pmatrix} \frac{169}{169} & 0 \\ 0 & \frac{169}{169} \end{pmatrix} = \begin{pmatrix} 1 & 0 \\ 0 & 1 \end{pmatrix}$$

Die angegebene Matrix ist orthogonal.

3.2.2 Nachweis

Es gilt: $B = \begin{pmatrix} 0 & -1 \\ -1 & 0 \end{pmatrix}^5 = \begin{pmatrix} 0 & -1 \\ -1 & 0 \end{pmatrix}^2 \cdot \begin{pmatrix} 0 & -1 \\ -1 & 0 \end{pmatrix}^2 \cdot \begin{pmatrix} 0 & -1 \\ -1 & 0 \end{pmatrix}$

Schrittweise Berechnung der Matrix B:

(1) $\begin{pmatrix} 0 & -1 \\ -1 & 0 \end{pmatrix}^2 = \begin{pmatrix} 0 & -1 \\ -1 & 0 \end{pmatrix} \cdot \begin{pmatrix} 0 & -1 \\ -1 & 0 \end{pmatrix} = \begin{pmatrix} 1 & 0 \\ 0 & 1 \end{pmatrix}$

(2) $\begin{pmatrix} 0 & -1 \\ -1 & 0 \end{pmatrix}^2 \cdot \begin{pmatrix} 0 & -1 \\ -1 & 0 \end{pmatrix}^2 = \begin{pmatrix} 1 & 0 \\ 0 & 1 \end{pmatrix} \cdot \begin{pmatrix} 1 & 0 \\ 0 & 1 \end{pmatrix} = \begin{pmatrix} 1 & 0 \\ 0 & 1 \end{pmatrix}$

$\Rightarrow \; B = \begin{pmatrix} 0 & -1 \\ -1 & 0 \end{pmatrix}^5 = \begin{pmatrix} 1 & 0 \\ 0 & 1 \end{pmatrix} \cdot \begin{pmatrix} 0 & -1 \\ -1 & 0 \end{pmatrix} = \begin{pmatrix} 0 & -1 \\ -1 & 0 \end{pmatrix}$

Damit ist die transponierte Matrix: $B^T = \begin{pmatrix} 0 & -1 \\ -1 & 0 \end{pmatrix} = B$

Für das Produkt erhält man:

$B \cdot B^T = \begin{pmatrix} 0 & -1 \\ -1 & 0 \end{pmatrix} \cdot \begin{pmatrix} 0 & -1 \\ -1 & 0 \end{pmatrix} = \begin{pmatrix} 1 & 0 \\ 0 & 1 \end{pmatrix}$ (vgl. Rechnung (1))

Matrix B ist somit orthogonal.

3 Wahlgebiet Matrizen – Vorschlag 2

3.1 Lösung eines linearen Gleichungssystems

Anwenden des Gauß-Algorithmus:

$$\left(\begin{array}{ccc|c} 1 & 2 & -1 & -4 \\ -1 & 2 & 0 & -3 \\ 0 & 1 & 1 & 2 \end{array}\right) \underset{I+II}{\Leftrightarrow} \left(\begin{array}{ccc|c} 1 & 2 & -1 & -4 \\ 0 & 4 & -1 & -7 \\ 0 & 1 & 1 & 2 \end{array}\right) \underset{II-4\cdot III}{\Leftrightarrow} \left(\begin{array}{ccc|c} 1 & 2 & -1 & -4 \\ 0 & 4 & -1 & -7 \\ 0 & 0 & -5 & -15 \end{array}\right)$$

Sobald unterhalb der Hauptdiagonalen nur noch Nullen stehen, lässt sich der Lösungsvektor von unten nach oben bestimmen.

3. Zeile: $-5x_3 = -15 \quad \Leftrightarrow \quad x_3 = 3$

2. Zeile: $4x_2 - x_3 = -7 \quad x_3 = 3$ einsetzen

$4x_2 - 3 = -7 \quad \Leftrightarrow \quad x_2 = -1$

1. Zeile: $x_1 + 2x_2 - x_3 = -4 \quad x_3 = 3$ und $x_2 = -1$ einsetzen

$x_1 + 2\cdot(-1) - 3 = -4 \quad \Leftrightarrow \quad x_1 = 1$

Der Lösungsvektor lautet: $\vec{x} = \begin{pmatrix} 1 \\ -1 \\ 3 \end{pmatrix}$

3.2 Gegeben sind die Matrizen $A = \begin{pmatrix} 1 & -3 \\ 2 & 1 \end{pmatrix}$ und $B = \begin{pmatrix} 0 & -3 \\ 2 & 1 \end{pmatrix}$.

3.2.1 Matrizenmultiplikation

$A \cdot B = \begin{pmatrix} 1 & -3 \\ 2 & 1 \end{pmatrix} \cdot \begin{pmatrix} 0 & -3 \\ 2 & 1 \end{pmatrix} = \begin{pmatrix} -6 & \mathbf{-6} \\ \mathbf{2} & -5 \end{pmatrix}$

$B \cdot A = \begin{pmatrix} 0 & -3 \\ 2 & 1 \end{pmatrix} \cdot \begin{pmatrix} 1 & -3 \\ 2 & 1 \end{pmatrix} = \begin{pmatrix} -6 & \mathbf{-3} \\ \mathbf{4} & -5 \end{pmatrix}$

Somit ist gezeigt, dass gilt: $A \cdot B \neq B \cdot A$

3.2.2 **Abänderung eines Koeffizienten der Matrix B**

Es gelte: $\widetilde{B} = \begin{pmatrix} a & b \\ c & d \end{pmatrix}$

Dann gilt für die Produkte:

$$A \cdot \widetilde{B} = \begin{pmatrix} 1 & -3 \\ 2 & 1 \end{pmatrix} \cdot \begin{pmatrix} a & b \\ c & d \end{pmatrix} = \begin{pmatrix} a-3c & b-3d \\ 2a+c & 2b+d \end{pmatrix}$$

$$\widetilde{B} \cdot A = \begin{pmatrix} a & b \\ c & d \end{pmatrix} \cdot \begin{pmatrix} 1 & -3 \\ 2 & 1 \end{pmatrix} = \begin{pmatrix} a+2b & -3a+b \\ c+2d & -3c+d \end{pmatrix}$$

Die beiden Ergebnismatrizen sollen identisch sein:

$$\begin{pmatrix} a-3c & b-3d \\ 2a+c & 2b+d \end{pmatrix} = \begin{pmatrix} a+2b & -3a+b \\ c+2d & -3c+d \end{pmatrix}$$

Dazu müssen die vier Elemente der Matrizen jeweils identisch sein:

I	$a-3c = a+2b$	$\Leftrightarrow$	$-3c = 2b$
II	$b-3d = -3a+b$	$\Leftrightarrow$	$d = a$
III	$2a+c = c+2d$	$\Leftrightarrow$	$a = d$
IV	$2b+d = -3c+d$	$\Leftrightarrow$	$2b = -3c$

Man sieht zunächst, dass die Bedingungen I und IV sowie II und III jeweils identisch sind. Es reicht also aus, nur die Bedingungen I und II zu betrachten.

Überprüfen der Bedingung I mit den Werten der Matrix B:

$-3c = 2b$ mit $c = 2$ und $b = -3 \Rightarrow -3 \cdot 2 = 2 \cdot (-3) \Leftrightarrow -6 = -6$

Damit ist Bedingung I bereits erfüllt.

Überprüfen der Bedingung II:

In der neuen Matrix $\widetilde{B}$ müssen die Koeffizienten a und d identisch sein. Das ist in Matrix B nicht der Fall $(0 \neq 1)$. Folglich muss einer dieser beiden Koeffizienten geändert werden. Da in der Matrix A auf der Hauptdiagonalen jeweils der Wert 1 steht, muss in der Matrix $\widetilde{B}$ hier jeweils der Wert null stehen, damit die Matrizen nicht identisch sind.

$$\Rightarrow \widetilde{B} = \begin{pmatrix} 0 & -3 \\ 2 & 0 \end{pmatrix}$$

Berufliche Gymnasien Baden-Württemberg: Mathematik
Abiturprüfung 2021 – Teil 2 (Analysis)

Aufgabe 1: Analysis (Pflichtaufgabe)

Punkte

1 Gegeben ist die Funktion f mit $f(x) = -e^{2x} + 4e^x;\ x \in \mathbb{R}$.
Das Schaubild von f ist K.

1.1 K besitzt mit den Koordinatenachsen jeweils genau einen Schnittpunkt.
Überprüfen Sie, ob dies die Punkte $S_y(0\,|\,3)$ und $N(\ln 4\,|\,0)$ sind. 2

1.2 Zeigen Sie, dass für die erste Ableitung f' von f gilt: $f'(x) = 2e^x \cdot (2 - e^x)$
Ermitteln Sie die Koordinaten und die Art des Extrempunktes von K. 4

1.3 Zeichnen Sie K für $-5 \le x \le 1{,}5$. 3

1.4 Prüfen Sie, ob die folgende Aussage wahr oder falsch ist:
„Der Inhalt der Fläche, die K mit den Koordinatenachsen im 1. Quadranten einschließt, ist das Doppelte des Mittelwertes von f auf dem Intervall $[0;\ \ln 4]$.“ 3

1.5 Die Gerade mit der Gleichung $y = c$ schneidet K in zwei Punkten $P(x_P\,|\,c)$ und $Q(x_Q\,|\,c)$ mit $x_P < 0$ und $x_Q > 0$.

1.5.1 Geben Sie alle möglichen Werte für c an. 2

1.5.2 Es gilt nun $c = 1$.
Zeigen Sie, dass dann die y-Achse die Strecke PQ halbiert. 4

1.6 Untersuchen Sie, ob das Schaubild der auf $\mathbb{R}$ definierten Funktion g mit $g(x) = f(x) + f(-x)$ symmetrisch ist.
Geben Sie gegebenenfalls die Art der Symmetrie an. 2

20

Hinweise und Tipps

1.1 **Tipps:**
- Berechnen Sie die Schnittpunkte mit den Achsen.
- Oder: Setzen Sie die gegebenen Punkte in die Funktionsgleichung ein.

1.2 **Tipps:**
- Berechnen Sie die Ableitung von f und daraus den x-Wert des Extrempunktes.
- Betrachten Sie die Bereiche links und rechts des berechneten x-Werts. Welches Vorzeichen ergibt sich jeweils für f'?

1.3 **Tipp:**
Zeichnen Sie das Schaubild mithilfe der bisher bekannten Punkte und einer ergänzenden Wertetabelle.

1.4 **Tipp:**
Wie berechnet man die beschriebene Fläche, wie den Mittelwert? Vergleichen Sie die beiden Ansätze.

1.5.1 **Tipps:**
- Zeichnen Sie zur Veranschaulichung mehrere Geraden $y = c$ in das Schaubild ein.
- Welche der Geraden erfüllen die Bedingungen für x_P und x_Q?

1.5.2 **Tipps:**
- Bestimmen Sie die Schnittpunkte der Geraden $y = 1$ mit dem Schaubild von f.
- Lösen Sie die entstehende Exponentialgleichung mittels Substitution.
- Vergleichen Sie die Lage der beiden x-Werte.

1.6 **Tipp:**
Wie heißt die Bedingung für die Symmetrie eines Schaubilds zur y-Achse?

Lösungen

1 Gegeben ist die Funktion f mit $f(x) = -e^{2x} + 4e^x$; $x \in \mathbb{R}$.
Das Schaubild von f ist K.

1.1 **Schnittpunkte mit den Koordinatenachsen**

Schnitt mit y-Achse, also $x = 0$:

$f(0) = -e^0 + 4e^0 = -1 + 4 = 3$

$\Rightarrow$ $S_y(0\,|\,3)$, was zu zeigen war.

Nachweis der Nullstelle $N(\ln 4\,|\,0)$:

$f(\ln 4) = -e^{2\ln 4} + 4e^{\ln 4} = -e^{\ln 16} + 4e^{\ln 4} = -16 + 4 \cdot 4 = -16 + 16 = 0$

Alternative Lösung:
Schnitt mit x-Achse, also $f(x) = 0$:

$$-e^{2x} + 4e^x = 0$$
$$e^x \cdot (-e^x + 4) = 0 \qquad |\, e^x \neq 0$$
$$-e^x + 4 = 0$$
$$e^x = 4$$
$$x = \ln 4$$

$\Rightarrow$ $N(\ln 4\,|\,0)$ ist die einzige Nullstelle, was zu zeigen war.

1.2 **Nachweis der Ableitung**

Zu zeigen: $f'(x) = 2e^x \cdot (2 - e^x)$

$f(x) = -e^{2x} + 4e^x$

$f'(x) = -2e^{2x} + 4e^x = 2e^x \cdot (-e^x + 2) = 2e^x \cdot (2 - e^x)$

Extrempunkt

Für einen Extrempunkt muss gelten: $f'(x) = 0$

$$2e^x \cdot (2 - e^x) = 0 \qquad |\, 2e^x \neq 0$$
$$e^x = 2$$
$$x = \ln 2$$

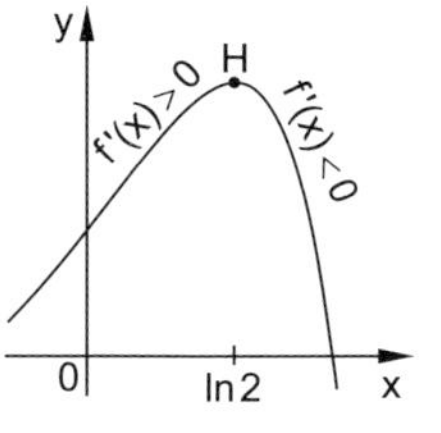

Für kleinere x-Werte als $\ln 2$, z. B. für $x = 0$, ergeben sich positive Werte von f', für größere x-Werte als $\ln 2$, z. B. für $x = 1$, ergeben sich negative Werte von f'.
Damit liegt bei $x = \ln 2$ ein Hochpunkt H vor.

y-Wert von H:

$f(\ln 2) = -e^{2\ln 2} + 4e^{\ln 2} = -e^{\ln 4} + 4e^{\ln 2} = -4 + 4 \cdot 2 = -4 + 8 = 4$

$\Rightarrow$ Hochpunkt $H(\ln 2\,|\,4)$

1.3 **Schaubild K**

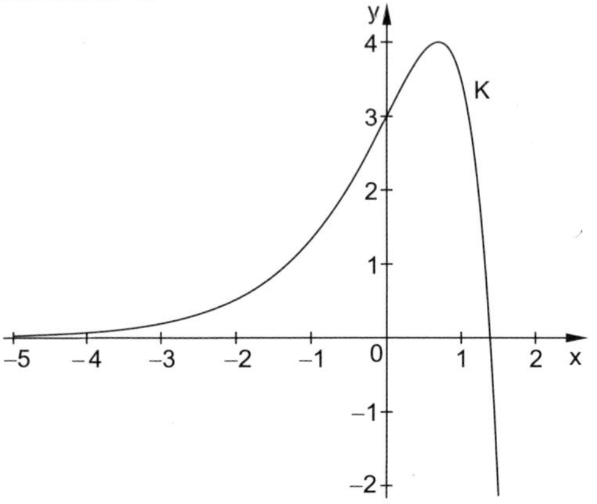

1.4 **Überprüfung einer Aussage**

Zu vergleichen ist:

$$A = \int_0^{\ln 4} f(x)\,dx \qquad \text{mit} \qquad m = \frac{1}{\ln 4 - 0} \cdot \int_0^{\ln 4} f(x)\,dx$$

Es gilt:

$$\frac{A}{m} = \ln 4 = 1{,}386\ldots \neq 2$$

Die Aussage ist also falsch.

1.5 **Schnitt der Geraden y = c mit K**

1.5.1 **Mögliche Werte für c**

Die Schnittpunkte seien $P(x_P \mid c)$ mit $x_P < 0$ und $Q(x_Q \mid c)$ mit $x_Q > 0$.

Gesucht sind alle möglichen Werte für c.

Skizze:

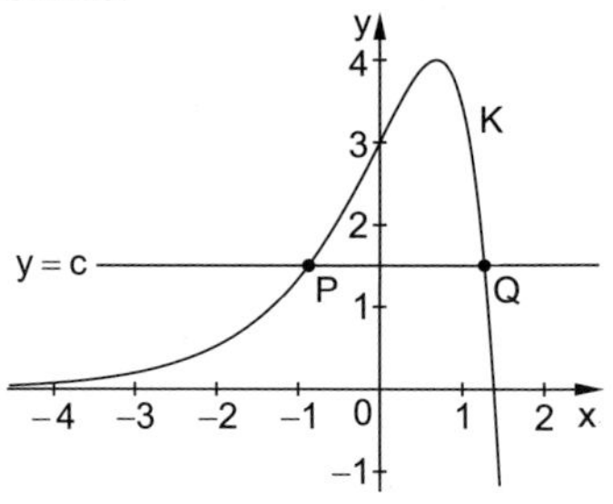

Damit x_P kleiner als 0 ist, muss c zwischen 0 und 3 liegen, also $0 < c < 3$.

1.5.2 **Nachweis, dass die y-Achse für c = 1 die Strecke PQ halbiert**

Berechnung der Schnittpunkte P und Q:

$f(x) = c = 1$

$$-e^{2x} + 4e^{x} = 1$$

$$-e^{2x} + 4e^{x} - 1 = 0$$

Substitution: $e^x = u$

$$\Rightarrow \quad -u^2 + 4u - 1 = 0$$

$$u^2 - 4u + 1 = 0$$

$$u_{1/2} = 2 \pm \sqrt{4-1} = 2 \pm \sqrt{3}$$

Rücksubstitution:

$$u = e^x = 2 + \sqrt{3} \quad \Rightarrow \quad x = \ln(2+\sqrt{3})$$

$$u = e^x = 2 - \sqrt{3} \quad \Rightarrow \quad x = \ln(2-\sqrt{3})$$

Zu zeigen ist also: $-\ln(2+\sqrt{3}) = \ln(2-\sqrt{3})$

$$-\ln(2+\sqrt{3}) = \ln((2+\sqrt{3})^{-1}) = \ln\left(\frac{1}{2+\sqrt{3}}\right) = \ln\left(\frac{1\cdot(2-\sqrt{3})}{(2+\sqrt{3})\cdot(2-\sqrt{3})}\right)$$

$$= \ln\left(\frac{2-\sqrt{3}}{4-3}\right) = \ln(2-\sqrt{3})$$

Die Punkte $P(\ln(2-\sqrt{3}) \mid 1)$ und $Q(\ln(2+\sqrt{3}) \mid 1)$ haben somit denselben Abstand von der y-Achse, die y-Achse halbiert die Strecke PQ.

1.6 **Symmetrie von g(x) = f(x) + f(–x)**

Für eine Symmetrie zur y-Achse müsste gelten:

$g(-x) = g(x)$

$g(-x) = f(-x) + f(x) = f(x) + f(-x) = g(x)$

Das Schaubild der Funktion g ist also symmetrisch zur y-Achse.

Aufgabe 3: Anwendungsorientierte Analysis (Wahlaufgabe)

Punkte

3 Ein Fadenpendel besteht aus einem Faden, an dessen unterem Ende eine Kugel befestigt ist.

Das Pendel wird in Position P1 gebracht und zum Zeitpunkt $t = 0$ losgelassen. Anschließend führt es eine Schwingung aus.

Die Geschwindigkeit der Kugel wird modelliert durch v mit $v(t) = 0{,}5 \cdot \sin(5t);\ t \geq 0$.

Dabei ist t die Zeit in Sekunden (s) und v(t) wird in Meter pro Sekunde $\left(\frac{m}{s}\right)$ angegeben.

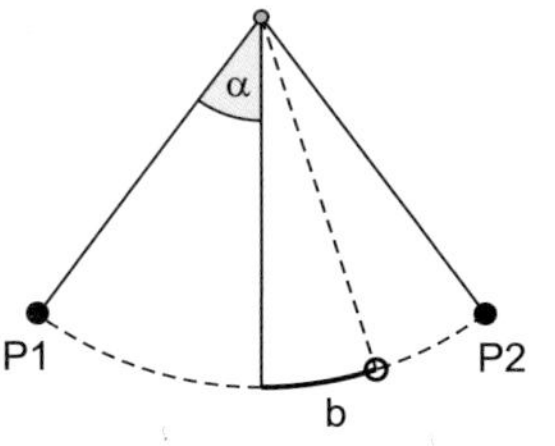

3.1 Bestimmen Sie die Zeit, die vom Zeitpunkt des Loslassens an vergeht, bis die Kugel zum ersten Mal den Umkehrpunkt P2 erreicht. 2

3.2 Die Beschleunigung der Kugel ist die Änderungsrate der Geschwindigkeit.

Bestimmen Sie die momentane Beschleunigung der Kugel 0,2 Sekunden nach dem Loslassen sowie die durchschnittliche Beschleunigung innerhalb der ersten 0,2 Sekunden. 3

3.3 Die Funktion b mit $b(t) = -0{,}1 \cdot \cos(5t);\ t \geq 0$ modelliert die Auslenkung des Pendels, wobei b(t) die „Länge“ des Bogens vom tiefsten Punkt bis zur Position der Kugel zum Zeitpunkt t ist (siehe Abbildung).
Negative Werte von b(t) bedeuten dabei Auslenkungen nach links (in Richtung von P1), positive Werte bedeuten Auslenkungen nach rechts.

3.3.1 Zeigen Sie, wie man ausgehend von v auf die Funktion b gelangt. 3

3.3.2 Die Länge des Fadenpendels ist 0,4 m.

Berechnen Sie den Auslenkungswinkel α zum Zeitpunkt des Loslassens (siehe Abbildung). 2

10

Hinweise und Tipps

3.1 **Tipps:**
- Bestimmen Sie die Periodendauer ($\hat{=}$ Schwingungsdauer T) der Pendelschwingung.
- Welchem Teil einer vollständigen Schwingung entspricht die Bewegung von P1 bis zum Umkehrpunkt P2?

3.2 **Tipps:**
- Bestimmen Sie die Funktionsgleichung der Beschleunigung a.
- Berechnen Sie den Funktionswert von a(t) für $t = 0{,}2$ s sowie den Mittelwert für $0 < t < 0{,}2$.

3.3.1 **Tipps:**
- Welcher Zusammenhang besteht zwischen der Geschwindigkeit v und dem Weg s, also dem Bogen b?
- Bestimmen Sie eine Stammfunktion von v.
- Bestimmen Sie die eine Viertel-Schwingungsdauer $\frac{T}{4}$ und den zugehörigen Wert von b, um die Konstante der Stammfunktion zu ermitteln.

3.3.2 **Tipps:**
- Bestimmen Sie den Gesamtumfang des Kreises mit Radius 0,4 m sowie die Länge des Bogens von P1 bis zum tiefsten Punkt.
- Bilden Sie eine Verhältnisgleichung mit den Bogenlängen und den zugehörigen Winkeln.

Lösungen

3 Gegeben ist ein Fadenpendel.
Bei $t = 0$ wird das Pendel in P1 losgelassen.
Die Geschwindigkeit v der Kugel wird modelliert durch $v(t) = 0{,}5 \cdot \sin(5t)$; $t \geq 0$;
Zeit t in s, Geschwindigkeit v in $\frac{m}{s}$.

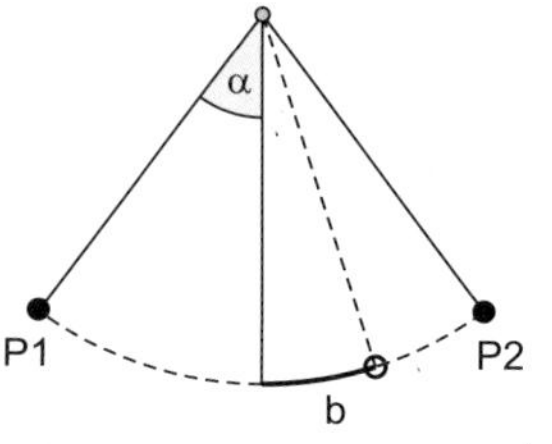

3.1 **Bestimmung der Zeit von P1 bis P2**

Die Zeit von Position P1 bis Position P2 entspricht der halben Schwingungsdauer.
Bei einer Sinusfunktion $y = \sin(kt)$ wird die Periodendauer p durch den Faktor k angegeben, $p = \frac{2\pi}{k}$.

Hier also: $p = T = \dfrac{2\pi}{5}\,s = 1{,}2566\ldots\,s$

Die Zeit von P1 bis P2 beträgt also $\frac{T}{2} \approx 0{,}63$ s.

3.2 **Beschleunigung der Kugel nach 0,2 Sekunden**

Da die Beschleunigung a gleich der Änderungsrate der Geschwindigkeit v ist, gilt:

$a(t) = v'(t) = 0{,}5 \cdot 5 \cdot \cos(5t) = 2{,}5 \cdot \cos(5t)$ Einheit: $\frac{m}{s^2}$

Momentane Beschleunigung nach 0,2 s:

$a(0{,}2) = 2{,}5 \cdot \cos(5 \cdot 0{,}2) = 1{,}3507\ldots$

Die momentane Beschleunigung der Kugel 0,2 s nach dem Loslassen beträgt ca. $1{,}351\,\frac{m}{s^2}$.

Durchschnittliche Beschleunigung $\overline{a}$ in den ersten 0,2 Sekunden

$$\overline{a} = \frac{1}{0{,}2} \cdot \int_0^{0{,}2} a(t)\,dt = \frac{1}{0{,}2} \cdot [v(t)]_0^{0{,}2} = \frac{1}{0{,}2} \cdot v(0{,}2) = \frac{0{,}4207\ldots}{0{,}2} = 2{,}1036\ldots$$

Die durchschnittliche Beschleunigung in den ersten 0,2 s beträgt ca. $2{,}104\,\frac{m}{s^2}$.

3.3 Die Auslenkung b des Pendels wird modelliert durch die Funktion
$b(t) = -0{,}1 \cdot \cos(5t)$; $t \geq 0$.
b wird gemessen vom tiefsten Punkt der Kugel bis zur Position zum Zeitpunkt t.

3.3.1 **Zusammenhang zwischen Geschwindigkeit v und Bogen b**

Der Zusammenhang zwischen Geschwindigkeit v und zurückgelegtem Weg s lautet:
$v(t) = s'(t)$

Der Weg s ist bei dieser Aufgabe der Bogen b.

Also gilt: b ist eine Stammfunktion von v.

$$\Rightarrow \quad b(t) = \int v(t)\,dt = \int 0{,}5 \cdot \sin(5t)\,dt = -\frac{0{,}5}{5} \cdot \cos(5t) + c = -0{,}1 \cdot \cos(5t) + c$$

Im tiefsten Punkt Q ist b = 0. Von P1 bis Q ist eine Viertel-Schwingungsdauer T vergangen, also:

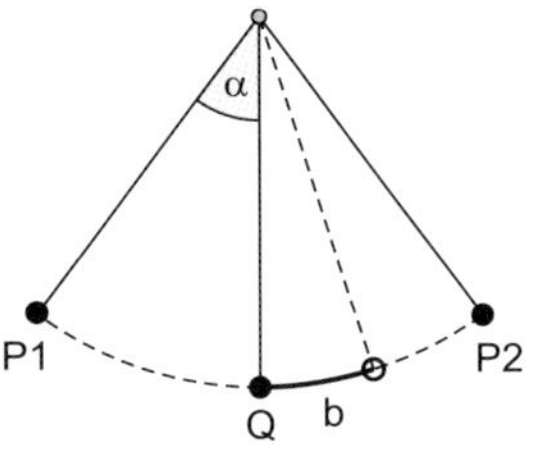

$$\frac{T}{4} = \frac{1}{4} \cdot \frac{2\pi}{5} = \frac{\pi}{10}$$

$$b\left(\frac{\pi}{10}\right) = -0{,}1 \cdot \cos\left(5 \cdot \frac{\pi}{10}\right) + c$$

$$= -0{,}1 \cdot \cos\left(\frac{\pi}{2}\right) + c$$

$$= -0{,}1 \cdot 0 + c = 0 + c$$

Da die Auslenkung im Punkt Q null ist, folgt $0 = 0 + c$, also $c = 0$.

$\Rightarrow \quad b(t) = -0{,}1 \cdot \cos(5t)$

3.3.2 **Bestimmung des Auslenkungswinkel α**

Da die Pendellänge 0,4 m beträgt, ist der Umfang des gesamten Kreises $U = 2\pi r = 2\pi \cdot 0{,}4 \text{ m} = 0{,}8\pi \text{ m}$.

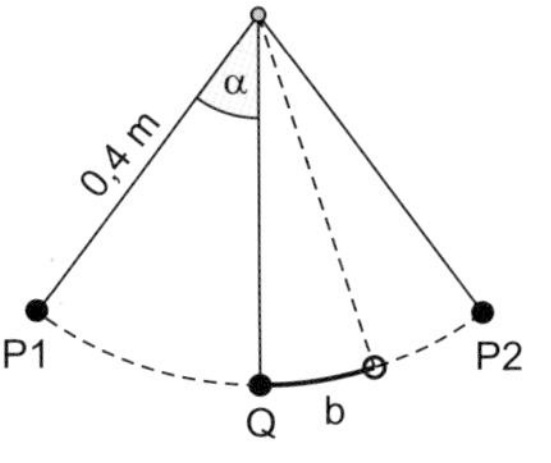

Die Auslenkung für $t = 0$ beträgt:

$b(0) = -0{,}1 \cdot \cos 0 = -0{,}1 \cdot 1 = -0{,}1$

Die Strecke P1Q beträgt somit 0,1 m.

Der Winkel α steht im Verhältnis zum Vollkreis wie die Länge des Auslenkungsbogens zum Gesamtumfang des Kreises, also gilt:

$$\frac{\alpha}{360°} = \frac{0{,}1 \text{ m}}{0{,}8\pi \text{ m}}$$

$$\alpha = 360° \cdot \frac{0{,}1}{0{,}8\pi} \approx 14{,}3°$$

Der Auslenkungswinkel α beträgt etwa 14,3°.

Aufgabe 4: Anwendungsorientierte Analysis (Wahlaufgabe)

Punkte

4 Marie und Pierre Curie entdeckten 1898 gemeinsam das radioaktive Isotop Radium 226. Für dieses ist bekannt, dass die Halbwertszeit etwa 1 600 Jahre beträgt. Die Halbwertszeit gibt an, wie viel Zeit vergeht, bis von einer gegebenen Menge eines zerfallenden Stoffes nur noch die Hälfte vorhanden ist.

Die Kerne von Radium zerfallen und geben dabei die sogenannte α-Strahlung ab. Der Zerfall der Radiumkerne kann mit der Funktion f mit $f(t) = c \cdot e^{k \cdot t}$; $t \geq 0$, beschrieben werden. Dabei sind $c > 0$ und $k < 0$ geeignete Konstanten und f(t) ist die zum Zeitpunkt t in Jahren nach Beobachtungsbeginn $t = 0$ vorhandene Masse von Radium 226 in Gramm (g).

4.1 Ermitteln Sie den Wert von k sowie die Masse einer Probe zu Beobachtungsbeginn, falls 20 Jahre danach noch 99,14 g Radium vorhanden sind. 3

4.2 Erläutern Sie im Sachkontext, welcher Zeitpunkt t mit dem Ansatz

$$\frac{f(0) - f(t)}{f(0)} = 0{,}9$$

bestimmt werden kann. 2

4.3 Es wird nun eine andere Probe betrachtet. Für die Modellierung von deren Zerfall gelten: $c = 150$ und $k = -4{,}332 \cdot 10^{-4}$

4.3.1 Geben Sie den Zeitpunkt an, an dem am meisten Radium zerfällt, und bestimmen Sie zu diesem Zeitpunkt die Änderungsrate von f. 2

4.3.2 Beweisen Sie, dass die folgende Aussage wahr ist:

„Zu jedem beliebigen Zeitpunkt t gilt: Der Anteil, der a Jahre später von der Masse f(t) noch vorhanden ist, hängt nur von a ab.“ 3

10

Hinweise und Tipps

4.1 **Tipps:**

- Setzen Sie die gegebene Halbwertszeit in die Funktionsgleichung von f ein und lösen Sie die Gleichung nach k auf.
- Stellen Sie mit den gegebenen Werten für die Zeit und die Restmasse sowie dem ermittelten Wert für k eine Gleichung auf und ermitteln Sie damit die Anfangsmasse.

4.2 **Tipps:**

- Überlegen Sie, was die Ausdrücke f(0) und f(t) angeben und was damit der Term $f(0) - f(t)$.
- Beachten Sie: 0,9 = 90 %

4.3.1 **Tipps:**

- Für die momentane Änderungsrate benötigen Sie die Ableitung $f'(t)$.
- Überlegen Sie anhand einer Skizze von f die Entwicklung von f' mit der Zeit t.
- Wann ist also die Änderungsrate (= die Steigung) am größten?

4.3.2 **Tipps:**

- Was gibt f(t) an, was $f(t+a)$?
- Bestimmen Sie den Quotienten $\frac{f(t+a)}{f(t)}$.

4 Betrachtet wird der Zerfall von Radium.

4.1 **Ermittlung des Parameters k**

Gegeben ist die Funktion f mit $f(t) = c \cdot e^{k \cdot t};\ t \geq 0,\ k < 0$.

Sie gibt die Masse des Radiums an, die zur Zeit t noch vorhanden ist.

Für $t = 0$ ergibt sich:

$f(0) = c \cdot e^0 = c$

c ist also der Anfangswert des Radiums vor dem Zerfall.

Nach 1 600 Jahren ist noch die Hälfte der ursprünglichen Masse vorhanden.

$$\Rightarrow \quad \frac{c}{2} = c \cdot e^{k \cdot 1600} \qquad |:c$$

$$\frac{1}{2} = e^{k \cdot 1600} \qquad |\ln$$

$$\ln\left(\frac{1}{2}\right) = k \cdot 1600 \qquad |:1600$$

$$k = -0{,}0004332\ldots$$

Bestimmung der Anfangsmasse von Radium

Nach 20 Jahren sind noch 99,14 g Radium vorhanden.

$$99{,}14 = f(0) \cdot e^{k \cdot 20} \qquad |:e^{k \cdot 20}$$

Restmasse (99,14)   Anfangsmasse (f(0))

$$f(0) = \frac{99{,}14}{e^{-0{,}0004332 \cdot 20}} = 100{,}002\ldots$$

Zu Beginn waren etwa 100 g Radium vorhanden.

4.2 **Erläuterung einer Gleichung**

$$\frac{f(0) - f(t)}{f(0)} = 0{,}9 = 90\,\%$$

f(0) ist die Anfangsmasse, f(t) ist die zum Zeitpunkt t noch vorhandene Masse.

$\Rightarrow$ f(0) – f(t) ist die zum Zeitpunkt t bereits zerfallene Masse.

Umgeformte Gleichung:

$$\underbrace{f(0) - f(t)}_{\text{zerfallene Masse}} = \underbrace{90\,\% \cdot f(0)}_{90\,\%\text{ der Ursprungsmasse}}$$

Mit der Gleichung kann also der Zeitpunkt t bestimmt werden, zu dem 90 % der ursprünglichen Masse zerfallen sind.

4.3 Für eine andere Probe gilt:
$c = 150$ und $k = -4{,}332 \cdot 10^{-4}$

4.3.1 **Zeitpunkt, zu dem am meisten Radium zerfällt**

$f(t) = c \cdot e^{k \cdot t}$

f(t) gibt die zum Zeitpunkt t noch vorhandene Radiummenge an.
Die momentane Änderungsrate beträgt:

$$f'(t) = c \cdot k \cdot e^{k \cdot t}$$
$$= 150 \cdot (-4{,}332 \cdot 10^{-4}) \cdot e^{-4{,}332 \cdot 10^{-4} \cdot t}$$
$$= -0{,}06498 \cdot e^{-4{,}332 \cdot 10^{-4} \cdot t}$$

Skizze:

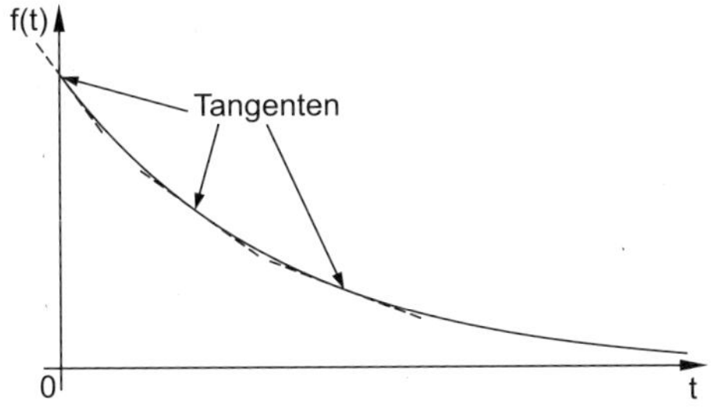

f'(t) ist negativ und wird mit zunehmendem t immer größer (weniger negativ).
f' ist also monoton steigend.
Die Tangente ist für $t = 0$ am steilsten, also zerfällt für $t = 0$ am meisten Radium.

$f'(0) = -0{,}06498$

Die Änderungsrate beträgt zu diesem Zeitpunkt −0,06498 g pro Jahr.

4.3.2 **Beweis einer Aussage**

Nach t Jahren ist noch die Masse f(t) vorhanden; a Jahre später ist noch die Masse f(t + a) vorhanden.
Der Anteil, der a Jahre später von der Masse f(t) noch vorhanden ist, beträgt also $\frac{f(t+a)}{f(t)}$.

$$\frac{f(t+a)}{f(t)} = \frac{150 \cdot e^{-4{,}332 \cdot 10^{-4} \cdot (t+a)}}{150 \cdot e^{-4{,}332 \cdot 10^{-4} \cdot t}} = e^{-4{,}332 \cdot 10^{-4} \cdot a}$$

Der Anteil hängt also nur von a ab.

Berufliche Gymnasien Baden-Württemberg: Mathematik
Abiturprüfung 2021 – Teil 3 (Stochastik)

Aufgabe 1: Stochastik (Wahlaufgabe)

Punkte

1 Eine Firma stellt Holzspielzeuge her. Abbildung 1 illustriert die Funktionsweise eines sogenannten Galton-Bretts.
Bei diesem Spielzeug werden Kugeln von oben in einen Schacht gegeben und diese prallen dann auf runde Stifte, die sie jeweils entweder links oder rechts passieren, bevor sie in einem der unteren Fächer aufgefangen werden. Das in Abbildung 1 dargestellte Galton-Brett hat die Länge vier, da jede Kugel an vier Stiften abprallt, bevor sie in einem der fünf Fächer landet. Ist ein ideales Galton-Brett waagerecht aufgestellt, so prallt jede Kugel von jedem Stift mit einer Wahrscheinlichkeit von 0,5 nach jeweils einer der beiden Seiten ab.

Abbildung 1

1.1 Eine Kugel wird in das Galton-Brett gegeben.

1.1.1 Erläutern Sie, warum der Pfad der Kugel durch eine Bernoulli-Kette beschrieben werden kann.
Definieren Sie in diesem Zusammenhang eine binomialverteilte Zufallsvariable X und geben Sie die möglichen Werte von X für ein Galton-Brett der Länge vier an. 4

1.1.2 Berechnen Sie für ein Galton-Brett der Länge vier jeweils die Wahrscheinlichkeit der folgenden Ereignisse:

A: Die Kugel landet in einem der beiden Fächer rechts vom mittleren Fach.

B: Die Kugel landet nicht in einem der beiden äußeren Fächer. 4

1.2 Erfahrungsgemäß fallen 5 % der produzierten Galton-Bretter bei der Qualitätskontrolle durch. Diese werden als mangelhaft bezeichnet.
Prüfen Sie, ob die folgende Aussage wahr oder falsch ist:
„Mindestens 46 Galton-Bretter müssen überprüft werden, um mit einer Wahrscheinlichkeit von mehr als 90 % mindestens ein mangelhaftes Brett zu finden." 3

1.3 Jemand stellt ein Galton-Brett der Länge acht schräg auf (vgl. Abbildung 2). Die Schrägstellung ist so, dass die Wahrscheinlichkeit, dass eine Kugel im mittleren Fach landet, den Wert 0,1 hat.
Eine Kugel wird in das Galton-Brett gegeben.
Ermitteln Sie die Wahrscheinlichkeit, dass die Kugel an den Stiften nach links abprallt.

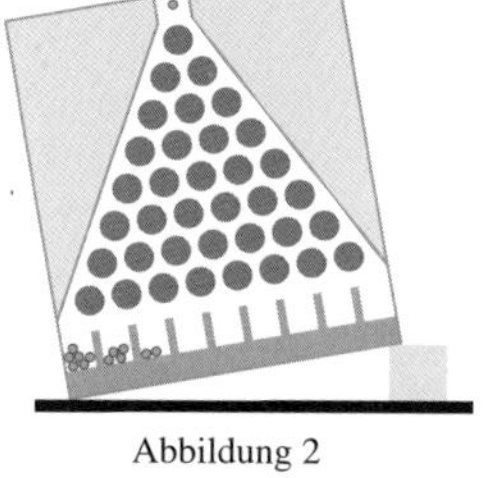
Abbildung 2

4
15

Hinweise und Tipps

1.1.1 **Tipps:**

- Ein Zufallsexperiment wird als Bernoulli-Experiment bezeichnet, wenn nur zwei Ergebnisse möglich sind. Wird das Zufallsexperiment n-mal durchgeführt und ändern sich bei jeder dieser n Durchführungen die Wahrscheinlichkeiten nicht, so ergibt sich eine Bernoulli-Kette der Länge n. Weisen Sie also nach, dass der Pfad der Kugel durch das Galton-Brett die Bedingungen für eine Bernoulli-Kette erfüllt.
- Da die Kugel auf ihrem Weg durch das Galton-Brett an den Stiften viermal (nach links oder rechts) abgelenkt wird, kann die binomialverteilte Zufallsvariable die Anzahl der Ablenkungen nach rechts (bzw. links) wiedergeben.

1.1.2 **Tipps:**

- Wie oft muss die Kugel die vier Stifte rechts passieren, damit sie schließlich im Fach ganz rechts landet? Wie oft muss sie die vier Stifte rechts, wie oft links passieren, damit sie schließlich im Fach rechts des mittleren Fachs landet? Addieren Sie für Ereignis A die Wahrscheinlichkeiten dieser beiden Fälle.
- Bei Ereignis B bietet es sich an, die Wahrscheinlichkeit mithilfe des Gegenereignisses zu berechnen. Wie oft muss die Kugel nach links bzw. rechts abgelenkt werden, damit sie schließlich im Fach ganz links landet? Die Wahrscheinlichkeit, dass sie im äußersten Feld rechts landet, ist aus der Berechnung der Wahrscheinlichkeit von Ereignis A bekannt. Werden diese beiden Wahrscheinlichkeiten von 1 subtrahiert, erhält man die gesuchte Wahrscheinlichkeit P(B).

1.2 **Tipps:**

- Bei dieser „mindestens – mehr als – mindestens"-Aufgabe ist die Wahrscheinlichkeit, bei der Überprüfung ein mangelhaftes Galton-Brett zu finden, gleich 0,05. Die Wahrscheinlichkeit, ein nicht mangelhaftes Brett zu finden, ist folglich 0,95.
- Wie groß ist die Wahrscheinlichkeit, bei n Kontrollen nur nicht mangelhafte Bretter zu finden? Wird diese Wahrscheinlichkeit (es ist die Wahrscheinlichkeit des Gegenereignisses zu „mindestens ein mangelhaftes Brett") von 1 subtrahiert und das Ergebnis größer 0,9 gesetzt, lässt sich mit dieser Ungleichung die Mindestanzahl n an Durchführungen berechnen.
- Müssen also mindestens 46 Bretter überprüft werden?

1.3 **Tipps:**

- Mit einer Wahrscheinlichkeit p prallt die Kugel im schräg gestellten Galton-Brett an einem Stift nach links ab, mit der Wahrscheinlichkeit $1-p$ nach rechts. Landet eine Kugel im mittleren Fach, so ist sie auf ihrem Weg durch das Galton-Brett genauso oft nach links wie nach rechts abgeprallt.
- Aus Abbildung 2 bzw. dem Text lässt sich entnehmen, auf wie viele Stifte die Kugel bei ihrem Weg durch das Brett trifft. Damit ist die Länge n der Bernoulli-Kette bekannt. Bei der Hälfte der Stifte ($=k$) prallt sie nach rechts, bei der anderen Hälfte ($=n-k$) nach links ab. Setzt man die Bernoulli-Formel $\binom{n}{k} \cdot p^k \cdot (1-p)^{n-k}$ mit 0,1 gleich, so erhält man die Bestimmungsgleichung für p.

Lösungen

1.1.1 **Begründung für das Vorliegen einer Bernoulli-Kette**

Ein Zufallsexperiment wird als Bernoulli-Experiment bezeichnet, wenn nur zwei Ergebnisse möglich sind. Wird das Zufallsexperiment n-mal durchgeführt und ändern sich bei jeder dieser n Durchführungen die Wahrscheinlichkeiten nicht, so ergibt sich eine Bernoulli-Kette der Länge n.

Ist ein ideales Galton-Brett waagerecht aufgestellt, so prallt jede Kugel an jedem Stift mit einer Wahrscheinlichkeit von 0,5 nach jeweils einer der beiden Seiten ab. Beim Aufprallen auf einen Stift gibt es somit nur zwei mögliche Ergebnisse. Bei jedem Stift wird eine Kugel mit der gleichen Wahrscheinlichkeit nach links bzw. rechts abgelenkt, unabhängig vom Ergebnis am vorherigen Stift. Die Wahrscheinlichkeit verändert sich nicht. Prallt die Kugel bei ihrem Weg durch ein ideales Galton-Brett auf n Stifte, so kann der Pfad dieser Kugel also durch eine Bernoulli-Kette der Länge n mit der Trefferwahrscheinlichkeit $p = 0{,}5$ beschrieben werden.

Definition einer binomialverteilten Zufallsvariablen X

Da die Kugel auf ihrem Weg durch das Galton-Brett an den Stiften viermal abgelenkt wird, kann die binomialverteilte Zufallsvariable X die Anzahl der Ablenkungen nach rechts (bzw. links) wiedergeben. Die Zufallsvariable X lässt sich daher im Sachzusammenhang wie folgt definieren:

X: Anzahl, wie oft die Kugel die Stifte auf ihrem Weg durch das Galton-Brett rechts passiert

Da die Möglichkeit besteht, dass die Kugel immer nach links $(X = 0)$ oder bei jedem Aufprallen auf einen Stift immer nach rechts $(X = 4)$ abgelenkt wird, ergeben sich als mögliche Werte für diese Zufallsvariable X die Werte 0, 1, 2, 3 oder 4.

1.1.2 **Berechnen der Wahrscheinlichkeit von Ereignissen**

Werden die unteren Fächer, die die Kugel auffangen, von links nach rechts durchnummeriert, so tritt Ereignis A genau dann ein, wenn die Kugel nach ihrem Weg durch das Brett in Fach 4 oder in Fach 5 landet.
Die Kugel wird von Fach 4 aufgefangen, wenn sie die vier Stifte jeweils einmal links (= l) und dreimal rechts (= r) passiert. Dafür gibt es vier Möglichkeiten:
Wird die Kugel am ersten Stift nach links abgelenkt, muss sie die restlichen drei Stifte rechts passieren, um in Fach 4 zu landen (lrrr). Wird sie am ersten Stift nach rechts und am zweiten nach links abgelenkt, muss sie die zwei letzten Stifte rechts passieren (rlrr). In Fach 4 landet die Kugel auch, wenn sie die ersten beiden Stifte rechts passiert, den dritten Stift links und den vierten schließlich wieder rechts (rrlr). Die vierte und letzte Möglichkeit ist der Weg rrrl durch das Brett; die Kugel prallt an den ersten drei Stiften jeweils nach rechts und am vierten Stift nach links ab.
Bei jeder der vier Möglichkeiten lrrr, rlrr, rrlr und rrrl endet der Weg der Kugel durch das Brett schließlich in Fach 4, dem Fach direkt rechts neben dem mittleren Fach.

Mit der in Teilaufgabe 1.1.1 definierten Zufallsvariablen X landet die Kugel also in Fach 4, wenn X den Wert 3 annimmt. Für die Wahrscheinlichkeit hierfür gilt mit $n = 4$ und $p = 0{,}5$:

$$P(\text{die Kugel wird von Fach 4 aufgefangen}) = P(X = 3) = \binom{4}{3} \cdot 0{,}5^3 \cdot 0{,}5^1 = 4 \cdot 0{,}5^4$$

Die Kugel beendet ihren Weg in Fach 5, wenn sie alle vier Stifte, auf die sie trifft, immer rechts passiert. Da sie viermal die Stifte rechts passiert, nimmt die Zufallsvariable X dann den Wert 4 an. Die Wahrscheinlichkeit hierfür ist:

$$P(\text{die Kugel wird von Fach 5 aufgefangen}) = P(X = 4) = \binom{4}{4} \cdot 0{,}5^4 \cdot 0{,}5^0 = 1 \cdot 0{,}5^4$$

Werden diese beiden Wahrscheinlichkeiten addiert, erhält man:

P(A) = P(die Kugel wird von Fach 4 oder Fach 5 aufgefangen)

$$= P(X = 3) + P(X = 4) = \binom{4}{3} \cdot 0{,}5^3 \cdot 0{,}5^1 + \binom{4}{4} \cdot 0{,}5^4 \cdot 0{,}5^0 = 5 \cdot 0{,}5^4 = 0{,}3125$$

Mit einer Wahrscheinlichkeit von 0,3125 = 31,25 % landet die Kugel in einem der beiden Fächer rechts vom mittleren Fach.

Ereignis B tritt dann ein, wenn die Kugel am Ende in Fach 2, 3 oder 4 landet, also <u>nicht</u> in Fach 1 oder in Fach 5. Nach den Überlegungen zu Ereignis A liegt es nahe, die Wahrscheinlichkeit P(B) mit der Wahrscheinlichkeit des Gegenereignisses $\overline{B}$ zu berechnen.

$\overline{B}$: Die Kugel landet in einem der beiden äußeren Fächer.

Die Wahrscheinlichkeit P(die Kugel wird von Fach 5 aufgefangen) ist von Ereignis A bereits bekannt. Die Kugel landet in Fach 1, wenn sie alle vier Stifte jeweils immer links passiert. Mit der Zufallsvariablen X gilt:

P(die Kugel wird von Fach 1 aufgefangen) $= P(X = 0) = \binom{4}{0} \cdot 0{,}5^0 \cdot 0{,}5^4 = 1 \cdot 0{,}5^4$

Damit ergibt sich die Wahrscheinlichkeit:

$$P(\overline{B}) = P(X = 0) + P(X = 4) = \binom{4}{0} \cdot 0{,}5^0 \cdot 0{,}5^4 + \binom{4}{4} \cdot 0{,}5^4 \cdot 0{,}5^0 = 2 \cdot 0{,}5^4$$

$$\Rightarrow \quad P(B) = 1 - P(\overline{B}) = 1 - 2 \cdot 0{,}5^4 = 0{,}875$$

Mit einer Wahrscheinlichkeit von 0,875 = 87,5 % landet die Kugel nicht in einem der beiden äußeren Fächer.

1.2 Prüfen einer Aussage

Der Ansatz zum Lösen dieser Aufgabe vom Typ „mindestens – mehr als – mindestens" ist das Aufstellen einer Ungleichung mithilfe des Gegenereignisses. Die Anzahl der Qualitätsprüfungen ist nicht bekannt, soll aber mit dieser Ungleichung bestimmt werden. Für diese unbekannte Anzahl an geprüften Galton-Brettern wird die Variable n verwendet.

Ist das Ereignis M definiert als

M: Unter den n geprüften Galton-Brettern ist mindestens eines mangelhaft.

so lautet das Gegenereignis:

$\overline{M}$: Unter den n geprüften Galton-Brettern ist keines mangelhaft.

Da erfahrungsgemäß 5 % der Bretter mangelhaft sind, durchlaufen 95 % der Bretter die Qualitätskontrolle unbeanstandet. Das Gegenereignis $\overline{M}$ tritt dann ein, wenn n Bretter geprüft werden und jedes dieser Bretter unbeanstandet bleibt.

Die Wahrscheinlichkeit hierfür ist: $P(\overline{M}) = 0{,}95^n$

Mit $P(M) = 1 - P(\overline{M})$ gilt $P(M) = 1 - 0{,}95^n$. Nach Aufgabenstellung soll diese Wahrscheinlichkeit mehr als 90 % betragen. Daher muss gelten:

$$1 - 0{,}95^n > 0{,}9 \quad |-1$$

$$-0{,}95^n > -0{,}1 \quad |\cdot(-1) \quad \text{Multiplikation mit einer negativen Zahl}$$

$$0{,}95^n < 0{,}1 \quad |\ln$$

$$\ln 0{,}95^n < \ln 0{,}1$$

$$n \cdot \ln 0{,}95 < \ln 0{,}1 \quad |:\ln 0{,}95\ (<0\,!) \quad \text{Division durch eine negative Zahl}$$

$$\Rightarrow \quad n > \frac{\ln 0{,}1}{\ln 0{,}95} = 44{,}89056748\ldots$$

Durch Lösen der Ungleichung ergibt sich, dass mindestens 45 Bretter überprüft werden müssen, um mit einer Wahrscheinlichkeit von mehr als 90 % mindestens ein mangelhaftes Brett zu finden.
Dies ist ein Brett weniger als die behaupteten 46 Bretter in der Aussage. Die Aussage ist folglich falsch.

1.3 **Ermitteln der Wahrscheinlichkeit, dass die Kugel im schräg gestellten Galton-Brett an den Stiften nach links abprallt**

Aus Abbildung 2 lässt sich abzählen, dass sich in diesem schräg gestellten Galton-Brett acht Stiftreihen befinden. Auf ihrem Weg von oben nach unten wird die Kugel somit an acht Stiften nach links oder rechts abgelenkt. Die Bernoulli-Kette, mit der dieses Zufallsexperiment beschrieben werden kann, hat also die Länge $n = 8$. Die gesuchte Wahrscheinlichkeit, dass die Kugel an einem Stift nach links abprallt, ist p. Folglich passiert sie mit der Wahrscheinlichkeit $1-p$ einen Stift rechts.

Die Schrägstellung ist so, dass die Wahrscheinlichkeit, dass eine Kugel im mittleren Fach landet, den Wert 0,1 hat. Da eine Kugel genau dann im mittleren Fach (Fach 5) landet, wenn sie auf ihrem Weg durch das Brett genauso oft nach links wie nach rechts abprallt, ergibt sich mit $n=8$ und $k=4$ zusammen mit der oben definierten Zufallsvariablen X zur Bestimmung der gesuchten Wahrscheinlichkeit p die Gleichung:

$$P(X=4) = \binom{8}{4} \cdot p^4 \cdot (1-p)^4 = 0{,}1$$

Diese Gleichung kann wie folgt nach p aufgelöst werden:

$$70 \cdot p^4 \cdot (1-p)^4 = 0{,}1 \qquad |:70$$

$$p^4 \cdot (1-p)^4 = \frac{0{,}1}{70}$$

$$(p \cdot (1-p))^4 = \frac{1}{700} \qquad |\sqrt[4]{}$$

$$p \cdot (1-p) = \sqrt[4]{\frac{1}{700}}$$

$$p - p^2 = \sqrt[4]{\frac{1}{700}}$$

$$p^2 - p + \sqrt[4]{\frac{1}{700}} = 0$$

$$p_{1/2} = \frac{1}{2} \mp \sqrt{\left(\frac{1}{2}\right)^2 - \sqrt[4]{\frac{1}{700}}} \approx \frac{1}{2} \mp \sqrt{0{,}055587}$$

$$p_1 \approx \frac{1}{2} - 0{,}2358 = 0{,}2642; \qquad p_2 \approx \frac{1}{2} + 0{,}2358 = 0{,}7358$$

Da das Galton-Brett schräg aufgestellt ist und die Kugel aufgrund der Neigung nach links mit einer Wahrscheinlichkeit größer als 0,5 nach links abprallt, ist p_2 die gesuchte Wahrscheinlichkeit.

Die Wahrscheinlichkeit, dass die Kugel an den Stiften des schräg aufgestellten Galton-Brettes nach links abprallt, ist etwa 0,7358, also 73,58 %.

Aufgabe 2: Stochastik (Wahlaufgabe)

Punkte

2 Bei einer Wahl betrug die Wahlbeteiligung 76 %.

2.1 Nach der Wahl werden zufällig Wahlberechtigte befragt, ob sie an der Wahl teilgenommen haben.

Bestimmen Sie jeweils die Wahrscheinlichkeit der folgenden Ereignisse:

A: Von fünf Wahlberechtigten haben nur die ersten beiden gewählt.

B: Von vier Wahlberechtigten haben höchstens drei gewählt.

C: Von 20 Wahlberechtigten haben mehr als 11, aber weniger als 18 gewählt. 5

2.2 Insgesamt wurden 136 Wahlberechtigte zufällig befragt.

Berechnen Sie die Wahrscheinlichkeit, dass dabei die Anzahl der Wähler genau dreimal so groß wie die Anzahl der Nichtwähler ist. 3

2.3 Es haben 29 % der Wähler per Briefwahl abgestimmt.
Die Partei M erlangte 26 % aller Wählerstimmen.
Lediglich 8 % der Briefwähler wählten die Partei M.

2.3.1 Ermitteln Sie die Wahrscheinlichkeit, dass ein zufällig ausgewählter Wähler der Partei M nicht per Briefwahl abgestimmt hat. 4

2.3.2 Entscheiden Sie, ob die folgende Aussage wahr oder falsch ist, und begründen Sie:

„Würde sich der Anteil der Wähler von Partei M unter den Briefwählern erhöhen, während der Anteil der Briefwähler sowie der Anteil der Wählerstimmen für Partei M mit 29 % bzw. 26 % gleich blieben, so könnte der Anteil der Wähler von Partei M unter den Wählern, die nicht per Briefwahl abgestimmt hätten, genau 30 % betragen.“ 3

15

Hinweise und Tipps

2.1 **Tipps:**

- Betrug die Wahlbeteiligung 76 %, dann beantwortet ein zufällig befragter Wahlberechtigter die Frage, ob er an der Wahl teilgenommen hat, mit einer Wahrscheinlichkeit von 0,76 mit Ja. Wie groß ist dann die Wahrscheinlichkeit, dass er die Frage verneint?
- Werden bei Ereignis A fünf Wahlberechtigte befragt, so müssen die ersten beiden die Frage bejahen und die dann folgenden drei Befragten die Frage verneinen. Multiplizieren Sie die Wahrscheinlichkeiten für zweimal Ja und dreimal Nein.
- Bei Ereignis B werden vier Wahlberechtigte gefragt und keiner, einer, zwei oder drei von ihnen sind zur Wahl gegangen. Bestimmen Sie die Wahrscheinlichkeit des Gegenereignisses (alle vier Wahlberechtigte haben gewählt) und subtrahieren Sie diese Wahrscheinlichkeit von 1.
- Mit der geeigneten Definition einer Zufallsvariablen X, etwa X: „Anzahl der Wähler unter den befragten Wahlberechtigten" mit $n = 20$ und $p = 0{,}76$, lässt sich die Wahrscheinlichkeit P(C) mit $P(C) = P(11 < X < 18)$ berechnen.

2.2 **Tipps:**

- Werden 136 Wahlberechtigte zufällig befragt und bezeichnet $\overline{W}$ die Anzahl der Nichtwähler und W die Anzahl der Wähler, so gilt $\overline{W} + W = 136$. Da die Anzahl der Wähler genau dreimal so groß ist wie die Anzahl der Nichtwähler, lässt sich W durch $3 \cdot \overline{W}$ ersetzen. Mit der neuen Gleichung kann $\overline{W}$ und damit W bestimmt werden.
- Mit $n = 136$, $p = 0{,}76$ und der Zufallsvariablen X aus Teilaufgabe 2.1 ergibt sich die Wahrscheinlichkeit als $P(X = W)$.

2.3.1 **Tipps:**

- Gesucht ist die bedingte Wahrscheinlichkeit $P_M(\overline{B})$, falls M das Ereignis „ein zufällig ausgewählter Wähler hat die Partei M gewählt" und $\overline{B}$ das Ereignis „ein zufällig ausgewählter Wähler hat nicht per Briefwahl abgestimmt" beschreibt.
- Die Wahrscheinlichkeit P(M) ist in der Aufgabenstellung bereits gegeben, $P(M \cap \overline{B})$ lässt sich mit einer Vierfeldertafel übersichtlich bestimmen.

2.3.2 **Tipps:**

- Drücken Sie mit den in Teilaufgabe 2.3.1 definierten Ereignissen M (Wähler der Partei M) und B (Briefwähler) die in der Aussage genannten Anteile aus. „Der Anteil der Wähler von Partei M unter den Briefwählern" entspricht der bedingten Wahrscheinlichkeit $P_B(M)$, „der Anteil der Briefwähler" ist $P(B) = 0{,}29$ und „der Anteil der Wähler von Partei M" ist $P(M) = 0{,}26$.
- Da die Wählerstimmen für Partei M zum einen von den Briefwählern, die die Partei M gewählt haben, und zum anderen von den Nicht-Briefwählern, die die Partei M gewählt haben, stammen, gilt:
  $P(B \cap M) + P(\overline{B} \cap M) = P(M) = 0{,}26$
- Nach Umformung der Formeln für die bedingten Wahrscheinlichkeiten $P_B(M)$ und $P_{\overline{B}}(M)$ können die Wahrscheinlichkeiten der Schnittmengen in der Gleichung ersetzt werden. Unter der Annahme, dass $P_{\overline{B}}(M) = 0{,}3$ ist, lässt sich daraus dann $P_B(M)$ berechnen. Da ursprünglich lediglich 8 % der Briefwähler die Partei M gewählt hatten, muss $P_B(M) > 0{,}08$ sein, damit die Aussage wahr ist.

Lösungen

2.1 **Bestimmung der Wahrscheinlichkeit von Ereignissen**

Werden nach der Wahl zufällig Wahlberechtigte befragt, ob sie an der Wahl teilgenommen haben, so bejaht ein Befragter die Frage zu 76 % = 0,76. Steht W für die Teilnahme an der Wahl, so gilt P(W) = 0,76. Folglich gilt für die Nichtteilnahme:

$P(\overline{W}) = 1 - P(W) = 0,24$

Bei Ereignis A werden fünf Wahlberechtigte befragt. Die ersten beiden bejahen die gestellte Frage (W) und die restlichen drei verneinen sie ($\overline{W}$). Gesucht ist somit die Wahrscheinlichkeit für $WW\overline{W}\overline{W}\overline{W}$. Mit den gegebenen Wahrscheinlichkeiten erhält man:

$P(A) = P(WW\overline{W}\overline{W}\overline{W}) = 0,76 \cdot 0,76 \cdot 0,24 \cdot 0,24 \cdot 0,24 = 0,76^2 \cdot 0,24^3 = 0,007984\ldots$

Mit einer Wahrscheinlichkeit von ca. 0,798 % haben von fünf Befragten nur die ersten beiden gewählt.

Haben von vier Befragten höchstens drei gewählt, so bedeutet dies, dass keiner, genau einer, zwei oder drei der vier befragten Wahlberechtigten gewählt haben. Die Wahrscheinlichkeiten hierzu lassen sich bestimmen (Permutationen beachten!) und addieren. Mit weniger Rechenaufwand kann die Wahrscheinlichkeit P(B) über das Gegenereignis bestimmt werden. Dabei ist

$\overline{B}$: Von vier Wahlberechtigten haben vier (d. h. alle) gewählt.

Damit ist:

$P(\overline{B}) = P(WWWW) = 0,76 \cdot 0,76 \cdot 0,76 \cdot 0,76 = 0,76^4 = 0,33362176\ldots$

$P(B) = 1 - P(\overline{B}) = 1 - 0,76^4 = 0,66637824\ldots$

Mit einer Wahrscheinlichkeit von ungefähr 66,64 % haben von vier Wahlberechtigten höchstens drei gewählt.

Für Ereignis C eignet es sich, die binomialverteilte Zufallsvariable X wie folgt zu definieren:

X: Anzahl der Wähler unter den befragten Wahlberechtigten

Damit ergibt sich mit n = 20 und p = 0,76 für die Wahrscheinlichkeit:

$$P(C) = P(11 < X < 18) = P(X \le 17) - P(X \le 11)$$
$$= 0,89145275\ldots - 0,03200220\ldots = 0,85945\ldots$$

Mit einer Wahrscheinlichkeit von etwa 85,95 % haben von 20 Wahlberechtigten mehr als 11, aber weniger als 18 gewählt.

2.2 **Berechnen der Wahrscheinlichkeit, dass die Anzahl der Wähler unter 136 Wahlberechtigten genau dreimal so groß ist wie die Anzahl der Nichtwähler**

Werden 136 Wahlberechtigte zufällig befragt und bezeichnet $\overline{W}$ die Anzahl der Nichtwähler und W die Anzahl der Wähler, so gilt $\overline{W} + W = 136$.

Die Tatsache, dass die Anzahl der Wähler dreimal so groß wie die Anzahl der Nichtwähler ist, kann mit der Gleichung $W = 3 \cdot \overline{W}$ ausgedrückt werden. Dies eingesetzt in $\overline{W} + W = 136$ ergibt dann die Gleichung:

$\overline{W} + 3 \cdot \overline{W} = 4 \cdot \overline{W} = 136 \quad \Rightarrow \quad \overline{W} = 136 : 4 = 34$

Unter den 136 Wahlberechtigten befinden sich also 34 Nichtwähler und 102 Wähler.

Mit $n = 136$, der Trefferwahrscheinlichkeit $p = 0{,}76$ und der in Teilaufgabe 2.1 bei Ereignis C definierten Zufallsvariablen X lässt sich die gesuchte Wahrscheinlichkeit berechnen als:

$$P(X = 102) = \binom{136}{102} \cdot 0{,}76^{102} \cdot 0{,}24^{34} = 0{,}07593575\ldots$$

Wurden 136 Wahlberechtigte zufällig befragt, beträgt die Wahrscheinlichkeit, dass die Anzahl der Wähler genau dreimal so groß ist wie die Anzahl der Nichtwähler, ca. 7,6 %.

2.3.1 Ermitteln der Wahrscheinlichkeit, dass ein zufällig ausgewählter Wähler der Partei M nicht per Briefwahl abgestimmt hat

Mit den Ereignissen

M: Ein zufällig ausgewählter Wähler hat die Partei M gewählt.

B: Ein zufällig ausgewählter Wähler hat per Briefwahl abgestimmt.

ist die bedingte Wahrscheinlichkeit $P_M(\overline{B}) = \frac{P(M \cap \overline{B})}{P(M)}$ die gesuchte Wahrscheinlichkeit.

Der Aufgabenstellung lassen sich die Wahrscheinlichkeiten $P(B) = 0{,}29$, $P(M) = 0{,}26$ und $P_B(M) = 0{,}08$ entnehmen. Da $P_B(M) = \frac{P(B \cap M)}{P(B)}$, ergibt sich die Gleichung:

$$\frac{P(B \cap M)}{0{,}29} = 0{,}08 \quad \text{bzw.} \quad P(B \cap M) = 0{,}08 \cdot 0{,}29 = 0{,}0232$$

Diese Wahrscheinlichkeiten können in eine Vierfeldertafel übertragen werden. Die gegebenen Werte sind dabei **fett** dargestellt:

	B	$\overline{B}$	
M	**0,08 · 0,29** = 0,0232	0,26 − 0,0232 = 0,2368	**0,26**
$\overline{M}$	0,29 − 0,0232 = 0,2668	0,71 − 0,2368 = 0,4732	0,74
	0,29	0,71	1

Mit den Wahrscheinlichkeiten dieser Vierfeldertafel ergibt sich:

$$P_M(\overline{B}) = \frac{P(M \cap \overline{B})}{P(M)} = \frac{0{,}2368}{0{,}26} = 0{,}9107\ldots$$

Mit der Wahrscheinlichkeit von ungefähr 91 % hat ein zufällig ausgewählter Wähler der Partei M nicht per Briefwahl abgestimmt.

2.3.2 Prüfen einer Aussage

Mit den in Teilaufgabe 2.3.1 definierten Ereignissen M (Wähler der Partei M) und B (Briefwähler) lassen sich die in der Aussage genannten Anteile wie folgt ausdrücken:

„der Anteil der Wähler von Partei M unter den Briefwählern“ $\triangleq P_B(M)$,

„der Anteil der Briefwähler“ $\triangleq P(B) = 0{,}29$,

„der Anteil der Wähler von Partei M unter den Wählern“ $\triangleq P(M) = 0{,}26$.

Da die Wählerstimmen für Partei M zum einen von den Briefwählern, die die Partei M gewählt haben ($\triangleq P(B \cap M)$), und zum anderen von den Nicht-Briefwählern, die die Partei M gewählt haben ($\triangleq P(\overline{B} \cap M)$), stammen und die Partei M 26 % aller Wählerstimmen erlangte, gilt:

$$P(B \cap M) + P(\overline{B} \cap M) = P(M) = 0{,}26 \qquad (1)$$

Es gilt:

$$P_B(M) = \frac{P(B \cap M)}{P(B)} = \frac{P(B \cap M)}{0{,}29} \quad \text{und} \quad P_{\overline{B}}(M) = \frac{P(\overline{B} \cap M)}{P(\overline{B})} = \frac{P(\overline{B} \cap M)}{1-0{,}29}$$

Werden diese bedingten Wahrscheinlichkeiten nach $P(B \cap M)$ bzw. $P(\overline{B} \cap M)$ aufgelöst, erhält man:

$$P(B \cap M) = 0{,}29 \cdot P_B(M) \qquad \text{und} \quad P(\overline{B} \cap M) = 0{,}71 \cdot P_{\overline{B}}(M)$$

Eingesetzt in (1) ergibt sich die Gleichung:

$$0{,}29 \cdot P_B(M) + 0{,}71 \cdot P_{\overline{B}}(M) = 0{,}26 \qquad (2)$$

Beträgt der Anteil der Wähler von Partei M unter den Wählern, die nicht per Briefwahl abgestimmt haben, genau 30 %, gilt also $P_{\overline{B}}(M) = 0{,}3$, ergibt sich aus Gleichung (2):

$$0{,}29 \cdot P_B(M) + 0{,}71 \cdot 0{,}3 = 0{,}26$$

Wird diese Gleichung nach $P_B(M)$ umgeformt, erhält man:

$$P_B(M) = \frac{0{,}26 - 0{,}71 \cdot 0{,}3}{0{,}29} = \frac{0{,}047}{0{,}29} = 0{,}1620689\ldots$$

$P_B(M)$ ist der Anteil der Wähler von Partei M unter den Briefwählern, der bisher lediglich 8 % betrug (siehe die Angabe in der Aufgabenstellung 2.3).

Da sich dieser Anteil von 8 % auf etwa 16 % erhöht, wenn $P_{\overline{B}}(M) = 0{,}3$ gilt, ist die Aussage wahr.

Lineare Algebra: Wahlgebiet Vektorgeometrie – Aufgabe 2

Punkte

2 Ein Flugzeug befindet sich im Landeanflug. Dieser wird modelliert durch g mit

$$g\colon \vec{x} = \begin{pmatrix} -48 \\ -48 \\ 3{,}1 \end{pmatrix} + t \cdot \begin{pmatrix} 4 \\ 4 \\ -0{,}2 \end{pmatrix};\ 0 \le t \le 15.$$

Hierbei ist t die Zeit in Minuten ($t = 0$ ist der Beginn des Landeanflugs) und die Längeneinheit ist Kilometer (km).
Die x_3-Koordinate ist die Flughöhe über dem Meeresspiegel.

2.1 Die Spitze des Flughafenturms befindet sich in $S(11\,|\,14\,|\,0{,}13)$.

Berechnen Sie, wie weit das Flugzeug eine Minute nach Beginn des Landeanflugs von der Spitze des Flughafenturms entfernt ist. 3

2.2 In einem Flugraum ist ständig mit anderen Flugzeugen zu rechnen. Dieser Flugraum wird zylinderförmig modelliert, wobei der Radius 0,8 km ist und die Rotationsachse durch die Gerade h mit

$$h\colon \vec{x} = \begin{pmatrix} -40 \\ -40 \\ 3{,}6 \end{pmatrix} + s \cdot \begin{pmatrix} 0 \\ 1 \\ 0 \end{pmatrix};\ s \in \mathbb{R}$$

beschrieben wird. Untersuchen Sie, ob das Flugzeug während seines Landeanflugs in diesen Flugraum eintritt. 3

2.3 Die horizontale Landebahn befindet sich auf 100 Meter Höhe über dem Meeresspiegel. Ermitteln Sie den Landepunkt und den Winkel, unter dem das Flugzeug auf der Landebahn aufsetzt. 3

2.4 Vor der Landung wurde eine Stadt überflogen.
Diese Stadt wird modelliert durch das Rechteck ABCD. Es sind $A(0\,|\,0\,|\,0{,}2)$ und $C(11\,|\,4\,|\,0{,}2)$. Das Rechteck liegt in der Ebene mit der Gleichung $x_3 = 0{,}2$ und seine Seiten sind parallel zur x_1-Achse bzw. x_2-Achse.

2.4.1 Geben Sie die Koordinaten der Punkte B und D an. 2

2.4.2 Aus Sicherheitsgründen muss das Flugzeug stets mindestens 300 m über der Stadt fliegen (siehe Abbildung).

Prüfen Sie, ob das Flugzeug diese Mindesthöhe über der Stadt einhält.

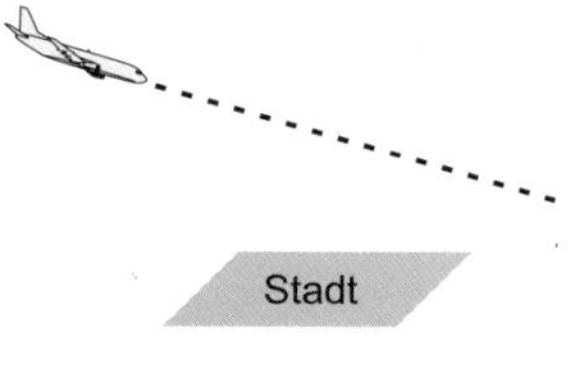

4

15

Hinweise und Tipps

2.1 **Tipps:**

- Die Position P_1, an der sich das Flugzeug eine Minute nach Beginn des Landeanflugs befindet, lässt sich bestimmen, indem in die Geradengleichung $t = 1$ eingesetzt wird.
- Die Länge der Strecke $\overline{P_1S}$ gibt an, wie weit entfernt sich das Flugzeug eine Minute nach Beginn des Landeanflugs von der Spitze S des Flughafenturms befindet.

2.2 **Tipp:**

Da der Flugraum zylinderförmig um die Rotationsachse h modelliert wird und einen Radius von 0,8 km aufweist, ist zu untersuchen, ob sich das Flugzeug der Rotationsachse auf weniger als 0,8 km nähert oder nicht. Ist also der minimale Abstand der beiden (windschiefen) Geraden g und h kleiner oder größer als 0,8 km?

2.3 **Tipps:**

- Die horizontale Landebahn befindet sich auf 100 Meter Höhe. Die x_3-Koordinate der Geraden g gibt die Höhe des Flugzeugs zum Zeitpunkt t beim Landeanflug an. Wird diese mit 0,1 (1 LE $\widehat{=}$ 1 km) gleichgesetzt, lässt sich der Zeitpunkt t der Landung berechnen. Setzt man anschließend diesen Wert für t in die Geradengleichung ein, ergeben sich hieraus die Koordinaten des Landepunktes.
- Die Landebahn befindet sich in einer Ebene parallel zur x_1x_2-Ebene. Für den zu berechnenden Winkel, unter dem das Flugzeug aufsetzt, findet sich in der Merkhilfe die Formel $\sin(\alpha) = \frac{|\vec{u} \cdot \vec{n}|}{|\vec{u}| \cdot |\vec{n}|}$. Dabei ist $\vec{u}$ der Richtungsvektor der Geraden g und $\vec{n}$ ein Normalenvektor zur x_1x_2-Ebene.

2.4.1 **Tipps:**

- Das Rechteck ABCD liegt in der Ebene mit der Gleichung $x_3 = 0{,}2$. Damit ist die x_3-Koordinate jeder der vier Eckpunkte vorgegeben.
- Die Rechteckseiten $\overline{AB}$ und $\overline{CD}$ sind parallel zur x_1-Achse und die Rechteckseiten $\overline{BC}$ und $\overline{AD}$ sind parallel zur x_2-Achse. In welcher Koordinate müssen also die Punkte A und B übereinstimmen; in welcher Koordinate stimmen B und C überein?
- Der Punkt D liegt in der x_2x_3-Ebene, in welcher Koordinate müssen also die Punkte A und D übereinstimmen? In welcher Koordinate stimmen C und D überein?

2.4.2 **Tipps:**

- Das Rechteck ABCD liegt in der Ebene mit der Gleichung $x_3 = 0{,}2$; das Stadtgebiet befindet sich also in einer Höhe von 0,2 LE $\widehat{=}$ 200 Meter. Da der Mindestabstand beim Überfliegen der Stadt 300 Meter betragen soll, ist zunächst der Zeitpunkt t gesucht, zu dem sich das Flugzeug 500 Meter über dem Meeresspiegel befindet. Damit lässt sich dann auch die Position bestimmen, an der sich das Flugzeug zu diesem Zeitpunkt befindet. Liegt diese Stelle über dem Stadtgebiet?
- Wo befindet sich das Flugzeug eine Minute früher, wo eine Minute später? Wird die Mindesthöhe von 300 Meter über der Stadt insgesamt eingehalten oder nicht?

Lösungen

2.1 Berechnung, wie weit das Flugzeug eine Minute nach Beginn des Landeanflugs von der Spitze des Flughafenturms entfernt ist

Da t die Zeit in Minuten ist, lässt sich die Position P_1, an der sich das Flugzeug eine Minute nach Beginn des Landeanflugs befindet, durch Einsetzen von $t=1$ in die Geradengleichung g bestimmen. Folglich befindet sich das Flugzeug eine Minute nach Beginn des Landeanflugs an der Stelle:

$$\vec{p}_1 = \begin{pmatrix} -48 \\ -48 \\ 3{,}1 \end{pmatrix} + 1 \cdot \begin{pmatrix} 4 \\ 4 \\ -0{,}2 \end{pmatrix} = \begin{pmatrix} -44 \\ -44 \\ 2{,}9 \end{pmatrix}$$

Also im Punkt $P_1(-44\,|\,-44\,|\,2{,}9)$.

Der Abstand dieses Punktes P_1 von der Spitze S des Flughafenturms berechnet sich mit:

$$d = |\overrightarrow{P_1S}| = \sqrt{(11-(-44))^2 + (14-(-44))^2 + (0{,}13-2{,}9)^2} = \sqrt{55^2 + 58^2 + (-2{,}77)^2}$$
$$= \sqrt{3\,025 + 3\,364 + 7{,}6729}$$
$$= \sqrt{6\,396{,}6729} = 79{,}97920\ldots$$

Eine Minute nach Beginn des Landeanflugs ist das Flugzeug etwa 79,98 km von der Spitze des Flughafenturms entfernt.

2.2 Untersuchung, ob das Flugzeug in den Flugraum eintritt

Da der Flugraum zylinderförmig um die Rotationsachse h modelliert wird und einen Radius von 0,8 km aufweist, ist zu untersuchen, ob sich das Flugzeug dieser Rotationsachse auf weniger als 0,8 km nähert oder nicht.

Da die Richtungsvektoren der Geraden g und h linear unabhängig sind, sind diese beiden Geraden windschief. In der Merkhilfe findet man die Formel zur Berechnung des (minimalen) Abstands zweier windschiefer Geraden:

$$d = \left| \frac{(\vec{q} - \vec{p}) \cdot \vec{n}}{|\vec{n}|} \right|$$

Dabei ist $\vec{p}$ der Ortsvektor eines Geradenpunktes P auf g, z. B. der Stützvektor von g, $\vec{q}$ der Ortsvektor eines Geradenpunktes Q auf h, z. B. der Stützvektor von h, und $\vec{n}$ ein Normalenvektor zu den Richtungsvektoren $\vec{u}$ und $\vec{v}$ der Geraden g und h, z. B. $\vec{n} = \vec{u} \times \vec{v}$.

Mit $\vec{p} = \begin{pmatrix} -48 \\ -48 \\ 3{,}1 \end{pmatrix}$, $\vec{q} = \begin{pmatrix} -40 \\ -40 \\ 3{,}6 \end{pmatrix}$ und $\vec{n} = \begin{pmatrix} 4 \\ 4 \\ -0{,}2 \end{pmatrix} \times \begin{pmatrix} 0 \\ 1 \\ 0 \end{pmatrix} = \begin{pmatrix} 0{,}2 \\ 0 \\ 4 \end{pmatrix}$ ergibt sich:

$$d = \left| \frac{\left(\begin{pmatrix} -40 \\ -40 \\ 3{,}6 \end{pmatrix} - \begin{pmatrix} -48 \\ -48 \\ 3{,}1 \end{pmatrix} \right) \cdot \begin{pmatrix} 0{,}2 \\ 0 \\ 4 \end{pmatrix}}{\sqrt{0{,}2^2 + 0^2 + 4^2}} \right| = \left| \frac{\begin{pmatrix} 8 \\ 8 \\ 0{,}5 \end{pmatrix} \cdot \begin{pmatrix} 0{,}2 \\ 0 \\ 4 \end{pmatrix}}{\sqrt{16{,}04}} \right| = \left| \frac{8 \cdot 0{,}2 + 8 \cdot 0 + 0{,}5 \cdot 4}{\sqrt{16{,}04}} \right| = \left| \frac{3{,}6}{4{,}00499\ldots} \right|$$
$$\approx 0{,}898877\ldots$$

Da $0{,}898877\ldots > 0{,}8$, tritt somit das Flugzeug während des Landeanflugs nicht in den Flugraum ein.

2.3 **Ermittlung des Landepunktes**

Die horizontale Landebahn befindet sich auf 100 Meter Höhe, also in der Ebene $x_3 = 0{,}1$ (1 LE $\hat{=}$ 1 km). Die x_3-Koordinate der (Landeanflugs-)Geraden g gibt die Höhe des Flugzeugs zum Zeitpunkt t beim Landeanflug an. Wird diese mit 0,1 gleichgesetzt, erhält man:

$$x_3 = 3{,}1 + t \cdot (-0{,}2) = 0{,}1 \quad \Leftrightarrow \quad -0{,}2 \cdot t = -3 \quad \Leftrightarrow \quad t = \frac{-3}{-0{,}2} = 15$$

Nach t = 15 Minuten landet das Flugzeug auf der Landebahn und der Landepunkt befindet sich in:

$$\vec{\ell} = \begin{pmatrix} -48 \\ -48 \\ 3{,}1 \end{pmatrix} + 15 \cdot \begin{pmatrix} 4 \\ 4 \\ -0{,}2 \end{pmatrix} = \begin{pmatrix} 12 \\ 12 \\ 0{,}1 \end{pmatrix}$$

Das Flugzeug landet nach 15 Minuten im Punkt $L(12 \,|\, 12 \,|\, 0{,}1)$ auf der Landebahn.

Ermittlung des Winkels, unter dem das Flugzeug auf der Landebahn aufsetzt

Die Landebahn befindet sich 100 Meter horizontal über dem Meeresspiegel, also in der Ebene $x_3 = 0{,}1$, die parallel zur x_1x_2-Ebene ist. Für den zu berechnenden Winkel, unter dem das Flugzeug aufsetzt, findet sich in der Merkhilfe die Formel:

$$\sin(\alpha) = \frac{|\vec{u} \cdot \vec{n}|}{|\vec{u}| \cdot |\vec{n}|}$$

Dabei ist $\vec{u}$ der Richtungsvektor der Geraden g. Ein Normalenvektor $\vec{n}$ zur x_1x_2-Ebene steht senkrecht auf diese Ebene und hat somit die Form $\begin{pmatrix} 0 \\ 0 \\ n_3 \end{pmatrix}$. Für die x_3-Komponente kann jede reelle Zahl gewählt werden, also auch der Wert $n_3 = 1$. Mit $\vec{u} = \begin{pmatrix} 4 \\ 4 \\ -0{,}2 \end{pmatrix}$ und $\vec{n} = \begin{pmatrix} 0 \\ 0 \\ 1 \end{pmatrix}$ ergibt sich für den Winkel, unter dem das Flugzeug auf der Landebahn aufsetzt:

$$\sin(\alpha) = \frac{|\vec{u} \cdot \vec{n}|}{|\vec{u}| \cdot |\vec{n}|} = \frac{\left|\begin{pmatrix} 4 \\ 4 \\ -0{,}2 \end{pmatrix} \cdot \begin{pmatrix} 0 \\ 0 \\ 1 \end{pmatrix}\right|}{\left|\begin{pmatrix} 4 \\ 4 \\ -0{,}2 \end{pmatrix}\right| \cdot \left|\begin{pmatrix} 0 \\ 0 \\ 1 \end{pmatrix}\right|} = \frac{|4 \cdot 0 + 4 \cdot 0 + (-0{,}2) \cdot 1|}{\sqrt{4^2 + 4^2 + (-0{,}2)^2} \cdot \sqrt{0^2 + 0^2 + 1^2}}$$

$$= \frac{|-0{,}2|}{\sqrt{32{,}04} \cdot \sqrt{1}} = \frac{0{,}2}{\sqrt{32{,}04}} = 0{,}035333\ldots$$

Mit $\sin(\alpha) = 0{,}35333\ldots$ ergibt sich $\alpha = \sin^{-1}(0{,}035333\ldots) = 2{,}024868\ldots°$.

Das Flugzeug setzt unter einem Winkel von etwa 2,025° auf der Landebahn auf.

2.4.1 **Angabe der Koordinaten der Punkte B und D**

Das Rechteck ABCD liegt in der Ebene mit der Gleichung $x_3 = 0{,}2$. Damit ist die x_3-Koordinate jeder der vier Eckpunkte vorgegeben. Für die Punkte B und D gilt also:

$B(b_1 \,|\, b_2 \,|\, 0{,}2)$ bzw. $D(d_1 \,|\, d_2 \,|\, 0{,}2)$

Die Rechteckseiten $\overline{AB}$ und $\overline{CD}$ sind parallel zur x_1-Achse und die Rechteckseiten $\overline{BC}$ und $\overline{AD}$ sind parallel zur x_2-Achse.

Da der Punkt A(0 | 0 | 0,2) in der x_1x_3-Ebene liegt, liegt somit auch B in dieser Ebene, sodass die beiden Punkte in ihrer x_2-Koordinate 0 übereinstimmen.
Da die Strecke $\overline{BC}$ parallel zur x_2-Achse verläuft, stimmen B und C in ihrer x_1-Koordinate 11 überein. Der Punkt B hat also die Koordinaten B(11 | 0 | 0,2).

Da der Punkt A(0 | 0 | 0,2) auch in der x_2x_3-Ebene liegt und die Strecke $\overline{AD}$ parallel zur x_2-Achse ist, stimmen die Punkte A und D in der x_1-Koordinate und die Punkte D und C in der x_2-Koordinate überein. Der Punkt D hat also die Koordinaten D(0 | 4 | 0,2).

2.4.2 **Überprüfung, ob das Flugzeug die Mindesthöhe 300 Meter über der Stadt einhält**
Das Rechteck ABCD liegt in der Ebene mit der Gleichung $x_3 = 0{,}2$; das Stadtgebiet befindet sich also in einer Höhe von 0,2 LE ≙ 200 Meter. Da der Mindestabstand beim Überfliegen der Stadt 300 Meter betragen soll, ist zunächst der Zeitpunkt t gesucht, zu dem sich das Flugzeug 500 Meter über dem Meeresspiegel befindet.
Die x_3-Koordinate der Geraden g gibt die Höhe des Flugzeugs an, sodass gelten muss:

$$x_3 = 3{,}1 + t \cdot (-0{,}2) = 0{,}5 \quad \Leftrightarrow \quad -0{,}2 \cdot t = -2{,}6 \quad \Leftrightarrow \quad t = \frac{-2{,}6}{-0{,}2} = 13$$

Nach 13 Minuten befindet sich das Flugzeug in einer Höhe von 500 Meter über dem Meeresspiegel. Seine Position P zu diesem Zeitpunkt berechnet sich mit:

$$\vec{p} = \begin{pmatrix} -48 \\ -48 \\ 3{,}1 \end{pmatrix} + 13 \cdot \begin{pmatrix} 4 \\ 4 \\ -0{,}2 \end{pmatrix} = \begin{pmatrix} 4 \\ 4 \\ 0{,}5 \end{pmatrix}$$

Das Flugzeug ist 13 Minuten nach Beginn des Landeanflugs an der Stelle P(4 | 4 | 0,5).

Diese Position befindet sich genau 0,3 LE ≙ 300 Meter über der Stadtgrenze, die durch die Strecke $\overline{CD}$ dargestellt wird. Zu diesem Zeitpunkt hält das Flugzeug also den Sicherheitsabstand gerade noch ein. Nun ist noch zu prüfen, ob das Flugzeug an dieser Stelle das Stadtgebiet bereits wieder verlässt und somit den Sicherheitsabstand nicht mehr einhalten muss. Da sich das Flugzeug im Landeanflug befindet (Sinkflug), genügt es, die Position des Flugzeugs z. B. eine Minute früher (oder später) zu betrachten.

Welche Position Q nimmt das Flugzeug eine Minute vorher ein, also zum Zeitpunkt t = 12 Minuten? Wird zu diesem Zeitpunkt der Sicherheitsabstand eingehalten?
Für die Position Q zum Zeitpunkt t = 12 Minuten gilt:

$$\vec{q} = \begin{pmatrix} -48 \\ -48 \\ 3{,}1 \end{pmatrix} + 12 \cdot \begin{pmatrix} 4 \\ 4 \\ -0{,}2 \end{pmatrix} = \begin{pmatrix} 0 \\ 0 \\ 0{,}7 \end{pmatrix}$$

Das Flugzeug befindet sich also nach 12 Minuten im Punkt Q(0 | 0 | 0,7).

Dieser Punkt Q befindet sich 0,5 LE ≙ 500 Meter senkrecht über dem Punkt A der Stadtgrenze. Auch zum Zeitpunkt t = 12 Minuten beim Eintritt in das Stadtgebiet hält das Flugzeug somit den Mindestabstand von 300 Meter über dem Stadtgebiet ein. (Das Flugzeug überfliegt das Stadtgebiet von Punkt Q nach Punkt P.)

Damit wurde nachgewiesen, dass das Flugzeug bei seinem Landeanflug sowohl beim Eintritt in das Stadtgebiet als auch beim Verlassen des Stadtgebiets (und somit über dem gesamten Stadtgebiet) den Mindestabstand von 300 Meter einhält.

Aufgabe 1: Analysis (Pflichtaufgabe)

Punkte

1.1 Die in $\mathbb{R}$ definierte Funktion f ist gegeben durch $f(x) = 2 \cdot e^x$.
Ordnen Sie die Werte

$$f(0),\ f'(1) \text{ und } \int_0^1 f(x)\,dx$$

nach deren Größe in aufsteigender Reihenfolge. 4

1.2 Die Funktion g ist gegeben durch
$g(x) = x \cdot \sin(x);\ -1 \le x \le 10.$
Die Abbildung zeigt das Schaubild K_g von g.

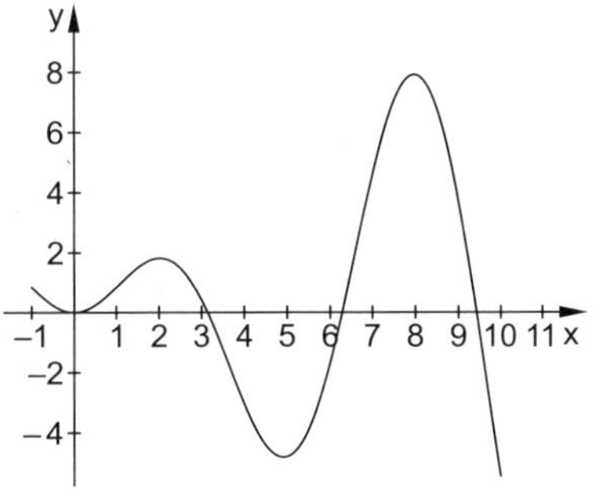

1.2.1 Bestimmen Sie die gemeinsamen Punkte von K_g mit der ersten Winkelhalbierenden $y = x$. Geben Sie die Anzahl der Berührpunkte an. 3

1.2.2 Zeigen Sie, dass die Funktion G mit
$G(x) = -x \cdot \cos(x) + \sin(x);\ -1 \le x \le 10,$
eine Stammfunktion von g ist.
Geben Sie zudem die Stammfunktion von g an, deren Schaubild den Punkt $(0\,|\,7)$ enthält. 3

1.3 Ermitteln Sie eine Gleichung der quadratischen Funktion h, die die beiden folgenden Eigenschaften hat:

(1) Der Graph von h schneidet die Gerade mit der Gleichung $y = \frac{1}{4}x + 1$ im Punkt $(0\,|\,1)$ unter einem rechten Winkel.

(2) Die x- und die y-Koordinate des Extrempunkts des Graphen von h stimmen überein. 5

15

Aufgabe 2: Stochastik (Pflichtaufgabe)

Punkte

Vorschlag 1*

2 Eine ideale Münze zeigt nach jedem Wurf entweder Kopf oder Zahl an.

2.1 Man wirft die Münze so lange, bis sie Zahl zeigt, jedoch höchstens dreimal.

2.1.1 Zeichnen Sie ein Baumdiagramm, das dieses Zufallsexperiment vollständig beschreibt. 2

2.1.2 Bestimmen Sie, wie oft man die Münze im Mittel wirft. 2

2.2 Entscheiden Sie, ob folgende Aussagen wahr oder falsch sind. Begründen Sie.

(1) Wird die Münze fünfmal hintereinander geworfen, so ist die Wahrscheinlichkeit für das Ereignis „genau einmal Zahl" größer als $\frac{1}{8}$.

(2) Es gibt eine Anzahl von Würfen, für die Folgendes gilt: Die Wahrscheinlichkeit für das Ereignis „genau dreimal Zahl" ist gleich der Wahrscheinlichkeit für das Ereignis „genau zweimal Zahl". 4

8

Vorschlag 2

2 Ein Stapel besteht aus sechs zufällig angeordneten Karten. Davon zeigen zwei Karten das Bild „Bube", zwei das Bild „Dame" und zwei das Bild „König".

Die oberste Karte des Stapels wird von einem Spieler gezogen und deren Bild wird notiert. Vor dem nächsten Zug wird die Karte wieder in den Stapel zurückgelegt und dieser neu gemischt.

Der Spieler zieht dreimal nacheinander die oberste Karte des Stapels.

2.1 Berechnen Sie die Wahrscheinlichkeit der folgenden Ereignisse:

E_1: Der Spieler hat drei verschiedene Bilder gezogen.

E_2: Der Spieler hat genau einmal einen Buben gezogen.

E_3: Der Spieler hat mindestens einmal einen Buben oder mindestens zweimal einen König gezogen. 5

2.2 Im Folgenden beträgt der Einsatz 5 Euro.

Der Spieler erhält nur dann eine Auszahlung, falls mindestens zweimal das gleiche Bild gezogen wird. Die Auszahlung beträgt 18 Euro, falls der Spieler dreimal das gleiche Bild zieht.

Ermitteln Sie die Auszahlung, die der Spieler im verbleibenden Fall erhalten muss, damit es sich um ein faires Spiel handelt. 3

8

*Anmerkung der Redaktion: Aufgrund der Corona-Pandemie gab es in der Prüfung 2022 in den Teilen 1 und 4 jeweils zwei Aufgabenvorschläge für die Bereiche Stochastik und Lineare Algebra (Vektorgeometrie bzw. Matrizen), um eine Vorauswahl durch die Lehrkraft je nach Behandlung im Unterricht zu ermöglichen.

Aufgabe 3: Lineare Algebra: Wahlgebiet Vektorgeometrie

Punkte

Vorschlag 1

3 Für ein Viereck ABCD mit den Eckpunkten A, B, C und D gilt:

$$\overrightarrow{AB} = \begin{pmatrix} 1 \\ 2 \\ -2 \end{pmatrix},\ \overrightarrow{BC} = \begin{pmatrix} 2 \\ 0 \\ 1 \end{pmatrix},\ \overrightarrow{CD} = \begin{pmatrix} -1 \\ -2 \\ 2 \end{pmatrix}$$

3.1 Bestimmen Sie den Vektor $\overrightarrow{DA}$.

Weisen Sie nach, dass dieses Viereck ein Rechteck ist. 3

3.2 Berechnen Sie die Koordinaten des Punktes A, sodass sich die Diagonalen des Vierecks ABCD in $(3{,}5\,|\,4\,|\,1{,}5)$ schneiden. 2

3.3 Durch Streckung des Vierecks ABCD wird dessen Flächeninhalt um den Faktor 5 vergrößert. Die Seitenverhältnisse bleiben dabei unverändert.

Berechnen Sie eine Seitenlänge des entstehenden, vergrößerten Vierecks. 2

7

Vorschlag 2

3 Die Gerade g geht durch die Punkte $A(2\,|\,-2\,|\,2)$ und $B(2\,|\,4\,|\,5)$.

3.1 Begründen Sie, dass g parallel zur x_2x_3-Koordinatenebene ist, aber nicht in dieser Ebene liegt. 2

3.2 Bestimmen Sie einen Punkt P auf g, sodass $2:1$ das Verhältnis der Streckenlängen $\overline{AP}:\overline{BP}$ ist. 2

3.3 $C(4\,|\,2\,|\,1{,}5)$ ist ein weiterer Punkt und $M(2\,|\,1\,|\,3{,}5)$ ein Punkt auf g.

Weisen Sie nach, dass die Vektoren $\overrightarrow{AB}$ und $\overrightarrow{MC}$ zueinander orthogonal sind.

Berechnen Sie den Abstand von C zur Geraden g. 3

7

Hinweise und Tipps

1.1 **Tipp:**

Bestimmen Sie mithilfe der gegebenen Funktionsgleichung, ihrer Ableitung und einer Stammfunktion die gesuchten Werte und ordnen Sie diese in aufsteigender Reihenfolge.

1.2.1 **Tipps:**

- Setzen Sie zur Bestimmung der gemeinsamen Punkte (= Schnittpunkte) die Funktionsgleichung g(x) mit der Gleichung der ersten Winkelhalbierenden $y = x$ gleich. Nach Umformung und mithilfe des Satzes vom Nullprodukt lassen sich die Schnittpunkte berechnen.
- Durch Skizzieren der ersten Winkelhalbierenden in die Abbildung (oder die Vorstellung davon) lässt sich die Anzahl der Berührpunkte angeben.
- Beachten Sie, dass durch diese Methode des Einzeichnens die Koordinaten der Schnittpunkte nur viel zu ungenau abgelesen werden können – ein Berechnen kann dieses Vorgehen nicht ersetzen.

1.2.2 **Tipps:**

- Der Nachweis, dass die Funktion G eine Stammfunktion von g ist, kann dadurch erbracht werden, dass man die Funktion G mithilfe der Summen- und Produktregel ableitet. Durch Umformen ergibt sich aus diesem Term der Ableitung der Funktionsterm der Funktion g.
- Zu jeder Funktion gibt es unendlich viele Stammfunktionen, die sich durch einen konstanten Summanden unterscheiden. Die Menge aller Stammfunktionen von g kann also durch $G(x) + c$ angegeben werden. Durch Einsetzen der Koordinaten des gegebenen Punktes $(0\,|\,7)$ lässt sich der Wert dieser Konstanten c bestimmen.

1.3 **Tipps:**

- Eine quadratische Funktion h hat die allgemeine Funktionsgleichung $h(x) = ax^2 + bx + c$. Durch Ableiten erhält man die Funktionsgleichung der Funktion h'.
- Die in der Aufgabenstellung angegebene Gerade und das Schaubild der Funktion h verlaufen beide durch den Punkt $(0\,|\,1)$. Die Punktprobe $h(0) = 1$ ergibt somit den Wert des Parameters c.
- Schneiden sich zwei Funktionen g und h unter einem rechten Winkel, dann gilt $h'(x) = -\frac{1}{g'(x)}$. Welche Steigung hat die gegebene Gerade im Punkt $(0\,|\,1)$?
  Bestimmen Sie h'(0), setzen Sie diesen Term mit -4 gleich und lösen Sie diese Gleichung nach b auf.
- Ersetzen Sie c und b in der allgemeinen Funktionsgleichung durch die berechneten Werte.
- Da die x- und y-Koordinate des Extrempunkts des Graphen von h übereinstimmen, ist zunächst die x-Koordinate dieses Extrempunkts zu bestimmen. Die notwendige Bedingung $h'(x) = 0$ nach x aufgelöst ergibt diesen x-Wert. Den zugehörigen y-Wert des Scheitels erhält man, indem man diesen x-Wert in die Funktionsgleichung h(x) einsetzt. Welchen Wert muss a annehmen, damit die x- und die y-Koordinate des Extrempunkts übereinstimmen?

2 Vorschlag 1

2.1.1 **Tipps:**

- Da bei einer idealen Münze die Wahrscheinlichkeit für das Werfen von Kopf (K) bzw. Zahl (Z) gleich groß ist, kann jeder gezeichnete Ast des Baumdiagramms mit der Wahrscheinlichkeit $\frac{1}{2} = 0{,}5$ beschriftet werden.
- Das Werfen der Münze wird nach dem ersten oder zweiten Wurf beendet, falls die Münze Zahl zeigt. Folglich endet beim Baumdiagramm nach dem ersten bzw. zweiten Mal Zahl (Z) jeweils der Pfad und es schließt sich kein Ast an Z mehr an.
- Einen dritten Wurf gibt es nur dann, falls beim ersten und zweiten Wurf die Münze Kopf (K) zeigt. Nach dem dritten Wurf der Münze endet das Baumdiagramm bei beiden Ausgängen (K oder Z).

2.1.2 **Tipps:**

- Mit dieser Aufgabenstellung ist nach dem Erwartungswert für die Anzahl der Münzwürfe, bis das Zufallsexperiment endet, gefragt.
- Das Zufallsexperiment kann nach dem ersten, nach dem zweiten oder nach dem dritten Wurf enden. Entnehmen Sie dem Baumdiagramm die entsprechenden Pfade und bestimmen Sie mithilfe der Pfadmultiplikationsregel die Wahrscheinlichkeiten.
- Den gesuchten Erwartungswert bestimmen Sie, indem Sie die 1 (Zufallsexperiment endet nach dem ersten Wurf), die 2 (Zufallsexperiment endet nach dem zweiten Wurf) und die 3 (Zufallsexperiment endet nach dem dritten Wurf) mit der zugehörigen Wahrscheinlichkeit multiplizieren und diese drei Produkte addieren.

2.2 **Tipps:**

- (1) Das Ereignis „genau einmal Zahl" tritt beim fünfmaligen Werfen der idealen Münze dann ein, wenn die Münze genau einmal Zahl und viermal Kopf zeigt. Wie viele mögliche Ergebnisse gibt es dafür? Da bei einer idealen Münze die Wahrscheinlichkeit für Kopf bzw. Zahl gleich groß ist, ist die Wahrscheinlichkeit für jedes dieser Ergebnisse $\frac{1}{2} \cdot \frac{1}{2} \cdot \frac{1}{2} \cdot \frac{1}{2} \cdot \frac{1}{2} = \left(\frac{1}{2}\right)^5$. Diese Wahrscheinlichkeit multipliziert mit der Anzahl der möglichen Ergebnisse ergibt die gesuchte Wahrscheinlichkeit. Ist diese größer als $\frac{1}{8}$?
- (2) Die Zufallsvariable X: „Anzahl von Zahl bei n Würfen" ist mit der Trefferwahrscheinlichkeit $p = \frac{1}{2} = 0{,}5$ binomialverteilt. Welche Wahrscheinlichkeiten ergeben sich hieraus für P(genau dreimal Zahl) bzw. P(genau zweimal Zahl)? Zur Bestimmung einer möglichen Anzahl n müssen diese beiden Wahrscheinlichkeiten gleichgesetzt werden. Vergleichen Sie die entsprechenden Terme. Was ergibt das Produkt $\left(\frac{1}{2}\right)^3 \cdot \left(\frac{1}{2}\right)^{n-3}$, was das Produkt $\left(\frac{1}{2}\right)^2 \cdot \left(\frac{1}{2}\right)^{n-2}$?
  Ist die Aussage wahr, dann muss es also ein n geben, für das gilt $\binom{n}{3} = \binom{n}{2}$.

  Alternativ zu dieser rechnerischen Untersuchung der Aussage kann mit folgender Überlegung ebenfalls nachgewiesen werden, dass es eine solche Anzahl n gibt. Da die Wahrscheinlichkeit für Kopf gleich der Wahrscheinlichkeit für Zahl ist, gilt somit auch P(genau dreimal Zahl) = P(genau dreimal Kopf).
  Sollte die Behauptung stimmen, so muss bei einer Anzahl n von Würfen gelten P(genau dreimal Zahl) = P(genau dreimal Kopf) = P(genau zweimal Zahl).
  Bei welcher Anzahl von Würfen kann die Münze „genau dreimal Kopf" und „genau zweimal Zahl" zeigen?

2 Vorschlag 2

2.1 Tipps:

- Zunächst ist es sinnvoll, die Wahrscheinlichkeit zu bestimmen, mit der eine Karte mit dem Bild „Bube" bzw. „Dame" bzw. „König" gezogen wird. Der Stapel besteht aus sechs zufällig angeordneten Karten und je zwei davon zeigen das Bild „Bube" bzw. das Bild „Dame" bzw. das Bild „König". Was ergibt sich daraus für die Wahrscheinlichkeiten P(Bube), P(Dame) und P(König)?
- Mit B (= Bube), D (= Dame) und K (= König) können die verschiedenen Ergebnisse des dreistufigen Zufallsexperiments beschrieben werden, bei denen Ereignis E_1 eintritt. BDK ist eines dieser Ergebnisse. Bestimmen Sie hierzu die Wahrscheinlichkeit P(BDK). Wie viele verschiedene Möglichkeiten gibt es, B, D und K anzuordnen? Multiplizieren Sie diese Zahl an Möglichkeiten mit P(BDK).
- Auch zur Bestimmung der Wahrscheinlichkeit $P(E_2)$ ist es hilfreich, sich die verschiedenen Ergebnisse, bei denen E_2 eintritt, zu notieren. Bedeutet $\overline{B}$, es wurde keine Karte mit dem Bild „Bube" gezogen, sondern eine Dame oder ein König, muss bei drei Zügen einmal B und zweimal $\overline{B}$ erscheinen. Wie groß ist $P(\overline{B})$? Wie groß ist folglich $P(B\overline{B}\overline{B})$? Wird diese Wahrscheinlichkeit mit der Anzahl der möglichen Permutationen multipliziert, erhält man $P(E_2)$.
- Die Wahrscheinlichkeit P(mindestens einmal Bube) lässt sich mit der Wahrscheinlichkeit des Gegenereignisses „keinmal Bube" berechnen. Der zweite Teil von Ereignis E_3 tritt bei den Ergebnissen KKB, KBK, BKK, KKD, KDK, DKK und KKK ein. Beachten Sie aber, dass auf die Ergebnisse KKB, KBK und BKK beide Teile der Beschreibung des Ereignisses E_3 (mindestens einmal einen Buben <u>und</u> mindestens zweimal einen König) zutreffen. Würde man die Wahrscheinlichkeit $P(E_3)$ als Summe P(mindestens einmal Bube) + P(mindestens zweimal König) berechnen, würde die Wahrscheinlichkeit P(KKB; KBK; BKK) doppelt addiert. Daher muss P(KKB; KBK; BKK) von dieser Summe abgezogen werden.
  Alternativ hierzu erhält man die Wahrscheinlichkeit $P(E_3)$ auch durch
  $P(E_3) = (1 - P(\overline{B}\overline{B}\overline{B})) + P(KKD; KDK; DKK; KKK)$.

2.2 Tipps:

- Bei einem fairen Spiel muss der Erwartungswert für den Gewinn null ergeben bzw. der Erwartungswert für die Auszahlung mit dem Einsatz übereinstimmen.
- Der Spieler erhält nur dann eine Auszahlung, falls er <u>mindestens zweimal</u> – also zweimal oder dreimal – das gleiche Bild zieht. Zieht er dreimal das gleiche Bild, erhält er eine Auszahlung von 18 Euro. Gefragt ist nach dem Auszahlungsbetrag x Euro im verbleibenden Fall, also dass der Spieler zweimal das gleiche Bild zieht.
- Bestimmen Sie zunächst die Wahrscheinlichkeit P(dreimal das gleiche Bild).
- Überlegen Sie sich anschließend, bei welchen Ergebnissen der Spieler zweimal eine Karte mit dem Bild „Bube" und einmal eine mit dem Bild „Nicht-Bube", also eine Dame oder einen König zieht. Bei wie vielen Ergebnissen ist dies der Fall?
  Jedes dieser Ergebnisse tritt mit einer Wahrscheinlichkeit von $\left(\frac{1}{3}\right)^2 \cdot \left(\frac{2}{3}\right)$ auf.
  Die gleiche Überlegung lässt sich natürlich auch auf zweimal „Dame" und einmal „Nicht-Dame" und zweimal „König" und einmal „Nicht-König" übertragen. Multipliziert man die Anzahl dieser Ergebnisse mit der für alle Ergebnisse gleichen Wahrscheinlichkeit, so ist dies die Wahrscheinlichkeit P(zweimal das gleiche Bild).

3 Wahlgebiet Vektorgeometrie – Vorschlag 1

3.1 **Tipps:**

- Die Vektoraddition zweier Vektoren $\vec{a}$ und $\vec{b}$ lässt sich geometrisch so deuten, dass an den Endpunkt von Pfeil $\vec{a}$ der Pfeil $\vec{b}$ angesetzt wird. Der Vektor $\vec{c} = \vec{a} + \vec{b}$ ist dann bestimmt durch den Anfangspunkt von $\vec{a}$ und den Endpunkt von $\vec{b}$. Welchen Vektor erhält man folglich durch Addition der drei Vektoren $\overrightarrow{AB}$, $\overrightarrow{BC}$ und $\overrightarrow{CD}$? Wie lässt sich aus dem Vektor $\overrightarrow{AD}$ der Vektor $\overrightarrow{DA}$ bestimmen?
- Ein Viereck ist dann ein Rechteck, wenn je zwei gegenüberliegende Seiten gleich lang sind und alle vier Winkel eine Winkelgröße von 90° haben. Mit den gegebenen und im ersten Teil der Aufgabe berechneten Vektoren muss also zunächst gelten: $|\overrightarrow{AB}| = |\overrightarrow{CD}|$ und $|\overrightarrow{BC}| = |\overrightarrow{DA}|$
- Zwei Vektoren $\vec{a}$ und $\vec{b}$ stehen senkrecht aufeinander, wenn für ihr Skalarprodukt $\vec{a} \cdot \vec{b} = 0$ gilt. Berechnen Sie folglich z. B. $\overrightarrow{AB} \cdot \overrightarrow{BC}$, $\overrightarrow{BC} \cdot \overrightarrow{CD}$ und $\overrightarrow{CD} \cdot \overrightarrow{DA}$. Aufgrund der Winkelsumme von 360° im Rechteck müssen nur drei Winkel überprüft werden. Da bereits gezeigt wurde, dass gegenüberliegende Seiten gleich lang sind, genügt es sogar, nur einen rechten Winkel nachzuweisen. Warum müssen dann die anderen drei Winkel auch eine Winkelgröße von 90° haben?

3.2 **Tipps:**

- Da sich die Diagonalen in einem Rechteck halbieren, gilt $\overrightarrow{AS} = \frac{1}{2} \cdot \overrightarrow{AC}$ mit dem Schnittpunkt S der Diagonalen.
- Mit den Vektoren $\overrightarrow{AB}$ und $\overrightarrow{BC}$ lässt sich $\overrightarrow{AC}$ berechnen. Da andererseits mit den Komponenten des Ortsvektors $\overrightarrow{OA}$ die Koordinaten des Punktes A bestimmt sind, ist es sinnvoll, $\overrightarrow{OA}$ mithilfe der beiden Vektoren $\overrightarrow{OS}$ und $\overrightarrow{AC}$ darzustellen.
- Mit $\overrightarrow{OA} = \overrightarrow{OS} - \frac{1}{2} \cdot \overrightarrow{AC}$ lassen sich $\overrightarrow{OA}$ und folglich auch die Koordinaten des Punktes A berechnen.

3.3 **Tipps:**

- Für den Flächeninhalt eines Rechtecks gilt $A = a \cdot b$. Wird jede Seite mit dem Streckfaktor k gestreckt, so gilt für den Flächeninhalt des Bildrechtecks $A_{neu} = (k \cdot a) \cdot (k \cdot b) = k^2 \cdot a \cdot b$. Da durch die Streckung der Flächeninhalt um den Faktor 5 vergrößert wird, kann daraus der Streckfaktor k bestimmt werden.
- Berechnen Sie anschließend die Länge der Seite $|\overrightarrow{A'B'}| = k \cdot |\overrightarrow{AB}|$ <u>oder</u> $|\overrightarrow{B'C'}| = k \cdot |\overrightarrow{BC}|$ (nur eine Seitenlänge ist verlangt).

3 Wahlgebiet Vektorgeometrie – Vorschlag 2

3.1 **Tipps:**

- Mit den gegebenen zwei Punkten kann die Geradengleichung der Geraden g bestimmt werden. Anhand der x_1-Komponente des Richtungsvektors dieser Geraden kann begründet werden, dass g parallel zur x_2x_3-Koordinatenebene verläuft.
- Läge die Gerade g in dieser Koordinatenebene, müssten alle Punkte der Geraden g als x_1-Koordinate den Wert null haben. Ist dies bei den Punkten A bzw. B der Fall?

3.2 **Tipps:**

- Liegt der Punkt P auf der Geraden g und zwischen den Punkten A und B, so liegt er $\frac{2}{3}$ der Streckenlänge $\overline{AB}$ von A und $\frac{1}{3}$ der Streckenlänge $\overline{AB}$ von B entfernt. Wie lässt sich also der Ortsvektor $\overrightarrow{OP}$ mithilfe des Ortsvektors $\overrightarrow{OA}$ und des Richtungsvektors $\overrightarrow{AB}$ darstellen? Ebenso ist natürlich auch die Darstellung des Ortsvektors $\overrightarrow{OP}$ mithilfe des Ortsvektors $\overrightarrow{OB}$ und des Vektors $\overrightarrow{BA}$ möglich.
- *Alternative:* Liegt der Punkt P auf der Geraden g und nicht zwischen den Punkten A und B, muss er „rechts" vom Punkt B mit der Streckenlänge $\overline{AB}$ entfernt liegen. Wie kann der Ortsvektor $\overrightarrow{OP}$ dieses Punktes mithilfe des Ortsvektors $\overrightarrow{OB}$ und des Richtungsvektors $\overrightarrow{AB}$ berechnet werden?

3.3 **Tipps:**

- Der Vektor $\overrightarrow{AB}$ ist der Richtungsvektor der Geraden g, der Vektor $\overrightarrow{MC}$ lässt sich anhand der Koordinaten der gegebenen Punkte M und C bestimmen. Die Orthogonalität kann mithilfe des Skalarproduktes $\overrightarrow{AB} \cdot \overrightarrow{MC}$ nachgewiesen werden. Nimmt dieses Skalarprodukt den Wert null an?
- Mit dem Abstand eines Punktes zu einer Geraden ist immer die kürzeste Entfernung gemeint. Warum ist dieser gesuchte Abstand die Länge der Strecke MC bzw. die Länge des Vektors $|\overrightarrow{MC}|$? Berechnen Sie somit $|\overrightarrow{MC}|$.

Lösungen

1.1 Ordnen eines Funktions-, Ableitungs- und Integralwertes nach Größe

Die Funktion f ist über $\mathbb{R}$ definiert durch $f(x) = 2 \cdot e^x$.

Zur Berechnung der gesuchten Werte wird hierzu auch die erste Ableitungsfunktion f' und eine Stammfunktion F von f benötigt. Da konstante Faktoren beim Ableiten erhalten bleiben und der Funktionsterm e^x abgeleitet und aufgeleitet wieder e^x ergibt, erhält man:

$f'(x) = 2 \cdot e^x$ und $F(x) = 2 \cdot e^x + c$

Für die gesuchten Werte ergibt sich hiermit:

$$f(0) = 2 \cdot e^0 = 2 \cdot 1 = 2$$

$$f'(1) = 2 \cdot e^1 = 2 \cdot e \approx 2 \cdot 2{,}72 = 5{,}44$$

$$\int_0^1 f(x)\,dx = \int_0^1 (2 \cdot e^x)\,dx = \left[2 \cdot e^x\right]_0^1 = 2 \cdot e^1 - 2 \cdot e^0 = 2 \cdot e - 2 \approx 5{,}44 - 2 = 3{,}44$$

Aufgrund dieser Berechnungen lassen sich die Werte der Größe nach in aufsteigender Reihenfolge wie folgt ordnen:

$$f(0) < \int_0^1 f(x)\,dx < f'(1)$$

1.2.1 Bestimmung von Schnittpunkten

Zur Bestimmung der gemeinsamen Punkte von K_g mit der ersten Winkelhalbierenden werden die beiden Funktionsterme gleichgesetzt. Diese Gleichung wird anschließend so umgeformt, dass auf einer Seite des Gleichheitszeichens der Wert null steht. Mit dem Satz vom Nullprodukt lassen sich die x-Werte der Schnittpunkte bestimmen:

$$\begin{aligned} x \cdot \sin(x) &= x \quad \big| -x \\ x \cdot \sin(x) - x &= 0 \\ x \cdot (\sin(x) - 1) &= 0 \\ x = 0 \quad &\text{oder} \quad \sin(x) - 1 = 0 \\ x = 0 \quad &\text{oder} \quad \sin(x) = 1 \end{aligned}$$

Da die Sinusfunktion für $x = \ldots -\frac{3}{2}\pi; \frac{\pi}{2}; \frac{5}{2}\pi; \frac{9}{2}\pi; \ldots$ den Wert 1 annimmt, bleibt zu überlegen, welche der Lösungen im Definitionsbereich $-1 \leq x \leq 10$ liegen.

Es sind dies:

$x = 0$ und $x = \frac{\pi}{2}$ und $x = \frac{5}{2}\pi$

Für diese Schnittstellen erhält man durch Einsetzen in die Funktionsgleichung $y = x$ die zugehörigen Funktionswerte.

Die gemeinsamen Punkte von K_g mit der ersten Winkelhalbierenden sind folglich:

$S_1(0\,|\,0)$, $S_2\left(\frac{\pi}{2} \,\middle|\, \frac{\pi}{2}\right)$ und $S_3\left(\frac{5}{2}\pi \,\middle|\, \frac{5}{2}\pi\right)$

Angabe der Anzahl von Berührpunkten

Zur Bestimmung der Anzahl der Berührpunkte kann man sich die erste Winkelhalbierende in die Abbildung der Aufgabe skizzieren (siehe Abbildung rechts).

Man erkennt, dass S_1 kein Berührpunkt ist.

K_g und die erste Winkelhalbierende berühren sich in den beiden Punkten S_2 und S_3; es gibt also zwei Berührpunkte.

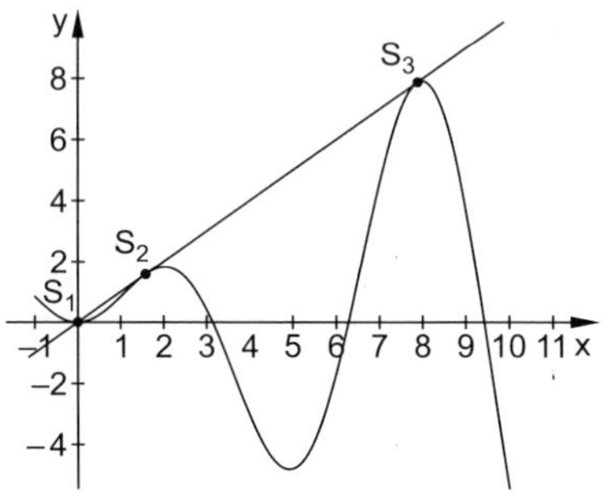

1.2.2 **Nachweis, dass die Funktion G eine Stammfunktion von g ist**

Um zu zeigen, dass die Funktion G eine Stammfunktion von g ist, leitet man die Funktion G mithilfe der Summen- und Produktregel ab:

$G'(x) = -1 \cdot \cos(x) + (-x) \cdot (-\sin(x)) + \cos(x) = -\cos(x) + x \cdot \sin(x) + \cos(x)$

Da sich $-\cos(x)$ und $+\cos(x)$ aufheben, ist nachgewiesen, dass gilt:

$G'(x) = x \cdot \sin(x) = g(x)$

Die Funktion G mit $G(x) = -x \cdot \cos(x) + \sin(x)$ ist eine Stammfunktion von g mit $g(x) = x \cdot \sin(x)$.

Angeben der Stammfunktion, deren Schaubild den Punkt (0 | 7) enthält

Zu jeder Funktion gibt es unendlich viele Stammfunktionen, die sich durch einen konstanten Summanden unterscheiden. Die Menge aller Stammfunktionen von g kann also durch $-x \cdot \cos(x) + \sin(x) + c$ angegeben werden. Durch Einsetzen der Koordinaten des gegebenen Punktes (0 | 7) lässt sich der Wert der Konstanten c bestimmen. Es gilt:

$7 = 0 \cdot \cos(0) + \sin(0) + c \quad \Leftrightarrow \quad 7 = 0 \cdot 1 + 0 + c \quad \Leftrightarrow \quad 7 = c$

Die Stammfunktion G* von g, deren Schaubild den Punkt (0 | 7) enthält, ist die Funktion G* mit der Funktionsgleichung $G^*(x) = -x \cdot \cos(x) + \sin(x) + 7$.

1.3 **Ermittlung der Gleichung einer quadratischen Funktion mit vorgegebenen Eigenschaften**

Die gesuchte quadratische Funktion h hat die allgemeine Funktionsgleichung:

$h(x) = ax^2 + bx + c$

Für ihre erste Ableitung gilt:

$h'(x) = 2ax + b$

Die in der Aufgabenstellung angegebene Gerade g und das Schaubild der Funktion h verlaufen beide durch den Punkt (0 | 1). Die Punktprobe $h(0) = 1$ ergibt:

$h(0) = a \cdot 0^2 + b \cdot 0 + c = c = 1$

Schneiden sich zwei Funktionen g und h unter einem rechten Winkel, dann gilt:

$$h'(x) = -\frac{1}{g'(x)}$$

Die angegebene Gerade mit der Gleichung $y = \frac{1}{4}x + 1$ hat überall die Steigung $\frac{1}{4}$, also auch im Punkt $(0\,|\,1)$. Somit gilt:

$$h'(0) = 2a \cdot 0 + b = b = -\frac{1}{\frac{1}{4}} = -4$$

Die quadratische Funktion hat mit diesen beiden errechneten Werten bis jetzt die Form

$$h(x) = ax^2 - 4x + 1$$

mit der Ableitungsfunktion:

$$h'(x) = 2ax - 4$$

Da die x- und die y-Koordinate des Extrempunkts des Graphen von h übereinstimmen, ist zunächst die x-Koordinate dieses Extrempunkts zu bestimmen. Mit der notwendigen Bedingung erhält man die x-Koordinate des Extrempunkts:

$$\begin{aligned} h'(x) &= 0 \\ 2ax - 4 &= 0 \\ x &= \frac{4}{2a} = \frac{2}{a} \end{aligned}$$

(Die hinreichende Bedingung ist bei einer quadratischen Funktion immer erfüllt, da $h''(x) = 2a \neq 0$ für jeden beliebigen Dehnungsfaktor $a \neq 0$ gilt.)

Da die x- und die y-Koordinate des Scheitels übereinstimmen sollen, ergibt sich als Bestimmungsgleichung für a:

$$\begin{aligned} h\left(\frac{2}{a}\right) &= \frac{2}{a} \\ a \cdot \left(\frac{2}{a}\right)^2 - 4 \cdot \frac{2}{a} + 1 &= \frac{2}{a} \\ a \cdot \frac{4}{a^2} - \frac{8}{a} + 1 &= \frac{2}{a} \\ \frac{4}{a} - \frac{8}{a} + 1 &= \frac{2}{a} \\ -\frac{4}{a} + 1 &= \frac{2}{a} \qquad \left| +\frac{4}{a} \right. \\ 1 &= \frac{6}{a} \qquad | \cdot a \\ a &= 6 \end{aligned}$$

Die quadratische Funktion h, die die geforderten Eigenschaften erfüllt, hat daher die Funktionsgleichung $h(x) = 6x^2 - 4x + 1$.

2 Vorschlag 1

2.1.1 Zeichnen eines Baumdiagramms

Da bei einer idealen Münze die Wahrscheinlichkeit für das Werfen von Kopf (K) bzw. Zahl (Z) gleich groß ist, gilt $P(K)=\frac{1}{2}$ und $P(Z)=\frac{1}{2}$. Jeder Ast des Baumdiagramms wird daher mit der Wahrscheinlichkeit $\frac{1}{2}$ beschriftet.

Das Werfen der Münze wird nach dem ersten oder zweiten Wurf beendet, falls die Münze dabei Zahl zeigt, andernfalls nach dem dritten Wurf.

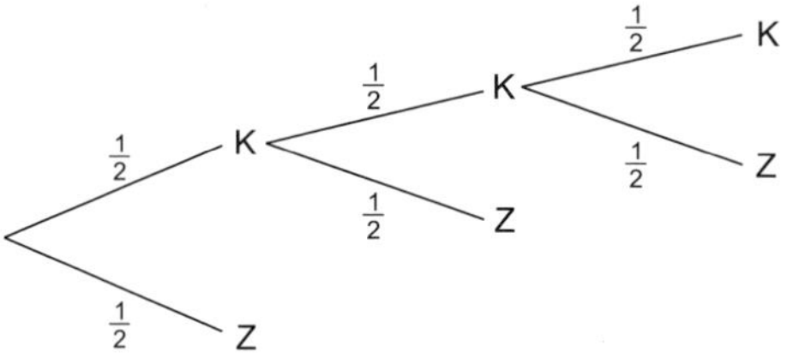

2.1.2 Bestimmung des Erwartungswertes für die Anzahl der Würfe

Dieses Zufallsexperiment kann nach dem ersten, nach dem zweiten oder nach dem dritten Wurf enden. In der nachfolgenden Tabelle sind die Werte x_i der Zufallsvariablen X: „Anzahl der Würfe, nach denen das Zufallsexperiment endet", die zugehörigen Ergebnisse e_i und ihre Wahrscheinlichkeiten $P(X=x_i)$ dargestellt. Die Wahrscheinlichkeiten $P(X=x_i)$ lassen sich mithilfe des Baumdiagramms aus Teilaufgabe 2.1.1 und der Pfadmultiplikationsregel bestimmen:

x_i	1	2	3
e_i	Z	KZ	KKK bzw. KKZ
$P(X=x_i)$	$\frac{1}{2}$	$\frac{1}{2}\cdot\frac{1}{2}=\frac{1}{4}$	$\frac{1}{2}\cdot\frac{1}{2}\cdot\frac{1}{2}+\frac{1}{2}\cdot\frac{1}{2}\cdot\frac{1}{2}=\frac{1}{4}$

Der gesuchte Erwartungswert ergibt sich mit:

$$E(X)=1\cdot\frac{1}{2}+2\cdot\frac{1}{4}+3\cdot\frac{1}{4}=\frac{2}{4}+\frac{2}{4}+\frac{3}{4}=\frac{7}{4}=1{,}75$$

Die Münze wird im Mittel 1,75-mal geworfen.

2.2 Entscheiden und Begründen, ob Aussagen wahr oder falsch sind

(1) Das Ereignis „genau einmal Zahl" tritt beim fünfmaligen Werfen der idealen Münze dann ein, wenn die Münze genau einmal Zahl (Z) und viermal Kopf (K) zeigt. Dies ist bei den folgenden Ergebnissen der Fall:

ZKKKK KZKKK KKZKK KKKZK KKKKZ

Bei einer idealen Münze ist die Wahrscheinlichkeit für Kopf bzw. Zahl gleich groß, nämlich $\frac{1}{2}$. Die Wahrscheinlichkeit für jedes dieser Ergebnisse ist somit:

$$\frac{1}{2}\cdot\frac{1}{2}\cdot\frac{1}{2}\cdot\frac{1}{2}\cdot\frac{1}{2}=\left(\frac{1}{2}\right)^5$$

Da es fünf Ergebnisse gibt, bei denen das Ereignis „genau einmal Zahl“ eintritt, ist die gesuchte Wahrscheinlichkeit:

$$\text{P(genau einmal Zahl)} = 5 \cdot \left(\frac{1}{2}\right)^5 = 5 \cdot \frac{1}{32} = \frac{5}{32}$$

Da $\frac{1}{8} = \frac{4}{32} < \frac{5}{32}$, ist diese Wahrscheinlichkeit größer als $\frac{1}{8}$.
Die Aussage ist also wahr.

(2) Sollte die Behauptung stimmen, so muss bei einer Anzahl n von Würfen gelten:
P(genau dreimal Zahl) = P(genau zweimal Zahl)

Die Zufallsvariable X: „Anzahl von Zahl bei n Würfen“ ist $B_{n;\,0,5}$-verteilt.
Hieraus ergeben sich die Wahrscheinlichkeiten:

$$\text{P(genau dreimal Zahl)} = B_{n;\,0,5}(3) = \binom{n}{3} \cdot \left(\frac{1}{2}\right)^3 \cdot \left(\frac{1}{2}\right)^{n-3} \quad \text{und}$$

$$\text{P(genau zweimal Zahl)} = B_{n;\,0,5}(2) = \binom{n}{2} \cdot \left(\frac{1}{2}\right)^2 \cdot \left(\frac{1}{2}\right)^{n-2}$$

Stimmt die Aussage, dann muss also gelten:

$$\binom{n}{3} \cdot \left(\frac{1}{2}\right)^3 \cdot \left(\frac{1}{2}\right)^{n-3} = \binom{n}{2} \cdot \left(\frac{1}{2}\right)^2 \cdot \left(\frac{1}{2}\right)^{n-2}$$

Da die Produkte $\left(\frac{1}{2}\right)^3 \cdot \left(\frac{1}{2}\right)^{n-3}$ und $\left(\frac{1}{2}\right)^2 \cdot \left(\frac{1}{2}\right)^{n-2}$ jeweils den Wert $\left(\frac{1}{2}\right)^n$ ergeben, lässt sich die Bestimmungsgleichung umformen in:

$$\binom{n}{3} \cdot \left(\frac{1}{2}\right)^n = \binom{n}{2} \cdot \left(\frac{1}{2}\right)^n$$

Somit ist diese Aussage genau dann wahr, wenn $\binom{n}{3} = \binom{n}{2}$ gilt.
Dies ist gleichbedeutend mit:

$$\frac{n \cdot (n-1) \cdot (n-2)}{3 \cdot 2 \cdot 1} = \frac{n \cdot (n-1)}{2 \cdot 1} \quad \Big| \cdot 6$$

$$n \cdot (n-1) \cdot (n-2) = 3 \cdot n \cdot (n-1) \quad \Big| : (n \cdot (n-1))$$

$$n - 2 = 3 \quad \Big| +2$$

$$n = 5$$

Es ergibt sich, dass bei einer Anzahl von n = 5 Würfen die Wahrscheinlichkeit für das Ereignis „genau dreimal Zahl“ gleich der Wahrscheinlichkeit für das Ereignis „genau zweimal Zahl“ ist. Die Aussage ist folglich wahr.

Alternativ zu dieser rechnerischen Untersuchung der Aussage kann mit folgender Überlegung ebenfalls nachgewiesen werden, dass es eine solche Anzahl n gibt.
Da die Wahrscheinlichkeit für Kopf gleich der Wahrscheinlichkeit von Zahl ist, gilt:
P(genau dreimal Zahl) = P(genau dreimal Kopf)

Daher kann die Behauptung auch ausgedrückt werden in der Form:
P(genau dreimal Zahl) = P(genau dreimal Kopf) = P(genau zweimal Zahl)

Hieraus ergibt sich die Überlegung nach einer Anzahl n von Würfen, für die die Münze „genau dreimal Kopf“ und „genau zweimal Zahl“ zeigen kann. Dies ist der Fall, wenn 3 + 2 = 5 Würfe durchgeführt wurden.

2 Vorschlag 2

2.1 Berechnung der Wahrscheinlichkeiten von Ereignissen

Der Stapel besteht aus sechs Karten und je zwei davon zeigen das Bild „Bube“ bzw. das Bild „Dame“ bzw. das Bild „König“. Hieraus ergeben sich die Wahrscheinlichkeiten:

$P(\text{Bube}) = \frac{2}{6} = \frac{1}{3}$ bzw. $P(\text{Dame}) = \frac{2}{6} = \frac{1}{3}$ bzw. $P(\text{König}) = \frac{2}{6} = \frac{1}{3}$

Mit den Abkürzungen B (= Bube), D (= Dame) und K (= König) können die verschiedenen Ergebnisse des dreistufigen Zufallsexperiments beschrieben werden, bei denen die drei genannten Ereignisse jeweils eintreten.

E_1: Der Spieler hat drei verschiedene Bilder gezogen.

BDK ist eines der möglichen Ergebnisse. Die Wahrscheinlichkeit dieses Ergebnisses ist:

$$P(\text{BDK}) = \frac{1}{3} \cdot \frac{1}{3} \cdot \frac{1}{3} = \frac{1}{27}$$

Die drei verschiedenen Bilder B, D und K lassen sich in 3! verschiedenen Reihenfolgen ziehen. Diese Möglichkeiten sind:

BDK BKD DBK DKB KBD KDB

Da jedes dieser Ergebnisse mit der gleichen Wahrscheinlichkeit $\frac{1}{3} \cdot \frac{1}{3} \cdot \frac{1}{3} = \frac{1}{27}$ eintritt, erhält man:

$$P(E_1) = 3! \cdot \frac{1}{3} \cdot \frac{1}{3} \cdot \frac{1}{3} = 6 \cdot \frac{1}{27} = \frac{2}{9}$$

Mit einer Wahrscheinlichkeit von $\frac{2}{9}$ hat der Spieler drei verschiedene Bilder gezogen.

E_2: Der Spieler hat genau einmal einen Buben gezogen.

Auch zur Bestimmung der Wahrscheinlichkeit $P(E_2)$ notiert man sich die verschiedenen Ergebnisse, bei denen E_2 eintritt. Bedeutet B, es wurde eine Karte mit dem Bild „Bube“ gezogen, so bedeutet $\overline{B}$, es wurde keine Karte mit dem Bild „Bube“ gezogen, sondern eine Karte mit dem Bild „Dame“ oder „König“. Bei drei Zügen muss also einmal B und zweimal $\overline{B}$ erscheinen. Dies ist bei den folgenden Ergebnissen der Fall:

$B\overline{B}\overline{B}$ $\overline{B}B\overline{B}$ $\overline{B}\overline{B}B$

Da $P(B) = \frac{1}{3}$ ist, gilt $P(\overline{B}) = 1 - \frac{1}{3} = \frac{2}{3}$. Somit folgt:

$$P(B\overline{B}\overline{B}) = P(\overline{B}B\overline{B}) = P(\overline{B}\overline{B}B) = \frac{1}{3} \cdot \frac{2}{3} \cdot \frac{2}{3} = \frac{4}{27}$$

Folglich erhält man:

$$P(E_2) = 3 \cdot \frac{1}{3} \cdot \frac{2}{3} \cdot \frac{2}{3} = 3 \cdot \frac{4}{27} = \frac{12}{27} = \frac{4}{9}$$

Mit einer Wahrscheinlichkeit von $\frac{4}{9}$ hat der Spieler genau einen Buben gezogen.

E_3: Der Spieler hat mindestens einmal einen Buben oder mindestens zweimal einen König gezogen.

Die Wahrscheinlichkeit P(mindestens einmal Bube) lässt sich mit dem Gegenereignis „keinmal Bube“ berechnen. Für die Wahrscheinlichkeit dieses Gegenereignisses gilt:

$$P(\overline{B}\overline{B}\overline{B}) = \frac{2}{3} \cdot \frac{2}{3} \cdot \frac{2}{3} = \frac{8}{27}$$

Damit folgt:

$$P(\text{mindestens einmal Bube}) = 1 - \frac{8}{27} = \frac{19}{27}$$

Der zweite Teil von Ereignis E_3 (der Spieler hat mindestens zweimal einen König gezogen) tritt bei folgenden Ergebnissen ein:

KKB KBK BKK KKD KDK DKK KKK

Die Wahrscheinlichkeit hierfür ist:

$$P(\text{mindestens zweimal König}) = 7 \cdot \left(\frac{1}{3}\right)^2 \cdot \frac{1}{3} = \frac{7}{27}$$

Bei der Berechnung der Wahrscheinlichkeit des Ereignisses E_3 ist nun zu beachten, dass auf die Ergebnisse KKB, KBK und BKK beide Teile der Beschreibung von E_3 (mindestens einmal Bube <u>und</u> mindestens zweimal König) zutreffen. Daher muss P(KKB; KBK; BKK) von der Summe der beiden ermittelten Wahrscheinlichkeiten einmal abgezogen werden. Folglich gilt:

$$\begin{aligned} P(E_3) &= P(\text{mindestens einmal Bube}) + P(\text{mindestens zweimal König}) - P(\text{KKB; KBK; BKK}) \\ &= \frac{19}{27} + \frac{7}{27} - P(\text{KKB; KBK; BKK}) \\ &= \frac{19}{27} + \frac{7}{27} - 3 \cdot \frac{1}{3} \cdot \frac{1}{3} \cdot \frac{1}{3} \\ &= \frac{19}{27} + \frac{7}{27} - \frac{3}{27} = \frac{23}{27} \end{aligned}$$

Mit einer Wahrscheinlichkeit von $\frac{23}{27}$ hat der Spieler mindestens einmal einen Buben oder mindestens zweimal einen König gezogen.

Alternativ hierzu erhält man die Wahrscheinlichkeit $P(E_3)$ auch durch:

$$P(E_3) = (1 - P(\overline{B}\overline{B}\overline{B})) + P(\text{KKD; KDK; DKK; KKK}) = \frac{19}{27} + 4 \cdot \frac{1}{3} \cdot \frac{1}{3} \cdot \frac{1}{3} = \frac{19}{27} + \frac{4}{27} = \frac{23}{27}$$

2.2 **Ermitteln des Auszahlungsbetrags für ein faires Spiel**

Der Spieler erhält nur dann eine Auszahlung, falls er <u>mindestens zweimal</u> – also zweimal oder dreimal – das gleiche Bild zieht. Zieht er dreimal das gleiche Bild, erhält er eine Auszahlung in Höhe von 18 Euro. Gefragt ist nach dem Auszahlungsbetrag x Euro im verbleibenden Fall, also im Fall, dass der Spieler zweimal das gleiche Bild zieht.

Die Wahrscheinlichkeit dafür, dass der Spieler dreimal das gleiche Bild zieht, ist:

$$P(\text{BBB; DDD; KKK}) = 3 \cdot \frac{1}{3} \cdot \frac{1}{3} \cdot \frac{1}{3} = \frac{1}{9}$$

Bei folgenden Ergebnissen tritt das Ereignis ein, dass der Spieler zweimal das gleiche Bild zieht:

$BB\overline{B}$ $B\overline{B}B$ $\overline{B}BB$

$DD\overline{D}$ $D\overline{D}D$ $\overline{D}DD$

$KK\overline{K}$ $K\overline{K}K$ $\overline{K}KK$

Die Wahrscheinlichkeit hierfür ist:

$$P(\text{der Spieler zieht zweimal das gleiche Bild}) = 9 \cdot \frac{1}{3} \cdot \frac{1}{3} \cdot \frac{2}{3} = \frac{2}{3}$$

Definiert man die Zufallsvariable X: „Auszahlungsbetrag in Euro“, lassen sich die vorherigen Überlegungen und Berechnungen in der folgenden Tabelle zusammenfassen:

x_i	x	18	0
$P(X=x_i)$	$\frac{2}{3}$	$\frac{1}{9}$	$1-\frac{2}{3}-\frac{1}{9}=\frac{4}{9}$

Soll das Spiel fair sein, dann muss *auf lange Sicht* eine Auszahlung von 5 Euro – dies entspricht dem Einsatz – zu erwarten sein. Der Erwartungswert von X muss also den Wert 5 annehmen.

$$E(X)=x\cdot\frac{2}{3}+18\cdot\frac{1}{9}+0\cdot\frac{4}{9}=\frac{2}{3}\cdot x+2\overset{!}{=}5 \qquad \left|-2\right.$$

$$\frac{2}{3}\cdot x=3 \qquad \left|:\frac{2}{3}\right.$$

$$x=3\cdot\frac{3}{2}$$

$$x=\frac{9}{2}=4{,}5$$

Die Auszahlung für den Fall, dass der Spieler zweimal das gleiche Bild zieht, muss 4,50 € betragen, damit das Spiel fair ist.

3 Wahlgebiet Vektorgeometrie – Vorschlag 1

3.1 Bestimmung des Vektors $\overrightarrow{DA}$

Das Rechteck ABCD mit den gegebenen Vektoren lässt sich zweidimensional als Skizze wie rechts darstellen.

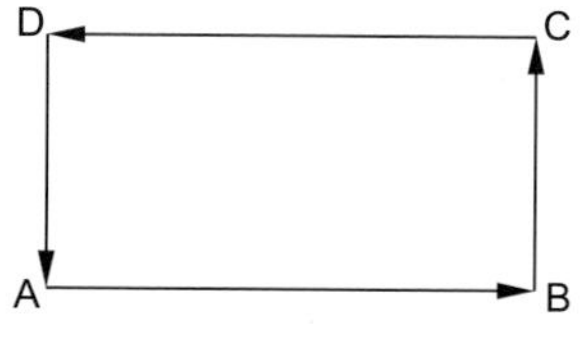

Werden die drei Vektoren $\overrightarrow{AB}$, $\overrightarrow{BC}$ und $\overrightarrow{CD}$ addiert, so verläuft der Pfeil des resultierenden Vektors vom Anfangspunkt A zum Endpunkt der Addition, also zum Punkt D. Es gilt:

$$\overrightarrow{AB}+\overrightarrow{BC}+\overrightarrow{CD}=\begin{pmatrix}1\\2\\-2\end{pmatrix}+\begin{pmatrix}2\\0\\1\end{pmatrix}+\begin{pmatrix}-1\\-2\\2\end{pmatrix}=\begin{pmatrix}2\\0\\1\end{pmatrix}=\overrightarrow{AD}$$

$\overrightarrow{DA}$ ist der Gegenvektor zu $\overrightarrow{AD}$. Daher ergibt sich für diesen Gegenvektor:

$$\overrightarrow{DA}=-\overrightarrow{AD}=\begin{pmatrix}-2\\0\\-1\end{pmatrix}$$

Nachweis, dass das Viereck ABCD ein Rechteck ist

Ein Viereck ist dann ein Rechteck, wenn je zwei gegenüberliegende Seiten gleich lang sind und alle vier Innenwinkel eine Winkelgröße von 90° haben.

Mit den gegebenen und im ersten Teil der Aufgabe berechneten Vektoren gilt:

$$|\overrightarrow{AB}|=\sqrt{1^2+2^2+(-2)^2}=\sqrt{9}=3 \qquad |\overrightarrow{BC}|=\sqrt{2^2+0^2+1^2}=\sqrt{5}$$

$$|\overrightarrow{CD}|=\sqrt{(-1)^2+(-2)^2+2^2}=\sqrt{9}=3 \qquad |\overrightarrow{DA}|=\sqrt{(-2)^2+0^2+(-1)^2}=\sqrt{5}$$

Je zwei gegenüberliegende Seiten sind somit gleich lang.

Zwei Vektoren $\vec{a}$ und $\vec{b}$ stehen senkrecht aufeinander, wenn für ihr Skalarprodukt $\vec{a} \cdot \vec{b} = 0$ gilt. Man untersucht also z. B.:

$\overrightarrow{AB} \cdot \overrightarrow{BC} = 1 \cdot 2 + 2 \cdot 0 + (-2) \cdot 1 = 0$

$\overrightarrow{BC} \cdot \overrightarrow{CD} = 2 \cdot (-1) + 0 \cdot (-2) + 1 \cdot 2 = 0$

$\overrightarrow{CD} \cdot \overrightarrow{DA} = (-1) \cdot (-2) + (-2) \cdot 0 + 2 \cdot (-1) = 0$

Somit wurde nachgewiesen, dass die drei Winkel β, γ und δ rechte Winkel sind. Aufgrund der Winkelsumme von 360° ist dann natürlich auch die Winkelgröße von α 90°.

Anmerkung: Da bereits gezeigt wurde, dass gegenüberliegende Seiten gleich lang sind, genügt sogar der Nachweis eines rechten Winkels.

3.2 **Berechnen der Koordinaten des Punktes A**

Ist S(3,5 | 4 | 1,5) der Schnittpunkt der Diagonalen, so ist $\overrightarrow{OS} = \begin{pmatrix} 3,5 \\ 4 \\ 1,5 \end{pmatrix}$ der zugehörige Ortsvektor.

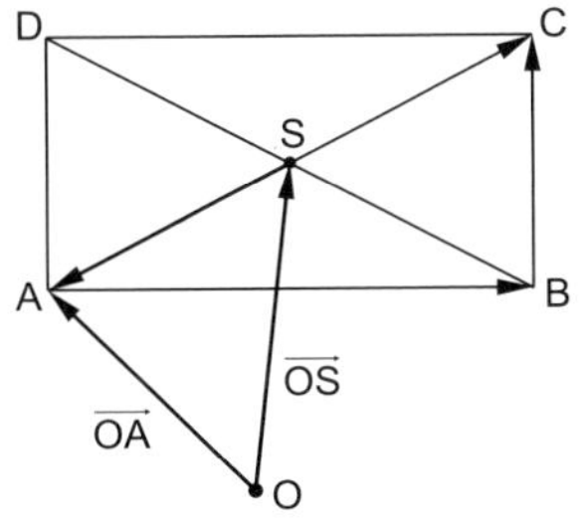

Da sich die Diagonalen in einem Rechteck halbieren, gilt: $\overrightarrow{AS} = \frac{1}{2} \cdot \overrightarrow{AC}$

Mit $\overrightarrow{AC} = \overrightarrow{AB} + \overrightarrow{BC} = \begin{pmatrix} 1 \\ 2 \\ -2 \end{pmatrix} + \begin{pmatrix} 2 \\ 0 \\ 1 \end{pmatrix} = \begin{pmatrix} 3 \\ 2 \\ -1 \end{pmatrix}$ ergibt sich:

$$\overrightarrow{AS} = \frac{1}{2} \cdot \begin{pmatrix} 3 \\ 2 \\ -1 \end{pmatrix} = \begin{pmatrix} 1,5 \\ 1 \\ -0,5 \end{pmatrix}$$

Es gilt $\overrightarrow{OA} = \overrightarrow{OS} + \overrightarrow{SA}$.

$$\overrightarrow{SA} = -\overrightarrow{AS} = \begin{pmatrix} -1,5 \\ -1 \\ 0,5 \end{pmatrix}$$

$$\overrightarrow{OA} = \overrightarrow{OS} + \overrightarrow{SA} = \begin{pmatrix} 3,5 \\ 4 \\ 1,5 \end{pmatrix} + \begin{pmatrix} -1,5 \\ -1 \\ 0,5 \end{pmatrix} = \begin{pmatrix} 2 \\ 3 \\ 2 \end{pmatrix}$$

Der Punkt A hat die Koordinaten A(2 | 3 | 2).

3.3 **Berechnen einer Seitenlänge des durch Streckung vergrößerten Vierecks**

Für den Flächeninhalt eines Rechtecks gilt $A = a \cdot b$. Wird jede Seite mit dem Streckfaktor k gestreckt, so gilt für den Flächeninhalt des Bildrechtecks:

$A_{neu} = (k \cdot a) \cdot (k \cdot b) = k^2 \cdot a \cdot b$

Durch die Streckung verändert sich also der Flächeninhalt eines Rechtecks allgemein um den Faktor k^2. Mit dem in der Aufgabe angegebenen Faktor 5 ergibt sich somit für den Streckfaktor k dieser Streckung:

$k^2 = 5$ und damit $k = -\sqrt{5}$ oder $k = +\sqrt{5}$

Da Streckenlängen einen positiven Wert haben, verwendet man $|k| = \sqrt{5}$ zur Berechnung der gesuchten (neuen) Seitenlängen.

Die Seitenlängen des ursprünglichen Vierecks ABCD wurden bereits in Teilaufgabe 3.1 berechnet. Bezeichnet man die Eckpunkte des durch die Streckung entstandenen Bildvierecks mit A', B', C' und D', erhält man als Seitenlängen des gestreckten Rechtecks:

$|\overrightarrow{A'B'}| = \sqrt{5} \cdot |\overrightarrow{AB}| = \sqrt{5} \cdot 3$

$|\overrightarrow{B'C'}| = \sqrt{5} \cdot |\overrightarrow{BC}| = \sqrt{5} \cdot \sqrt{5} = 5$

$|\overrightarrow{C'D'}| = \sqrt{5} \cdot |\overrightarrow{CD}| = \sqrt{5} \cdot 3$

$|\overrightarrow{A'D'}| = \sqrt{5} \cdot |\overrightarrow{AD}| = \sqrt{5} \cdot \sqrt{5} = 5$

Die Seitenlängen des vergrößerten Vierecks sind also 5 bzw. $\sqrt{5} \cdot 3$ (nur eine Länge ist verlangt!).

3 Wahlgebiet Vektorgeometrie – Vorschlag 2

3.1 Begründung, dass g parallel zur x_2x_3-Ebene verläuft, aber nicht darin liegt

Mit den gegebenen zwei Punkten A und B kann die Geradengleichung der Geraden g bestimmt werden:

$$g: \vec{x} = \overrightarrow{OA} + r \cdot \overrightarrow{AB} = \begin{pmatrix} 2 \\ -2 \\ 2 \end{pmatrix} + r \cdot \begin{pmatrix} 2-2 \\ 4-(-2) \\ 5-2 \end{pmatrix} = \begin{pmatrix} 2 \\ -2 \\ 2 \end{pmatrix} + r \cdot \begin{pmatrix} 0 \\ 6 \\ 3 \end{pmatrix}; \quad r \in \mathbb{R}$$

Der Richtungsvektor $\begin{pmatrix} 0 \\ 6 \\ 3 \end{pmatrix}$ dieser Geraden verläuft nur in x_2- und x_3-Richtung, nicht in x_1-Richtung. Die Gerade g verläuft also parallel zur x_2x_3-Koordinatenebene.

Würde die Gerade g in dieser Koordinatenebene liegen, so müssten alle Punkte der Geraden g in der x_2x_3-Ebene liegen. Somit auch die Punkte A und B. Jeder Punkt der x_2x_3-Ebene hat als x_1-Koordinate den Wert null. Die x_1-Koordinate der Punkte A und B hat jedoch den Wert 2. Da also weder A noch B in der x_2x_3-Koordinatenebene liegt, liegt auch die Gerade g nicht in dieser Ebene.

3.2 Bestimmung eines Punktes P auf g mit dem Streckenverhältnis $\overline{AP} : \overline{BP} = 2 : 1$

Es gibt zwei Möglichkeiten für die Lage des Punktes P auf der Geraden. Zum einen kann er auf der Strecke AB, also zwischen A und B liegen oder er liegt „rechts" von B auf der Geraden g (nur eine Lösung ist verlangt!).

1. Möglichkeit:

Liegt der Punkt P auf der Geraden g und zwischen den Punkten A und B, so liegt er $\frac{2}{3}$ der Streckenlänge $\overline{AB}$ von A und $\frac{1}{3}$ der Streckenlänge $\overline{AB}$ von B entfernt. Also gilt für den Ortsvektor $\overrightarrow{OP}$:

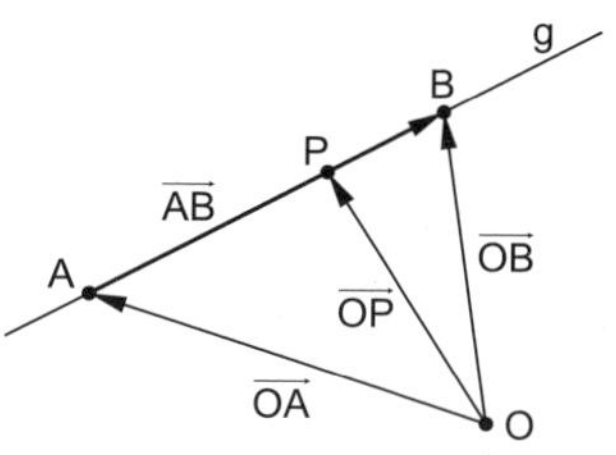

$$\overrightarrow{OP} = \overrightarrow{OA} + \frac{2}{3} \cdot \overrightarrow{AB} = \begin{pmatrix} 2 \\ -2 \\ 2 \end{pmatrix} + \frac{2}{3} \cdot \begin{pmatrix} 0 \\ 6 \\ 3 \end{pmatrix} = \begin{pmatrix} 2 \\ 2 \\ 4 \end{pmatrix}$$

$$\text{bzw. } \overrightarrow{OP} = \overrightarrow{OB} + \frac{1}{3} \cdot \overrightarrow{BA} = \begin{pmatrix} 2 \\ 4 \\ 5 \end{pmatrix} + \frac{1}{3} \cdot \begin{pmatrix} 0 \\ -6 \\ -3 \end{pmatrix} = \begin{pmatrix} 2 \\ 2 \\ 4 \end{pmatrix}$$

Ein möglicher Punkt P auf g, für den das Verhältnis der Streckenlängen $\overline{AP} : \overline{BP} = 2:1$ gilt, hat die Koordinaten $P(2|2|4)$.

2. Möglichkeit:

Liegt andererseits der Punkt P auf der Geraden g und nicht zwischen den Punkten A und B, so muss er *rechts* vom Punkt B im Abstand der Streckenlänge $\overline{AB}$ liegen. Für diesen Punkt P gilt:

$\overline{AP} = 2 \cdot \overline{AB}$

$\overline{BP} = 1 \cdot \overline{AB}$

Und somit ist das Verhältnis der Streckenlängen

$\overline{AP} : \overline{BP} = 2:1.$

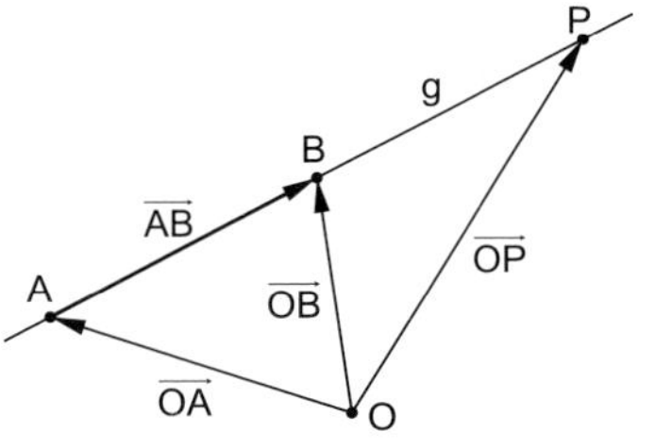

Für den Ortsvektor $\overrightarrow{OP}$ ergibt sich dann:

$$\overrightarrow{OP} = \overrightarrow{OA} + 2 \cdot \overrightarrow{AB} = \begin{pmatrix} 2 \\ -2 \\ 2 \end{pmatrix} + 2 \cdot \begin{pmatrix} 0 \\ 6 \\ 3 \end{pmatrix} = \begin{pmatrix} 2 \\ 10 \\ 8 \end{pmatrix}$$

bzw. $$\overrightarrow{OP} = \overrightarrow{OB} + 1 \cdot \overrightarrow{AB} = \begin{pmatrix} 2 \\ 4 \\ 5 \end{pmatrix} + 1 \cdot \begin{pmatrix} 0 \\ 6 \\ 3 \end{pmatrix} = \begin{pmatrix} 2 \\ 10 \\ 8 \end{pmatrix}$$

Ein weiterer möglicher Punkt P auf der Geraden g, für den das Verhältnis der Streckenlängen $\overline{AP} : \overline{BP} = 2:1$ gilt, hat die Koordinaten $P(2\,|\,10\,|\,8)$.

3.3 **Nachweis, dass die Vektoren $\overrightarrow{AB}$ und $\overrightarrow{MC}$ zueinander orthogonal sind**

Der Vektor $\overrightarrow{AB} = \begin{pmatrix} 0 \\ 6 \\ 3 \end{pmatrix}$ ist der Richtungsvektor der Geraden g.

Der Vektor $\overrightarrow{MC}$ lässt sich anhand der Koordinaten der gegebenen Punkte M und C bestimmen. Mit $C(4\,|\,2\,|\,1{,}5)$ und $M(2\,|\,1\,|\,3{,}5)$ ergibt sich:

$$\overrightarrow{MC} = \begin{pmatrix} 4-2 \\ 2-1 \\ 1{,}5-3{,}5 \end{pmatrix} = \begin{pmatrix} 2 \\ 1 \\ -2 \end{pmatrix}$$

Die Orthogonalität kann mithilfe des Skalarproduktes $\overrightarrow{AB} \cdot \overrightarrow{MC}$ nachgewiesen werden:

$$\overrightarrow{AB} \cdot \overrightarrow{MC} = \begin{pmatrix} 0 \\ 6 \\ 3 \end{pmatrix} \cdot \begin{pmatrix} 2 \\ 1 \\ -2 \end{pmatrix} = 0 \cdot 2 + 6 \cdot 1 + 3 \cdot (-2) = 0 + 6 - 6 = 0$$

Das Skalarprodukt $\overrightarrow{AB} \cdot \overrightarrow{MC}$ hat den Wert null. Damit ist nachgewiesen, dass die Vektoren $\overrightarrow{AB}$ und $\overrightarrow{MC}$ senkrecht aufeinander stehen.

Berechnen des Abstandes von C zur Geraden g

Mit dem Abstand eines Punktes zu einer Geraden ist immer die kürzeste Entfernung gemeint. Diese ergibt sich, wenn die Verbindungsstrecke zwischen dem Punkt und der Geraden senkrecht auf der Geraden steht. Im ersten Teil der Aufgabe wurde nachgewiesen, dass die Strecke MC dies erfüllt.

Die Länge $|\overrightarrow{MC}|$ des Vektors $\overrightarrow{MC}$ ist folglich der gesuchte Abstand.

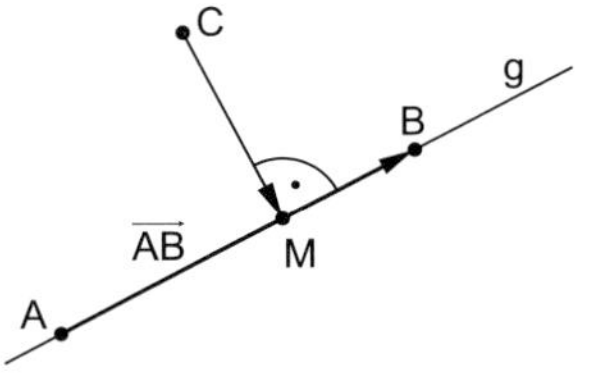

Mit $|\overrightarrow{MC}| = \sqrt{2^2 + 1^2 + (-2)^2} = \sqrt{9} = 3$ hat also der Punkt C einen Abstand von 3 LE zur Geraden g.

Berufliche Gymnasien Baden-Württemberg: Mathematik
Abiturprüfung 2022 – Teil 2 (Analysis)

Aufgabe 1: Analysis (Pflichtaufgabe)

Punkte

1 Gegeben sind die Punkte $T_1(-2\,|\,2)$, $T_2(2\,|\,2)$ und $H(0\,|\,4)$.

1.1 Bestimmen Sie einen Funktionsterm der Polynomfunktion vom Grad 4, deren Schaubild K die folgenden drei Eigenschaften hat:
- K ist symmetrisch zur y-Achse.
- K schneidet die y-Achse im Punkt H.
- K hat einen Extrempunkt in T_1. 4

1.2 Gegeben ist die Funktion f mit
$f(x) = \frac{1}{8}x^4 - x^2 + 4;\ -3 \leq x \leq 3.$
Das Schaubild von f ist K_f (siehe Abbildung).

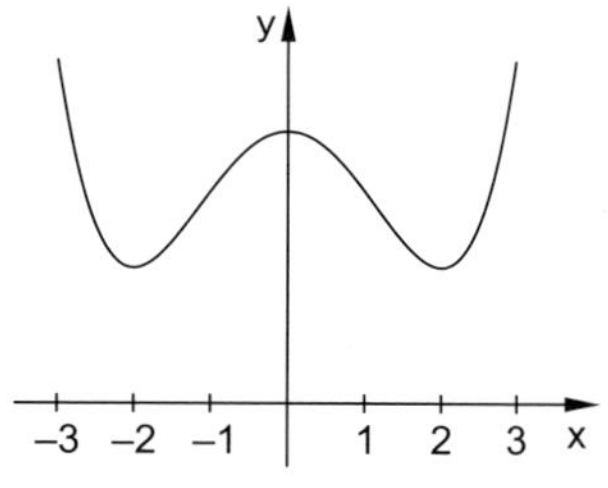

1.2.1 Die Funktionsgleichung von f lässt sich in der Form
$f(x) = a(x+b)^2\,(x+c)^2 + 2$
darstellen. Geben Sie passende Werte für a, b und c an. 2

1.2.2 Eine nach unten geöffnete Parabel, die H als Scheitelpunkt hat, schneidet K_f in einem Punkt $S(x_0\,|\,f(x_0))$ mit $x_0 > 0$. Begründen Sie, dass $x_0 < 2\sqrt{2}$ gilt. 3

1.2.3 Ermitteln Sie den größten Wert der ersten Ableitung von f für $-3 \leq x \leq 3$. 4

1.3 Das Schaubild der Funktion g mit $g(x) = \cos(u \cdot x) + v;\ -3 \leq x \leq 3$, hat nur die drei Extrempunkte T_1, H und T_2.

1.3.1 Bestimmen Sie die Werte von u und v. 2

1.3.2 Skizzieren Sie das Schaubild der Stammfunktion G von g mit $G(-3) = 0$.
Begründen Sie, dass die folgenden beiden Aussagen wahr sind:
(1) Jede Stammfunktion von g besitzt eine Umkehrfunktion.
(2) Der Definitionsbereich einer solchen Umkehrfunktion ist ein Intervall der Länge $\int_{-3}^{3} g(x)\,dx$. 5

20

Hinweise und Tipps

1.1 **Tipps:**

- Notieren Sie zunächst den allgemeinen Term für eine Polynomfunktion 4. Grades und arbeiten Sie dann die geforderten Eigenschaften nacheinander ab.
- Eine zur y-Achse symmetrische Funktion heißt auch gerade Funktion, weil nur gerade Zahlen als Exponenten von x vorkommen.
- Setzen Sie den Punkt $H(0\,|\,4)$ in die verbliebene allgemeine Funktion ein.
- Verwenden Sie zum einen den Punkt $T_1(-2\,|\,2)$, der auf der gesuchten Funktion liegen soll, und zum anderen die Eigenschaft, dass in Extrempunkten die Steigung, d. h. die erste Ableitung, den Wert null annimmt.
- Wenn Sie alle Informationen verwendet haben, erhalten Sie ein LGS mit zwei Gleichungen und zwei Unbekannten. Lösen Sie dieses LGS mit einem geeigneten Lösungsverfahren. Wie lautet dann die gefundene Funktion?

1.2.1 **Tipps:**

- Diese Teilaufgabe lässt sich zum einen rein analytisch, d. h. beispielsweise durch das Lösen einer Gleichung, und zum anderen durch Verwendung bereits vorhandener Informationen (z. B. die angegebenen Hoch- und Tiefpunkte) lösen.
- In Anbetracht der Tatsache, dass die analytische Lösung relativ rechenaufwendig ist und es für die Aufgabe nur zwei Verrechnungspunkte gibt, ist dies sicherlich nicht die angedachte Lösungsstrategie. Diese Lösung wird trotzdem als alternative Lösung dargestellt. Die folgenden Tipps beziehen sich aber auf den schnelleren Lösungsweg unter Verwendung bereits bekannter Informationen.
- Die in Teilaufgabe 1.1 gefundene Funktion stimmt mit der in Teilaufgabe 1.2 gegebenen Funktion überein. Sie können also in der gegebenen Skizze die Koordinaten der Tiefpunkte $T_1(-2\,|\,2)$ und $T_2(2\,|\,2)$ sowie des Hochpunktes $H(0\,|\,4)$ ergänzen.
- Die Funktion soll nun in der Form $f(x) = a(x+b)^2(x+c)^2 + 2$ dargestellt werden. Überlegen Sie, was der Summand $+2$ bei der Funktion f(x) bewirkt; bzw. was würde mit der Funktion f(x) passieren, wenn man den Summanden $+2$ weglässt? Sie können die Veränderung auch in der Skizze einzeichnen.
- Der Summand $+2$ bewirkt eine Verschiebung in positive y-Richtung um den Wert 2. Ohne diese Verschiebung lägen die beiden Tiefpunkte $T_1(-2\,|\,2)$ und $T_2(2\,|\,2)$ genau auf der x-Achse.
- Durch Anwendung des Satzes vom Nullprodukt und über die Vielfachheit der Nullstellen können Sie jetzt die Werte b und c bestimmen.
- Welcher Wert muss sich beim Ausmultiplizieren der Funktion f(x) für a ergeben, wenn es sich um die angegebene Polynomfunktion 4. Grades handelt?

1.2.2 **Tipps:**

- Die nach unten geöffnete Parabel hat den Punkt $H(0\,|\,4)$ als Scheitelpunkt. Die Gerade $y=4$ berührt die Parabel in ihrem Scheitelpunkt und schneidet das Schaubild K_f in zwei Punkten, wobei nur der Schnittpunkt A mit positivem x-Wert für die Aufgabe von Bedeutung ist. Bestimmen Sie diesen positiven Wert x_A.
- Stellen Sie sich eine nach unten geöffnete Parabel mit Scheitel $H(0\,|\,4)$ vor oder skizzieren Sie diese auf Ihrem Aufgabenblatt. Die Parabel schneidet das Schaubild K_f im Punkt $S(x_0\,|\,f(x_0))$ mit $x_0 > 0$. (Es interessiert auch hier nur der Schnittpunkt mit positivem x-Wert.)
- Vergleichen Sie den berechneten Wert x_A mit dem Wert x_0 einer beliebigen nach unten geöffneten Parabel. Was stellen Sie fest?

- Als alternative Lösungsmöglichkeit berechnen Sie den Schnittpunkt der Funktion f mit einer beliebigen nach unten geöffneten Parabel mit dem Scheitelpunkt H. Wie lautet der allgemeine Funktionsterm einer beliebigen nach unten geöffneten Parabel mit Scheitelpunkt H(0 | 4)?

1.2.3 **Tipps:**

- Sie sollen den größten Wert der ersten Ableitung, d. h. der Steigung der Funktion f, auf dem angegebenen Intervall bestimmen. Bevor Sie mit dem Rechnen beginnen, überlegen Sie sich anhand des abgebildeten Schaubilds, welche Stelle(n) dafür infrage kommen. Sie können in dem Schaubild auch mögliche Tangenten einzeichnen und deren Steigung vergleichen.
- Bilden Sie die erste Ableitung f' der Funktion f. Ein (lokales) Maximum wird allgemein bestimmt durch das Nullsetzen der ersten Ableitung. Da bei dieser Aufgabe das Maximum der ersten Ableitung gesucht ist, muss davon die erste Ableitung, also insgesamt die 2. Ableitung von f, null gesetzt werden.
- Untersuchen Sie noch die Werte der ersten Ableitung an den Intervallgrenzen und vergleichen Sie diese mit dem berechneten lokalen Maximum der ersten Ableitung.

1.3.1 **Tipps:**

- Skizzieren Sie sich eine Kosinusfunktion mit den beiden Tiefpunkten $T_1(-2\,|\,2)$ und $T_2(2\,|\,2)$ sowie dem Hochpunkt H(0 | 4). Die gesuchte Kosinusfunktion soll von der Form $g(x) = \cos(u \cdot x) + v$ sein. Welche Einflüsse haben die beiden Parameter u und v auf den Graphen der Funktion g?
- Nutzen Sie die in der Merkhilfe angegebene allgemeine trigonometrische Funktion.

1.3.2 **Tipps:**

- Sie sollen die Stammfunktion G der Funktion g skizzieren, d. h., es sind keine konkreten Funktionswerte anzugeben. Es gilt der Zusammenhang $G'(x) = g(x)$. Die Funktionswerte von g sind also die Steigungswerte von G und die Extrempunkte von g sind Wendepunkte von G. Da alle Funktionswerte von g positiv sind, steigt die Stammfunktion G kontinuierlich an mit den entsprechenden Krümmungswechseln an den Wendepunkten. Analog zum grafischen Ableiten lässt sich die Stammfunktion mit diesen Überlegungen auch durch grafisches Aufleiten skizzieren, indem Sie am gegebenen Punkt $G(-3) = 0$ beginnen.
- Alternativ können Sie die gesuchte Stammfunktion auch analytisch bestimmen und mithilfe einer geeigneten Wertetabelle zeichnen. Bestimmen Sie zunächst alle Stammfunktionen G von g mit der Integrationskonstante c und nutzen Sie dann die Bedingung $G(-3) = 0$. Bestimmen Sie also c so, dass $G(-3) = 0$ erfüllt ist.
- (1) Damit eine Umkehrfunktion (auf einem bestimmten Intervall) existiert, muss die Funktion (auf diesem Intervall) streng monoton wachsen oder fallen. Zeigen Sie also, dass jede Stammfunktion G von g auf dem Intervall [–3; 3] streng monoton wachsend ist. Überlegen Sie, wie sich die verschiedenen Stammfunktionen G von g grafisch unterscheiden.
- (2) Die Umkehrfunktion entsteht grafisch durch Spiegelung an der 1. Winkelhalbierenden. Der Definitionsbereich einer Umkehrfunktion entspricht deshalb allgemein dem Wertebereich der Ausgangsfunktion. Bestimmen Sie also den allgemeinen Wertebereich einer Stammfunktion G von g im Intervall [–3; 3]. Nutzen Sie die Tatsache, dass G in [–3; 3] streng monoton wachsend ist. Vergleichen Sie die Länge dieses Wertebereichs mit dem angegebenen Integral.

Lösungen

1.1 Bestimmen eines Funktionsterms

Die allgemeine Polynomfunktion 4. Grades lautet:

$f(x) = ax^4 + bx^3 + cx^2 + dx + e$

1. Bedingung: Symmetrie zur y-Achse
   $\Rightarrow$ Die Koeffizienten b und d müssen null sein.

$f(x) = ax^4 + cx^2 + e$ Die Koeffizienten a, c und e müssen noch bestimmt werden.

2. Bedingung: H(0 | 4) in f(x) einsetzen
   $\Rightarrow \quad a \cdot 0^4 + c \cdot 0^2 + e = 4 \quad \Leftrightarrow \quad e = 4$

$f(x) = ax^4 + cx^2 + 4$ Die Koeffizienten a und c müssen noch bestimmt werden.

3. Bedingung: Extrempunkt in $T_1(-2\,|\,2)$
   Die benötigte Ableitung lautet: $f'(x) = 4ax^3 + 2cx$

   $f(-2) = 2 \quad \Rightarrow \quad a \cdot (-2)^4 + c \cdot (-2)^2 + 4 = 2$ (Gleichung I)

   $f'(-2) = 0 \quad \Rightarrow \quad 4a \cdot (-2)^3 + 2c \cdot (-2) = 0$ (Gleichung II)

   Das entstandene LGS löst man beispielsweise mit dem Additionsverfahren:

$$\begin{array}{lrrr} \text{I} & 16a & +\,4c & +\,4 = 2 \\ \text{II} & -32a & -\,4c & = 0 \\ \text{I+II} & -16a & & +\,4 = 2 \\ \hline & & & a = \frac{1}{8} \end{array}$$

   Durch Einsetzen von a in Gleichung I oder II erhält man den Wert $c = -1$.

Die gesuchte Funktion lautet:

$f(x) = \frac{1}{8}x^4 - x^2 + 4$

1.2.1 Angeben der Parameterwerte

Da die gegebene Funktion

$f(x) = \frac{1}{8}x^4 - x^2 + 4$

mit der Funktion aus Teilaufgabe 1.1 übereinstimmt, kann man die Koordinaten der gegebenen Hoch- und Tiefpunkte in der Skizze ergänzen.

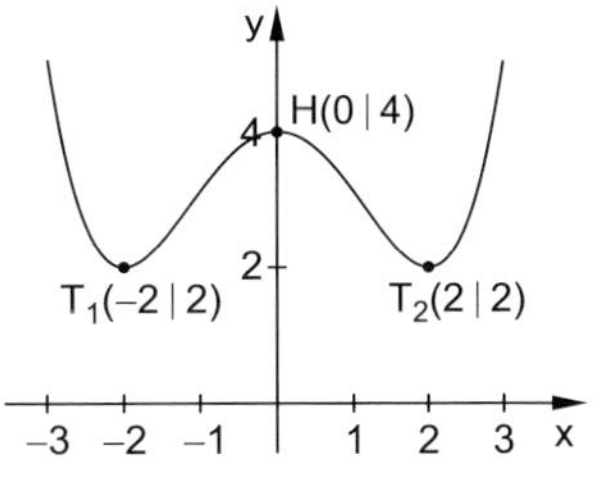

Die Funktion f(x) soll sich in der gegebenen Form $f(x) = a(x+b)^2(x+c)^2 + 2$ darstellen lassen.

Der Summand + 2 bewirkt eine Verschiebung der Funktion um 2 Längeneinheiten in positive y-Richtung. Macht man diese Verschiebung rückgängig, d. h., lässt man den Summanden + 2 weg, verschiebt sich der Graph der Funktion f so, dass die beiden Tiefpunkte als Berührpunkte genau auf der x-Achse liegen (siehe Abbildung).

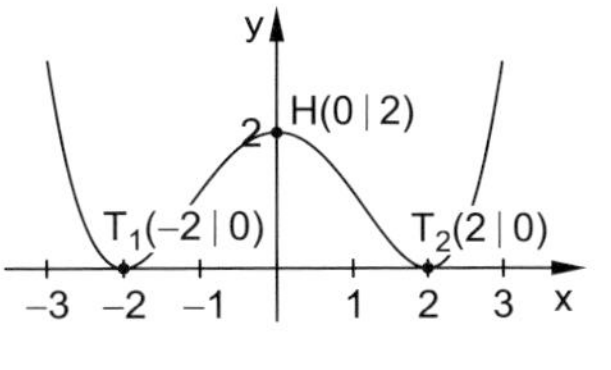

Die verbliebene Funktion $f^*(x) = a(x+b)^2(x+c)^2$ muss nach dem Satz vom Nullprodukt jeweils eine doppelte Nullstelle bei $x_{1/2} = -2$ sowie $x_{3/4} = 2$ besitzen.

Für b und c ergeben sich also die möglichen Werte $b = -2$ und $c = 2$ (oder umgekehrt).

Den Wert a ermittelt man durch die Überlegung, dass beide Funktionsterme eine Funktion 4. Grades darstellen. Somit muss beim Ausmultiplizieren der Klammern der Koeffizient a vor x^4 ebenfalls den Wert $\frac{1}{8}$ annehmen.

$$\frac{1}{8}x^4 - x^2 + 4 = a(x+b)^2(x+c)^2 + 2 \qquad \text{teilweise Ausmultiplizieren}$$

$$\mathbf{\frac{1}{8}}x^4 - x^2 + 4 = \mathbf{a}x^4 + \ldots \quad \Rightarrow \quad a = \frac{1}{8}$$

Alternative Lösung:
Die alternative Lösung setzt die zuletzt für den Wert a verwendete Überlegung noch weiter um, indem die gesamte rechte Seite der Gleichung ausmultipliziert, dann nach den Potenzen von x wie auf der linken Seite der Gleichung geordnet wird und anschließend die Werte a, b und c durch Koeffizientenvergleich bestimmt werden. Diese Lösungsvariante ist aufgrund des hohen Rechenaufwands nur als Notlösung gedacht, da sie in der Prüfungssituation (zu) viel Zeit in Anspruch nimmt und anfällig für Rechenfehler ist.

$$\frac{1}{8}x^4 - x^2 + 4 = a(x+b)^2(x+c)^2 + 2 \qquad \text{Binomische Formeln!}$$

$$\frac{1}{8}x^4 - x^2 + 4 = a(x^2 + 2bx + b^2)(x^2 + 2cx + c^2) + 2 \qquad \text{Klammern ausmultiplizieren}$$

$$\frac{1}{8}x^4 - x^2 + 4 = a(x^4 + 2cx^3 + c^2x^2 + 2bx^3 + 4bcx^2 + 2bc^2x + b^2x^2 + 2b^2cx + b^2c^2) + 2$$

$$\frac{1}{8}x^4 - x^2 + 4 = ax^4 + 2acx^3 + ac^2x^2 + 2abx^3 + 4abcx^2 + 2abc^2x + ab^2x^2 + 2ab^2cx + ab^2c^2 + 2$$

Hier sieht man durch Koeffizientenvergleich, dass a den Wert $\frac{1}{8}$ annehmen muss.
Im Folgenden wird der Wert $a = \frac{1}{8}$ eingesetzt und die rechte Seite der Gleichung nach den Potenzen in x sortiert:

$$\frac{1}{8}x^4 - x^2 + 4 = \frac{1}{8}x^4 + \frac{1}{4}cx^3 + \frac{1}{4}bx^3 + \frac{1}{8}c^2x^2 + \frac{1}{8}b^2x^2 + \frac{1}{2}bcx^2 + \frac{1}{4}bc^2x + \frac{1}{4}b^2cx$$
$$+ \frac{1}{8}b^2c^2 + 2$$

Auf beiden Seiten wird $\frac{1}{8}x^4$ subtrahiert und jeweils x^3, x^2 und x ausgeklammert:

$$-x^2 + 4 = \left(\frac{1}{4}c + \frac{1}{4}b\right)x^3 + \left(\frac{1}{8}c^2 + \frac{1}{8}b^2 + \frac{1}{2}bc\right)x^2 + \left(\frac{1}{4}bc^2 + \frac{1}{4}b^2c\right)x + \frac{1}{8}b^2c^2 + 2$$

Durch Koeffizientenvergleich ergeben sich vier Gleichungen, die erfüllt sein müssen:

I $\quad \frac{1}{4}c + \frac{1}{4}b = 0 \quad \Leftrightarrow \quad c = -b$

II $\quad \frac{1}{8}c^2 + \frac{1}{8}b^2 + \frac{1}{2}bc = -1$

III $\quad \frac{1}{4}bc^2 + \frac{1}{4}b^2c = 0$

IV $\quad \frac{1}{8}b^2c^2 + 2 = 4$

Durch Einsetzen von $c=-b$ in Gleichung II ergibt sich:

$$\frac{1}{8}(-b)^2+\frac{1}{8}b^2+\frac{1}{2}b\cdot(-b)=-1$$

$$\frac{1}{8}b^2+\frac{1}{8}b^2-\frac{1}{2}b^2=-1$$

$$-\frac{1}{4}b^2=-1$$

$$b=\pm 2$$

Es gibt also zwei Lösungsmöglichkeiten:

$b=+2$ und $c=-2$ *oder* $b=-2$ und $c=+2$

Vergessen Sie nicht, die Lösung in Gleichung III und IV einzusetzen. Dabei muss jeweils eine wahre Aussage entstehen.

$c=-b$ einsetzen in Gleichung III: $\frac{1}{4}b^3-\frac{1}{4}b^3=0$ wahre Aussage

$b=+2$ und $c=-2$ einsetzen in Gleichung IV: $\frac{1}{8}\cdot 4\cdot 4+2=4$ wahre Aussage

Das Einsetzen der 2. Lösungsmöglichkeit führt zur gleichen wahren Aussage.

1.2.2 **Begründung**

In der Skizze ist das Schaubild K_f, die Parallele zur x-Achse $y=4$ sowie eine beliebige nach unten geöffnete Parabel mit Scheitelpunkt H eingezeichnet.

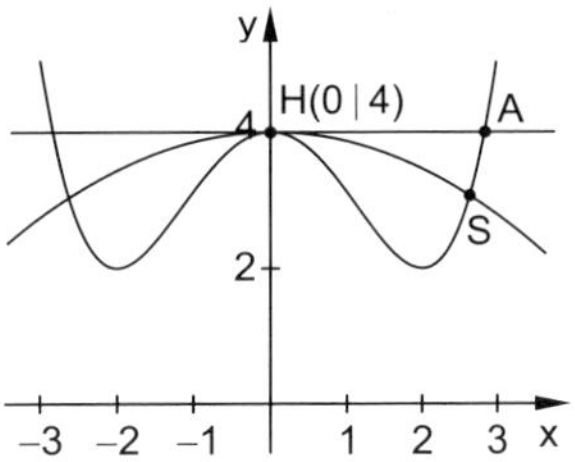

Berechnung von x_A (x-Wert des Punktes A):

$$\frac{1}{8}x^4-x^2+4=4$$

$$\frac{1}{8}x^4-x^2=0 \qquad x^2 \text{ ausklammern}$$

$$x^2\cdot\left(\frac{1}{8}x^2-1\right)=0 \qquad \text{Satz vom Nullprodukt}$$

$x_{1/2}=0$ Der Hochpunkt $H(0\,|\,4)$ ist Berührpunkt mit der Geraden $y=4$.

$$\frac{1}{8}x^2-1=0 \iff x^2=8 \iff x_{3/4}=\pm\sqrt{8}=\pm 2\sqrt{2}$$

Der x-Wert des Punktes A ist also $x_A=2\sqrt{2}$.

Es ist aus dem Schaubild leicht geometrisch ersichtlich, dass eine beliebig weit nach unten geöffnete Parabel das Schaubild K_f in einem Punkt $S(x_0\,|\,f(x_0))$ schneidet, wobei $x_0<x_A=2\sqrt{2}$ sein muss.

Alternative Lösung:

Der Term einer beliebigen nach unten geöffnete Parabel mit Scheitelpunkt $H(0\,|\,4)$ lautet:

$p(x)=mx^2+4$ mit $m<0$ (da die Parabel nach unten geöffnet sein soll)

Schnitt mit f ergibt die Gleichung:

$$\frac{1}{8}x^4-x^2+4=mx^2+4 \qquad \text{rechte Seite subtrahieren}$$

$$\frac{1}{8}x^4 - x^2 - mx^2 = 0 \qquad x^2 \text{ ausklammern}$$

$$x^2 \cdot \left(\frac{1}{8}x^2 - 1 - m\right) = 0 \qquad \text{Satz vom Nullprodukt}$$

$$x_{1/2} = 0 \qquad \text{Der Scheitel ist Berührpunkt mit dem Graphen von f.}$$

$$\frac{1}{8}x^2 - 1 - m = 0 \quad \Leftrightarrow \quad x^2 = 8 \cdot (1+m) \quad \Leftrightarrow \quad x_{3/4} = \pm 2\sqrt{2 \cdot (1+m)}$$

Der für die Aufgabe gesuchte positive x_0-Wert lautet: $x_0 = 2\sqrt{2+2m}$

Mit $m < 0$ ist dieser Wert kleiner als $2\sqrt{2}$.

1.2.3 **Ermitteln der größten Steigung**

$$f(x) = \frac{1}{8}x^4 - x^2 + 4$$

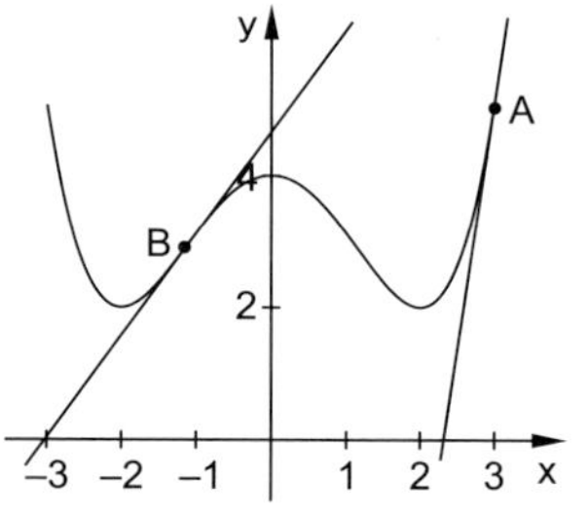

Rein anschaulich kommen für den größten Wert der ersten Ableitung, d. h. der Steigung von f, zwei Werte infrage. Ein lokales Maximum im Wendepunkt B und die Steigung an der Intervallgrenze A. Man sieht, dass die Tangente im Punkt A an der rechten Intervallgrenze die größte Steigung hat.

$$f'(x) = \frac{1}{2}x^3 - 2x \quad \Rightarrow \quad f'(3) = \frac{1}{2} \cdot 3^3 - 2 \cdot 3 = 7{,}5$$

Der größte Wert der Ableitung auf dem angegebenen Intervall beträgt 7,5.

Rechnerische Bestätigung:

$$f'(x) = \frac{1}{2}x^3 - 2x$$

Davon das Maximum, also die 2. Ableitung null setzen:

$$f''(x) = \frac{3}{2}x^2 - 2 = 0 \quad \Leftrightarrow \quad 3x^2 - 4 = 0 \quad \Leftrightarrow \quad x_{1/2} = \pm\sqrt{\frac{4}{3}}$$

Positiver Steigungswert laut Schaubild bei $x = -\sqrt{\frac{4}{3}}$:

$$f'\left(-\sqrt{\frac{4}{3}}\right) = \frac{1}{2} \cdot \left(-\sqrt{\frac{4}{3}}\right)^3 - 2 \cdot \left(-\sqrt{\frac{4}{3}}\right) = \frac{4}{3}\sqrt{\frac{4}{3}} \approx 1{,}54$$

Da $f'(3) = 7{,}5$ ist, ist der größte Wert von f' im angegebenen Intervall 7,5.

1.3.1 **Bestimmen der Parameterwerte**

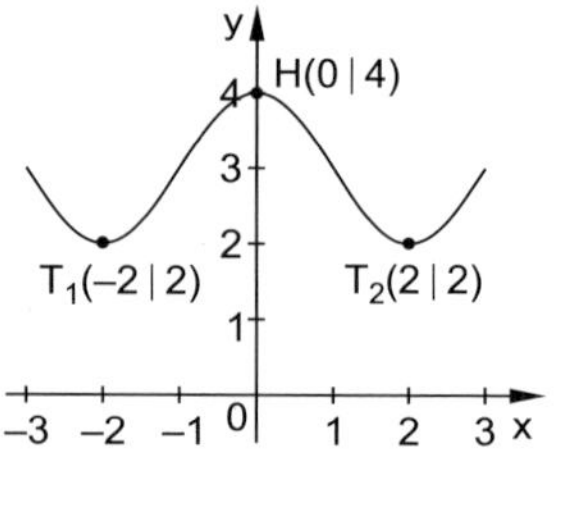

Die Skizze zeigt die gesuchte Kosinusfunktion durch die gegebenen Punkte. Es handelt sich also um eine Kosinusfunktion, die um 3 LE in y-Richtung verschoben ist (der Mittelwert der y-Werte ist 3) und die Periodenlänge $p = 4$ hat (Abstand der Tiefpunkte).

Die Funktion g hat die Form:

$g(x) = \cos(u \cdot x) + v$

Der Wert v ist die Verschiebung in y-Richtung

$\Rightarrow \quad v = 3$

Der Wert u beeinflusst direkt die Periodenlänge p:

$p = \frac{2\pi}{u} = 4 \quad \Leftrightarrow \quad u = \frac{\pi}{2}$ (In der Merkhilfe entspricht der Wert u dem Wert b.)

Mit $u = \frac{\pi}{2}$ und $v = 3$ ergibt sich die Funktion: $g(x) = \cos\left(\frac{\pi}{2} \cdot x\right) + 3$

1.3.2 **Skizze**

Ausgangssituation ist die Funktion g(x). Das Schaubild der Funktion g muss nicht noch einmal extra gezeichnet werden, es ist aber hilfreich, um die Abschnitte mit Links- und Rechtskrümmung in die Skizze übertragen zu können.

Die Wendepunkte von G liegen bei den Stellen $x = -2$, $x = 0$ und $x = 2$.

Die Funktionswerte von g variieren zwischen den Werten 2 und 4, d. h., die Stammfunktion hat entsprechend Steigungswerte zwischen 2 und 4.

Die Skizze beginnt bei $x = -3$ auf der x-Achse (Bedingung $G(-3) = 0$) mit dem Steigungswert 3 und hat bis zum Wert $x = -2$ abnehmende Steigungswerte. Weitere Krümmungswechsel befinden sich dann bei $x = 0$ und $x = 2$.

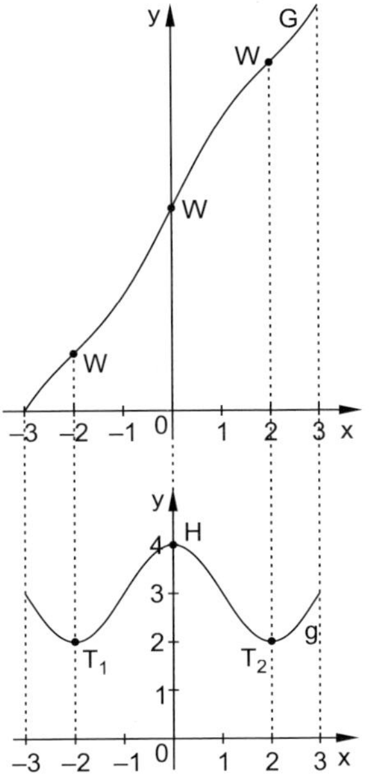

Alternative Lösung:

Es gilt: $G'(x) = g(x) = \cos\left(\frac{\pi}{2} \cdot x\right) + 3$

Alle Stammfunktionen von g:

$G(x) = \frac{2}{\pi} \cdot \sin\left(\frac{\pi}{2} \cdot x\right) + 3x + c$

Bedingung $G(-3) = 0$:

$G(-3) = \frac{2}{\pi} \cdot \underbrace{\sin\left(\frac{\pi}{2} \cdot (-3)\right)}_{=1} + 3 \cdot (-3) + c = 0$

$\frac{2}{\pi} - 9 + c = 0 \quad \Leftrightarrow \quad c = 9 - \frac{2}{\pi}$

$G(x) = \frac{2}{\pi} \cdot \sin\left(\frac{\pi}{2} \cdot x\right) + 3x + 9 - \frac{2}{\pi}$

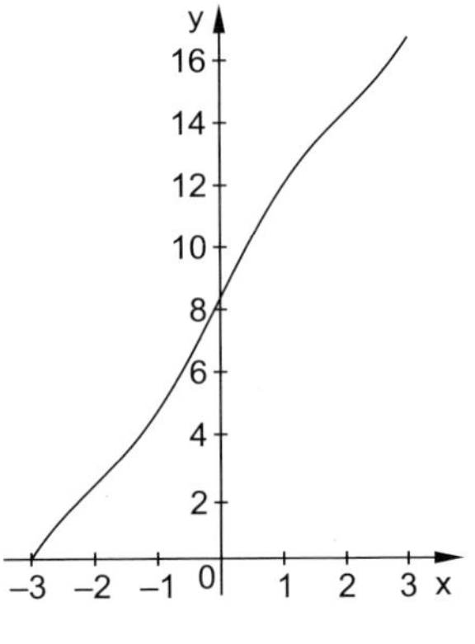

Begründen von Aussagen

(1) Die skizzierte Stammfunktion ist auf dem Intervall [–3; 3] streng monoton steigend. Alle anderen Stammfunktionen entstehen durch Parallelverschiebungen in y-Richtung. Die Parallelverschiebungen haben aber keinen Einfluss auf die Steigung der Stammfunktion. Folglich sind alle Stammfunktionen streng monoton wachsend und damit auch umkehrbar. Rechnerische Bestätigung:

Alle Stammfunktionen besitzen die Ableitung: $G'(x) = g(x) = \cos\left(\frac{\pi}{2} \cdot x\right) + 3$

Die Funktionswerte von g, und damit die Steigungswerte von G, liegen zwischen 2 und 4, sind also positiv auf dem Intervall [–3; 3]. Somit sind alle Stammfunktionen G streng monoton wachsend und umkehrbar.

(2) Der Definitionsbereich der Umkehrfunktion entspricht dem Wertebereich der Ausgangsfunktion. Aus der Länge des Wertebereichs von G wird also bei der Umkehrfunktion G^{-1} die Länge des Definitionsbereichs. Da jede Stammfunktion G monoton wächst, ist die Länge ℓ des Wertebereichs von G auf dem Intervall [–3; 3]:

$\ell = G(3) - G(-3)$

Mit dem Hauptsatz der Differenzial- und Integralrechnung gilt:

$$\int_{-3}^{3} g(x)\,dx = G(3) - G(-3)$$

Somit ist gezeigt, dass der Definitionsbereich einer Umkehrfunktion von G ein Intervall der Länge ℓ ist mit:

$$\ell = G(3) - G(-3) = \int_{-3}^{3} g(x)\,dx$$

Aufgabe 2: Anwendungsorientierte Analysis (Wahlaufgabe)

Punkte

2 Forscher gehen davon aus, dass bei der Herstellung von Zement im Zeitraum von Beginn des Jahres 1950 bis einschließlich 2010 weltweit rund $3 \cdot 10^{10}$ Tonnen Kohlendioxid (CO_2) freigesetzt wurden, d. h., pro Jahr wurden durchschnittlich etwa $4{,}9 \cdot 10^8$ Tonnen CO_2 freigesetzt.

2.1 Ein Quadratkilometer (km^2) Regenwald absorbiert jährlich rund 400 Tonnen CO_2 aus der Atmosphäre.

Ermitteln Sie, wie viele Quadratkilometer Regenwald nötig wären, um die durchschnittlich pro Jahr so freigesetzte Menge an CO_2 zu absorbieren.

Geben Sie an, um wie viel Prozent diese Regenwaldfläche von der Fläche Deutschlands (circa 357 000 km^2) abweicht. 3

2.2 Andererseits absorbiert Zement, falls dieser zum Beispiel zu Beton verarbeitet wurde, im Laufe der Zeit wieder einen Teil des zuvor freigesetzten CO_2. In der Tabelle sind die von den Forschern ermittelten Mengen an CO_2 aufgelistet, die weltweit in den betrachteten Jahren durch den verarbeiteten Zement absorbiert wurden.

Jahr	1950	1970	1990	2010
CO_2 in Tonnen	$3{,}7 \cdot 10^7$	$9{,}7 \cdot 10^7$	$25{,}5 \cdot 10^7$	$67{,}2 \cdot 10^7$

Beispielsweise wurden im Jahr 1990 weltweit 255 Millionen Tonnen CO_2 durch den verarbeiteten Zement absorbiert.

2.2.1 Die vom Zement absorbierte Menge an CO_2 ist im dargestellten Zeitraum exponentiell angewachsen. Erläutern Sie, wie dies aus den Daten hervorgeht. 2

2.2.2 Die Funktion m mit $m(t) = 3{,}7 \cdot 10^7 \cdot e^{k \cdot t}$ und $t \geq 0$ modelliert die jährlich absorbierte Menge an CO_2 in Tonnen. Dabei wird t in Jahren gemessen und $t = 0$ entspricht dem Beginn des Jahres 1950.

2.2.2.1 Zeigen Sie, dass die Wachstumskonstante k etwa den Wert 0,048 hat. 2

2.2.2.2 Ermitteln Sie für den Zeitraum von Beginn des Jahres 1950 bis einschließlich 2010, wie viel Prozent der bei der Herstellung von Zement freigesetzten CO_2-Menge im selben Zeitraum wieder absorbiert wurden. 3

10

Hinweise und Tipps

2.1 **Tipps:**

- Dividieren Sie die durchschnittlich pro Jahr freigesetzte Menge CO_2 durch die jährlich absorbierte Menge CO_2 pro m^2 Regenwald. Wenn Sie bei der Rechnung die richtigen Einheiten verwenden, erhalten Sie das Ergebnis automatisch mit der richtigen Einheit.
- Beachten Sie im zweiten Teil der Teilaufgabe, dass die prozentuale Abweichung der Flächen gefragt ist.

2.2.1 **Tipp:**

Welche charakteristische Eigenschaft hat exponentielles Wachstum allgemein? Erläutern Sie, warum die angegebenen Daten dieser charakteristischen Eigenschaft entsprechen.

2.2.2.1 **Tipps:**

- Ermitteln Sie den fehlenden Wert k in der Funktion durch Punktprobe. Beachten Sie, dass die Werte des Jahres 1950 bereits als Startwert verwendet wurden. Wählen Sie also ein beliebiges Wertepaar aus den Jahren 1970, 1990 oder 2010 und ermitteln Sie zunächst den zeitlichen Abstand Ihres gewählten Wertepaares zum Startjahr 1950 ($t = 0$).
- Lösen Sie die entstandene Exponentialgleichung mithilfe des natürlichen Logarithmus nach k auf.

2.2.2.2 **Tipps:**

- Wie viele Jahre sind es von Beginn des Jahres 1950 bis einschließlich des Jahres 2010?
- Die gesamte Menge an freigesetztem CO_2 in diesem Zeitraum ist im Text gegeben. Die gesamte absorbierte Menge für diesen Zeitraum müssen Sie mithilfe der Funktion m bestimmen.
- Ermitteln Sie das Integral für den angegebenen Zeitraum über der Funktion m und bestimmen Sie dann den prozentualen Anteil der gesamten absorbierten Menge an der gesamten freigesetzten Menge CO_2.

Lösungen

2.1 **Ermitteln der nötigen Regenwaldfläche**

Durchschnittliche CO_2-Freisetzung pro Jahr: $4{,}9 \cdot 10^8 \ \frac{t}{a}$

Jährliche CO_2-Absorption pro km^2: $400 \ \frac{t}{km^2 \cdot a}$

$$\frac{4{,}9 \cdot 10^8 \ \frac{t}{a}}{400 \ \frac{t}{km^2 \cdot a}} = 1\,225\,000 \text{ km}^2$$

Es wären 1 225 000 km^2 Regenwald nötig.

Prozentuale Abweichung

Die Abweichung dieser Fläche von der Fläche Deutschlands beträgt:

$1\,225\,000 \text{ km}^2 - 357\,000 \text{ km}^2 = 868\,000 \text{ km}^2$

Bezogen auf die Fläche Deutschlands beträgt diese Abweichung:

$$\frac{868\,000 \text{ km}^2}{357\,000 \text{ km}^2} \cdot 100\ \% \approx 243{,}14\ \%$$

2.2.1 **Erläuterung**

Prinzipiell geht man von exponentiellem Wachstum aus, wenn sich ein Bestand in gleichen Zeiträumen um den gleichen Faktor verändert.

Den Daten in der Tabelle ist zu entnehmen, dass sich die absorbierte Menge an CO_2 in einem Abstand von jeweils 20 Jahren um etwa den Faktor 2,6 vergrößert hat:

Jahr 1970 gegenüber 1950: $\frac{9{,}7 \cdot 10^7}{3{,}7 \cdot 10^7} \approx 2{,}62$

Jahr 1990 gegenüber 1970: $\frac{25{,}5 \cdot 10^7}{9{,}7 \cdot 10^7} \approx 2{,}63$

Jahr 2010 gegenüber 1990: $\frac{67{,}2 \cdot 10^7}{25{,}5 \cdot 10^7} \approx 2{,}64$

2.2.2.1 **Nachweis der Wachstumskonstante**

$m(t) = 3{,}7 \cdot 10^7 \cdot e^{k \cdot t}$

Wählt man beispielsweise das Wertepaar im Jahr 2010, d. h. 60 Jahre nach Beginn der Betrachtung, so ergibt die Punktprobe mit $(60 \mid 67{,}2 \cdot 10^7)$:

$$\begin{aligned} m(60) = 3{,}7 \cdot 10^7 \cdot e^{k \cdot 60} &= 67{,}2 \cdot 10^7 \\ e^{k \cdot 60} &\approx 18{,}16 \\ k \cdot 60 &\approx \ln(18{,}16) \\ k &\approx \frac{\ln(18{,}16)}{60} \approx 0{,}048 \end{aligned}$$

Die Wachstumskonstante k nimmt etwa den Wert 0,048 an.

2.2.2.2 **Prozentualer Anteil**

Es geht um einen Zeitraum von 61 Jahren.

Gesamte freigesetzte Menge CO_2 in 61 Jahren: $3 \cdot 10^{10}$ Tonnen

Gesamte absorbierte Menge CO_2 in 61 Jahren: M

$$M = \int_0^{61} m(t)\,dt = \int_0^{61} (3{,}7 \cdot 10^7 \cdot e^{0{,}048 \cdot t})\,dt = \left[\frac{3{,}7 \cdot 10^7}{0{,}048} \cdot e^{0{,}048 \cdot t}\right]_0^{61}$$

$$M = \frac{3{,}7 \cdot 10^7}{0{,}048} \cdot e^{0{,}048 \cdot 61} - \frac{3{,}7 \cdot 10^7}{0{,}048} \cdot e^{0{,}048 \cdot 0} \approx 1{,}3636 \cdot 10^{10}$$

Prozentualer Anteil:

$$\frac{1{,}3636 \cdot 10^{10}}{3 \cdot 10^{10}} \cdot 100\ \% \approx 45{,}45\ \%$$

Insgesamt wurden ca. 45,45 % der freigesetzten Menge CO_2 wieder absorbiert.

Aufgabe 3: Anwendungsorientierte Analysis (Wahlaufgabe)

Punkte

3 Ein Marktforschungsinstitut ermittelt zu Beginn des Jahres 2021 einen Marktanteil von 6 % der rein elektrisch angetriebenen Autos (E-Autos) unter allen neu zugelassenen Autos.

Die zukünftige Entwicklung dieses Marktanteils zum Zeitpunkt t wird im Folgenden durch die Funktion f mit $f(t) = 0{,}06 \cdot e^{0{,}04 \cdot t}$; $t \geq 0$ modelliert, wobei t in Monaten ab Beginn des Jahres 2021 gemessen wird.

Beispielsweise ist f(1) der Marktanteil, den man zu Beginn des Monats Februar im Jahr 2021 für die E-Auto-Neuzulassungen erwartet.

3.1 Beurteilen Sie, ob die folgenden Aussagen wahr oder falsch sind.

(1) Zu Beginn des Monats Februar 2023 wird etwa jedes sechste neu zugelassene Auto ein E-Auto sein.

(2) Der Marktanteil der E-Autos wird im Jahr 2025 erstmalig 50 % übersteigen. 3

3.2 Begründen Sie, dass der Marktanteil der neu zugelassenen E-Autos um mehr als 60 % pro Jahr zunimmt. 2

3.3 Ermitteln Sie den durchschnittlichen Marktanteil der E-Autos unter allen neu zugelassenen Autos von Beginn des Jahres 2021 bis einschließlich 2025. 3

3.4 Im Folgenden wird mit der Funktion $g: t \mapsto g(t)$ mit $t \geq 0$ die gesamte Anzahl der monatlich neu zugelassenen Autos zum Zeitpunkt t modelliert, wobei t die vergangene Zeit in Monaten ab Beginn des Jahres 2021 ist.

Formulieren Sie eine Frage im Sachzusammenhang, die durch die Bestimmung des Werts des Integrals

$$\int_3^{39} (f(t) \cdot g(t))\,dt$$

beantwortet werden kann. 2

10

Hinweise und Tipps

3.1 **Tipps:**

- (1) Wie viele Monate vergehen vom Beginn des Jahres 2021 bis zum Beginn des Jahres 2023? Ermitteln Sie den Marktanteil im Februar 2023 und vergleichen Sie, ob dieser Anteil ungefähr einem Sechstel entspricht.
- (2) Sie haben zwei Möglichkeiten, diese Aufgabe zu lösen. Entweder Sie bestimmen mithilfe der gegebenen Funktion die genaue Zeit t (in Monaten), die vergeht, bis der Anteil der E-Autos 50 % erreicht, oder Sie bestimmen den Anteil der E-Autos zu Beginn und am Ende des Jahres 2025 und schauen dann, ob der Anteil zu Beginn kleiner und am Ende größer als 50 % ist.

3.2 **Tipps:**

- Da der Marktanteil der E-Autos durch die gegebene Funktion modelliert werden soll, können Sie von einem exponentiellen Wachstum ausgehen. Exponentielles Wachstum zeichnet sich dadurch aus, dass ein Bestand (hier der Anteil der E-Autos) sich in gleichen zeitlichen Abständen um den gleichen Faktor ändert.
- Überlegen Sie, mit welchem Faktor der Anfangswert (hier 0,06) nach 12 Monaten multipliziert wird. Laut Aufgabenstellung muss dieser Faktor ein Wachstum von mehr als 60 % pro Jahr bestätigen.

3.3 **Tipps:**

- Gesucht ist der durchschnittliche Marktanteil bzw. der Mittelwert der Marktanteile der E-Autos im Zeitraum 2021 bis einschließlich 2025. Die Mittelwertberechnung ist eine Anwendung der Integralrechnung.
- Verwenden Sie zur Berechnung des Mittelwerts die in der Merkhilfe angegebene Formel, die gegebene Funktion f sowie als Integrationsgrenzen den angegebenen Zeitraum in Monaten.

3.4 **Tipps:**

- Im angegebenen Integral werden die Funktionen f und g miteinander multipliziert. Dabei ist f der monatliche Anteil der E-Autos und g die monatliche Gesamtzahl an Neuzulassungen (also alle Antriebsarten). Welche Bedeutung hat dann das Produkt dieser beiden Funktionen?
- Das Integral ist anschaulich gesehen die Aufsummierung der Werte in den gegebenen Integralgrenzen. Welche Monate sind bei diesem Integral konkret betroffen und welche Bedeutung hat dann das Gesamtergebnis?

Lösungen

3.1 **Beurteilung von Aussagen**

Funktion f: $f(t) = 0{,}06 \cdot e^{0{,}04 \cdot t}$ $\quad t \geq 0$ in Monaten ab Beginn 2021

(1) Bis zum Beginn des Monats Februar 2023 vergehen 25 Monate:

$f(25) = 0{,}06 \cdot e^{0{,}04 \cdot 25} \approx 0{,}163 \approx \frac{1}{6}$

Die Aussage (1) ist wahr.

(2) In welchem Monat ist der Anteil der E-Autos 50 %?

$f(t) = 0{,}06 \cdot e^{0{,}04 \cdot t} = 0{,}5$ $\quad$ Gleichung nach t auflösen

$$e^{0{,}04 \cdot t} = \frac{0{,}5}{0{,}06}$$

$$0{,}04 \cdot t = \ln\left(\frac{0{,}5}{0{,}06}\right)$$

$$t = \frac{\ln\left(\frac{0{,}5}{0{,}06}\right)}{0{,}04} \approx 53{,}01$$

Nach 53 Monaten, also im Juni 2025, erreicht der Anteil der E-Autos erstmals 50 %.

Die Aussage (2) ist somit wahr.

Alternative Lösung:

Zu Beginn des Jahres 2025 sind 48 Monate vergangen.
Am Ende des Jahres 2025 sind 60 Monate vergangen.

$f(48) = 0{,}06 \cdot e^{0{,}04 \cdot 48} \approx 0{,}41 < 0{,}5$

$f(60) = 0{,}06 \cdot e^{0{,}04 \cdot 60} \approx 0{,}66 > 0{,}5$

Im Laufe des Jahres 2025 übersteigt der Anteil der E-Autos erstmals 50 %.

3.2 **Begründung**

$f(12) = 0{,}06 \cdot e^{0{,}04 \cdot 12} \approx 0{,}06 \cdot 1{,}616$

Der Anfangswert $f(0) = 0{,}06$ wird also mit dem Faktor 1,616 multipliziert.

Dieser Faktor gibt ein Wachstum von 61,6 % pro Jahr an und liegt somit über 60 %.

Alternative Lösung:

Marktanteil zu einem beliebigen Zeitpunkt t: $\quad f(t) = 0{,}06 \cdot e^{0{,}04 \cdot t}$

Marktanteil 12 Monate später: $\quad f(t+12) = 0{,}06 \cdot e^{0{,}04 \cdot (t+12)}$

Das Verhältnis der beiden Marktanteile beträgt:

$$\frac{f(t+12)}{f(t)} = \frac{0{,}06 \cdot e^{0{,}04 \cdot (t+12)}}{0{,}06 \cdot e^{0{,}04 \cdot t}} = \frac{0{,}06 \cdot e^{0{,}04 \cdot t + 0{,}48}}{0{,}06 \cdot e^{0{,}04 \cdot t}} = \frac{0{,}06 \cdot e^{0{,}04 \cdot t} \cdot e^{0{,}48}}{0{,}06 \cdot e^{0{,}04 \cdot t}} = e^{0{,}48} \approx 1{,}616$$

Nach einem beliebigen 12-Monats-Zeitraum ist der Marktanteil um 61,6 % gestiegen.

3.3 **Ermitteln des durchschnittlichen Marktanteils**

Mittelwertberechnung des Marktanteils der E-Autos für den Zeitraum 2021 bis einschließlich 2025 (60 Monate):

$$\overline{m} = \frac{1}{60}\int_0^{60} f(t)\,dt = \frac{1}{60}\int_0^{60} (0{,}06 \cdot e^{0{,}04 \cdot t})\,dt = \frac{1}{60} \cdot \left[\frac{0{,}06}{0{,}04} \cdot e^{0{,}04 \cdot t}\right]_0^{60}$$

$$\overline{m} = \frac{1}{60} \cdot \left(\frac{0{,}06}{0{,}04} \cdot e^{0{,}04 \cdot 60} - \frac{0{,}06}{0{,}04} \cdot e^{0{,}04 \cdot 0}\right) \approx 0{,}251$$

Der durchschnittliche monatliche Marktanteil der E-Autos liegt bei ca. 25 %.

3.4 **Formulieren einer Fragestellung**

f(t) ist der Marktanteil an E-Autos an den monatlichen Neuzulassungen.

g(t) ist die Gesamtzahl der monatlichen Neuzulassungen.

$\Rightarrow$ $f(t) \cdot g(t)$ ist somit die Gesamtzahl der monatlich neu zugelassenen E-Autos.

Das angegebene Integral summiert also die Gesamtzahl der monatlich neu zugelassenen E-Autos über insgesamt 36 Monate auf, beginnend im April 2021 ($t = 3$).

Eine passende Fragestellung im Sachzusammenhang wäre also:

„Wie viele E-Autos werden insgesamt von Anfang April 2021 bis einschließlich März 2024 neu zugelassen?“

Aufgabe 4: Anwendungsorientierte Analysis (Wahlaufgabe)

Punkte

4 Die Mantelfläche einer ein Meter hohen Vase wird durch Rotation des Schaubilds der Funktion f mit $f(x) = 0{,}014 \cdot x^3 - 0{,}2 \cdot x^2 + 0{,}625 \cdot x + 1{,}7;\ 0 \leq x \leq 10$, um die x-Achse modelliert. Dabei entspricht eine Längeneinheit einem Dezimeter (dm) in der Realität. Die Dicke des Vasenbodens und die Wandstärke der Vase werden vernachlässigt.

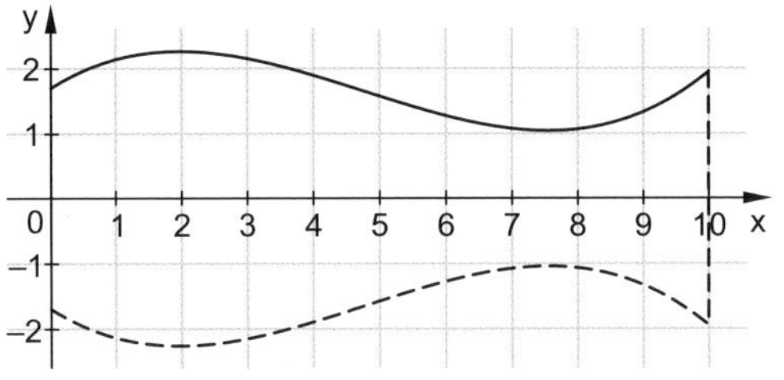

Abb. 1: Modellierung der Vasenkontur mit f. Das Schaubild von f ist als durchgezogene Kurve dargestellt.

Abb. 2: Vase

4.1 Bestimmen Sie den Wert des Flächeninhalts des Bodens der Vase.

Berechnen Sie die Differenz aus dem Durchmesser der Vasenöffnung und dem Durchmesser des Vasenbodens. 2

4.2 Beurteilen Sie, ob die folgende Aussage wahr oder falsch ist:
„Der größte Durchmesser der Vase ist größer als 4,4 dm.“ 3

4.3 Es gilt: $\pi \cdot \int\limits_0^5 (f(x))^2\,dx \approx 65{,}57$

Das Design der Vase soll nun geändert werden. Bis zu einer Höhe von 5 dm soll dabei das Modell f beibehalten werden. Ab dieser Höhe wird eine Gerade verwendet, die sich knickfrei an das Schaubild von f anschließt.

Bestimmen Sie die Höhe der derart veränderten Vase, falls deren Fassungsvermögen insgesamt 70 Liter betragen soll. 5

10

Hinweise und Tipps

4.1 **Tipps:**

- Da es sich bei der Vase um einen Rotationskörper handelt, ist jeder beliebige Querschnitt der Vase ein Kreis. Gesucht ist also die Kreisfläche des Vasenbodens.
- Welche x-Werte sind in die Funktion einzusetzen, um den Radius des Vasenbodens bzw. der Vasenöffnung zu bestimmen?
- Bestimmen Sie mit den berechneten Radien die geforderten Werte für die Kreisfläche des Vasenbodens sowie für die Differenz der Durchmesser von Vasenöffnung und Vasenboden.
- Achten Sie auf die richtigen Einheiten von Flächeninhalt und Durchmesser.

4.2 **Tipps:**

- Nach Teilaufgabe 4.1 kommen die Randwerte nicht als geforderter größter Durchmesser infrage, da hier die Radien der Vase jeweils kleiner als 2,2 dm sind. Nach Abb. 1 der Aufgabenstellung liegt der größte Durchmesser der Vase in einer Höhe von ca. 2 dm. Der genaue Durchmesser ist durch eine Extremwertberechnung zu bestimmen.
- Bestimmen Sie also das lokale Maximum der Funktion f im Bereich $0 \leq x \leq 10$.

4.3 **Tipps:**

- Versuchen Sie sich zunächst vorzustellen, wie die veränderte Vase aussehen soll. Was ist in diesem Zusammenhang gemeint, wenn das neue Design durch eine Gerade modelliert wird, die knickfrei an die Funktion f in einer Höhe von 5 dm anschließt (und um die x-Achse rotiert)? Fertigen Sie eine entsprechende Skizze an.
- Welches Fassungsvermögen muss ab der Höhe von 5 dm noch ergänzt werden, wenn der gesamte Inhalt der Vase 70 Liter betragen soll? Welche geometrische Form hat der ergänzte Teil der Vase?
- Beachten Sie, dass das Rotationsvolumen bis zu einer Höhe von 5 dm bereits mit 65,57 dm^3 in der Aufgabenstellung angegeben ist.

Lösungen

4.1 **Bestimmen des Flächeninhalts des Bodens**

Randfunktion f: $f(x) = 0{,}014x^3 - 0{,}2x^2 + 0{,}625x + 1{,}7;\quad 0 \le x \le 10$

Radius des Vasenbodens: $f(0) = 1{,}7 \quad \Rightarrow \quad r_{Boden} = 1{,}7\ \text{dm}$

Fläche des Vasenbodens: $A = \pi \cdot (1{,}7\ \text{dm})^2 \approx 9{,}08\ \text{dm}^2$

Berechnen der Differenz

Radius der Vasenöffnung: $f(10) = 1{,}95 \quad \Rightarrow \quad r_{Öffnung} = 1{,}95\ \text{dm}$

Differenz der Durchmesser: $d = 2 \cdot 1{,}95\ \text{dm} - 2 \cdot 1{,}7\ \text{dm} = 0{,}5\ \text{dm}$

4.2 **Beurteilen einer Aussage**

Zu bestimmen ist das lokale Maximum von f im Bereich $0 \le x \le 10$.

$f'(x) = 0{,}042x^2 - 0{,}4x + 0{,}625$

Die 1. Ableitung wird null gesetzt und die Lösungsformel angewendet:

$0{,}042x^2 - 0{,}4x + 0{,}625 = 0$

$$x_{1/2} = \frac{0{,}4 \pm \sqrt{0{,}4^2 - 4 \cdot 0{,}042 \cdot 0{,}625}}{2 \cdot 0{,}042}$$

$$x_1 \approx 1{,}97 \quad \text{und} \quad x_2 \approx 7{,}55$$

Laut Schaubild liegt das Maximum von f und damit der maximale Durchmesser der Vase bei $x_1 \approx 1{,}97$.

Radius der Vase bei 1,97 dm: $f(1{,}97) \approx 2{,}26$

Durchmesser der Vase bei 1,97 dm: $2 \cdot 2{,}26\ \text{dm} = 4{,}52\ \text{dm}$

Die Aussage ist wahr. Der größte Durchmesser der Vase ist mit 4,52 dm größer als 4,4 dm.

4.3 **Bestimmen der neuen Höhe der Vase**

„Knickfrei" bedeutet in diesem Zusammenhang, dass die Gerade an der Stelle $x = 5$ mit der gleichen momentanen Steigung wie f weiter verläuft. Es ist also die Tangentengleichung an die Funktion f an der Stelle $x = 5$ gesucht.

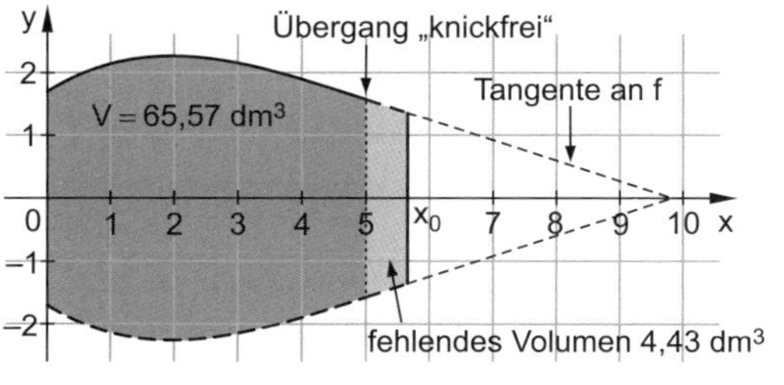

Zu ergänzendes Volumen:

$70\ \text{dm}^3 - 65{,}57\ \text{dm}^3 = 4{,}43\ \text{dm}^3$

Wie man der Skizze entnehmen kann, fehlt bis zu den geforderten 70 Litern Fassungsvermögen noch ein Kegelstumpf mit einem Volumen von 4,43 Litern.
Der Wert x_0 ist die gesuchte Gesamthöhe der geänderten Vase.

Bestimmung der Tangentengleichung an der Stelle $x = 5$:

$y = f'(5) \cdot (x - 5) + f(5) = -0,325 \cdot (x - 5) + 1,575$

Um das Volumen des gesamten ergänzten Kegels berechnen zu können, benötigt man die Nullstelle der Tangente:

$-0,325 \cdot (x - 5) + 1,575 = 0 \quad \Rightarrow \quad x \approx 9,85$

Volumen des gesamten ergänzten Kegels:

$$V = \frac{1}{3} \cdot G \cdot h \approx \frac{1}{3} \cdot \pi \cdot (f(5)\ \text{dm})^2 \cdot (9,85 - 5)\ \text{dm} = \frac{1}{3} \cdot \pi \cdot 1,575^2 \cdot 4,85\ \text{dm}^3 \approx 12,60\ \text{dm}^3$$

Da nur ein Kegelstumpf mit einem Volumen von 4,43 dm^3 ergänzt werden soll, muss vom gesamten Kegel eine Kegelspitze mit einem Volumen von
$12,60\ \text{dm}^3 - 4,43\ \text{dm}^3 = 8,17\ \text{dm}^3$ abgezogen werden.

Um die Maße der Kegelspitze berechnen zu können, betrachtet man die nebenstehende Skizze. Dabei hat die Kegelspitze einen Radius der Grundfläche von r_S und eine Höhe von h_S.

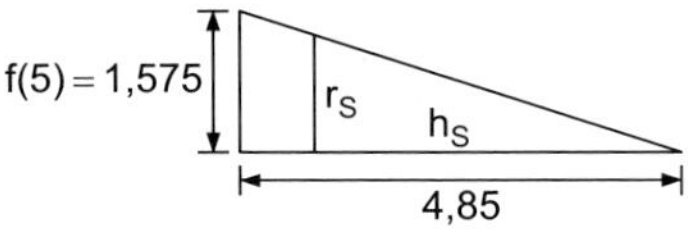

Das Volumen der Kegelspitze errechnet sich mit der Formel:

$$V = \frac{1}{3} \cdot G \cdot h = \frac{1}{3} \cdot \pi \cdot r_S^2 \cdot h_S = 8,17\ \text{dm}^3$$

Mit dem Strahlensatz stellt man einen Zusammenhang zwischen r_S und h_S her:

$$\frac{1,575}{4,85} = \frac{r_S}{h_S} \quad \Rightarrow \quad r_S = \frac{1,575}{4,85} \cdot h_S$$

Der Wert r_S kann in der Formel ersetzt werden:

$$V = \frac{1}{3} \cdot \pi \cdot \left(\frac{1,575}{4,85} \cdot h_S\right)^2 \cdot h_S = 8,17\ \text{dm}^3 \quad \Rightarrow \quad h_S \approx 4,20\ \text{dm}$$

Die Höhe des Kegelstumpfes beträgt also:

$4,85\ \text{dm} - 4,20\ \text{dm} = 0,65\ \text{dm}$

Insgesamt ergibt sich eine Gesamthöhe der geänderten Vase von etwa:

$5\ \text{dm} + 0,65\ \text{dm} = 5,65\ \text{dm}$

Aufgabe 1: Stochastik (Wahlaufgabe)

Punkte

1 Ein Institut untersucht im Auftrag eines Streamingdienstes das Medienverhalten von Bürgern einer Großstadt.

1.1 Eine statistische Erhebung unter 1 000 zufällig ausgewählten Teilnehmern hat das Folgende ergeben:

450 Teilnehmer sind jugendlich und nutzen einen Streamingdienst. Insgesamt nutzen 800 Teilnehmer einen Streamingdienst. Die Ergebnisse der Erhebung sind in der nicht vollständig ausgefüllten Tabelle dargestellt.

	S	$\bar{S}$	
J	450		
$\bar{J}$		150	
	800		1 000

Dabei bezeichnen J und S die folgenden Ereignisse:

J: Teilnehmer ist jugendlich. S: Teilnehmer nutzt einen Streamingdienst.

1.1.1 Geben Sie an, mit welcher Wahrscheinlichkeit ein Teilnehmer der Erhebung jugendlich ist und einen Streamingdienst nutzt.

Beurteilen Sie, ob die Ereignisse J und S stochastisch unabhängig sind. 3

1.1.2 Erläutern Sie die Bedeutung des Wertes $P_J(S)$ im Sachzusammenhang. 2

1.2 Dem Institut ist bekannt, dass 70 % der Nutzer von Streamingdiensten den Anbieter A, 40 % den Anbieter B und 35 % beide Anbieter A und B verwenden.

Bestimmen Sie die Wahrscheinlichkeit, dass ein Nutzer von Streamingdiensten keinen dieser beiden Anbieter verwendet. 3

1.3 An einer vom Institut organisierten Umfrage nimmt erfahrungsgemäß nur jede fünfte angesprochene Person teil.

1.3.1 Es werden 5 000 zufällig ausgewählte Personen angesprochen.
Die binomialverteilte Zufallsgröße X beschreibt die Anzahl der Personen, die an der Umfrage teilnehmen.

Berechnen Sie den Erwartungswert μ und die Standardabweichung σ von X.

Bestimmen Sie die kleinste natürliche Zahl k, für die gilt:
$P(\mu - k \leq X \leq \mu + k) \geq 0{,}9$ 4

1.3.2 Ermitteln Sie die Anzahl der Personen, die mindestens angesprochen werden müssen, um mit einer Wahrscheinlichkeit von mindestens 95 % mindestens 1 000 Personen für die Umfrage zu gewinnen. 3

15

Hinweise und Tipps

1.1.1 **Tipps:**

- Vervollständigen Sie zuerst die Vierfeldertafel. Beginnen Sie, indem Sie die letzte Zeile mit der Differenz $1\,000 - 800$ ergänzen und in Spalte S die Differenz $800 - 450$.
- Die Wahrscheinlichkeit, dass ein Teilnehmer der Erhebung jugendlich ist und einen Streamingdienst nutzt, bezieht sich auf alle 1 000 Teilnehmer der Erhebung. Die relevante Anzahl der Teilnehmer finden Sie in dem Feld, bei dem sich die J(ugendlich)-Zeile mit der S(treamingdienst)-Spalte kreuzt. Mit dieser Zahl im Zähler und der Gesamtzahl 1 000 im Nenner ergibt sich die gesuchte Wahrscheinlichkeit.
- Die Ereignisse J und S sind stochastisch unabhängig, falls $P(J \cap S) = P(J) \cdot P(S)$ gilt. $P(J \cap S)$ wurde bereits berechnet. Da sich die Wahrscheinlichkeiten P(J) und P(S) auf alle Teilnehmer beziehen, steht bei beiden die Gesamtzahl 1 000 im Nenner. Den Wert für den Zähler finden Sie im letzten Feld der Zeile J bzw. der Spalte S.

1.1.2 **Tipp:**

Mit der Schreibweise $P_J(S) = \frac{P(J \cap S)}{P(J)}$ wird eine bedingte Wahrscheinlichkeit ausgedrückt. Das bedeutet, dass sich die Wahrscheinlichkeit nicht auf alle Teilnehmer der Erhebung bezieht, sondern nur auf die Gruppe der Teilnehmer, die jugendlich sind (J). In der Schnittmenge $J \cap S$ finden sich alle Teilnehmer, die jugendlich sind und einen Streamingdienst nutzen. Erläutern Sie hiermit die Bedeutung des Wertes $P_J(S)$.

1.2 **Tipps:**

- $A \cup B$ bedeutet, dass ein Nutzer von Streamingdiensten Anbieter A oder Anbieter B oder beide Anbieter verwendet. Verwendet ein Nutzer keinen dieser Anbieter, also weder A noch B noch beide, ist damit das Gegenereignis $\overline{A \cup B}$ gemeint.
- Mithilfe des Additionssatzes kann $P(A \cup B) = P(A) + P(B) - P(A \cap B)$ berechnet werden. Über $P(\overline{A \cup B}) = 1 - P(A \cup B)$ erhält man die gesuchte Wahrscheinlichkeit.

1.3.1 **Tipps:**

- Wie groß ist die Wahrscheinlichkeit p, wenn erfahrungsgemäß nur jede fünfte Person an der Umfrage teilnimmt? Mit dem Stichprobenumfang $n = 5\,000$ und p können Sie Erwartungswert $\mu = n \cdot p$ und Standardabweichung $\sigma = \sqrt{n \cdot p \cdot (1-p)}$ berechnen.
- Für die Ungleichung $P(\mu - k \le X \le \mu + k) \ge 0{,}9$ ist die kleinste natürliche Zahl k so zu bestimmen, dass mit einer Wahrscheinlichkeit von mindestens 90 % die Werte der Zufallsgröße X im Intervall $[\mu - k; \mu + k]$ liegen. Einen Schätzwert für ungefähr 90 % liefert die Sigma-Regel $P(\mu - 1{,}64\sigma \le X \le \mu + 1{,}64\sigma) \approx 90\,\%$. Damit hat man auch einen ungefähren Wert für k. Durch Ausprobieren von natürlichen Zahlen, die in der Nähe dieses ungefähren Wertes liegen, lässt sich die kleinste natürliche Zahl k finden, bei der (erstmalig) die Wahrscheinlichkeit größer als 90 % ist.

1.3.2 **Tipps:**

- Mit der in Teilaufgabe 1.3.1 definierten Zufallsgröße X soll $X \ge 1\,000$ gelten.
- Die Zufallsgröße X ist $B_{n;\,0,2}$-verteilt und es ist nach dem kleinsten Stichprobenumfang n gefragt, bei dem $P(X \ge 1\,000) \ge 0{,}95$ gilt. Formen Sie diese Ungleichung so um, dass Sie mit dem WTR und dem Befehl „Binomialcdf“ für kumulierte Wahrscheinlichkeiten durch Ausprobieren die gesuchte Anzahl n bestimmen können.
- Da nur jede fünfte angesprochene Person an der Umfrage teilnimmt und mindestens 1 000 Personen gewonnen werden sollen, kann n nicht unter 5 000 liegen.

Lösungen

1.1.1 **Angeben der Wahrscheinlichkeit, dass ein Teilnehmer jugendlich ist und einen Streamingdienst nutzt**

Für die weiteren Berechnungen ist es sinnvoll, die nur teilweise ausgefüllte Vierfeldertafel zu vervollständigen (die gegebenen Werte sind fett hervorgehoben):

	S	$\overline{S}$	
J	$\mathbf{450}$	$200-\mathbf{150}=50$	$\mathbf{450}+50=500$
$\overline{J}$	$\mathbf{800}-\mathbf{450}=350$	$\mathbf{150}$	$350+\mathbf{150}=500$
	$\mathbf{800}$	$\mathbf{1000}-\mathbf{800}=200$	$\mathbf{1000}$

Gesucht ist die Wahrscheinlichkeit $P(J \cap S)$ dafür, dass ein Teilnehmer der Erhebung jugendlich ist und einen Streamingdienst nutzt. Die Anzahl dieser Teilnehmer findet sich in dem Feld, bei dem sich die J(ugendlich)-Zeile mit der S(treamingdienst)-Spalte kreuzt; man liest ab, dass es sich hierbei um 450 Teilnehmer handelt. Also gilt:

$$P(J \cap S) = \frac{450}{1\,000} = 0{,}45$$

Mit einer Wahrscheinlichkeit von 45 % ist ein Teilnehmer jugendlich und nutzt einen Streamingdienst.

Untersuchen der Ereignisse J und S auf stochastische Unabhängigkeit

Die beiden Ereignisse J und S sind stochastisch unabhängig, falls gilt:

$$P(J \cap S) = P(J) \cdot P(S)$$

Der Vierfeldertafel lässt sich entnehmen, dass von den 1 000 Teilnehmern 500 jugendlich sind (letztes Feld der J-Zeile) und 800 einen Streamingdienst nutzen (letztes Feld der S-Spalte). Damit erhält man:

$$P(J) = \frac{500}{1\,000} = 0{,}5 \quad \text{und} \quad P(S) = \frac{800}{1\,000} = 0{,}8$$

$$\Rightarrow \quad P(J) \cdot P(S) = 0{,}5 \cdot 0{,}8 = 0{,}4$$

Der erste Teil der Aufgabe liefert: $P(J \cap S) = 0{,}45$

Also: $P(J \cap S) \neq P(J) \cdot P(S)$

Folglich sind die beiden Ereignisse J und S nicht stochastisch unabhängig.

1.1.2 **Erläutern der Bedeutung des Wertes $P_J(S)$ im Sachzusammenhang**

Die Schreibweise $P_J(S) = \frac{P(J \cap S)}{P(J)}$ gibt eine bedingte Wahrscheinlichkeit an. Während mit $P(S)$ die Wahrscheinlichkeit gemeint ist, dass ein zufällig ausgewählter Teilnehmer (von 1 000) einen Streamingdienst nutzt, gibt $P_J(S)$ die bedingte Wahrscheinlichkeit an, dass ein zufällig ausgewählter Jugendlicher (500 der 1 000) einen Streamingdienst nutzt.

Mit $P_J(S) = \frac{P(J \cap S)}{P(J)} = \frac{\frac{450}{1\,000}}{\frac{500}{1\,000}} = \frac{450}{500} = 0{,}9$ ist daher die Wahrscheinlichkeit gemeint, dass ein jugendlicher Teilnehmer einen Streamingdienst nutzt.

Anmerkung: Die Berechnung der bedingten Wahrscheinlichkeit ist nicht verlangt.

1.2 **Bestimmen der Wahrscheinlichkeit, dass ein Nutzer keinen der Anbieter verwendet**

Nachfolgend bedeutet A, dass der Nutzer von Streamingdiensten Anbieter A verwendet, entsprechend bedeutet B, dass der Nutzer Anbieter B verwendet. Verwendet er beide Anbieter, so kann dies folglich mit $A \cap B$ ausgedrückt werden.

Mit diesen Bezeichnungen und den in der Aufgabenstellung angegebenen Werten ergeben sich die folgenden Wahrscheinlichkeiten:

$P(A) = 0{,}7 \qquad P(B) = 0{,}4 \qquad P(A \cap B) = 0{,}35$

Gesucht ist die Wahrscheinlichkeit, dass ein Nutzer von Streamingdiensten keinen der Anbieter (also weder A noch B noch beide Anbieter A und B) verwendet. Dies ist das Gegenereignis zu $A \cup B$, denn $A \cup B$ bedeutet, dass ein Nutzer von Streamingdiensten Anbieter A oder Anbieter B oder beide Anbieter A und B verwendet.

Gesucht ist also die Wahrscheinlichkeit $P(\overline{A \cup B})$. Da für die Wahrscheinlichkeit des Gegenereignisses $P(\overline{A \cup B}) = 1 - P(A \cup B)$ gilt, berechnet man zunächst $P(A \cup B)$.

Mit dem Additionssatz und den gegebenen Wahrscheinlichkeiten ergibt sich:

$P(A \cup B) = P(A) + P(B) - P(A \cap B) = 0{,}7 + 0{,}4 - 0{,}35 = 0{,}75$

Daraus erhält man:

$P(\overline{A \cup B}) = 1 - P(A \cup B) = 1 - 0{,}75 = 0{,}25$

Mit einer Wahrscheinlichkeit von 25 % verwendet ein Nutzer von Streamingdiensten keinen der beiden Anbieter A bzw. B.

1.3.1 **Berechnen von Erwartungswert und Standardabweichung der Zufallsgröße X**

Die Zufallsgröße X ist definiert als:

X: Anzahl der Personen, die an der Umfrage teilnehmen

Da es nur die beiden Möglichkeiten Teilnahme bzw. Nichtteilnahme gibt, ist diese Zufallsgröße binomialverteilt. Da erfahrungsgemäß nur jede fünfte angesprochene Person an der Umfrage teilnimmt, gilt für diese Binomialverteilung $p = \frac{1}{5} = 0{,}2$.

Da außerdem $n = 5\,000$ zufällig ausgewählte Personen angesprochen werden, ist die Zufallsgröße X $B_{5\,000;\,0{,}2}$-verteilt.

Erwartungswert μ und Standardabweichung σ dieser Binomialverteilung lassen sich wie folgt berechnen:

$\mu = n \cdot p = 5\,000 \cdot 0{,}2 = 1\,000$

$\sigma = \sqrt{n \cdot p \cdot (1-p)} = \sqrt{5\,000 \cdot 0{,}2 \cdot (1 - 0{,}2)} = \sqrt{800} = 20 \cdot \sqrt{2} = 28{,}284\ldots$

Bestimmen der kleinsten natürlichen Zahl k, für die gilt $P(\mu - k \le X \le \mu + k) \ge 0{,}9$

Gesucht ist die kleinste natürliche Zahl k so, dass $P(\mu - k \le X \le \mu + k) \ge 0{,}9$ gilt. Einen Schätzwert für ungefähr 90 % liefert die Sigma-Regel $P(\mu - 1{,}64\sigma \le X \le \mu + 1{,}64\sigma)$. Mit dem oben berechneten Wert der Standardabweichung σ lässt sich $1{,}64\sigma$ bestimmen.

Somit gilt für diese Binomialverteilung die Sigma-Regel:

$P(\mu - 1{,}64 \cdot 20 \cdot \sqrt{2} \le X \le \mu + 1{,}64 \cdot 20 \cdot \sqrt{2}) \approx 90\ \%$ bzw.

$P(\mu - 46{,}38\ldots \le X \le \mu + 46{,}38\ldots) \approx 90\ \%$

Ein Vergleich dieser Näherung mit der Ungleichung der Aufgabenstellung und der Bedingung, dass k eine natürliche Zahl sein muss, ergibt als mögliche Werte für k die Zahlen $k = 46$ bzw. $k = 47$.

Für $k = 46$ erhält man mit $\mu = 1\,000$:

$P(1\,000 - 46 \leq X \leq 1\,000 + 46) = P(954 \leq X \leq 1\,046)$

$= P(X \leq 1\,046) - P(X \leq 953) = 0{,}8998\ldots \; (< 0{,}9)$

Für $k = 47$ erhält man mit $\mu = 1\,000$:

$P(1\,000 - 47 \leq X \leq 1\,000 + 47) = P(953 \leq X \leq 1\,047)$

$= P(X \leq 1\,047) - P(X \leq 952) = 0{,}9069\ldots \; (\geq 0{,}9)$

Die kleinste natürliche Zahl k, für die die Wahrscheinlichkeit, dass die Werte der Zufallsgröße X im Intervall $[\mu - k;\, \mu + k]$ liegen, mindestens 90 % beträgt, ist die Zahl 47.

1.3.2 **Ermitteln der Mindestanzahl an Personen, die angesprochen werden müssen**

Die in Teilaufgabe 1.3.1 definierte Zufallsgröße X gibt die Anzahl der Personen an, die an der Umfrage teilnehmen. Diese Zufallsgröße X ist nun $B_{n;\,0,2}$-verteilt und nach Aufgabenstellung ist nach dem kleinsten Stichprobenumfang n gefragt, bei dem gilt:

$P(X \geq 1\,000) \geq 0{,}95$

Da mit dem WTR nur kumulierte Wahrscheinlichkeiten $P(X \leq \ldots)$ berechnet werden können, muss diese Ungleichung in einem weiteren Schritt umgestellt werden.
Soll die Wahrscheinlichkeit, dass mindestens 1 000 Personen an der Umfrage teilnehmen, mindestens 95 % betragen, so darf die Wahrscheinlichkeit, dass weniger als 1 000 (also höchstens 999) Personen an der Umfrage teilnehmen, höchstens $1 - 0{,}95 = 0{,}05$, also 5 %, betragen. Damit ist die obige Ungleichung gleichbedeutend mit:

$P(X \leq 999) \leq 0{,}05$

Mit dem WTR und dem Befehl „Binomialcdf" kann durch Ausprobieren die gesuchte kleinste Anzahl n bestimmt werden, die diese Ungleichung erfüllt. Da nur jede fünfte angesprochene Person an der Umfrage teilnimmt und mindestens 1 000 Personen für die Umfrage gewonnen werden sollen, muss das gesuchte n größer als 5 000 sein.

Mit $p = 0{,}2$ und $k = 999$ ergibt sich für

$n = 5\,200$: $P(X \leq 999) = 0{,}07963\ldots \; (> 0{,}05)$

$n = 5\,234$: $P(X \leq 999) = 0{,}05045\ldots \; (> 0{,}05)$

$n = 5\,235$: $P(X \leq 999) = 0{,}04975\ldots \; (\leq 0{,}05)$

Es müssen also mindestens 5 235 Personen angesprochen werden, um mit einer Wahrscheinlichkeit von mindestens 95 % mindestens 1 000 Personen für die Umfrage zu gewinnen.

Aufgabe 2: Stochastik (Wahlaufgabe)

Punkte

2.1 In einer Urne befinden sich 100 Kugeln.
20 Kugeln sind rot, 30 gelb und 50 blau.

Aus dieser wird immer ohne Zurücklegen gezogen.

2.1.1 Zunächst werden nacheinander drei Kugeln gezogen.

2.1.1.1 Berechnen Sie jeweils die Wahrscheinlichkeit der folgenden Ereignisse:

A: Die ersten beiden Kugeln sind blau und die dritte Kugel ist rot.

B: Mindestens zwei Kugeln sind rot.

C: Die dritte Kugel ist gelb. 5

2.1.1.2 Für die Wahrscheinlichkeit eines Ereignisses D gilt:

$$P(D) = 3! \cdot \frac{20}{100} \cdot \frac{30}{99} \cdot \frac{50}{98}$$

Formulieren Sie ein zugehöriges Ereignis D im Sachzusammenhang. 2

2.1.2 Es werden nun sechs Kugeln gezogen. Jemand behauptet:

„Die Wahrscheinlichkeit, dass dabei genau vier rote Kugeln gezogen werden, kann durch $\binom{6}{4} 0{,}2^4 \cdot 0{,}8^2$ *berechnet werden."*

Begründen Sie, warum diese Behauptung falsch ist, und geben Sie einen richtigen Lösungsansatz an. 3

2.2 In einer anderen Urne befinden sich ebenfalls nur rote, gelbe und blaue Kugeln. Von jeder Farbe sind jedoch jeweils gleich viele Kugeln in dieser Urne.

Die Wahrscheinlichkeit, dass bei dreimaligem Ziehen ohne Zurücklegen nur Kugeln gleicher Farbe gezogen werden, ist mindestens 10 %.

Ermitteln Sie die Anzahl der Kugeln, die in dieser Urne mindestens enthalten sein müssen. 5

15

Hinweise und Tipps

2.1.1.1 **Tipps:**

- Bestimmen Sie zunächst die Wahrscheinlichkeit, im ersten Zug eine rote (r) bzw. eine gelbe (g) bzw. eine blaue (b) Kugel zu ziehen.
- Es werden drei Kugeln ohne Zurücklegen gezogen. Da 50 blaue Kugeln in der mit 100 Kugeln gefüllten Urne liegen, ist die Wahrscheinlichkeit für eine blaue Kugel im ersten Zug gleich $\frac{50}{100}$. Wie viele Kugeln befinden sich vor dem zweiten Zug insgesamt in der Urne? Wie viele von diesen sind blau, wenn bereits eine blaue Kugel im ersten Zug gezogen wurde? Mit diesen Überlegungen ergibt sich die Wahrscheinlichkeit für „blau" im zweiten Zug. Entsprechend erhält man die Wahrscheinlichkeit für „rot" im dritten Zug. Wie viele Kugeln liegen vor dem dritten Zug noch in der Urne; wie viele von diesen sind rot? Das Produkt aus den drei Wahrscheinlichkeiten führt zur gesuchten Wahrscheinlichkeit P(A).
- Ereignis B tritt ein, wenn zwei rote Kugeln und eine nicht rote Kugel oder (genau) drei rote Kugeln gezogen werden. Die Wahrscheinlichkeit für drei rote Kugeln entspricht dem Produkt der drei Wahrscheinlichkeiten für „rot" im ersten Zug und „rot" im zweiten Zug und „rot" im dritten Zug.
  Für die Wahrscheinlichkeit von „genau zwei Kugeln sind rot" überlegen Sie sich zunächst, wie viele Möglichkeiten es gibt, zwei rote und eine nicht rote Kugel zu ziehen. Da die Wahrscheinlichkeit für jede dieser Permutationen gleich ist, genügt es, die Wahrscheinlichkeit für eine dieser Möglichkeiten anzugeben und mit der Anzahl der Möglichkeiten zu multiplizieren. Wie viele nicht rote (also gelbe oder blaue) Kugeln befinden sich in der Urne, wenn zweimal „rot" gezogen wurde?
- Ereignis C tritt bei den folgenden Ergebnissen ein: ggg; $g\bar{g}g$; $\bar{g}gg$; $\bar{g}\bar{g}g$
  Berechnen Sie die Wahrscheinlichkeit dafür mithilfe der Pfadregeln.

2.1.1.2 **Tipp:**

Der angegebene Term für P(D) setzt sich aus der Anzahl 3! Permutationen und der Wahrscheinlichkeit $\frac{20}{100} \cdot \frac{30}{99} \cdot \frac{50}{98}$ zusammen. Zu welchem Ergebnis beim dreimaligen Ziehen ohne Zurücklegen gehört diese Wahrscheinlichkeit? Welche Farbe hat die erste gezogene Kugel, welche die zweite, welche die dritte? Wie viele Möglichkeiten gibt es, eine rote, eine gelbe und eine blaue Kugel anzuordnen? Stimmt diese Anzahl mit 3! überein? Formulieren Sie mit diesen Überlegungen das Ereignis D.

2.1.2 **Tipps:**

- Denken Sie sich die angegebene Bernoulli-Kette ausführlich aufgeschrieben als $\binom{6}{4} \cdot 0{,}2^4 \cdot 0{,}8^2 = \binom{6}{4} \cdot \frac{20}{100} \cdot \frac{20}{100} \cdot \frac{20}{100} \cdot \frac{20}{100} \cdot \frac{80}{100} \cdot \frac{80}{100}$. Passt die hierbei zugrunde gelegte Binomialverteilung zu dem Zufallsexperiment „Ziehen von sechs Kugeln ohne Zurücklegen"? Können alle Nenner tatsächlich den Wert 100 haben?
- Warum kann für den richtigen Lösungsansatz der Binomialkoeffizient $\binom{6}{4}$ übernommen werden? Verändern Sie anschließend die Werte der sechs Brüche; beginnen Sie mit den Nennern. Welchen Nenner muss der zweite, der dritte, … Bruch haben, wenn ohne Zurücklegen gezogen wird? Zunächst werden vier rote Kugeln gezogen, anschließend zwei nicht rote. Wie viele nicht rote (also gelbe oder blaue) Kugeln befinden sich vor dem fünften Zug in der Urne, wenn bisher nur rote Kugeln gezogen wurden? Welchen Wert hat also der Zähler des fünften Bruchs?
- Ein richtiger Lösungsansatz enthält den Binomialkoeffizienten und die sechs an das Ziehen ohne Zurücklegen angepassten Brüche.

2.2 **Tipps:**

- In der anderen Urne befindet sich jeweils die gleiche Anzahl an roten, gelben und blauen Kugeln. Für diese (natürliche) Anzahl kann z. B. die Variable n verwendet werden. Wie viele Kugeln enthält dann die Urne insgesamt?
- Werden nur Kugeln gleicher Farbe gezogen, können entweder nur rote, nur gelbe oder nur blaue Kugeln gezogen werden. Jeder dieser drei Fälle tritt mit der gleichen Wahrscheinlichkeit ein. Überlegen Sie sich daher, wie groß die Wahrscheinlichkeit für einen dieser Fälle ist, und multiplizieren Sie diese Wahrscheinlichkeit mit 3.
- Jede dieser Wahrscheinlichkeiten besteht aus dem Produkt von drei Brüchen. Wenn sich in der Urne jeweils n rote, n gelbe und n blaue Kugeln befinden, befinden sich also zu Beginn insgesamt $3 \cdot n$ Kugeln in der Urne. Die Wahrscheinlichkeit für eine rote (bzw. gelbe bzw. blaue) Kugel im ersten Zug ist also $\frac{n}{3n}$.
  Vor dem zweiten Zug befinden sich dann insgesamt nur noch $3n-1$ Kugeln in der Urne, von denen $n-1$ Kugeln rot (bzw. gelb bzw. blau) sind. Die Wahrscheinlichkeit für eine rote (bzw. gelbe bzw. blaue) Kugel im zweiten Zug ist also $\frac{n-1}{3n-1}$.
  Wie groß ist nun die Wahrscheinlichkeit für eine rote (bzw. gelbe bzw. blaue) Kugel im dritten Zug?
- Laut Aufgabenstellung ist die Wahrscheinlichkeit für drei gleichfarbige Kugeln mindestens 10 %. Mit der entsprechenden Ungleichung lässt sich die Mindestanzahl n der Kugeln mit gleicher Farbe bestimmen. Entsprechend muss die Urne dann mindestens $3 \cdot n$ Kugeln enthalten.

Lösungen

2.1.1.1 **Berechnen der Wahrscheinlichkeiten von Ereignissen**

In einer Urne befinden sich 100 Kugeln, von denen 20 rot (r), 30 gelb (g) und 50 blau (b) sind. Die Wahrscheinlichkeiten, im ersten Zug eine rote bzw. eine gelbe bzw. eine blaue Kugel zu ziehen, sind daher:

$$P(r) = \frac{20}{100} \qquad P(g) = \frac{30}{100} \qquad P(b) = \frac{50}{100}$$

Es wird dreimal ohne Zurücklegen gezogen. Vor dem zweiten Zug befinden sich also (nur noch) 99 Kugeln, vor dem dritten Zug noch 98 Kugeln in der Urne. Die Wahrscheinlichkeiten beim zweiten Ziehen hängen zudem davon ab, welche Kugel im ersten Zug gezogen wurde.

A: Die ersten beiden Kugeln sind blau und die dritte Kugel ist rot.

Wurde im ersten Zug eine blaue Kugel gezogen, so befinden sich nur noch 49 blaue Kugeln in der Urne und die Wahrscheinlichkeit, im zweiten Zug ebenfalls eine blaue Kugel zu ziehen, ist:

$$P(\text{blaue Kugel im zweiten Zug, falls blaue Kugel im ersten Zug}) = \frac{49}{99}$$

Wurde in den ersten beiden Zügen eine blaue Kugel gezogen, befinden sich vor dem dritten Zug (immer noch) 20 rote Kugeln in der Urne. Die Wahrscheinlichkeit, dann im dritten Zug eine rote Kugel zu ziehen, ist somit:

$$P(\text{rote Kugel im dritten Zug, falls zwei blaue Kugeln zuvor}) = \frac{20}{98}$$

Ereignis A tritt ein, wenn die ersten beiden gezogenen Kugeln blau sind und die dritte Kugel rot ist. Für diese Wahrscheinlichkeit gilt also:

$$P(A) = P(bbr) = \frac{50}{100} \cdot \frac{49}{99} \cdot \frac{20}{98} = \frac{5}{99} = 0{,}050505\ldots$$

Beim dreimaligen Ziehen ohne Zurücklegen sind mit einer Wahrscheinlichkeit von $\frac{5}{99}$ bzw. ca. 5,05 % die ersten beiden Kugeln blau und die dritte Kugel rot.

B: Mindestens zwei Kugeln sind rot.

Ereignis B tritt dann ein, wenn bei dreimaligem Ziehen zwei rote Kugeln und eine nicht rote Kugel oder (genau) drei rote Kugeln gezogen werden.

Mit den Bezeichnungen r (= es wird eine rote Kugel gezogen) und $\overline{r}$ (= es wird keine rote Kugel gezogen) tritt bei den folgenden Ergebnissen das Ereignis „genau zwei gezogene Kugeln sind rot" ein:

$rr\overline{r}$ $\quad r\overline{r}r$ $\quad \overline{r}rr$

Aufgrund des Kommutativgesetzes sind die Wahrscheinlichkeiten dieser drei Ergebnisse gleich. Nachfolgend wird daher die Wahrscheinlichkeit $P(rr\overline{r})$ berechnet und diese dann mit dem Faktor 3 multipliziert.

Vor dem ersten Zug liegen 20 rote und insgesamt 100 Kugeln in der Urne. Vor dem zweiten Zug sind es dann noch 19 rote Kugeln in der mit 99 Kugeln befüllten Urne. Vor dem dritten Zug gilt: Es sind insgesamt 98 Kugeln in der Urne, davon weiterhin 30 gelbe und 50 blaue, also 80 nicht rote Kugeln. Hiermit ergibt sich:

$$P(rr\overline{r}) = \frac{20}{100} \cdot \frac{19}{99} \cdot \frac{80}{98}$$

$$\Rightarrow \quad P(\text{zwei rote Kugeln und eine nicht rote Kugel}) = 3 \cdot \frac{20}{100} \cdot \frac{19}{99} \cdot \frac{80}{98}$$

Die Wahrscheinlichkeit des Ereignisses B setzt sich zusammen aus dieser Wahrscheinlichkeit und der Wahrscheinlichkeit P(rrr) für das Ergebnis, dass dreimal eine rote Kugel gezogen wird.

$$P(rrr) = \frac{20}{100} \cdot \frac{19}{99} \cdot \frac{18}{98}$$

Insgesamt gilt also:

$$P(B) = 3 \cdot \frac{20}{100} \cdot \frac{19}{99} \cdot \frac{80}{98} + \frac{20}{100} \cdot \frac{19}{99} \cdot \frac{18}{98} = \frac{817}{8\,085} = 0{,}101051\ldots$$

Mit einer Wahrscheinlichkeit von $\frac{817}{8\,085}$ bzw. ca. 10,11 % sind mindestens zwei der drei gezogenen Kugeln rot.

C: Die dritte Kugel ist gelb.

Ereignis C tritt dann ein, wenn im dritten Zug eine gelbe Kugel gezogen wird. Mit g (= die gezogene Kugel ist gelb) und $\overline{g}$ (= die gezogene Kugel ist nicht gelb) lässt sich das Zufallsexperiment anhand eines Baumdiagramms wie auf der folgenden Seite darstellen.

Ereignis C tritt somit bei den Ergebnissen ggg, $g\overline{g}g$, $\overline{g}gg$ und $\overline{g}\overline{g}g$ ein.

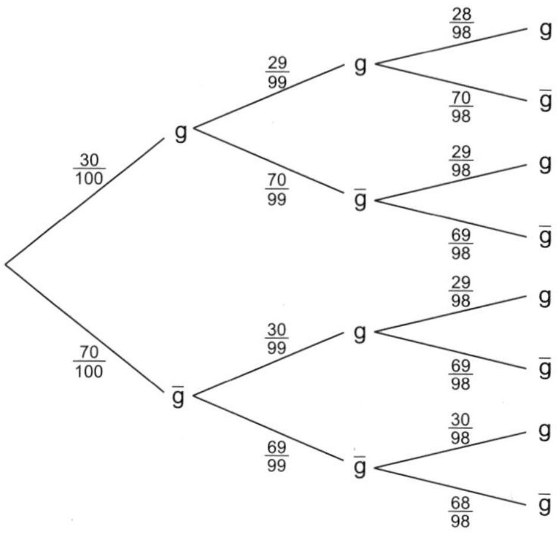

Multipliziert man die Wahrscheinlichkeiten der Äste entlang der günstigen Pfade und addiert diese vier Wahrscheinlichkeiten, so ergibt sich für P(C):

$P(C) = (ggg;\ g\overline{g}g;\ \overline{g}gg;\ \overline{g}\overline{g}g)$

$$= \frac{30}{100} \cdot \frac{29}{99} \cdot \frac{28}{98} + \frac{30}{100} \cdot \frac{70}{99} \cdot \frac{29}{98} + \frac{70}{100} \cdot \frac{30}{99} \cdot \frac{29}{98} + \frac{70}{100} \cdot \frac{69}{99} \cdot \frac{30}{98}$$

$$= \frac{1}{100} \cdot \frac{1}{99} \cdot \frac{1}{98} \cdot 30 \cdot (29 \cdot 28 + 70 \cdot 29 + 70 \cdot 29 + 70 \cdot 69)$$

$$= \frac{1}{100} \cdot \frac{1}{99} \cdot \frac{1}{98} \cdot 30 \cdot 9\,702 = \frac{30}{100} = 30\ \%$$

Mit einer Wahrscheinlichkeit von $\frac{30}{100} = 30\ \%$ ist die dritte gezogene Kugel gelb.

Die Wahrscheinlichkeit, dass die dritte gezogene Kugel gelb ist, ist somit genauso groß wie die Wahrscheinlichkeit, dass die erste gezogene Kugel gelb ist.

2.1.1.2 Formulieren eines Ereignisses D im Sachzusammenhang

Das angegebene Produkt der Wahrscheinlichkeit P(D) setzt sich aus der Anzahl 3! (Permutationen) und der Wahrscheinlichkeit $\frac{20}{100} \cdot \frac{30}{99} \cdot \frac{50}{98}$ zusammen.

Das Produkt aus den drei Brüchen gibt die Wahrscheinlichkeit an, dass beim Ziehen ohne Zurücklegen zunächst eine rote, dann eine gelbe und dann eine blaue Kugel gezogen wird. Diese Wahrscheinlichkeit wird mit $3! = 6$ multipliziert. Diese Anzahl an Permutationen gibt an, in wie vielen verschiedenen Reihenfolgen die drei unterschiedlich farbigen Kugeln angeordnet werden können.

Eine mögliche Formulierung für das Ereignis D lautet daher:

D: Die drei ohne Zurücklegen gezogenen Kugeln haben alle unterschiedliche Farben.

2.1.2 **Begründung, warum eine angegebene Wahrscheinlichkeit falsch ist**

Die angegebene Bernoulli-Kette lässt sich ausführlich wie folgt wiedergeben:

$$\binom{6}{4} \cdot 0{,}2^4 \cdot 0{,}8^2 = \binom{6}{4} \cdot \frac{20}{100} \cdot \frac{20}{100} \cdot \frac{20}{100} \cdot \frac{20}{100} \cdot \frac{80}{100} \cdot \frac{80}{100}$$

Allein anhand der Nenner erkennt man, dass mit dieser Wahrscheinlichkeit kein „Ziehen ohne Zurücklegen" beschrieben werden kann. Werden die Kugeln nicht zurückgelegt, muss der zweite Nenner den Wert 99, der dritte den Wert 98 usw. annehmen. Die hier zugrunde gelegte Binomialverteilung passt nicht zum Zufallsexperiment „Ziehen von sechs Kugeln ohne Zurücklegen".

Angabe eines richtigen Lösungsansatzes

Für einen richtigen Lösungsansatz kann der Binomialkoeffizient $\binom{6}{4}$ übernommen werden. Von sechs gezogenen Kugeln sind vier rot. Der Binomialkoeffizient $\binom{6}{4}$ gibt an, auf wie viele verschiedene Arten man vier rote Kugeln in einer Menge von insgesamt sechs gezogenen Kugeln anordnen kann. Jede dieser Möglichkeiten hat dieselbe Wahrscheinlichkeit. Es genügt daher, die Wahrscheinlichkeit für eine dieser Möglichkeiten anzugeben und dann mit der Gesamtzahl $\binom{6}{4}$ der Möglichkeiten zu multiplizieren.

Berechnet wird exemplarisch die Wahrscheinlichkeit für das Ergebnis, dass zunächst vier rote Kugeln gezogen werden und anschließend im fünften und sechsten Zug eine nicht rote Kugel, also die Wahrscheinlichkeit $P(r\,r\,r\,r\,\overline{r}\,\overline{r})$. Es gilt:

$$P(r\,r\,r\,r\,\overline{r}\,\overline{r}) = \frac{20}{100} \cdot \frac{19}{99} \cdot \frac{18}{98} \cdot \frac{17}{97} \cdot \frac{80}{96} \cdot \frac{79}{95}$$

Der richtige Lösungsansatz lautet daher:

$$P(\text{genau vier der sechs gezogenen Kugeln sind rot}) = \binom{6}{4} \cdot \frac{20}{100} \cdot \frac{19}{99} \cdot \frac{18}{98} \cdot \frac{17}{97} \cdot \frac{80}{96} \cdot \frac{79}{95}$$

2.2 **Ermitteln der Mindestanzahl an Kugeln in der Urne**

Wenn sich jeweils n rote, n gelbe und n blaue Kugeln in der Urne befinden, dann ist die Urne insgesamt mit $3 \cdot n$ Kugeln gefüllt.

Nach Aufgabenstellung ist die Wahrscheinlichkeit, dass bei dreimaligem Ziehen ohne Zurücklegen nur Kugeln gleicher Farbe gezogen werden, mindestens 10 %. Dabei können entweder nur rote, nur gelbe oder nur blaue Kugeln gezogen werden. Da sich von jeder Farbe jeweils gleich viele Kugeln in der Urne befinden, tritt jeder der drei Fälle mit der gleichen Wahrscheinlichkeit ein. Da dreimal ohne Zurücklegen gezogen wird, besteht jede dieser Wahrscheinlichkeiten aus dem Produkt dreier Brüche.

Vor dem ersten Zug befinden sich in der Urne jeweils n rote, n gelbe und n blaue Kugeln und somit insgesamt $3 \cdot n$ Kugeln. Die Wahrscheinlichkeit, im ersten Zug eine rote (bzw. gelbe bzw. blaue) Kugel zu ziehen, ist also $\frac{n}{3n}$.

Da ohne Zurücklegen gezogen wird, befindet sich vor dem zweiten Zug eine rote (bzw. gelbe bzw. blaue) Kugel weniger in der Urne. Auch die Gesamtzahl der Kugeln in der Urne ist um 1 reduziert. Es befinden sich also insgesamt nur noch $3n - 1$ Kugeln in der Urne, von denen $n - 1$ Kugeln rot (bzw. gelb bzw. blau) sind. Die Wahrscheinlichkeit für eine rote (bzw. gelbe bzw. blaue) Kugel im zweiten Zug ist also $\frac{n-1}{3n-1}$.

Auch vor dem dritten Zug reduziert sich die Gesamtzahl der Kugeln und die Anzahl der roten (bzw. gelben bzw. blauen) Kugeln in der Urne wieder um 1. Die Wahrscheinlichkeit für eine rote (bzw. gelbe bzw. blaue) Kugel im dritten Zug ist dann $\frac{n-2}{3n-2}$.

Die Wahrscheinlichkeit, dass beim dreimaligen Ziehen ohne Zurücklegen nur rote (bzw. gelbe bzw. blaue) Kugeln gezogen werden, beträgt also:

$$P(\text{es werden nur rote Kugeln gezogen}) = \frac{n}{3n} \cdot \frac{n-1}{3n-1} \cdot \frac{n-2}{3n-2}$$

Hieraus ergibt sich dann die gesuchte Wahrscheinlichkeit:

$$P(\text{es werden nur Kugeln gleicher Farbe gezogen}) = 3 \cdot \frac{n}{3n} \cdot \frac{n-1}{3n-1} \cdot \frac{n-2}{3n-2}$$

Da diese Wahrscheinlichkeit nach Aufgabenstellung mindestens 10 % beträgt, ergibt sich für die Bestimmung der Anzahl n die folgende Ungleichung:

$$3 \cdot \frac{n}{3n} \cdot \frac{n-1}{3n-1} \cdot \frac{n-2}{3n-2} \geq 0{,}1$$

Da $3 \cdot \frac{n}{3n} = \frac{3n}{3n} = 1$ ist, erhält man die Bestimmungsungleichung in der Form:

$$\frac{(n-1)\cdot(n-2)}{(3n-1)\cdot(3n-2)} \geq 0{,}1$$

$$\frac{n^2-3n+2}{9n^2-9n+2} \geq 0{,}1 \qquad \Big| \cdot (9n^2-9n+2)$$

$$n^2-3n+2 \geq 0{,}1 \cdot (9n^2-9n+2)$$

$$n^2-3n+2 \geq 0{,}9n^2-0{,}9n+0{,}2 \qquad \Big| -(0{,}9n^2-0{,}9n+0{,}2)$$

$$0{,}1n^2-2{,}1n+1{,}8 \geq 0 \qquad \Big| :0{,}1$$

$$n^2-21n+18 \geq 0$$

Stellt man sich $n^2-21n+18$ grafisch in einem Koordinatensystem dargestellt vor, ist das Schaubild eine nach oben geöffnete Parabel (der Dehnungsfaktor ist $1>0$). Die gesuchten Werte für n befinden sich also rechts bzw. links der Nullstellen.

Daher löst man die Gleichung:

$$n^2-21n+18=0$$

$$n_{1/2} = \frac{21 \pm \sqrt{441-4\cdot1\cdot18}}{2} = \frac{21 \pm \sqrt{369}}{2}$$

$$n_1 = \frac{21-\sqrt{369}}{2} = 0{,}8953\ldots \quad \text{bzw.} \quad n_2 = \frac{21+\sqrt{369}}{2} = 20{,}1046\ldots$$

Folglich gilt für die gesuchte Anzahl n an roten (bzw. gelben bzw. blauen) Kugeln:

$n < 0{,}8953\ldots$ oder $n \geq 20{,}1046\ldots$

Da n eine natürliche Zahl sein muss, erhält man:

$n \leq 0$ (nicht sinnvoll!) oder $n \geq 21$

Nach Aufgabenstellung ist die Anzahl der Kugeln zu ermitteln, die in dieser Urne mindestens enthalten sein müssen. Als Ergebnis der Rechnung hat man erhalten, dass sich mindestens 21 rote, 21 gelbe und 21 blaue Kugeln in der Urne befinden müssen. Damit müssen mindestens 63 Kugeln in dieser Urne enthalten sein.

Lineare Algebra: Wahlgebiet Vektorgeometrie – Aufgabe 1

Punkte

1 Betrachtet wird das Abtauchen eines U-Boots (siehe Abbildung).

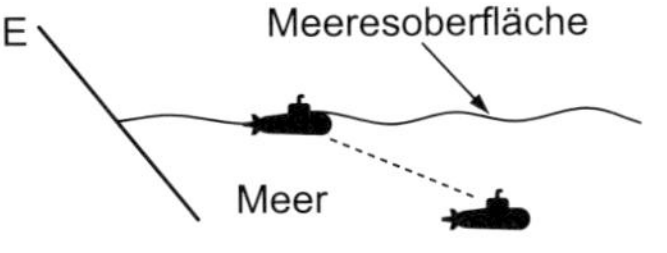

Abbildung: Abtauchen des U-Boots

Die Meeresoberfläche wird durch die x_1x_2-Ebene dargestellt. Das punktförmige Modell des U-Boots bewegt sich zu Beginn mit konstanter Geschwindigkeit vom Start im Ursprung $O(0|0|0)$ innerhalb einer Minute geradlinig zum Punkt $(60|60|-8)$.

Danach behält das U-Boot die Richtung und zunächst auch die Geschwindigkeit bei. Eine Längeneinheit entspricht einem Meter (m) in der Realität.

Die Ebene E mit E: $x_1 + x_2 + 10 \cdot x_3 + 200 = 0$ modelliert für $x_3 \leq 0$ die Grenze zwischen dem Meer und dem unter Wasser liegenden Land.

1.1 Geben Sie den Punkt P an, an dem sich das U-Boot nach 2 Minuten befindet. Nennen Sie die zugehörige Tiefe und berechnen Sie den Abstand von P zu O. 2

1.2 Berechnen Sie, wie viele Kilometer das U-Boot in einer Stunde zurücklegen würde. 2

1.3 Ermitteln Sie die Schnittgerade von E mit der x_1x_2-Ebene.
Beschreiben Sie deren Bedeutung im Sachkontext. 3

1.4 Ab einer Tiefe von 120 m beschreibt der Vektor

$$\vec{v}_1 = \begin{pmatrix} 15 \\ 15 \\ -2 \end{pmatrix}$$

die Geschwindigkeit des U-Boots (in Meter pro Minute) beim Abtauchen in den anschließenden 60 Minuten. Danach ist das Abtauchen des U-Boots beendet.

1.4.1 Begründen Sie, dass die folgenden Aussagen wahr sind:
(1) *„Der Betrag der Geschwindigkeit reduziert sich ab 120 m Tiefe um 75 %."*
(2) *„Die Geschwindigkeit ändert sich 15 Minuten nach Beginn des Abtauchens."* 2

1.4.2 Zeigen Sie, dass sich der Abstand des U-Boots zu E mit zunehmender Tiefe vergrößert. 3

1.4.3 Ermitteln Sie den mittleren Abstand des U-Boots zu der durch E modellierten Grenze während der letzten 60 Minuten des Abtauchens. 3

15

Hinweise und Tipps

1.1 **Tipps:**

- Nach einer Minute befindet sich das U-Boot im Punkt $(60\,|\,60\,|\,-8)$. Da es im Ursprung $O(0\,|\,0\,|\,0)$ gestartet ist, legt es also je Minute 60 m in x_1-Richtung, 60 m in x_2-Richtung und -8 m in x_3-Richtung zurück. An welchem Punkt P befindet sich das U-Boot dann nach einer weiteren Minute?
- Welche Koordinate dieses Punktes P gibt die Tiefe des U-Boots an, wenn die x_1x_2-Ebene die Meeresoberfläche darstellt?
- Der Abstand von P zu O lässt sich mit dem Satz des Pythagoras berechnen.

1.2 **Tipps:**

- Da sich das U-Boot geradlinig mit konstanter Geschwindigkeit bewegt, lässt sich sein Abtauchen mit einer Geraden modellieren. Welche Bedeutung hat dabei der Betrag des Richtungsvektors?
- Da eine Längeneinheit einem Meter entspricht und die Zeit in Minuten angegeben wird, muss die Geschwindigkeit von $\frac{\text{m}}{\text{min}}$ in die Einheit $\frac{\text{km}}{\text{h}}$ umgerechnet werden.

1.3 **Tipps:**

- Die Schnittgerade von E mit der x_1x_2-Ebene ($x_3=0$) ermitteln Sie mithilfe eines linearen Gleichungssystems. Eine Variable können Sie dabei frei wählen.
- Die Abbildung in der Aufgabenstellung hilft, die Bedeutung dieser Schnittgeraden im Sachzusammenhang zu beschreiben. Wird durch die Ebene E für $x_3 \leq 0$ die Grenze zwischen dem Meer und dem unter Wasser liegenden Land modelliert und verläuft die Schnittgerade sowohl in E als auch in der Meeresoberfläche, welche Grenze wird dann durch die Schnittgerade beschrieben?

1.4.1 **Tipps:**

- (1) Bis zu einer Tiefe von 120 m wird die Geschwindigkeit des U-Boots durch den Vektor $\vec{v}_0=\begin{pmatrix}60\\60\\-8\end{pmatrix}$, ab der Tiefe 120 m durch den Vektor $\vec{v}_1=\begin{pmatrix}15\\15\\-2\end{pmatrix}$ beschrieben. Berechnen Sie $|\vec{v}_0|$ und $|\vec{v}_1|$ und untersuchen Sie, ob gilt: $|\vec{v}_1|=\frac{1}{4}\cdot|\vec{v}_0|$
- (2) Die Geschwindigkeit des U-Boots ändert sich ab einer Tiefe von 120 m. Bis zu dieser Tiefe wird die Bewegung des U-Boots durch den Vektor $\vec{v}_0$ beschrieben. Aus diesem Vektor kann abgelesen werden, um wie viele Meter das U-Boot pro Minute sinkt. Wie viele Minuten dauert es somit, bis das U-Boot eine Tiefe von 120 m erreicht hat? Sind es 15 Minuten, dann ist die Aussage wahr.

1.4.2 **Tipps:**

- Da die Vektoren $\vec{v}_0$ und $\vec{v}_1$ linear abhängig, also parallel sind (aber unterschiedlich lang), lässt sich die gesamte Bewegung des U-Boots durch eine Gerade g modellieren, wobei sich sowohl $\vec{v}_0$ als auch $\vec{v}_1$ als Richtungsvektor von g eignet. Erstellen Sie mit dem Startpunkt $O(0\,|\,0\,|\,0)$ eine Geradengleichung dieser Geraden g.
- Nach Aufgabenstellung soll die Lage dieser Geraden g zur Ebene E untersucht werden. Welche Aussage lässt sich über den Abstand des U-Boots zu E machen, falls sich E und g nicht schneiden, g also parallel zu E verläuft? Welche Aussage über den Abstand des U-Boots zu E ist möglich, falls der Schnittpunkt von g und E unterhalb, welche falls er sich oberhalb der Meeresoberfläche befindet?

- Berechnen Sie diesen Schnittpunkt und weisen Sie anhand seiner x_3-Koordinate nach, dass er sich oberhalb der Meeresoberfläche befindet. Warum ist damit nachgewiesen, dass sich der Abstand des U-Boots zu E mit zunehmender Tiefe vergrößert?

1.4.3 **Tipps:**

- In Teilaufgabe 1.4.2 wurde nachgewiesen, dass sich der Abstand des U-Boots zu E mit zunehmender Tiefe (gleichmäßig) vergrößert. Den mittleren Abstand während der letzten 60 Minuten erhält man also als arithmetisches Mittel aus dem kleinsten bzw. dem größten Abstand zu E in diesem Zeitraum.
- Den kleinsten Abstand zu E in diesem Zeitraum hat das U-Boot zu Beginn der letzten 60 Minuten, den größten Abstand 60 Minuten später, also zu dem Zeitpunkt, an dem das Abtauchen beendet ist. Bestimmen Sie die Koordinaten dieser beiden Positionen des U-Boots und ihren jeweiligen Abstand zu E. Das arithmetische Mittel dieser beiden Abstände ist der gesuchte mittlere Abstand.

Lösungen

1.1 **Angabe des Punktes P, an dem sich das U-Boot nach 2 Minuten befindet**

Nach einer Minute befindet sich das U-Boot im Punkt $(60\,|\,60\,|\,-8)$. Da es im Ursprung $O(0\,|\,0\,|\,0)$ gestartet ist, befindet sich das U-Boot nach einer weiteren Minute im Punkt $P(60+60\,|\,60+60\,|\,-8+(-8))$.

Der gesuchte Punkt P hat also die Koordinaten $P(120\,|\,120\,|\,-16)$.

Nennen der zugehörigen Tiefe

Da die Meeresoberfläche durch die x_1x_2-Ebene dargestellt wird, gibt die x_3-Koordinate des Punktes P an, in welcher Tiefe sich das U-Boot nach zwei Minuten befindet.
Die zugehörige Tiefe des U-Boots ist daher 16 m.

Berechnen des Abstandes dieses Punktes P zum Ursprung O

Der Abstand des Punktes $P(120\,|\,120\,|\,-16)$ zum Ursprung $O(0\,|\,0\,|\,0)$ lässt sich mithilfe des Satzes des Pythagoras berechnen. Es gilt:

$$d = |\overrightarrow{OP}| = \sqrt{(120-0)^2 + (120-0)^2 + (-16-0)^2} = \sqrt{14\,400 + 14\,400 + 256}$$
$$= \sqrt{29\,056} = 170{,}458\ldots$$

Der Abstand des Punktes P zum Ursprung beträgt etwa 170,46 m.

1.2 **Berechnen der Geschwindigkeit des U-Boots in km/h**

Da sich das U-Boot geradlinig mit konstanter Geschwindigkeit bewegt, lässt sich sein Abtauchen mit der Geraden g: $\vec{x} = \begin{pmatrix} 0 \\ 0 \\ 0 \end{pmatrix} + t \cdot \begin{pmatrix} 60 \\ 60 \\ -8 \end{pmatrix}$; $t \in \mathbb{R}$, t in Minuten modellieren.

Die Komponenten des Richtungsvektors geben dabei an, wie viele Meter sich das U-Boot pro Minute in x_1-, in x_2- und in x_3-Richtung bewegt. Folglich gibt der Betrag dieses Richtungsvektors die Geschwindigkeit pro Minute an.

$$\left|\begin{pmatrix} 60 \\ 60 \\ -8 \end{pmatrix}\right| = \sqrt{60^2 + 60^2 + (-8)^2} = \sqrt{3\,600 + 3\,600 + 64} = \sqrt{7\,264} = 85{,}229\ldots$$

Das U-Boot taucht also mit einer Geschwindigkeit von etwa 85,23 Meter pro Minute ab. Dies sind:

$$85{,}23\,\frac{\text{m}}{\text{min}} = 85{,}23 \cdot \frac{60}{1\,000}\,\frac{\text{km}}{\text{h}} = 5{,}1138\,\frac{\text{km}}{\text{h}}$$

Das U-Boot würde also ca. 5,114 Kilometer in einer Stunde zurücklegen.

1.3 **Ermitteln der Schnittgeraden von E und der x_1x_2-Ebene**

Mit den beiden Ebenengleichungen der Ebene E mit E: $x_1 + x_2 + 10x_3 + 200 = 0$ und der x_1x_2-Ebene mit $x_3 = 0$ ergibt sich zur Bestimmung der Schnittgeraden das lineare Gleichungssystem:

$$\begin{array}{ll} \text{I} & x_1 + x_2 + 10x_3 + 200 = 0 \\ \text{II} & x_3 = 0 \end{array}$$

Die zweite Gleichung $x_3 = 0$ in die erste Gleichung eingesetzt ergibt:

$$x_1 + x_2 + 10 \cdot 0 + 200 = 0$$
$$x_1 + x_2 = -200$$

Eine der beiden Variablen x_1 bzw. x_2 kann frei gewählt werden. Sei $x_2 = \alpha$ mit $\alpha \in \mathbb{R}$, dann erhält man $x_1 = -200 - \alpha$. Zusammen mit $x_3 = 0$ erhält man als Gleichung der Schnittgeraden s von E mit der x_1x_2-Ebene:

$$s\colon \vec{x} = \begin{pmatrix} x_1 \\ x_2 \\ x_3 \end{pmatrix} = \begin{pmatrix} -200-\alpha \\ \alpha \\ 0 \end{pmatrix} = \begin{pmatrix} -200 \\ 0 \\ 0 \end{pmatrix} + \alpha \cdot \begin{pmatrix} -1 \\ 1 \\ 0 \end{pmatrix};\ \alpha \in \mathbb{R}$$

Beschreiben der Bedeutung dieser Schnittgeraden im Sachkontext

Wird durch die Ebene E die Grenze zwischen dem Meer und der Landfläche unterhalb der Meeresoberfläche ($x_3 \le 0$) modelliert und verläuft die Schnittgerade sowohl in E als auch in der Meeresoberfläche, so stellt diese Schnittgerade die Grenze zwischen Land und Meer auf Höhe der Meeresoberfläche dar.

1.4.1 **Begründen von Aussagen**

(1) In den ersten Minuten des Abtauchens beträgt die Geschwindigkeit des U-Boots $\sqrt{7\,264}$ Meter pro Minute (siehe Teilaufgabe 1.2), im zweiten Abschnitt (ab einer Tiefe von 120 m) dann $|\vec{v}_1| = \sqrt{15^2 + 15^2 + (-2)^2} = \sqrt{454}$ Meter pro Minute.
Es gilt:

$$\frac{\sqrt{454}}{\sqrt{7\,264}} = \sqrt{\frac{454}{7\,264}} = \sqrt{0{,}0625} = 0{,}25 = 25\,\%$$

Damit ist nachgewiesen, dass sich der Betrag der Geschwindigkeit ab 120 m Tiefe um 75 % reduziert.

Alternativ zu diesem Rechenweg ergibt der Vergleich der Komponenten der beiden Geschwindigkeitsvektoren $\vec{v}_0 = \begin{pmatrix} 60 \\ 60 \\ -8 \end{pmatrix}$ und $\vec{v}_1 = \begin{pmatrix} 15 \\ 15 \\ -2 \end{pmatrix}$, dass gilt:

$$\vec{v}_1 = \begin{pmatrix} 15 \\ 15 \\ -2 \end{pmatrix} = \frac{1}{4} \cdot \begin{pmatrix} 60 \\ 60 \\ -8 \end{pmatrix} = \frac{1}{4} \cdot \vec{v}_0$$

Somit gilt auch: $|\vec{v}_1| = \frac{1}{4} \cdot |\vec{v}_0|$

(2) Bis zu einer Tiefe von 120 m wird die Bewegung des U-Boots durch den Vektor $\vec{v}_0 = \begin{pmatrix} 60 \\ 60 \\ -8 \end{pmatrix}$ beschrieben. Danach bewegt es sich mit geänderter (reduzierter) Geschwindigkeit. Die x_3-Komponente dieses Geschwindigkeitsvektors gibt an, um wie viele Meter das U-Boot pro Minute sinkt.

Um auf eine Tiefe von 120 m zu sinken, benötigt das U-Boot somit:

$$\frac{120 \text{ m}}{8 \frac{\text{m}}{\text{min}}} = 15 \text{ min}$$

Daher ist auch die zweite Aussage wahr, denn ab einer Tiefe von 120 m ändert sich die Geschwindigkeit des U-Boots und es benötigt 15 Minuten, um auf diese Tiefe abzutauchen.

1.4.2 **Zeigen, dass sich mit zunehmender Tiefe der Abstand des U-Boots zu E vergrößert**

Um den Nachweis erbringen zu können, dass sich der Abstand des U-Boots zu E mit zunehmender Tiefe vergrößert, ist es zunächst sinnvoll, das geradlinige Abtauchen des U-Boots durch eine Gerade g zu modellieren. Verläuft diese Gerade g parallel zu E, bewegt sich das U-Boot immer im gleichen Abstand zu E (was allerdings die Aufgabenstellung nicht vermuten lässt!). Schneiden sich die Gerade g und die Ebene E, dann kann anhand der Lage dieses Schnittpunktes S gefolgert werden, ob sich der Abstand zwischen g und E mit zunehmender Tiefe vergrößert oder verkleinert. Liegt der Schnittpunkt oberhalb der Meeresoberfläche, dann ist der Nachweis für die Behauptung in der Aufgabenstellung erbracht.

Da die beiden Geschwindigkeitsvektoren $\vec{v}_0 = \begin{pmatrix} 60 \\ 60 \\ -8 \end{pmatrix}$ und $\vec{v}_1 = \begin{pmatrix} 15 \\ 15 \\ -2 \end{pmatrix}$ linear abhängig sind, also die Pfeile, die diese Vektoren darstellen, parallel sind (aber unterschiedlich lang), eignet sich sowohl $\vec{v}_0$ als auch $\vec{v}_1$ als Richtungsvektor einer Geraden g, die die gesamte Bewegung des U-Boots beim Abtauchen modelliert (die unterschiedliche Geschwindigkeit spielt für diese Aufgabenstellung keine Rolle!).

Eine mögliche Gleichung der Geraden g, die den Abtauchvorgang des U-Boots modelliert, kann daher angegeben werden in der Form:

$$g\colon \vec{x} = \begin{pmatrix} 0 \\ 0 \\ 0 \end{pmatrix} + t \cdot \begin{pmatrix} 60 \\ 60 \\ -8 \end{pmatrix};\ t \in \mathbb{R} \quad \left(\text{oder } g\colon \vec{x} = \begin{pmatrix} 0 \\ 0 \\ 0 \end{pmatrix} + r \cdot \begin{pmatrix} 15 \\ 15 \\ -2 \end{pmatrix};\ r \in \mathbb{R}\right)$$

Den Schnittpunkt von g mit E erhält man, indem man in die Koordinatenform der Ebenengleichung von E die Werte $x_1 = 60t$, $x_2 = 60t$ und $x_3 = -8t$ einsetzt:

$$\begin{aligned} 60t + 60t + 10 \cdot (-8t) + 200 &= 0 \\ 40t &= -200 \\ t &= -5 \end{aligned}$$

Mit $t = -5$ erhält man den gesuchten Schnittpunkt S:

$$\vec{s} = \begin{pmatrix} 0 \\ 0 \\ 0 \end{pmatrix} + (-5) \cdot \begin{pmatrix} 60 \\ 60 \\ -8 \end{pmatrix} = \begin{pmatrix} -300 \\ -300 \\ 40 \end{pmatrix}$$

g und E schneiden sich also im Punkt $S(-300\,|\,-300\,|\,40)$.

Dieser Schnittpunkt hat die x_3-Koordinate $x_3 = 40$. Damit liegt der Schnittpunkt oberhalb der Meeresoberfläche. Der Abstand der Geraden g zur Ebene E wird ausgehend von diesem Schnittpunkt über die Meeresoberfläche ins Meer hinein immer größer.

Somit vergrößert sich der Abstand des U-Boots zu E mit zunehmender Tiefe.

1.4.3 **Ermitteln des mittleren Abstandes des U-Boots zu E während der letzten 60 Minuten**

In Teilaufgabe 1.4.2 wurde nachgewiesen, dass sich der Abstand des U-Boots mit zunehmender Tiefe vergrößert. Den mittleren Abstand während der letzten 60 Minuten erhält man also als arithmetisches Mittel aus dem kleinsten und dem größten Abstand zu E.

Den kleinsten Abstand zu E in diesem Zeitraum hat das U-Boot zu Beginn der letzten 60 Minuten; diese Lage erreicht das U-Boot 15 Minuten nach dem Start im Punkt O, vgl. Teilaufgabe 1.4.1. Die Koordinaten des zugehörigen Punktes ergeben sich daher mit:

$x_1 = 0 + 15 \cdot 60 = 900$
$x_2 = 0 + 15 \cdot 60 = 900$
$x_3 = 0 + 15 \cdot (-8) = -120$

Im Punkt $Q(900\,|\,900\,|\,-120)$ hat das U-Boot also den kleinsten Abstand zu E während der letzten 60 Minuten des Abtauchens.

Mit $\vec{v}_1 = \begin{pmatrix} 15 \\ 15 \\ -2 \end{pmatrix}$ ist der Geschwindigkeitsvektor für die letzten 60 Minuten des Abtauchens gegeben. Pro Minute bewegt sich das U-Boot in diesem Zeitraum also 15 m in x_1-Richtung, 15 m in x_2-Richtung und –2 m in x_3-Richtung. Nach den 60 Minuten hat es sich folglich $60 \cdot 15$ m in x_1-Richtung, $60 \cdot 15$ m in x_2-Richtung und $60 \cdot (-2)$ m in x_3-Richtung bewegt. Ausgehend vom Startpunkt Q befindet sich das U-Boot somit nach weiteren 60 Minuten (also am Ende des Abtauchens) im Punkt R mit

$R(900 + 60 \cdot 15\,|\,900 + 60 \cdot 15\,|\,-120 + 60 \cdot (-2)) = R(1\,800\,|\,1\,800\,|\,-240).$

In diesem Punkt R hat das U-Boot während der letzten 60 Minuten des Abtauchens den größten Abstand zu E.

Die Formel für den Abstand eines Punktes A von einer Ebene E: $n_1x_1 + n_2x_2 + n_3x_3 = b$ findet sich in der Merkhilfe:

$$d = \left| \frac{n_1 \cdot a_1 + n_2 \cdot a_2 + n_3 \cdot a_3 - b}{\sqrt{n_1^2 + n_2^2 + n_3^2}} \right|$$

Damit ergibt sich als Abstand von Q zu E (kleinster Abstand des U-Boots zu E in den letzten 60 Minuten):

$$d(Q; E) = \left| \frac{1 \cdot 900 + 1 \cdot 900 + 10 \cdot (-120) - (-200)}{\sqrt{1^2 + 1^2 + 10^2}} \right| = \left| \frac{800}{\sqrt{102}} \right|$$

Und als Abstand von R zu E (größter Abstand des U-Boots zu E in den letzten 60 Minuten):

$$d(R; E) = \left| \frac{1 \cdot 1\,800 + 1 \cdot 1\,800 + 10 \cdot (-240) - (-200)}{\sqrt{1^2 + 1^2 + 10^2}} \right| = \left| \frac{1\,400}{\sqrt{102}} \right|$$

Als mittlerer Abstand m ergibt sich mit dem arithmetischen Mittel aus diesen beiden Abständen:

$$m = \frac{\frac{800}{\sqrt{102}} + \frac{1\,400}{\sqrt{102}}}{2} = \frac{2\,200}{2\sqrt{102}} = 108{,}916\ldots$$

Der mittlere Abstand des U-Boots zu der durch E modellierten Grenze während der letzten 60 Minuten des Abtauchens beträgt etwa 108,92 m.

Punkte

2 Betrachtet wird das Modell einer Kirche. Der Kirchturm besteht aus einem Quader mit aufgesetzter Pyramide.

Einer Bauzeichnung kann man Folgendes entnehmen: Die Punkte $A(2|0|0)$, $B(2|2|0)$, $C(0|2|0)$ und $D(0|0|0)$ bilden die Grundfläche. Das Dach hat die vier Eckpunkte $E(2|0|6)$, $F(2|2|6)$, $G(0|2|6)$, $H(0|0|6)$ und die Turmspitze $S(1|1|8)$.

Eine Längeneinheit entspricht 10 Meter (m).

2.1 Zeichnen Sie das Modell des Kirchturmes in ein geeignetes Koordinatensystem. 3

2.2 Das Dach des Kirchturmes soll vollständig gedeckt werden. Hierfür werden Ziegel verwendet, die pro Ziegel $0{,}12\ m^2$ abdecken. Die Ziegel werden auf Paletten mit jeweils 200 Ziegeln geliefert.

Bestimmen Sie die kleinstmögliche Anzahl von Paletten, die geliefert werden müssten. 3

2.3 Der Vektor $\begin{pmatrix} 1 \\ 2 \\ -4 \end{pmatrix}$ modelliert zu einem bestimmten Zeitpunkt die Richtung des einfallenden Sonnenlichtes.

2.3.1 Berechnen Sie den Winkel, unter dem das Sonnenlicht auf den Boden (d. h. x_1x_2-Ebene) trifft. 2

2.3.2 Auf der Turmspitze S befindet sich ein senkrecht stehendes Kreuz der Höhe h. Der Kirchturm und das Kreuz werfen einen Schatten. Der Schattenpunkt des höchsten Punktes ist $P(3{,}1|5{,}2|0)$. Bestimmen Sie die Höhe h. 3

2.4 Im Kirchturm soll eine Glocke eingebaut werden. Die Position der Glocke wird im Modell mit Q bezeichnet. Der Abstand von Q zu den Eckpunkten E, F, G und H des Daches soll jeweils dreimal so groß sein wie der Abstand von Q zur Turmspitze S.

Ermitteln Sie die Koordinaten des Punktes Q. 4

15

Hinweise und Tipps

2.1 **Tipp:**

Übertragen Sie die angegebenen Punkte in ein geeignetes dreidimensionales Koordinatensystem, verbinden Sie passende Punkte miteinander und zeichnen Sie so ein Modell des Kirchturmes.

2.2 **Tipps:**

- Berechnen Sie zunächst die Oberfläche des zu deckenden Daches, also den Flächeninhalt der Seitenflächen der Pyramide.
- Die vier Seitenflächen der Pyramide sind gleich große, gleichschenklige Dreiecke. Wählt man als Seitendreieck z. B. das Dreieck ESH, so lässt sich der Flächeninhalt dieses gleichschenkligen Dreiecks mit $A_{\Delta ESH} = \frac{1}{2} \cdot \left| \overrightarrow{HE} \times \overrightarrow{HS} \right|$ berechnen. Multipliziert mit dem Faktor 4 erhält man den Flächeninhalt aller vier Dreiecke.
- Da eine Längeneinheit 10 Metern (m) entspricht und folglich eine Flächeneinheit 100 Quadratmetern (m^2), ergibt sich die zu deckende Dachfläche durch Multiplikation des errechneten Flächeninhalts mit dem Faktor 100 (m^2).
- Die Anzahl der insgesamt benötigten Ziegel errechnet sich, indem dieser Flächeninhalt durch 0,12 (m^2) dividiert wird. Wie viele Paletten müssen also mindestens geliefert werden, wenn sich auf einer Palette 200 Ziegel befinden?

2.3.1 **Tipps:**

- Die Formel zur Berechnung des Winkels zwischen einer Geraden (Sonnenlicht) und einer Ebene (x_1x_2-Ebene) findet sich in der Merkhilfe. Es gilt $\sin(\alpha) = \frac{|\vec{u} \cdot \vec{n}|}{|\vec{u}| \cdot |\vec{n}|}$.
- Der Richtungsvektor der Geraden, die das einfallende Sonnenlicht modelliert, ist gegeben. Ein Normalenvektor $\vec{n}$ zur x_1x_2-Ebene hat die Form $\begin{pmatrix} 0 \\ 0 \\ n_3 \end{pmatrix}$. Berechnen Sie mit diesen beiden Vektoren den Winkel α.

2.3.2 **Tipps:**

- Die Turmspitze S hat die Koordinaten $(1 \mid 1 \mid 8)$. Da das auf dieser Spitze senkrecht stehende Kreuz eine (zu bestimmende) Höhe h hat, befindet sich die Spitze dieses Kreuzes im Punkt $K(1 \mid 1 \mid 8+h)$.
- Mit diesem Punkt K und dem gegebenen Richtungsvektor der Sonnenstrahlen lässt sich die Gerade bestimmen, die den geradlinigen Verlauf des Sonnenlichts durch die Spitze des Kreuzes modelliert.
- Diese (Sonnenlicht-)Gerade schneidet im Schattenpunkt $P(3{,}1 \mid 5{,}2 \mid 0)$ der Kreuzspitze (= höchster Punkt) den Boden (x_1x_2-Ebene). Durch Punktprobe mit den Koordinaten des Schattenpunktes lässt sich die Höhe h des Kreuzes bestimmen.

2.4 **Tipps:**

- Der Punkt $Q(q_1 \mid q_2 \mid q_3)$ gibt die Position der Glocke im Modell an. Da Q jeweils den gleichen Abstand zu den Eckpunkten E, F, G und H des Daches haben muss, können die Koordinaten q_1 und q_2 angegeben werden. Warum gilt $q_1 = q_2 = 1$?
- Der Abstand d(Q; S) der Glocke von der Turmspitze S entspricht der Differenz der x_3-Koordinaten dieser beiden Punkte. Mit z. B. $d(Q; S) = 3 \cdot d(Q; H)$ lässt sich die x_3-Koordinate q_3 des Punktes Q berechnen.

Lösungen

2.1 **Zeichnen des Modells eines Kirchturmes in ein räumliches Koordinatensystem**

Überträgt man alle gegebenen Punkte in ein dreidimensionales Koordinatensystem, verbindet die Eckpunkte A, B, C und D der Grundfläche sowie die Eckpunkte E, F, G und H des Daches jeweils zu einem Quadrat, verbindet schließlich die Punkte A und E, B und F, C und G sowie D und H und jeden der Eckpunkte des Daches mit der Turmspitze S, so sieht das Modell des Kirchturmes etwa so aus:

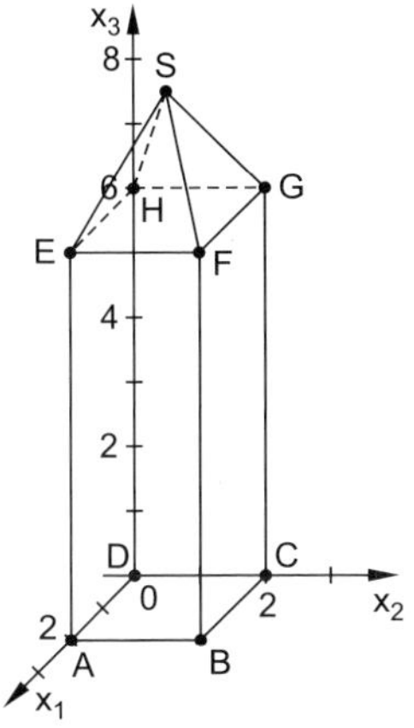

2.2 **Bestimmen der nötigen Anzahl von Paletten, um das Kirchendach zu decken**

Zu berechnen ist zunächst die Oberfläche des zu deckenden Daches; diese setzt sich aus den vier Seitenflächen der Pyramide zusammen. Die vier Seitenflächen der Pyramide sind gleich große, gleichschenklige Dreiecke.

Wählt man als Seitendreieck z. B. das Dreieck ESH, so lässt sich der Flächeninhalt dieses gleichschenkligen Dreiecks mit $A_{\Delta ESH} = \frac{1}{2} \cdot |\overrightarrow{HE} \times \overrightarrow{HS}|$ berechnen (s. Merkhilfe).

Mit $\overrightarrow{HE} = \begin{pmatrix} 2-0 \\ 0-0 \\ 6-6 \end{pmatrix} = \begin{pmatrix} 2 \\ 0 \\ 0 \end{pmatrix}$ und $\overrightarrow{HS} = \begin{pmatrix} 1-0 \\ 1-0 \\ 8-6 \end{pmatrix} = \begin{pmatrix} 1 \\ 1 \\ 2 \end{pmatrix}$ ergibt sich als Flächeninhalt:

$$A_{\Delta ESH} = \frac{1}{2} \cdot |\overrightarrow{HE} \times \overrightarrow{HS}| = \frac{1}{2} \cdot \left| \begin{pmatrix} 2 \\ 0 \\ 0 \end{pmatrix} \times \begin{pmatrix} 1 \\ 1 \\ 2 \end{pmatrix} \right| = \frac{1}{2} \cdot \left| \begin{pmatrix} 0 \cdot 2 - 0 \cdot 1 \\ 0 \cdot 1 - 2 \cdot 2 \\ 2 \cdot 1 - 0 \cdot 1 \end{pmatrix} \right| = \frac{1}{2} \cdot \left| \begin{pmatrix} 0 \\ -4 \\ 2 \end{pmatrix} \right|$$

$$= \frac{1}{2} \cdot \sqrt{0^2 + (-4)^2 + 2^2} = \frac{1}{2} \cdot \sqrt{20} = \frac{1}{2} \cdot 2 \cdot \sqrt{5} = \sqrt{5} \text{ FE}$$

Folglich ist der Flächeninhalt aller vier Seitendreiecke $4 \cdot \sqrt{5}$ FE.

Da eine Längeneinheit 10 Metern (m) entspricht, folglich eine Flächeneinheit 100 Quadratmetern (m^2), beträgt die zu deckende Dachfläche des Kirchturmes insgesamt also $4 \cdot \sqrt{5} \cdot 100 \text{ m}^2$.

Die notwendige Anzahl Ziegel zum Eindecken dieser Fläche ist somit

$$\frac{4 \cdot \sqrt{5} \cdot 100 \text{ m}^2}{0{,}12 \text{ m}^2} = 7\,453{,}5599\ldots \text{ Ziegel.}$$

Da die Ziegel auf Paletten mit jeweils 200 Ziegel geliefert werden, benötigt man

$$\frac{7\,453{,}5599\ldots}{200} = 37{,}267\ldots \text{ Paletten.}$$

Dies ergibt ganzzahlig aufgerundet 38 Paletten. Somit müssen mindestens 38 Paletten geliefert werden, damit das Dach des Kirchturmes vollständig gedeckt werden kann.

2.3.1 **Winkel, unter dem das Sonnenlicht auf den Boden (x_1x_2-Ebene) trifft**

Die Formel zur Berechnung des Winkels zwischen einer Geraden (Sonnenlicht) und einer Ebene (x_1x_2-Ebene) findet sich in der Merkhilfe. Es gilt:

$$\sin(\alpha) = \frac{|\vec{u} \cdot \vec{n}|}{|\vec{u}| \cdot |\vec{n}|}$$

Der Richtungsvektor $\vec{u}$ der Geraden, die das einfallende Sonnenlicht modelliert, ist mit $\begin{pmatrix} 1 \\ 2 \\ -4 \end{pmatrix}$ in der Aufgabenstellung gegeben. Ein Normalenvektor $\vec{n}$ zur x_1x_2-Ebene hat die Form $\begin{pmatrix} 0 \\ 0 \\ n_3 \end{pmatrix}$. Der Einfachheit halber kann der Normalenvektor $\vec{n} = \begin{pmatrix} 0 \\ 0 \\ 1 \end{pmatrix}$ gewählt werden.

Es gilt dann:

$$\sin(\alpha) = \frac{|\vec{u} \cdot \vec{n}|}{|\vec{u}| \cdot |\vec{n}|} = \frac{\left|\begin{pmatrix} 1 \\ 2 \\ -4 \end{pmatrix} \cdot \begin{pmatrix} 0 \\ 0 \\ 1 \end{pmatrix}\right|}{\left|\begin{pmatrix} 1 \\ 2 \\ -4 \end{pmatrix}\right| \cdot \left|\begin{pmatrix} 0 \\ 0 \\ 1 \end{pmatrix}\right|} = \frac{|1 \cdot 0 + 2 \cdot 0 + (-4) \cdot 1|}{\sqrt{1^2 + 2^2 + (-4)^2} \cdot \sqrt{0^2 + 0^2 + 1^2}} = \frac{|-4|}{\sqrt{21} \cdot 1} = \frac{4}{\sqrt{21}}$$

Hieraus ergibt sich:

$$\alpha = \sin^{-1}\left(\frac{4}{\sqrt{21}}\right) = 60{,}794\ldots$$

Das Sonnenlicht trifft unter einem Winkel von ca. 60,79° auf den Boden (x_1x_2-Ebene).

2.3.2 **Bestimmen der Höhe h eines senkrecht auf der Turmspitze S stehenden Kreuzes**

Die Turmspitze S hat die Koordinaten $(1\,|\,1\,|\,8)$. Das auf dieser Turmspitze stehende Kreuz hat eine (zu bestimmende) Höhe h. Es befindet sich also h LE über der Spitze bzw. $8+h$ LE über dem Boden. Da es senkrecht über der Turmspitze S steht, modelliert der Punkt $K(1\,|\,1\,|\,8+h)$ den höchsten Punkt des Kreuzes.

Die Gerade s, die den geradlinigen Verlauf des Sonnenlichts durch den höchsten Punkt des Kreuzes im Modell darstellt, hat also die Gleichung:

$$s\colon \vec{x} = \begin{pmatrix} 1 \\ 1 \\ 8+h \end{pmatrix} + r \cdot \begin{pmatrix} 1 \\ 2 \\ -4 \end{pmatrix}; \quad r \in \mathbb{R}$$

Diese (Sonnenlicht-)Gerade s schneidet im gegebenen Schattenpunkt $P(3{,}1\,|\,5{,}2\,|\,0)$ des höchsten Punktes des Kreuzes den Boden (x_1x_2-Ebene). Damit muss dieser Punkt auch auf der Geraden s liegen.

Durch Punktprobe mit den Koordinaten des Schattenpunktes erhält man die Gleichung:

$$\begin{pmatrix} 3{,}1 \\ 5{,}2 \\ 0 \end{pmatrix} = \begin{pmatrix} 1 \\ 1 \\ 8+h \end{pmatrix} + r \cdot \begin{pmatrix} 1 \\ 2 \\ -4 \end{pmatrix} \quad \begin{matrix} \Rightarrow & 3{,}1 = 1 + r & \Rightarrow & r = 2{,}1 \\ \Rightarrow & 5{,}2 = 1 + 2 \cdot r & \Rightarrow & r = 2{,}1 \\ \Rightarrow & 0 = 8 + h - 4 \cdot r & \Rightarrow & h = -8 + 4 \cdot r \end{matrix}$$

$r = 2{,}1$ in $h = -8 + 4 \cdot r$ eingesetzt ergibt:

$h = -8 + 4 \cdot 2{,}1 = 0{,}4$

Da eine Längeneinheit 10 Metern (m) entspricht, ist das Kreuz somit 4 m hoch.

2.4 **Ermitteln der Koordinaten des Punktes Q, der die Position der Glocke darstellt**

Der Punkt $Q(q_1 \mid q_2 \mid q_3)$ gibt die Position der Glocke im Modell an. Um die Vorgabe zu erfüllen, muss der Punkt Q jeweils den gleichen Abstand zu den Eckpunkten E, F, G und H des Daches haben; also muss sich der Punkt Q senkrecht über der Mitte $M(1 \mid 1 \mid 6)$ des Quadrates EFGH (und senkrecht unterhalb der Turmspitze S) befinden. Da Q und M in der x_1- und der x_2-Koordinate übereinstimmen (sie unterscheiden sich nur in ihrer Höhe über dem Boden), lässt sich die Position Q bisher angeben mit $Q(1 \mid 1 \mid q_3)$.

Der Abstand dieses Punktes Q zu jedem der Eckpunkte E, F, G und H des Daches ist gleich groß und beträgt (hier berechnet mit dem Punkt H):

$$d(H; Q) = \sqrt{(1-0)^2 + (1-0)^2 + (q_3 - 6)^2} = \sqrt{1 + 1 + q_3^2 - 12q_3 + 36} = \sqrt{q_3^2 - 12q_3 + 38}$$

Da sich die Position Q der Glocke im Kirchturm senkrecht unterhalb der Turmspitze befindet, erhält man den Abstand zwischen Q und S als Differenz der beiden x_3-Koordinaten. Hierfür gilt:

$d(Q; S) = 8 - q_3$

Nach Aufgabenstellung soll der Abstand von Q zu den Eckpunkten E, F, G und H des Daches jeweils dreimal so groß sein wie der Abstand von Q zu S. Mit den oben berechneten Abständen erhält man daher:

$$\begin{aligned}
d(H; Q) &= 3 \cdot d(Q; S) \\
\sqrt{q_3^2 - 12q_3 + 38} &= 3 \cdot (8 - q_3) \\
\sqrt{q_3^2 - 12q_3 + 38} &= 24 - 3q_3 && \mid (\,)^2 \\
q_3^2 - 12q_3 + 38 &= (24 - 3q_3)^2 \\
q_3^2 - 12q_3 + 38 &= 576 - 144q_3 + 9q_3^2 && \mid -q_3^2 + 12q_3 - 38 \\
0 &= 8q_3^2 - 132q_3 + 538 \\
q_{3_{1/2}} &= \frac{132 \pm \sqrt{17\,424 - 17\,216}}{16} = \frac{132 \pm \sqrt{208}}{16}
\end{aligned}$$

Damit ergeben sich die beiden Lösungen für q_3:

$q_3 = 7{,}348\ldots$ (oder $q_3 = 9{,}151\ldots$)

Da die Turmspitze durch den Punkt $S(1 \mid 1 \mid 8)$ modelliert wird und dies auch der höchste Punkt der Kirche ist, kann die Glocke nicht auf einer Höhe von 9,151... LE eingebaut werden. Die zweite Lösung ist daher im Sachzusammenhang unsinnig.

Die Koordinaten des Punktes Q lauten somit $Q(1 \mid 1 \mid 7{,}35)$.

Berufliches Gymnasium Baden-Württemberg – Mathematik (eAN)
Offizielle Musterprüfung für 2024

Checkliste schriftliches Abitur

- ☐ Kreuzen Sie alle erledigten Aufgaben an.
- ☐ Tragen Sie bei der Wahl von Aufgaben Nr. 5 Ihre Auswahl-Nr. (I bis IV) ein.
- ☐ Verwenden Sie für jede Aufgabe einen neuen Bogen.

Teil A – ohne Hilfsmittel (Abgabe nach maximal 100 min)

Pflichtbereich:

Sie müssen alle 4 Aufgaben bearbeiten:	BE
☐ Aufgabe Nr. 1	5
☐ Aufgabe Nr. 2	5
☐ Aufgabe Nr. 3	5
☐ Aufgabe Nr. 4	5

Wahlbereich:

Sie wählen 2 Aufgaben aus Nr. 5 **oder** die PLA Nr. 6.	BE
2 × Aufgabe 5	
☐ Nr. 5 Auswahl ______	5
☐ Nr. 5 Auswahl ______	5

oder

☐ Aufgabe 6, PLA	10

Übernahme in Teil B – mit Hilfsmittel

Teil B – mit Hilfsmittel

Pflichtbereich:

Sie müssen alle 3 Aufgaben bearbeiten:	BE
☐ Aufgabe Nr. 1	40
☐ Aufgabe Nr. 2	25
☐ Aufgabe Nr. 3	25

Pflichtteil

BE

Aufgabe 1: Analysis

Gegeben ist die in $\mathbb{R}$ definierte Funktion f mit $f(x) = e^x + \frac{1}{2}x$.

a Begründen Sie, dass der Graph von f und der Graph der in $\mathbb{R}$ definierten Funktion g mit $g(x) = \frac{1}{2}x - 1$ keinen gemeinsamen Punkt besitzen. 2

b Für eine positive reelle Zahl c wird die in $\mathbb{R}$ definierte Funktion g_c mit $g_c(x) = \frac{1}{2}x - c$ betrachtet.
Die Abbildung zeigt die Graphen von f und g_c.
Die beiden Graphen schließen mit der y-Achse und der Gerade mit der Gleichung $x = 1$ eine Fläche mit dem Inhalt 3 ein.
Berechnen Sie c. 3

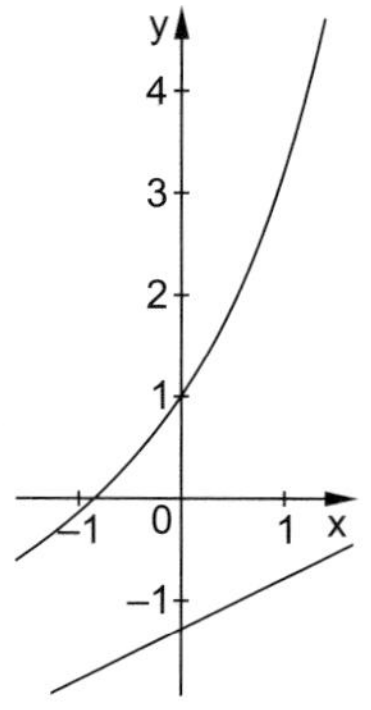

5

Aufgabe 2: Analysis

Die Funktion f ist gegeben durch $f(x) = x^3 + x;\ x \in \mathbb{R}$. Das Schaubild von f ist K.

a Zeigen Sie, dass K keine waagrechte Tangente besitzt.
Bestimmen Sie eine Gleichung der Tangente an K mit der Steigung 1. 3

b Eine der folgenden Abbildungen zeigt das Schaubild einer Stammfunktion von f.
Begründen Sie, welche dies ist. 2

5

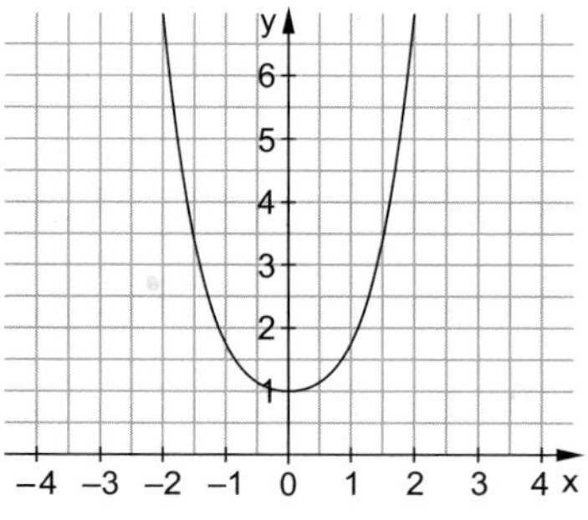

Abb. 1

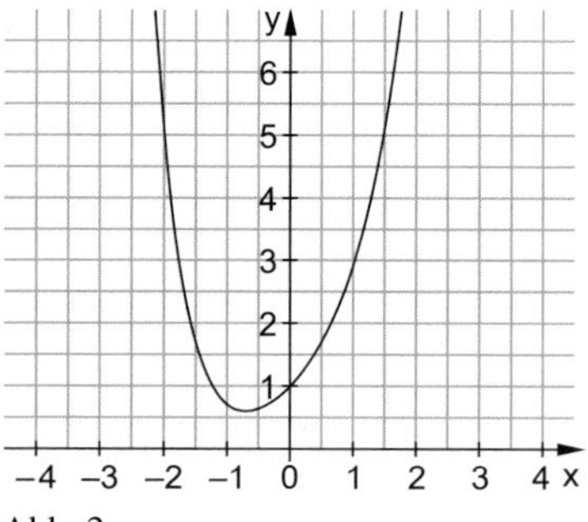

Abb. 2

Aufgabe 3: Stochastik

Die Abbildung zeigt den Graphen der Dichtefunktion einer normalverteilten Zufallsgröße X.

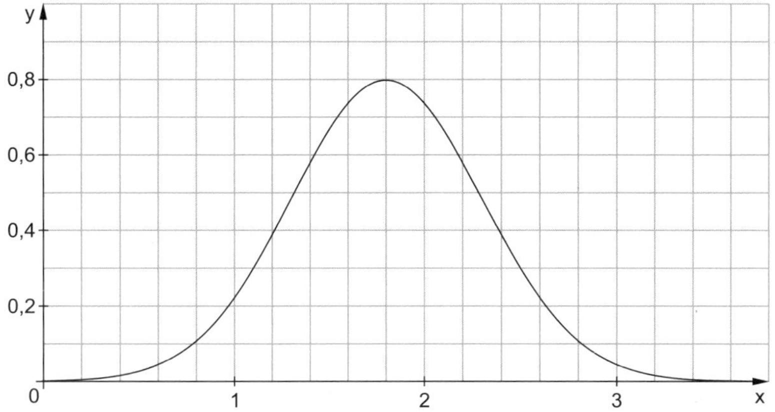

a Geben Sie den Erwartungswert von X an. 1

b Geben Sie die Wahrscheinlichkeit dafür an, dass X den Wert 2,4 annimmt. 1

c Bestimmen Sie die Wahrscheinlichkeit dafür, dass X einen Wert aus dem Intervall [1; 1,4] annimmt. 3

5

Aufgabe 4: Vektorgeometrie

Gegeben sind die Geraden

$$g\colon \vec{x} = \begin{pmatrix} 3 \\ -3 \\ 3 \end{pmatrix} + r \cdot \begin{pmatrix} 3 \\ 0 \\ -1 \end{pmatrix} \text{ mit } r \in \mathbb{R} \text{ und } h\colon \vec{x} = \begin{pmatrix} 3 \\ -3 \\ 3 \end{pmatrix} + s \cdot \begin{pmatrix} 1 \\ 0 \\ 3 \end{pmatrix} \text{ mit } s \in \mathbb{R}.$$

a Geben Sie die Koordinaten des Schnittpunkts von g und h an.
Zeigen Sie, dass g und h senkrecht zueinander verlaufen. 2

b Die Ebene E enthält die Geraden g und h.
Bestimmen Sie eine Gleichung von E in Koordinatenform. 3

5

Wahlteil (entweder zwei Aufgaben 5 oder Aufgabe 6 auswählen)

BE

Aufgabe 5 – Auswahl I: Analysis

Die Abbildung zeigt den Graphen G_g einer in $\mathbb{R}$ definierten, differenzierbaren Funktion g.
Betrachtet wird eine in $\mathbb{R}$ definierte Funktion f, für deren erste Ableitungsfunktion $f'(x) = e^{g(x)}$ gilt.

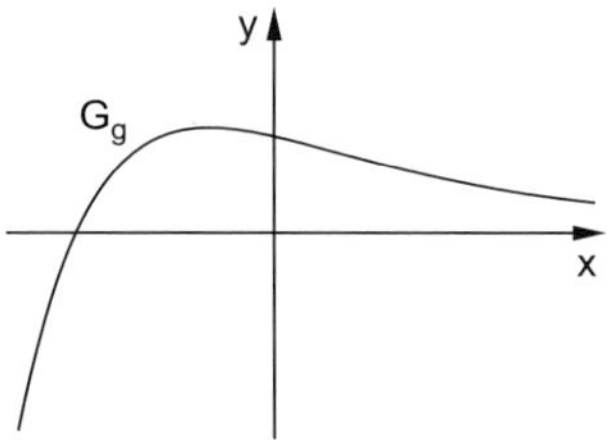

a Untersuchen Sie, ob der Graph von f einen Extrempunkt hat. 2

b Untersuchen Sie, ob der Graph von f einen Wendepunkt hat. 3

5

Aufgabe 5 – Auswahl II: Analysis

Für einen festen Wert b, $b > 0$, ist die Funktion p festgelegt durch

$p(x) = \frac{1}{4}x(x+2)(x-b);\ x \in \mathbb{R}$.

Beurteilen Sie, welche der folgenden Aussagen wahr und welche der Aussagen falsch sind.

(1) Für $x \to -\infty$ gilt: $p(x) \to -\infty$

(2) Der Graph von p besitzt einen Hochpunkt mit positiver x-Koordinate.

(3) Es existiert genau ein Wert für b, sodass der Graph jeder Stammfunktion von p symmetrisch zur y-Achse ist. 5

5

Aufgabe 5 – Auswahl III: Stochastik

Die Zufallsgrößen X und Y können jeweils die Werte 3, 4 und 5 annehmen.

a Für die Zufallsgröße X gilt $P(X=3) = \frac{1}{3}$ und $P(X=4) = \frac{1}{4}$.
Bestimmen Sie den Erwartungswert von X. 2

b Für die Zufallsgröße Y gilt $P(Y=3) = \frac{1}{3}$, $P(Y=4) \geq \frac{1}{6}$ und $P(Y=5) \geq \frac{1}{6}$.
Bestimmen Sie alle Werte, die für den Erwartungswert von Y infrage kommen. 3

5

Aufgabe 5 – Auswahl IV: Stochastik

Bei einem Zufallsexperiment können die Ereignisse A und B eintreten.

Die Wahrscheinlichkeit, dass A eintritt, beträgt $\frac{1}{3}$.

Der Wert für die bedingte Wahrscheinlichkeit $P_A(B)$ ist $\frac{3}{5}$.

Der Wert für die bedingte Wahrscheinlichkeit $P_{\overline{B}}(\overline{A})$ ist $\frac{5}{9}$.

Stellen Sie den Sachverhalt in zwei unterschiedlichen Baumdiagrammen dar, tragen Sie die gegebenen Wahrscheinlichkeiten ein und ermitteln Sie den Wert von P(B). 5

5

Aufgabe 6 (PLA): Vektorgeometrie

Diese Aufgabe 6 kann in Teil B (mit Hilfsmittel) übernommen und dort bearbeitet werden.

Bearbeiten Sie die folgende Aufgabe unter Berücksichtigung der einzelnen Problemlöseschritte, dokumentieren und reflektieren Sie Ihre Vorgehensweise.

Durch Vertauschen (Permutation) der Koordinaten eines Punktes A(2|4|6) entstehen neue Punkte.

Formulieren Sie zwei Annahmen über die Lage der Punkte und untersuchen Sie, ob Ihre Annahmen zutreffen. 10

10

Hinweise und Tipps – Pflichtteil

Aufgabe 1: Analysis

a **Tipp:**

Setzen Sie zur Bestimmung der gemeinsamen Punkte (= Schnittpunkte) die Funktionsterme gleich. Zeigen Sie, dass die Gleichung keine Lösung besitzt.

b **Tipps:**

- Skizzieren Sie die Problemstellung. Dabei ist die Gerade mit der Gleichung $x = 1$ eine Parallele zur y-Achse, welche die x-Achse bei 1 schneidet. Markieren Sie die gesuchte Fläche in der Skizze.
- Welche Lage haben die beiden Graphen zueinander? Schneiden sie sich auf dem angegebenen Intervall? Welcher Graph liegt im angegebenen Intervall oberhalb?
- Bestimmen Sie das Integral, welches die gesuchte Fläche zwischen den zwei Kurven angibt.
- Setzen Sie den Integralwert mit dem angegebenen Flächeninhalt gleich und lösen Sie die Gleichung nach c auf.

Aufgabe 2: Analysis

a **Tipps:**

- Was gibt die erste Ableitung einer Funktion an?
- Eine waagrechte Tangente hat die Steigung null ($m = 0$).
- Bestimmen Sie durch Ableiten die erste Ableitungsfunktion f'. Setzen Sie diese mit null gleich und zeigen Sie, dass die Gleichung $f'(x) = 0$ zu keiner Lösung führt.
- Wie lautet die Gleichung einer Tangente allgemein?
- Welche Informationen sind über die gesuchte Tangentengleichung bereits bekannt?
- Wie erhält man den Berührpunkt, an dem die Tangente an K anliegt?

b **Tipps:**

- Welche grafischen Zusammenhänge zwischen einer Funktion und ihrer Stammfunktion existieren?
- Welche Eigenschaften besitzt das Schaubild von f und inwieweit kann man darüber Aussagen über das Schaubild ihrer Stammfunktion treffen?

Aufgabe 3: Stochastik

a **Tipp:**

Die Dichtefunktion einer Normalverteilung ist symmetrisch zur Geraden $x = \mu$. Dabei ist μ der Erwartungswert. Lesen Sie aus der Abbildung diesen Wert für x ab.

b **Tipps:**

- Die Gesamtfläche unter der Dichtefunktion hat den Wert 1.
- Überlegen Sie, wie groß die Fläche unter der Kurve wird, wenn X nur den einzelnen Wert 2,4 annimmt.

c **Tipps:**

- Die Wahrscheinlichkeit dafür, dass X einen Wert zwischen 1 und 1,4 annimmt, entspricht der Fläche unter der Dichtefunktion im Intervall [1; 1,4].
- Markieren Sie diese Fläche in der Abbildung.
- Wie lässt sich die Fläche ohne Hilfsmittel möglichst einfach (näherungsweise) berechnen?

Aufgabe 4: Vektorgeometrie

a **Tipps:**

- Der Schnittpunkt zweier Geraden ist der gemeinsame Punkt, der auf beiden Geraden liegt. Dieser kann durch Gleichsetzen der Geradengleichungen bestimmt werden.
- Vergleicht man die beiden Geradengleichungen, so lässt sich der gemeinsame Punkt hier auch ohne Rechnung angeben. Welchen Aufpunkt hat die Gerade g, welchen Aufpunkt die Gerade h? Welcher Punkt liegt folglich auf beiden Geraden?
- Mithilfe des Skalarproduktes der beiden Richtungsvektoren lässt sich nachweisen, dass zwei Geraden senkrecht zueinander verlaufen. Welchen Wert muss in diesem Fall das Skalarprodukt annehmen?

b **Tipps:**

- In Teilaufgabe a wurde nachgewiesen, dass die beiden Geraden senkrecht zueinander verlaufen. Folglich eignen sich die beiden Richtungsvektoren als Spannvektoren der Ebene E. Mit g und h liegt auch der Aufpunkt dieser Geraden in der Ebene E.
- Mit zwei (linear unabhängigen) Spannvektoren und einem Aufpunkt lässt sich die Gleichung der Ebene E in Parameterform angeben. Diese Gleichung kann anschließend in eine Koordinatenform umgeformt werden.
- *Alternativ:* Wenn die x_2-Komponente der beiden Richtungsvektoren jeweils den Wert null hat, zu welcher Koordinatenebene ist dann die von ihnen aufgespannte Ebene E parallel? Ein Normalenvektor zu dieser Koordinatenebene ist folglich auch ein Normalenvektor zur Ebene E. Geben Sie mit einem dieser Normalenvektoren die Ebenengleichung $n_1x_1 + n_2x_2 + n_3x_3 = b$ in Koordinatenform an. Durch Punktprobe mit dem Aufpunkt $(3\,|\,-3\,|\,3)$ kann die Konstante b bestimmt werden.

Hinweise und Tipps – Wahlteil

Aufgabe 5 – Auswahl I: Analysis

a **Tipps:**

- Der Funktionsterm von f' entsteht durch Verkettung der Funktionen $u(x) = e^x$ und g(x) durch $f'(x) = u(g(x)) = e^{g(x)}$.
- Was beschreibt die erste Ableitungsfunktion?
- Welche Bedingung muss vorliegen, damit der Graph von f einen Extrempunkt besitzt?

b **Tipps:**

- Welche Ableitungen benötigt man für die Bestimmung eines Wendepunktes?
- Welche Bedingungen müssen vorliegen, damit der Graph von f einen Wendepunkt besitzt?
- Zur Ableitung der Funktion f' benötigt man die Kettenregel.
- Welche Informationen kann man aus dem gegebenen Graphen von g entnehmen?

Aufgabe 5 – Auswahl II: Analysis

(1) **Tipps:**

- Welche Funktionsart liegt vor?
- Durch welche Einflussfaktoren lässt sich das globale Verhalten bestimmen?

(2) **Tipps:**

- Welche Eigenschaften kann man aus der gegebenen Darstellung des Funktionsterms für den Graphen ableiten?
- Welche Information ist über den Parameter b bekannt?
- Skizzieren Sie einen möglichen Graphen.

(3) **Tipps:**
- Welche Eigenschaft muss der Graph von p aufweisen, damit die Stammfunktion von p achsensymmetrisch zur y-Achse ist?
- Skizzieren Sie den Graphen von p.

Aufgabe 5 – Auswahl III: Stochastik

a **Tipps:**
- Wie können Sie den fehlenden Wert für $P(X=5)$ ermitteln?
- Wie berechnet man den Erwartungswert einer Zufallsgröße?

b **Tipps:**
- Welche Informationen sind bezüglich der Wahrscheinlichkeiten gegeben?
- Bestimmen Sie anhand der Vorgaben und mit dem Grundsatz der Normiertheit den Wertebereich für die Wahrscheinlichkeiten $P(Y=4)$ und $P(Y=5)$.
- Berechnen Sie für die Randwerte der Wahrscheinlichkeiten den Erwartungswert.

Aufgabe 5 – Auswahl IV: Stochastik

Tipps:
- Welche Informationen liefert eine bedingte Wahrscheinlichkeit?
- Erstellen Sie zwei Baumdiagramme, die sich in der Reihenfolge für das Eintreten der Ereignisse A und B unterscheiden.
- Übertragen Sie alle gegebenen Wahrscheinlichkeiten in die Baumdiagramme.
- Bestimmen Sie mithilfe der Pfadregeln weitere Wahrscheinlichkeiten.

Aufgabe 6 (PLA): Vektorgeometrie

Tipps:
- *1. Schritt: Analysieren des Problems:* Überlegen Sie, wie viele verschiedene Punkte durch Vertauschen der Koordinaten des Punktes A entstehen, und notieren Sie diese Punkte.
- Um sich ein Bild über die Lage der Punkte zu verschaffen, kann man die Punkte in ein dreidimensionales Koordinatensystem einzeichnen. Bedenken Sie, dass die Darstellung eines Punktes im dreidimensionalen Koordinatensystem verzerrt dargestellt wird bzw. nicht eindeutig ist.
- Formulieren Sie, wie in der Aufgabe gefordert, <u>zwei</u> Annahmen über die Lage der Punkte und überprüfen Sie Ihre Annahme. Bedenken Sie, dass sich Ihre Annahme bei der Überprüfung als richtig oder falsch herausstellen kann. Beides ist möglich und im Sinne der Aufgabenstellung richtig. Sie müssen nicht zwangsläufig zwei Annahmen formulieren, die sich als richtig herausstellen.
- *2. Schritt: Durchführung:* Die Durchführung der mathematischen Lösung hängt mit den getroffenen Annahmen in Schritt 1 zusammen. Dabei können verschiedene Themen der Vektorgeometrie gefordert sein, wie z. B.: Abstand und Winkelberechnungen im Raum; Punkte auf einer Geraden/Ebene; Abstand Punkt–Ebene etc.
- *3. Schritt: Reflexion:* Je nach getroffener Annahme kann sich diese als richtig oder falsch herausstellen. Formulieren Sie in jedem Fall abschließend Ihre Schlussfolgerung.
- An dieser Stelle können Sie auch weitere Erkenntnisse oder Vermutungen formulieren, zu denen Sie im Laufe der Bearbeitung gekommen sind. Zeigen Sie, dass Sie sich intensiv mit der Aufgabenstellung auseinandergesetzt haben.

Lösungen – Pflichtteil

Aufgabe 1: Analysis

a **Begründung, dass keine gemeinsamen Punkte existieren**

Zur Bestimmung der gemeinsamen Punkte werden die Funktionsterme gleichgesetzt. Anschließend wird die Gleichung nach x umgeformt:

$$f(x) = g(x)$$

$$e^x + \frac{1}{2}x = \frac{1}{2}x - 1 \quad \left| -\frac{1}{2}x \right.$$

$$e^x = -1$$

Die Gleichung $e^x = -1$ hat keine Lösung, da $e^x > 0$ (positiv) ist für alle $x \in \mathbb{R}$.

Der Graph von f und der Graph von g besitzen somit keinen gemeinsamen Punkt.

b **Bestimmung eines Parameters mithilfe der Integralrechnung**

Gesucht ist der Wert für den Parameter c, der sich durch die Fläche zwischen zwei Kurven bestimmt. Die untere Integralgrenze ergibt sich aus der Beschränkung durch die y-Achse $(a = 0)$ und die obere Integralgrenze ergibt sich durch die Beschränkung mit der Parallelen zur y-Achse $(b = 1)$.

Die Abbildung zeigt, dass der Graph der Funktion f auf dem Intervall [0; 1] oberhalb des Graphen der Funktion g_c (= Gerade) liegt. Daher kann man die Fläche mithilfe eines Integrals ermitteln (keine Schnittstelle, siehe Teilaufgabe a). Um einen positiven Integralwert zu erhalten, muss man die Differenz $f(x) - g_c(x)$ bilden.

Der Parameter c soll so bestimmt werden, dass die Fläche zwischen den zwei Graphen von f und g_c auf dem Intervall [0; 1] den Inhalt 3 hat. Man setzt das Integral mit 3 gleich und löst die Gleichung nach c auf:

$$\int_0^1 (f(x) - g_c(x))\,dx = 3$$

$$\int_0^1 \left(e^x + \frac{1}{2}x - \left(\frac{1}{2}x - c \right) \right) dx = 3$$

$$\int_0^1 \left(e^x + \frac{1}{2}x - \frac{1}{2}x + c \right) dx = 3$$

$$\int_0^1 (e^x + c)\,dx = 3$$

$$\left[e^x + cx \right]_0^1 = 3$$

$$e^1 + c - (e^0 + c \cdot 0) = 3$$

$$e + c - 1 = 3 \quad | +1 - e$$

$$c = 4 - e$$

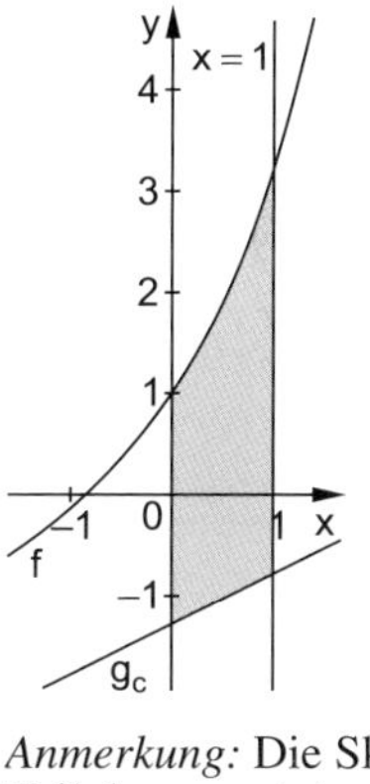

Anmerkung: Die Skizze ist nicht Teil der erwarteten Lösung. Sie soll Ihnen helfen, die Problemstellung besser zu verstehen.

Aufgabe 2: Analysis

a **Nachweis, dass keine waagrechte Tangente existiert**

Die erste Ableitungsfunktion liefert die Steigung der Tangente an K. Um zu zeigen, dass das Schaubild von f keine waagrechte Tangente besitzt, muss man zeigen, dass die erste Ableitungsfunktion f' keine Nullstelle besitzt.

$f'(x) = 3x^2 + 1$

$f'(x) = 0$

$3x^2 + 1 = 0 \quad | -1$

$3x^2 = -1 \quad | :3$

$x^2 = -\frac{1}{3}$ keine Lösung

Aus einer negativen Zahl kann keine Quadratwurzel gezogen werden. Somit existiert keine waagrechte Tangente an das Schaubild K.

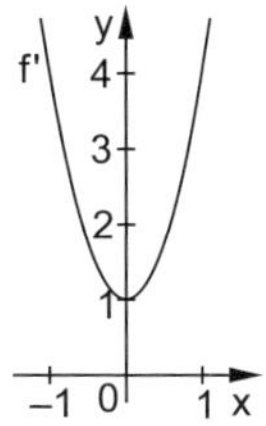

Anmerkung: Alternativ könnte man auch mit dem Schaubild der ersten Ableitungsfunktion argumentieren. Es handelt sich um eine nach oben geöffnete Parabel, welche um eine Einheit nach oben verschoben wurde. Damit besitzt dieses Schaubild keine Nullstelle.

Tangentengleichung bestimmen

Gesucht ist die Gleichung der Tangente mit Steigung $m = 1$. Setzt man die erste Ableitungsfunktion mit 1 gleich und löst die Gleichung, erhält man alle Stellen, an denen die Steigung 1 beträgt.

$f'(x) = 1$

$3x^2 + 1 = 1 \quad | -1$

$3x^2 = 0 \quad \Rightarrow \quad x = 0$

Damit man die Tangentengleichung aufstellen kann, benötigt man den Berührpunkt, an dem die Tangente an K anliegt. Durch das Einsetzen der Berührstelle $x = 0$ in den Funktionsterm von f erhält man den Funktionswert (= y-Wert) des Berührpunktes.

$f(0) = 0 \quad \Rightarrow \quad B(0 \mid 0)$

Anschließend setzt man die Koordinaten des Berührpunktes und die Steigung in die Tangentengleichung $y = mx + b$ ein und formt die Gleichung nach b um:

$0 = 1 \cdot 0 + b \quad \Leftrightarrow \quad b = 0$

Die Tangentengleichung im Berührpunkt $B(0 \mid 0)$ an K mit der Steigung 1 lautet: $y = x$

Alternativ mithilfe der Punkt-Steigungs-Form $y = f'(u) \cdot (x - u) + f(u)$ im Berührpunkt $B(u \mid f(u))$:

Mit $B(0 \mid 0)$ und $f'(0) = 1$ ergibt sich: $y = 1 \cdot (x - 0) + 0 = x$

Die Tangentengleichung im Berührpunkt $B(0 \mid 0)$ an K mit der Steigung 1 lautet: $y = x$

b **Schaubilder begründet zuordnen**

Argumentation über die Nullstellen von f:

Eine Nullstelle von f bedeutet, dass an dieser Stelle das Schaubild der Stammfunktion eine waagrechte Tangente besitzt. Liegt zudem ein Vorzeichenwechsel von + nach – (bzw. von – nach +) vor, kann man schlussfolgern, dass das Schaubild der Stammfunktion an dieser Stelle eine Maximalstelle (bzw. Minimalstelle) hat.

$$f(x) = 0$$
$$x^3 + x = 0$$
$$x \cdot (x^2 + 1) = 0$$
$$x = 0$$

Da für $x < 0$ gilt $f(x) < 0$ und für $x > 0$ gilt $f(x) > 0$, liegt ein Vorzeichenwechsel um die Nullstelle von – nach + vor. Damit muss das Schaubild der Stammfunktion an der Stelle $x = 0$ eine Minimalstelle aufweisen.
Nur in Abb. 1 liegt ein Schaubild mit Minimalstelle an der Stelle $x = 0$ vor.
Abb. 1 zeigt eine Stammfunktion von f.

Argumentation über die Symmetrieeigenschaften:
Der Funktionsterm von f beinhaltet nur Potenzen mit ungeraden Exponenten. Daher ist das Schaubild K punktsymmetrisch zum Ursprung.
Somit muss das Schaubild der Stammfunktion von f achsensymmetrisch zur y-Achse sein. Abb. 2 zeigt ein Schaubild, welches keine Achsensymmetrie aufweist und ist damit nicht geeignet. Abb. 1 weist Achsensymmetrie auf. Abb. 1 zeigt eine Stammfunktion von f.

Aufgabe 3: Stochastik

a **Angeben des Erwartungswertes**
Die Symmetrieachse liegt bei $x = 1{,}8$.
Der Wert für den Erwartungswert ist:
$\mu = 1{,}8$

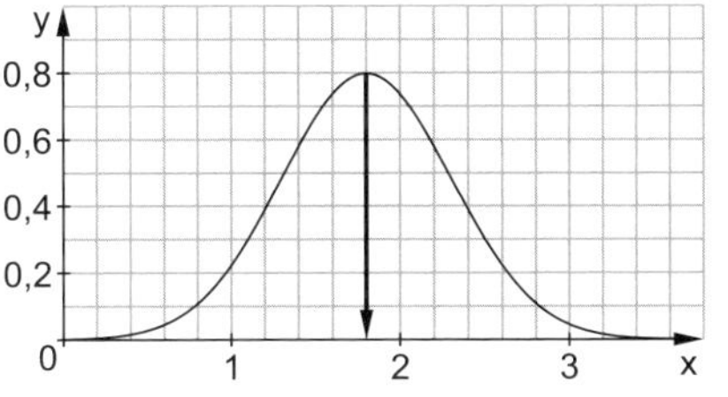

b **Angeben der Wahrscheinlichkeit, dass X den Wert 2,4 annimmt**
Für $X = 2{,}4$ ergibt sich folgende Überlegung für den Wert der Wahrscheinlichkeit:

$$P(X = 2{,}4) = P(2{,}4 \leq X \leq 2{,}4) = \int_{2{,}4}^{2{,}4} p(x)\,dx = 0$$

Die Wahrscheinlichkeit, dass X den Wert 2,4 annimmt, ist null.

c **Bestimmen der Wahrscheinlichkeit, dass X einen Wert aus [1; 1,4] annimmt**

Es gilt: $P(1 \leq X \leq 1{,}4) = \int_{1{,}0}^{1{,}4} p(x)\,dx$

Die Größe dieser Fläche kann aufgrund fehlender Angaben und Hilfsmittel nur annähernd bestimmt werden.
Abschätzung mithilfe eines Trapezes:

$$P(1 \leq X \leq 1{,}4) \approx \frac{0{,}22 + 0{,}58}{2} \cdot 0{,}4 = 0{,}16$$

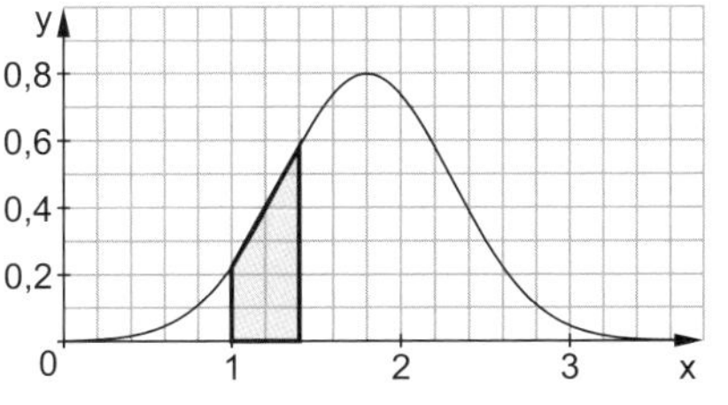

Die Wahrscheinlichkeit, dass X einen Wert aus dem Intervall [1; 1,4] annimmt, ist ca. 16 %.

Aufgabe 4: Vektorgeometrie

a **Angeben des Schnittpunktes der Geraden**

Ohne Rechnung ergibt sich direkt aus dem Vergleich der beiden Geradengleichungen, dass beiden Geraden der Punkt P(3 | –3 | 3) als Aufpunkt gemeinsam ist. Als gemeinsamer Punkt liegt er auf beiden Geraden g und h und ist somit der gesuchte Schnittpunkt.

Rechnerisch bestimmt man den Schnittpunkt durch Gleichsetzen der Geradengleichungen:

$$\begin{pmatrix} 3 \\ -3 \\ 3 \end{pmatrix} + r \cdot \begin{pmatrix} 3 \\ 0 \\ -1 \end{pmatrix} = \begin{pmatrix} 3 \\ -3 \\ 3 \end{pmatrix} + s \cdot \begin{pmatrix} 1 \\ 0 \\ 3 \end{pmatrix} \quad \left| - \begin{pmatrix} 3 \\ -3 \\ 3 \end{pmatrix} - s \cdot \begin{pmatrix} 1 \\ 0 \\ 3 \end{pmatrix} \right.$$

$$r \cdot \begin{pmatrix} 3 \\ 0 \\ -1 \end{pmatrix} - s \cdot \begin{pmatrix} 1 \\ 0 \\ 3 \end{pmatrix} = \begin{pmatrix} 0 \\ 0 \\ 0 \end{pmatrix}$$

$$\left(\begin{array}{cc|c} 3 & -1 & 0 \\ 0 & 0 & 0 \\ -1 & -3 & 0 \end{array}\right) \overset{\text{Zeilentausch}}{\Leftrightarrow} \left(\begin{array}{cc|c} 3 & -1 & 0 \\ -1 & -3 & 0 \\ 0 & 0 & 0 \end{array}\right) \overset{\text{I}+3\cdot\text{II}}{\Leftrightarrow} \left(\begin{array}{cc|c} 3 & -1 & 0 \\ 0 & -10 & 0 \\ 0 & 0 & 0 \end{array}\right) \Rightarrow \begin{array}{l} r = 0 \\ s = 0 \end{array}$$

Mit z. B. $r = 0$ ergibt sich der Ortsvektor des Schnittpunktes:

$$\vec{x} = \begin{pmatrix} 3 \\ -3 \\ 3 \end{pmatrix} + 0 \cdot \begin{pmatrix} 3 \\ 0 \\ -1 \end{pmatrix} = \begin{pmatrix} 3 \\ -3 \\ 3 \end{pmatrix}$$

Der Schnittpunkt S von g und h hat die Koordinaten S(3 | –3 | 3).

Nachweis, dass die Geraden senkrecht zueinander sind

Mithilfe des Skalarproduktes der beiden Richtungsvektoren lässt sich überprüfen, ob die beiden Geraden g und h senkrecht zueinander verlaufen. Dies ist dann der Fall, wenn das Skalarprodukt den Wert null ergibt. Mit

$$\begin{pmatrix} 3 \\ 0 \\ -1 \end{pmatrix} \cdot \begin{pmatrix} 1 \\ 0 \\ 3 \end{pmatrix} = 3 \cdot 1 + 0 \cdot 0 + (-1) \cdot 3 = 3 + 0 - 3 = 0$$

ist der Nachweis erbracht. Die Geraden g und h verlaufen senkrecht zueinander.

b **Bestimmen einer Ebenengleichung in Koordinatenform**

In Teilaufgabe a wurde nachgewiesen, dass die beiden Geraden g und h senkrecht zueinander verlaufen, also nicht parallel. Folglich können ihre beiden Richtungsvektoren $\begin{pmatrix} 3 \\ 0 \\ -1 \end{pmatrix}$ und $\begin{pmatrix} 1 \\ 0 \\ 3 \end{pmatrix}$ zwei Spannvektoren der Ebene E darstellen. Mit dem gemeinsamen Aufpunkt ergibt sich die Ebenengleichung der Ebene E in Parameterform:

$$E\colon\ \vec{x} = \begin{pmatrix} 3 \\ -3 \\ 3 \end{pmatrix} + r \cdot \begin{pmatrix} 3 \\ 0 \\ -1 \end{pmatrix} + s \cdot \begin{pmatrix} 1 \\ 0 \\ 3 \end{pmatrix}$$

Einen Normalenvektor $\vec{n}_E$ der Ebene E erhält man mit dem Vektorprodukt:

$$\begin{pmatrix} 3 \\ 0 \\ -1 \end{pmatrix} \times \begin{pmatrix} 1 \\ 0 \\ 3 \end{pmatrix} = \begin{pmatrix} 0 \cdot 3 - (-1) \cdot 0 \\ (-1) \cdot 1 - 3 \cdot 3 \\ 3 \cdot 0 - 0 \cdot 1 \end{pmatrix} = \begin{pmatrix} 0 \\ -10 \\ 0 \end{pmatrix} = \vec{n}_E$$

Mit den Komponenten dieses Normalenvektors $\vec{n}_E$ ergibt sich die Ebenengleichung $n_1x_1 + n_2x_2 + n_3x_3 = b$ in Koordinatenform:

$0 \cdot x_1 + (-10) \cdot x_2 + 0 \cdot x_3 = b$ bzw. $-10x_2 = b$

Durch Punktprobe mit dem Aufpunkt $(3|-3|3)$ der Geraden g und h lässt sich die Konstante b bestimmen. Es gilt:

$-10\cdot(-3)=30=b$

Somit ergibt sich als Gleichung der Ebene E in Koordinatenform:

E: $-10x_2=30$ bzw. E: $x_2=-3$

Alternativ: Betrachtet man die Richtungsvektoren der beiden Geraden g und h, erkennt man, dass die x_2-Komponente jeweils den Wert null hat. Beide Vektoren liegen also in der x_1x_3-Koordinatenebene. Die Ebene E verläuft damit parallel zu dieser Koordinatenebene. Somit ist jeder Normalenvektor der x_1x_3-Koordinatenebene auch ein Normalenvektor zur Ebene E. Die Normalenvektoren zur x_1x_3-Koordinatenebene haben die Form:

$\vec{n}=\begin{pmatrix}0\\n_2\\0\end{pmatrix};\ n_2\in\mathbb{R}$

Mit z. B. $\vec{n}=\begin{pmatrix}0\\1\\0\end{pmatrix}=\vec{n}_E$ ergibt sich die Ebenengleichung in Koordinatenform:

$0\cdot x_1+1\cdot x_2+0\cdot x_3=b$ bzw. $x_2=b$

Durch Punktprobe mit dem Aufpunkt $(3|-3|3)$ der Geraden g und h lässt sich die Konstante b bestimmen. Es gilt: $1\cdot(-3)=-3=b$

Somit ergibt sich als Gleichung der Ebene E in Koordinatenform wie oben: E: $x_2=-3$

Lösungen – Wahlteil

Aufgabe 5 – Auswahl I: Analysis

a **Untersuchen, ob der Graph von f einen Extrempunkt hat**

Damit der Graph von f einen Extrempunkt besitzt, muss zunächst die notwendige Bedingung für einen Extrempunkt erfüllt sein: $f'(x)=0$ (waagrechte Tangente)

$f'(x)=e^{g(x)}=0$

Da $e^x>0$ für alle $x\in\mathbb{R}$, gilt auch $e^{g(x)}>0$ für alle Funktionswerte von g(x).

Die notwendige Bedingung für einen Extrempunkt ist nicht erfüllt und damit besitzt der Graph von f keinen Extrempunkt.

b **Untersuchen, ob der Graph von f einen Wendepunkt hat**

Damit der Graph von f einen Wendepunkt besitzt, muss zunächst die notwendige Bedingung für einen Wendepunkt erfüllt sein: $f''(x)=0$

Durch Anwendung der Kettenregel erhält man die zweite Ableitung:

$f''(x)=g'(x)\cdot e^{g(x)}$

Notwendige Bedingung für einen Wendepunkt: $f''(x)=g'(x)\cdot e^{g(x)}=0$

Da $e^{g(x)}>0$ für alle $x\in\mathbb{R}$, kann die Gleichung nur wahr werden, wenn $g'(x)=0$ wird.

Die gegebene Abbildung zeigt den Graphen von g. Damit der Graph der ersten Ableitungsfunktion g' den Funktionswert null annimmt, muss eine waagrechte Tangente an G_g vorliegen. Diese kann man in der Abbildung im II. Quadranten erkennen (Hochpunkt von G_g).
Damit ist die notwendige Bedingung für einen Wendepunkt erfüllt (Wendestelle x_W).

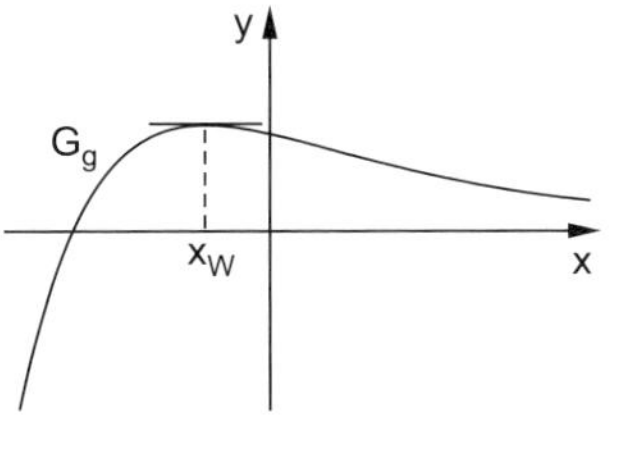

Damit ein Wendepunkt hinreichend nachgewiesen ist, muss zudem ein Vorzeichenwechsel von f" um die Wendestelle x_W vorliegen.

Es gilt: $f''(x) = g'(x) \cdot e^{g(x)} > 0$ für $x < x_W$ im dargestellten Bereich

Begründung:

$e^{g(x)} > 0$ für alle $x \in \mathbb{R}$

Der Graph von g ist für $x < x_W$ monoton steigend; also gilt $g'(x) > 0$ für $x < x_W$.

$\Rightarrow \quad f''(x) = \underbrace{g'(x)}_{+} \cdot \underbrace{e^{g(x)}}_{+} > 0$

Es gilt: $f''(x) = g'(x) \cdot e^{g(x)} < 0$ für $x > x_W$ im dargestellten Bereich

Begründung:

$e^{g(x)} > 0$ für alle $x \in \mathbb{R}$

Der Graph von g ist für $x > x_W$ monoton fallend; also gilt $g'(x) < 0$ für $x > x_W$.

$\Rightarrow \quad f''(x) = \underbrace{g'(x)}_{-} \cdot \underbrace{e^{g(x)}}_{+} < 0$

Der Graph von f besitzt einen Wendepunkt.

Aufgabe 5 – Auswahl II: Analysis

Beurteilung von Aussagen

(1) Bei einer Polynomfunktion bestimmen der Grad n und der Leitkoeffizient das globale Verhalten. Durch Auflösen der Klammern kann man den Grad und den Leitkoeffizienten von p bestimmen:

$p(x) = \mathbf{\frac{1}{4}x^3} - \frac{1}{4}bx^2 + \frac{1}{2}x^2 - \frac{1}{2}bx$ bzw. es genügt: $p(x) = \mathbf{\frac{1}{4}x^3} \ldots$

Der gegebene Funktionsterm gehört zu einer Polynomfunktion 3. Grades (höchster Exponent $n = 3$), d. h., der Grad der Funktion p ist ungerade. Der Leitkoeffizient $a = \frac{1}{4}$ ist positiv (= Vorfaktor vor der Potenz mit dem höchsten Exponenten).

Der Graph des Polynoms p verläuft damit von links unten nach rechts oben und für $x \to -\infty$ gilt: $p(x) \to -\infty$

Die Aussage (1) ist also wahr.

(2) Aufgrund der Linearfaktordarstellung des Funktionsterms kann man die Nullstellen der Funktion ablesen. Der Graph von p hat an den Stellen $x_1 = -2$, $x_2 = 0$ und $x_3 = b$ jeweils eine einfache Nullstelle.

Da $b > 0$ sein muss (siehe Aufgabenstellung), ist die dritte Nullstelle mit $x_3 = b$ positiv.

Aufgrund des globalen Verhaltens (siehe Lösung zu (1)) verläuft der Graph von links unten nach rechts oben.
Der Hochpunkt liegt somit im II. Quadranten und hat damit eine negative x-Koordinate.

Die Aussage (2) ist falsch.

Die Skizze zeigt zur Veranschaulichung einen möglichen Verlauf das Graphen für $b = 1$.

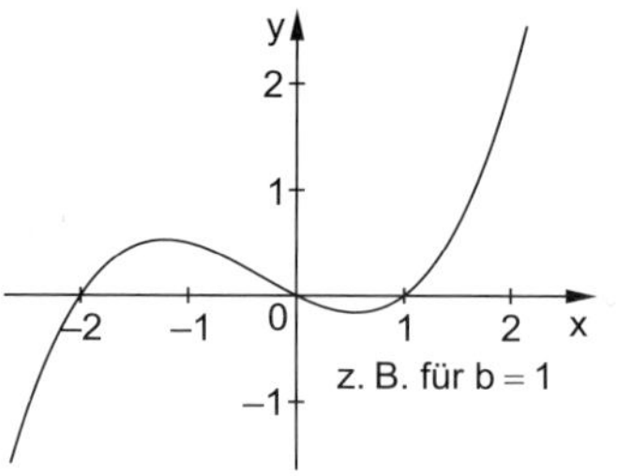

(3) Der Graph der Stammfunktion ist genau dann achsensymmetrisch zur y-Achse, wenn der Graph von p punktsymmetrisch zum Ursprung ist.
Eine Polynomfunktion ist punktsymmetrisch zum Ursprung, wenn der Funktionsterm nur ungerade Exponenten enthält.
Durch das Auflösen der Klammern erhält man den Funktionsterm:

$$p(x) = \frac{1}{4}x^3 - \frac{1}{4}bx^2 + \frac{1}{2}x^2 - \frac{1}{2}bx$$

Der Graph von p ist punktsymmetrisch zum Ursprung, wenn der Term $-\frac{1}{4}bx^2 + \frac{1}{2}x^2$ (gerade Exponenten) wegfällt:

$$-\frac{1}{4}bx^2 + \frac{1}{2}x^2 = 0 \quad \Leftrightarrow \quad \frac{1}{4}b = \frac{1}{2} \quad \Leftrightarrow \quad b = 2$$

Alternativ: Punktsymmetrie liegt vor, wenn gilt:
$p(-x) = -p(x)$
Der Graph von p hat an der Stelle $x = -2$ eine Nullstelle. Für Punktsymmetrie muss an der Stelle $x = 2$ ebenfalls eine Nullstelle vorliegen. Es existiert nur ein Wert für b (nämlich $b = 2$), für den der Graph von p punktsymmetrisch zum Ursprung und damit jede Stammfunktion achsensymmetrisch zur y-Achse ist.

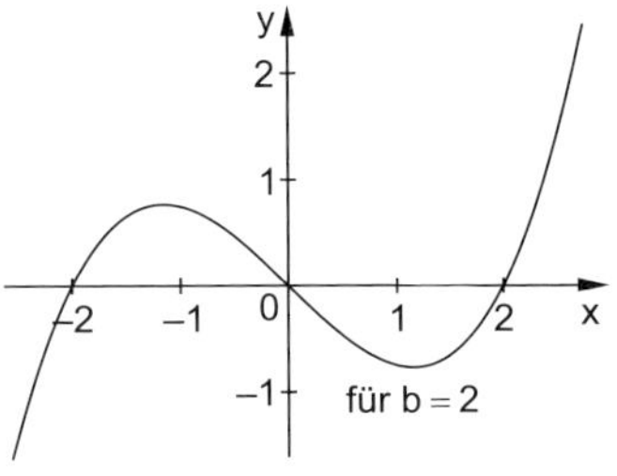

Die Aussage (3) ist wahr.

Aufgabe 5 – Auswahl III: Stochastik

a **Bestimmen des Erwartungswertes**
Den Erwartungswert berechnet man, indem man die Werte 3, 4 und 5 der Zufallsgröße mit deren jeweiligen Wahrscheinlichkeiten multipliziert und diese drei Produkte addiert.

Bevor der Erwartungswert berechnet werden kann, muss die fehlende Wahrscheinlichkeit $P(X=5)$ ermittelt werden. Nach dem Grundsatz der Normiertheit gilt: Die Summe der Wahrscheinlichkeiten aller Ergebnisse muss 1 ergeben; für das vorliegende Beispiel gilt:

$$P(X=3) + P(X=4) + P(X=5) = 1$$

$$\Rightarrow \quad P(X=5) = 1 - P(X=3) - P(X=4) = 1 - \frac{1}{3} - \frac{1}{4} = \frac{12}{12} - \frac{4}{12} - \frac{3}{12} = \frac{5}{12}$$

x_i	3	4	5
$P(X=x_i)$	$\frac{1}{3}$	$\frac{1}{4}$	$\frac{5}{12}$

Erwartungswert:

$$E(X) = 3 \cdot \frac{1}{3} + 4 \cdot \frac{1}{4} + 5 \cdot \frac{5}{12} = 1 + 1 + \frac{25}{12} = \frac{49}{12}$$

b Hier ist ebenfalls nach dem Erwartungswert gefragt, jedoch können den Werten der Zufallsgröße teilweise nicht eindeutig die Wahrscheinlichkeiten zugeordnet werden.

Durch die Aufgabenstellung ist gegeben, dass die Wahrscheinlichkeiten $P(Y=4)$ und $P(Y=5)$ jeweils mindestens $\frac{1}{6}$ betragen.

Da die Summe der Wahrscheinlichkeiten aller Ergebnisse 1 ergeben muss, weiß man, dass die Wahrscheinlichkeit für $P(Y=4) + P(Y=5)$ insgesamt $1 - P(Y=3) = 1 - \frac{1}{3} = \frac{2}{3}$ betragen muss.

Nun betrachtet man die zwei Randwerte, die die Wahrscheinlichkeiten $P(Y=4)$ bzw. $P(Y=5)$ annehmen können.

Minimaler Wert für $P(Y=4)=\frac{1}{6} \Rightarrow P(Y=5)=\frac{2}{3}-\frac{1}{6}=\frac{1}{2}$

Umgekehrt gilt: Wenn $P(Y=5)=\frac{1}{6}$, dann muss $P(Y=4)=\frac{1}{2}$ sein.

Damit ergibt sich der Wertebereich für $P(Y=4)$: $\frac{1}{6} \le P(Y=4) \le \frac{1}{2}$

Kleinster Erwartungswert für $P(Y=4)=\frac{1}{2}$ und $P(Y=5)=\frac{1}{6}$:

$$E(Y)=3\cdot\frac{1}{3}+4\cdot\frac{1}{2}+5\cdot\frac{1}{6}=3+\frac{5}{6}=\frac{23}{6}$$

Größter Erwartungswert für $P(Y=4)=\frac{1}{6}$ und $P(Y=5)=\frac{1}{2}$:

$$E(Y)=3\cdot\frac{1}{3}+4\cdot\frac{1}{6}+5\cdot\frac{1}{2}=1+\frac{2}{3}+\frac{5}{2}=\frac{25}{6}$$

Der Erwartungswert von Y liegt im Intervall $\left[\frac{23}{6};\frac{25}{6}\right]$ bzw. es gilt: $\frac{23}{6} \le E(Y) \le \frac{25}{6}$

Aufgabe 5 – Auswahl IV: Stochastik

Ermitteln einer Wahrscheinlichkeit anhand von Baumdiagrammen

$P_A(B)$ steht für die Wahrscheinlichkeit von B unter der Bedingung, dass A bereits eingetreten ist. Damit weiß man, dass zunächst A eingetreten ist.

$P_{\overline{B}}(\overline{A})$ steht für die Wahrscheinlichkeit von $\overline{A}$ unter der Bedingung, dass $\overline{B}$ bereits eingetreten ist. Es müssen zwei unterschiedliche Baudriagramme gezeichnet werden.

Die gegebenen Wahrscheinlichkeiten (hier: fett markiert) werden in die Baumdiagramme eingetragen. Die anschließend nacheinander ausgeführten Berechnungen sind mit Nummern gekennzeichnet.

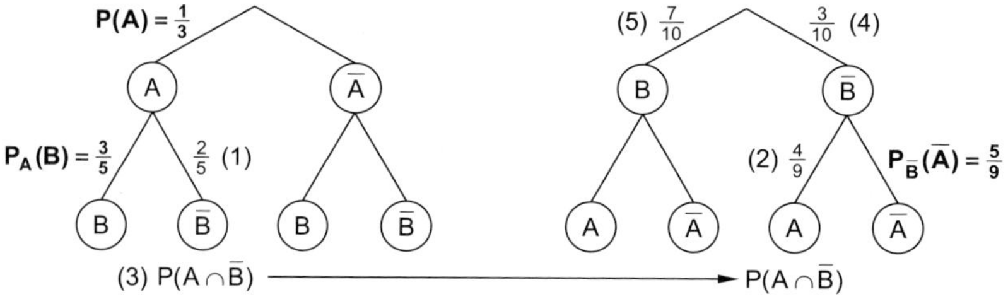

Nebenrechnung zu (1):

$$P_A(\overline{B})=1-P_A(B)=1-\frac{3}{5}=\frac{2}{5}$$

Nebenrechnung zu (2):

$$P_{\overline{B}}(A)=1-P_{\overline{B}}(\overline{A})=1-\frac{5}{9}=\frac{4}{9}$$

Nebenrechnung zu (3):

$$P(A\cap\overline{B})=\frac{1}{3}\cdot\frac{2}{5}=\frac{2}{15}$$

Nebenrechnung zu (4):

$$P_{\overline{B}}(A)=\frac{P(\overline{B}\cap A)}{P(\overline{B})} \Rightarrow P(\overline{B})=\frac{P(\overline{B}\cap A)}{P_{\overline{B}}(A)}=\frac{\frac{2}{15}}{\frac{4}{9}}=\frac{2}{15}\cdot\frac{9}{4}=\frac{3}{10}$$

Nebenrechnung zu (5):

$$P(B)=1-P(\overline{B})=1-\frac{3}{10}=\frac{7}{10}$$

Aufgabe 6 (PLA): Vektorgeometrie

1. Schritt: Analysieren des Problems
Alle Punkte, die durch Permutation der Koordinaten des Punktes A(2 | 4 | 6) entstehen, sind die Punkte:

B(2 | 6 | 4); C(4 | 2 | 6); D(4 | 6 | 2);
E(6 | 2 | 4); F(6 | 4 | 2)

$\Rightarrow$ Es gibt insgesamt 6 Punkte.

Die Lage der Punkte kann im dreidimensionalen Koordinatensystem veranschaulicht werden.

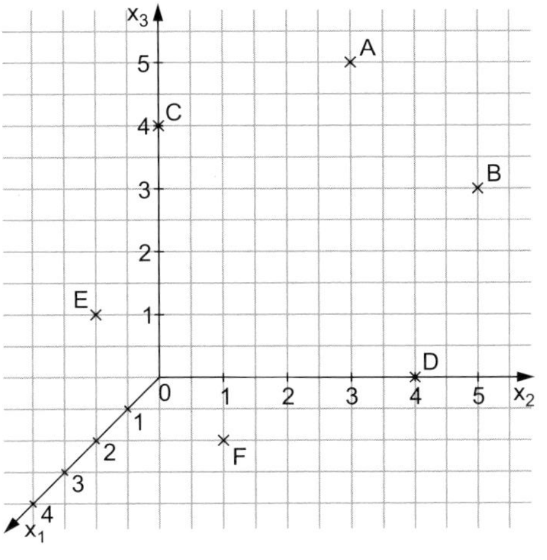

1. Annahme:
Die sechs Punkte liegen nicht auf einer Geraden.

2. Annahme:
Alle Punkte haben den gleichen Abstand zum Ursprung.

2. Schritt: Durchführung des Lösungsansatzes zur 1. Annahme
Zunächst wird eine Geradengleichung aus zwei der sechs Punkte aufgestellt und anschließend mit Punktprobe überprüft, ob die weiteren Punkte ebenfalls auf dieser Geraden liegen.

Z. B. Geradengleichung durch die Punkte A und B:

$$\text{Verbindungsvektor: } \overrightarrow{AB}=\begin{pmatrix}2\\6\\4\end{pmatrix}-\begin{pmatrix}2\\4\\6\end{pmatrix}=\begin{pmatrix}0\\2\\-2\end{pmatrix}$$

Geradengleichung durch die Punkte A und B mit Punkt A als Stützvektor:

$$\vec{x}=\begin{pmatrix}2\\4\\6\end{pmatrix}+r\cdot\begin{pmatrix}0\\2\\-2\end{pmatrix}$$

Der Richtungsvektor ist parallel zur x_2x_3-Ebene, da die x_1-Komponente den Wert null hat.

Punktprobe mit Punkt C:

$$\begin{pmatrix}4\\2\\6\end{pmatrix}=\begin{pmatrix}2\\4\\6\end{pmatrix}+r\cdot\begin{pmatrix}0\\2\\-2\end{pmatrix}$$

Man sieht sofort, dass es kein r gibt, das diese Gleichung für alle Koordinaten erfüllt.

3. Schritt: Reflexion des Ergebnisses zur 1. Annahme
Die Annahme, dass die sechs Punkte <u>nicht</u> auf einer Geraden liegen, ist folglich korrekt, da bereits Punkt C nicht auf der Geraden durch die Punkte A und B liegt.

Da alle weiteren Punkte D, E und F in der x_1-Koordinate nicht den Wert 2 stehen haben und der Richtungsvektor wie gezeigt parallel zur x_2x_3-Ebene liegt, liegen auch diese Punkte nicht auf der Geraden.

2. Schritt: Durchführung des Lösungsansatzes zur 2. Annahme
Überprüfung mit der Abstandsformel, ob alle sechs Punkte den gleichen Abstand zum Ursprung haben. Der Abstand zweier Punkte ist gleich dem Betrag des Verbindungsvektors. Da in diesem Fall der Verbindungsvektor der beiden Punkte gleich dem Ortsvektor ist, ergibt sich für den Abstand der Punkte zum Ursprung jeweils die gleiche Rechnung.

Formel für Abstand d: $d = \sqrt{2^2 + 4^2 + 6^2} = \sqrt{56} \approx 7{,}48$ LE

3. Schritt: Reflexion des Ergebnisses zur 2. Annahme
Die Annahme, dass alle Punkte den gleichen Abstand zum Ursprung des Koordinatensystems haben, ist richtig. Der Abstand beträgt immer ca. 7,48 LE. Hieraus könnte man folgern, dass die Punkte in einer Ebene liegen und mit dem Ursprung die Ecken einer sechseckigen Pyramide bilden.

Weitere Anmerkungen zu der Aufgabe:
Die beiden hier besprochenen Annahmen sind relativ naheliegend und erfordern nicht viel Rechenaufwand. Natürlich sind noch weitere Annahmen möglich und überprüfbar, zum Teil sind diese aber mit deutlich mehr Rechenaufwand verbunden. Mögliche weitere Annahmen bezüglich der Lage der sechs Punkte könnten sein (ohne Anspruch auf Vollständigkeit):
- Alle sechs Punkte liegen in einer Ebene.
- Die sechs Punkte bilden in der Ebene ein regelmäßigen Sechseck/einen Kreis.
- Es gibt einen (Mittel-)Punkt in der Ebene, der von allen sechs Punkten gleich weit entfernt ist.

Aufgabe 1 – Lehrerauswahl I: Analysis

BE

1.1 Gegeben ist die Funktion g durch

$$g(x) = 2\sin\left(\frac{\pi}{2}(x-1)\right) + 1;\ x \in \mathbb{R}.$$

Der Graph von g ist K_g.

a Die folgende Abbildung zeigt K_g.
Zeichnen Sie die passende Skalierung der Koordinatenachsen in das unten abgebildete Schaubild ein.
Geben Sie ohne Rechnung die Koordinaten von zwei benachbarten Wendepunkten von K_g an. 3

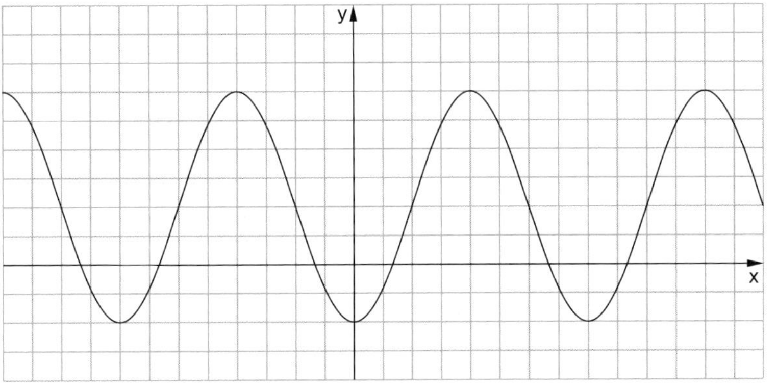

b Beschreiben Sie, durch welche Transformationen K_g aus dem Graphen von p mit $p(x) = \sin(x);\ x \in \mathbb{R}$ erzeugt wird. 3

1.2 Gegeben ist die Funktion f durch $f(x) = -e^{\ln(2)x} + 2;\ x \in \mathbb{R}$.
Der Graph von f ist K_f.
Gegeben ist zudem die Gerade h mit der Gleichung: $y = -\frac{3}{2}x + 1$

a Zeigen Sie durch Rechnung, dass für f die Darstellung $f(x) = -2^x + 2$ gilt, und geben Sie die Nullstelle von f an. 2

b Zeichnen Sie K_f und h in ein Koordinatensystem mit $-2 \le x \le 2{,}5$ ein. 3

c Berechnen Sie den Wert des Integrals

$$\int_0^2 \left(1 + \frac{3}{2}x - e^{\ln(2)x}\right) dx$$

und interpretieren Sie das Integral im geometrischen Zusammenhang bzgl. K_f und h. 5

d Es gibt mehrere Geraden, die durch den Punkt $Q(0 \mid 1)$ und einen weiteren Punkt von K_f gehen.
Geben Sie alle möglichen Werte für die Steigungen dieser Geraden an. 2

e Für $0 \le x \le 1$ wird f durch eine quadratische Funktion q angenähert.
Der Übergang des Graphen von q zu K_f soll im Punkt $(1 \mid f(1))$ stetig und im Punkt $(0 \mid f(0))$ knickfrei sein.
Bestimmen Sie den Wert, um den sich die Funktionswerte von f und q an der Stelle $x = 0{,}5$ unterscheiden. 4

f Begründen Sie, dass f eine Umkehrfunktion u besitzt.
Bestimmen Sie, mit einer Genauigkeit von zwei Nachkommastellen, die Koordinaten eines Punktes $(x \mid y) \in K_f$ mit $0 < x < 1$, der auch auf dem Schaubild von u liegt. 5

1.3 Die Kontur eines Glases wird durch die Funktion w mit $w(x) = \frac{16}{5}\sqrt{x} - \frac{3}{4}x + \frac{1}{5}$; $0 \le x \le 10$, modelliert.
Dabei entspricht eine Längeneinheit einem Zentimeter in der Realität.

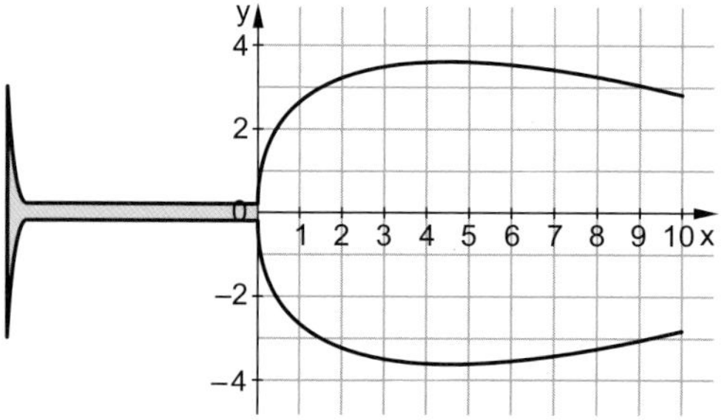

Abb. 1: Modellierung des Glases mit w. Das Schaubild von w bildet den oberen Rand des Querschnitts.

Abb. 2: Querschnitt des Glases.

a Berechnen Sie den Durchmesser des Weinglases an dessen Öffnung sowie dessen Breite in einer Füllhöhe von 4 cm. 2

b Zeigen Sie, dass die maximale Breite des Glases etwa 7,23 cm beträgt. 4

Bei Füllung bis zum oberen Rand passen in das Glas 330 Milliliter.

c Begründen Sie, dass die folgende Aussage wahr ist:
Ist Z eine Stammfunktion von z mit $z(x) = (w(x))^2$ und $Z(0) = 0$, so gilt $Z(10) = \frac{330}{\pi}$. 2

d Betrachten Sie die Integralfunktion I festgelegt durch:

$$I(b) = \pi \cdot \int_0^b (w(x))^2 \, dx; \quad 0 \le b \le 10$$

Formulieren Sie im Sachkontext eine passende Frage, die durch das Lösen der Gleichung $I(b) = 200$ beantwortet werden kann.
Begründen Sie, ohne einen Term für I zu berechnen, dass die entsprechende Stelle b größer als 5 ist. 5

40

Hinweise und Tipps

1.1 a **Tipps:**
- Bestimmen Sie den Wertebereich der Funktion mithilfe des Funktionsterms.
- Berechnen Sie mit der Formel $p = \frac{2\pi}{|b|}$ die Periodenlänge.
- Wendepunkte sind bei trigonometrischen Funktionen die Schnittpunkte mit der Mittellinie.
- Kennzeichnen Sie die Mittellinie im Schaubild als Parallele zur x-Achse mit der Gleichung $y = d$ und lesen Sie zwei Wendepunkte aus dem Schaubild ab.

b **Tipps:**
- Welchen Einfluss haben die Parameter a, b, c und d auf das Schaubild der Funktion mit $g(x) = a \cdot \sin(b(x - c)) + d$?
- Ziehen Sie ggf. die Merkhilfe zurate.

1.2 a **Tipps:**
- Welche Gesetze helfen beim Umformen des Funktionsterms?
- Wie lautet der Ansatz zur Ermittlung von Nullstellen?

b **Tipps:**
- Erzeugen Sie mit dem Taschenrechner eine Wertetabelle für f.
- Achten Sie darauf, dass die Schaubilder richtig beschriftet und die Achsen skaliert und beschriftet sind.

c **Tipps:**
- Bestimmen Sie eine Stammfunktion des gegebenen Terms.
- Setzen Sie die Obergrenze in die Stammfunktion ein und subtrahieren Sie davon den Wert, der sich ergibt, wenn man die Untergrenze einsetzt.
- Wie kann der Term des Intergrals aus den Funktionstermen der Funktionen f und h entstehen?
- Nutzen Sie Ihre Zeichnung aus Teilaufgabe b, um eine Interpretation des Integrals herzuleiten.

d **Tipps:**
- Beachten Sie, dass die Gerade h die beschriebene Eigenschaft erfüllt.
- Zeichnen Sie weitere mögliche Geraden ein, indem Sie einen Punkt $P \neq Q$ auf K_f wandern lassen, und erkennen Sie gemeinsame Eigenschaften der Geraden.
- Wie ermittelt man die Steigung einer Geraden mithilfe zweier Punkte?
- Untersuchen Sie Grenzwerte der Steigung für $x \to \pm\infty$.
- Was passiert, wenn der Punkt P sich dem Punkt Q annähert?

e **Tipps:**
- Stellen Sie den Funktionsterm einer quadratischen Funktion anhand der gegebenen Eigenschaften auf.
- Welche Bedingungen kann man der Stetigkeit und der Knickfreiheit entnehmen?
- Ermitteln Sie den Funktionswert an der Stelle $x = 0{,}5$ für die Funktionen f und q und bestimmen Sie die Differenz der beiden Werte.

f **Tipps:**

- Welche Bedingung muss erfüllt sein, damit eine Funktion eine Umkehrfunktion besitzt?
- Welche Eigenschaft weist die Funktion f auf, die auf die Existenz einer Umkehrfunktion schließen lässt?
- Welche Bedingung muss für einen gemeinsamen Punkt des Schaubilds von f und deren Umkehrfunktion gelten?

1.3 a **Tipp:**

Mit den Funktionswerten an den Stellen $x=4$ und $x=10$ erhalten Sie den Radius des Glases an der jeweiligen Stelle. Durch Verdoppeln dieser Werte erhalten Sie jeweils den Durchmesser.

b **Tipps:**

- Die maximale Breite des Glases ergibt sich an der Stelle, an der der größte Funktionswert angenommen wird.
- Welche Bedingungen müssen für einen Hochpunkt erfüllt sein?

c **Tipps:**

- Beachten Sie die Einheiten.
- Nutzen Sie die Formel für das Rotationsvolumen (siehe Merkhilfe), um die Aussage nachzuweisen.

d **Tipps:**

- Was beschreibt die gegebene Integralfunktion im Sachzusammenhang?
- Welche Integralgrenzen sind gegeben bzw. variabel?
- Welche Bedeutung hat die obere Integralgrenze b?
- Um zu zeigen, dass $b>5$ sein muss, um die Gleichung $I(b)=200$ zu erfüllen (ohne diese Stelle zu berechnen), bedient man sich einer Abschätzung.
- Schätzen Sie mithilfe eines geeigneten Verfahrens (z. B. Abschätzung des Volumens mit Zylindern) das Volumen auf dem Intervall 0 bis 5 ab. Zeigen Sie, dass der ermittelte Wert kleiner als 200 ist.

Lösungen

1.1 a **Schaubild skalieren**

Der Funktionsterm einer Sinusfunktion lautet allgemein: $g(x) = a \cdot \sin(b(x-c)) + d$

Aus der gegebenen Funktion g mit $g(x) = 2\sin\left(\frac{\pi}{2}(x-1)\right) + 1$ können folgende Werte zugewiesen werden:

$a = 2;\ \ b = \frac{\pi}{2};\ \ c = 1;\ \ d = 1$

Mit diesen Informationen kann man den Wertebereich und die Periodenlänge ermitteln.

Skalierung der y-Achse mithilfe des Wertebereichs und der Amplitude:

$W = [-a+d; a+d] = [-2+1; 2+1] = [-1; 3]$

$|a| = 2 \quad \Rightarrow$ 4 Kästchen entsprechen 2 Einheiten.
$\Rightarrow$ 1 Kästchen entspricht 0,5 Einheiten.

Skalierung der x-Achse mithilfe der Periodenlänge:

$$p = \frac{2\pi}{|b|} = 2\pi \cdot \frac{2}{\pi} = 4$$

$p = 4 \quad \Rightarrow$ 8 Kästchen entsprechen 4 Einheiten.
$\Rightarrow$ 1 Kästchen entspricht 0,5 Einheiten.

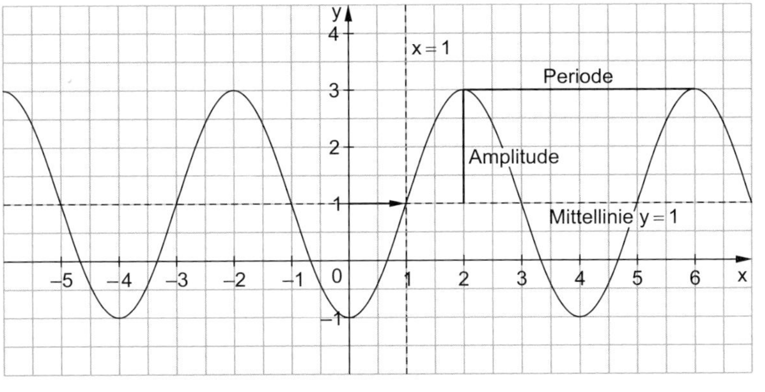

Zwei benachbarte Wendepunkte angeben

Schnittpunkte des Schaubilds der Funktion g mit der Mittellinie kennzeichnen Wendepunkte der Funktion g. Man kennzeichnet die Mittellinie als Parallele zur x-Achse mit der Gleichung $y = d = 1$ (siehe gestrichelte Linie in der Abbildung oben).

Zwei benachbarte Wendepunkte lauten beispielweise: $W_1(1\,|\,1)$; $W_2(3\,|\,1)$

b **Transformationen beschreiben**

Das Schaubild K_g entsteht aus der Sinusfunktion durch …

- Streckung in y-Richtung mit dem Faktor $|a| = 2$ (Amplitude $|a| = 2$);
- Streckung in x-Richtung mit dem Faktor $\frac{1}{b} = \frac{2}{\pi}$ (Periodenlänge $p = 2\pi \cdot \frac{2}{\pi} = 4$);
- Verschiebung in x-Richtung um eine Längeneinheit nach rechts $(c = 1)$;
- Verschiebung in y-Richtung um eine Längeneinheit nach oben $(d = 1)$.

1.2 a **Darstellungsform des Funktionsterms und Nullstelle angeben**

$f(x) = -e^{\ln(2)x} + 2 = -(e^{\ln(2)})^x + 2 = -2^x + 2$

Der Funktionsterm f kann dargestellt werden durch $f(x) = -2^x + 2$.

Nullstelle ermitteln:

$$\begin{aligned} f(x) &= 0 \\ -2^x + 2 &= 0 \\ -2^x &= -2 \\ 2^x &= 2 \\ x &= 1 \end{aligned}$$

Die Funktion f hat an der Stelle $x = 1$ eine Nullstelle.

b **Schaubilder erstellen**

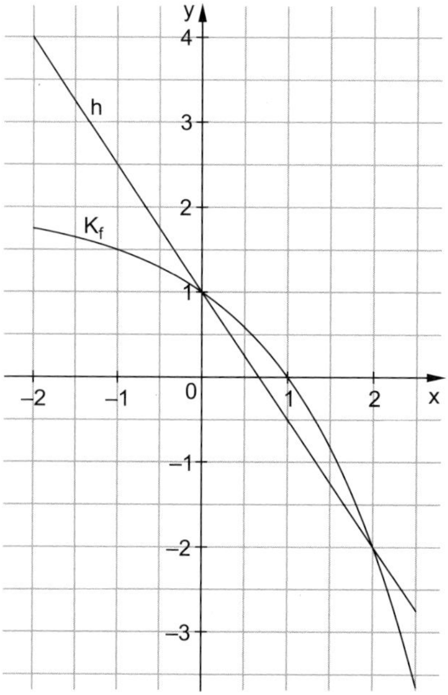

c **Berechnung des Integrals**

$$\int_0^2 \left(1 + \frac{3}{2}x - e^{\ln(2)x}\right) dx = \left[x + \frac{3}{4}x^2 - \frac{1}{\ln(2)} \cdot e^{\ln(2)x}\right]_0^2$$

$$= 2 + \frac{3}{4} \cdot 2^2 - \frac{1}{\ln(2)} \cdot e^{\ln(2) \cdot 2} - \left(-\frac{1}{\ln(2)} \cdot e^{\ln(2) \cdot 0}\right)$$

$$= 2 + 3 - \frac{1}{\ln(2)} \cdot e^{\ln(2) \cdot 2} + \frac{1}{\ln(2)}$$

$$= 0{,}67191\ldots$$

Interpretation

Vermutung: Der Term $1+\frac{3}{2}x-e^{\ln(2)x}$ entsteht durch $f(x)-h(x)$:

$$f(x)-h(x)=-e^{\ln(2)x}+2-\left(-\frac{3}{2}x+1\right)$$

$$=-e^{\ln(2)x}+2+\frac{3}{2}x-1=1+\frac{3}{2}x-e^{\ln(2)x}$$

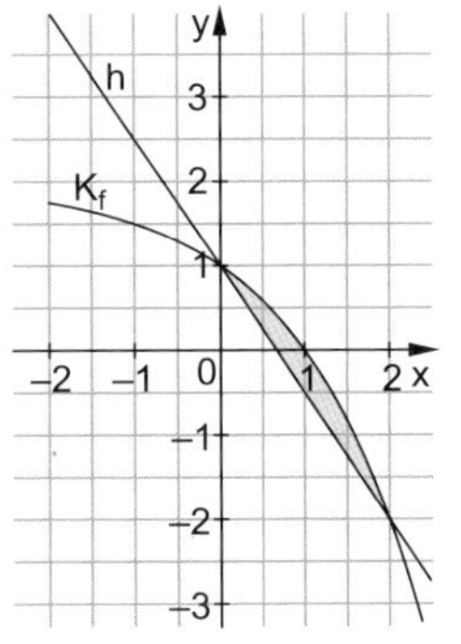

Der Zeichnung aus Teilaufgabe b kann man entnehmen, dass sich die beiden Schaubilder an den Stellen $x_1=0$ und $x_2=2$ schneiden. Das Schaubild K_f liegt zwischen den beiden Schnittstellen oberhalb von h. Der Integralwert kann als Flächeninhalt interpretiert werden.

Das Integral berechnet den Inhalt der Fläche, die durch die Schaubilder K_f und h auf dem Intervall [0; 2] eingeschlossen wird.

d **Werte für Steigungen möglicher Geraden ermitteln**

Hinweis: Für den Operator „angeben" ist lediglich die Nennung aller möglichen Werte für die Steigung notwendig (siehe unten). Eine Begründung ist nicht erforderlich. Zum besseren Verständnis enthält dieser Lösungsvorschlag eine ausführliche Begründung.

Vorüberlegungen:
Die Gerade h ist eine der gesuchten Geraden (verläuft durch Q(0 | 1) und P(2 | –2)). Die Punkte P_1 und P_2 (vgl. Skizze) sind weitere mögliche Punkte. Die Geraden, die dadurch entstehen, haben alle eine negative Steigung.

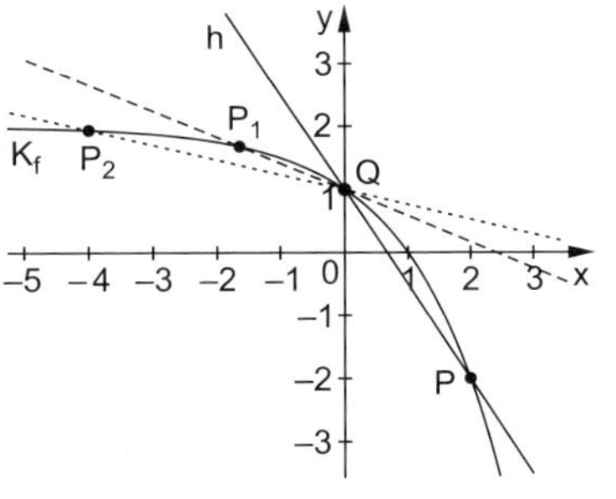

Für die Steigung der Geraden durch Q und einen weiteren Punkt P auf K_f gilt:

$$m=\frac{\Delta y}{\Delta x}=\frac{y_P-y_Q}{x_P-x_Q}=\frac{y_P-1}{x_P-0}$$

Es gilt für $x_P<0$:
Lässt man den Punkt P für $x\to-\infty$ auf K_f laufen, nähert sich der Funktionswert y_P dem Grenzwert 2 (= Asymptote) an.
Δy nähert sich somit dem Wert 1 an, wobei Δx gegen $-\infty$ strebt. Damit nähert sich die Steigung durch die beiden Punkte Q und P für $x\to-\infty$ null an, wobei sie negativ ist.

Es gilt für $x_P>0$:
Die Funktionswerte y_P sinken mit zunehmendem x-Wert schneller, als die x_P-Werte zunehmen. Die Steigungen sind negativ.
Mit zunehmendem x-Wert strebt die Steigung der Geraden durch die Punkte Q und P gegen $-\infty$.

Nähert sich die Sekante der Tangente an der Stelle $x=0$ an (Tangente im Punkt Q), gibt es keinen zweiten Punkt, der nicht Q ist. Somit kann die Steigung nicht der Steigung der Tangente im Punkt Q entsprechen. Für diese gilt:

$f'(x)=-\ln(2)\cdot e^{\ln(2)x}$

$f'(0)=-\ln(2)$

Die Steigung der Geraden durch die Punkte Q und P kann alle negativen Werte annehmen, bis auf $m = -\ln(2) = f'(0)$.

Geforderte Lösung:
Für die gesuchten Werte der Steigungen gilt also: $m < 0$ und $m \neq -\ln(2)$

e **Annäherung einer Funktion und Abweichung an einer Stelle bestimmen**
Die Funktion f soll durch eine quadratische Funktion q angenähert werden.
Der Ansatz für den Funktionsterm lautet:

$q(x) = ax^2 + bx + c$

$q'(x) = 2ax + b$

Stetiger Übergang im Punkt $(1 \mid f(1))$ bedeutet, dass die beiden Funktionen an der Stelle $x = 1$ denselben Funktionswert haben. Es gilt die Bedingung: $f(1) = 0 = q(1)$

Die Knickfreiheit im Punkt $(0 \mid f(0))$ bedeutet, dass die Funktionen f und q an der Stelle $x = 0$ denselben Funktionswert haben und die Steigung an dieser Stelle dieselbe ist. Es ergeben sich dadurch die nachfolgenden Bedingungen:

$f(0) = 1 = q(0)$

$f'(0) = -\ln(2) = q'(0)$

Aus diesen Bedingungen ergeben sich nachfolgende Gleichungen:

$q(1) = 0 \quad \Rightarrow \quad a + b + c = 0$

$q(0) = 1 \quad \Rightarrow \quad c = 1$

$q'(0) = -\ln(2) \quad \Rightarrow \quad b = -\ln(2)$

Durch das Einsetzen der Werte für b und c in die erste Gleichung erhält man für a den Wert: $a = \ln(2) - 1$

Der Funktionsterm der Funktion q lautet:

$q(x) = (\ln(2) - 1) \cdot x^2 - \ln(2) \cdot x + 1$

Ermittelt man den Funktionswert an der Stelle $x = 0{,}5$ für die Funktionen f und q, erhält man die Werte: $f(0{,}5) = 0{,}585786$ und $q(0{,}5) = 0{,}576713$

Die Annäherung liefert eine Abweichung in den Funktionswerten an der Stelle $x = 0{,}5$ von ca. 0,009073 $(= f(0{,}5) - q(0{,}5))$.

f **Begründung, dass f eine Umkehrfunktion besitzt**
Eine Funktion, die streng monoton fällt oder steigt, besitzt eine Umkehrfunktion.
Das Monotonieverhalten von f kann man anhand der ersten Ableitungsfunktion bestimmen.

Es gilt: $f'(x) = -\ln(2) \cdot e^{\ln(2)x} < 0$ für alle $x \in \mathbb{R}$

Damit ist das Schaubild von f streng monoton fallend für $x \in \mathbb{R}$. Somit existiert eine Umkehrfunktion u von f.

Gemeinsamer Punkt des Schaubilds von f und des Schaubilds der Umkehrfunktion

$f(x) = -e^{\ln(2)x} + 2$

Umkehrfunktion $f^{-1}(x) = u(x)$ bestimmen:

$$x = -e^{\ln(2)y} + 2 \qquad \mid -2$$

$$x - 2 = -e^{\ln(2)y} \qquad \mid \cdot(-1)$$

$$-x + 2 = e^{\ln(2)y} \qquad \mid \ln$$

$$\ln(-x+2) = \ln(2) \cdot y \qquad \Big| : \ln(2)$$

$$y = \frac{\ln(-x+2)}{\ln(2)} = u(x)$$

Gemeinsamer Punkt: Gleichsetzen der Funktionsterme

$$f(x) = u(x)$$

$$-e^{\ln(2)x} + 2 = \frac{\ln(-x+2)}{\ln(2)} \qquad \Big| - \frac{\ln(-x+2)}{\ln(2)}$$

$$-e^{\ln(2)x} + 2 - \frac{\ln(-x+2)}{\ln(2)} = 0$$

Die Lösung dieser Gleichung kann mithilfe des WTR ermittelt werden. Eine Intervallschachtelung mit dem Taschenrechner liefert folgende Ergebnisse:

$x_1 = 0$
$x_2 = 0{,}543\ldots$
$x_3 = 1$

Für $0 < x < 1$ ist 0,54 die Lösung der Gleichung auf zwei Nachkommastellen genau.

$f(0{,}54\ldots) \approx 0{,}54\ldots \approx u(0{,}54\ldots)$

Der Punkt $P(0{,}54\ldots \mid 0{,}54\ldots)$ ist ein Punkt, der sowohl auf dem Schaubild von f als auch auf dem Schaubild der Umkehrfunktion liegt.

Alternativ kann man über den Ansatz $f(x) = x$ ebenfalls die Aufgabe lösen, da ein gemeinsamer Punkt der Funktion f und ihrer Umkehrfunktion im Bereich $0 < x < 1$ auf der Winkelhalbierenden $y = x$ liegt (vgl. Zeichnung in Teilaufgabe b).

1.3 a **Durchmesser des Glases an der Öffnung ermitteln**

Skizze:

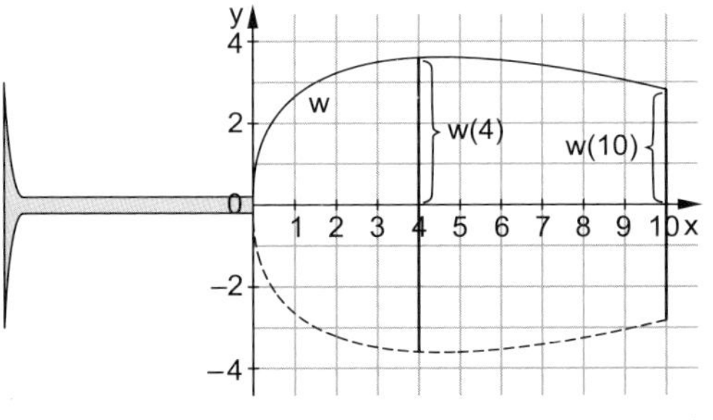

Hinweis: Die Zeichnung soll die Problemstellung visualisieren. Sie ist nicht Teil der geforderten Lösung.

Um den Durchmesser des Weinglases an dessen Öffnung zu erhalten, muss man den Funktionswert an der Stelle $x = 10$ verdoppeln:

$$w(10) = \frac{16}{5}\sqrt{10} - \frac{3}{4} \cdot 10 + \frac{1}{5} \approx 2{,}8193$$

Durchmesser des Weinglases an dessen Öffnung: $2 \cdot w(10) \approx 5{,}6386$

Der (innere) Durchmesser des Weinglases an dessen Öffnung beträgt ca. 5,64 cm.

Breite des Glases bei einer Füllhöhe von 4 cm

Analog bestimmt man die Breite des Weinglases in einer Füllhöhe von 4 cm.

$$w(4)=\frac{16}{5}\sqrt{4}-\frac{3}{4}\cdot 4+\frac{1}{5}=\frac{18}{5}=3{,}6$$

Breite des Weinglases in der Füllhöhe 4 cm: $2\cdot w(4)=\frac{36}{5}=7{,}2$

Die Breite des Weinglases in der Füllhöhe von 4 cm beträgt 7,2 cm.

b **Maximale Breite des Glases nachweisen**

Um die maximale Breite des Weinglases zu bestimmen, muss man den größten Funktionswert bestimmen.

$$w(x)=\frac{16}{5}x^{\frac{1}{2}}-\frac{3}{4}x+\frac{1}{5}$$

$$w'(x)=\frac{8}{5}x^{-\frac{1}{2}}-\frac{3}{4}=\frac{8}{5}\cdot\frac{1}{\sqrt{x}}-\frac{3}{4}$$

Notwendige Bedingung für einen Hochpunkt: $w'(x)=0$

$$
\begin{aligned}
w'(x)&=0\\
\frac{8}{5}\cdot\frac{1}{\sqrt{x}}-\frac{3}{4}&=0 &&\left|+\frac{3}{4}\right.\\
\frac{8}{5}\cdot\frac{1}{\sqrt{x}}&=\frac{3}{4} &&\left|\cdot\frac{5}{8}\right.\\
\frac{1}{\sqrt{x}}&=\frac{15}{32}\\
\sqrt{x}&=\frac{32}{15} &&|\,^2\\
x&=\frac{1\,024}{225}\approx 4{,}5511
\end{aligned}
$$

Hinreichende Bedingung:

Es liegt ein Vorzeichenwechsel in $w'(x)$ um $x=\frac{1\,024}{225}$ von + nach – vor.

Hinweis: Anhand des gegebenen Schaubilds kann man erkennen, dass es sich um ein Maximum handelt. Es kann also auf die hinreichende Bedingung verzichtet werden. Ein Hinweis auf das Schaubild ist dann jedoch notwendig.

Maximale Breite des Weinglases:

$$2\cdot w\left(\frac{1\,024}{225}\right)=2\cdot\frac{271}{75}=\frac{542}{75}\approx 7{,}23$$

Die maximale Breite des Glases beträgt in einer Höhe von ca. 4,55 cm ungefähr 7,23 cm.

c **Aussage auf Gültigkeit prüfen**

Umrechnen der Einheiten:

$1\,m\ell \mathrel{\hat{=}} 1\,\text{cm}^3 \quad\Rightarrow\quad 330\,m\ell \mathrel{\hat{=}} 330\,\text{cm}^3$

„Bei der Füllung bis zum oberen Rand passen in das Glas 330 $m\ell$" bedeutet:

$$V_{max}=\pi\cdot\int_0^{10}(w(x))^2\,dx=330 \quad \text{(Rotationsvolumen, vgl. Merkhilfe)}$$

Es soll gelten: $z(x) = (w(x))^2$

Ersetze $(w(x))^2$ im Term: $\pi \cdot \int_0^{10} z(x)\,dx = 330$

Z ist Stammfunktion von z: $\pi \cdot [Z(x)]_0^{10} = 330$

Obergrenze minus Untergrenze: $\pi \cdot (Z(10) - Z(0)) = 330$

Mit $Z(0) = 0$ (siehe Aufgabestellung) ergibt sich:

$\pi \cdot Z(10) = 330$

$Z(10) = \frac{330}{\pi}$

Die Aussage ist wahr.

d **Bedeutung einer Gleichung im Sachzusammenhang**

$I(b) = \pi \cdot \int_0^{b} (w(x))^2\,dx = 200$

Die Gleichung soll folgende Frage beantworten:
Bis zu welcher Füllhöhe b muss man das Weinglas füllen, um im Glas 200 $m\ell$ Flüssigkeit zu erhalten?

Abschätzung und Begründung

Um zu begründen, dass die Stelle b größer als 5 ist, schätzt man das Volumen des Glases bis zur Höhe 5 cm ab.

Man kann die Abschätzung des Volumens über mehrere Zylinder vornehmen. Dabei wählt man die Zylinder größer als das tatsächliche Volumen, um die Abschätzung nach oben festzulegen.

Volumen Zylinder $= \pi \cdot r^2 \cdot h$

$V_1 = \pi \cdot w(1)^2 \cdot 1 \approx 22{,}06$

$V_2 = \pi \cdot w(2)^2 \cdot 1 \approx 32{,}68$

$V_3 = \pi \cdot w(3)^2 \cdot 1 \approx 38{,}32$

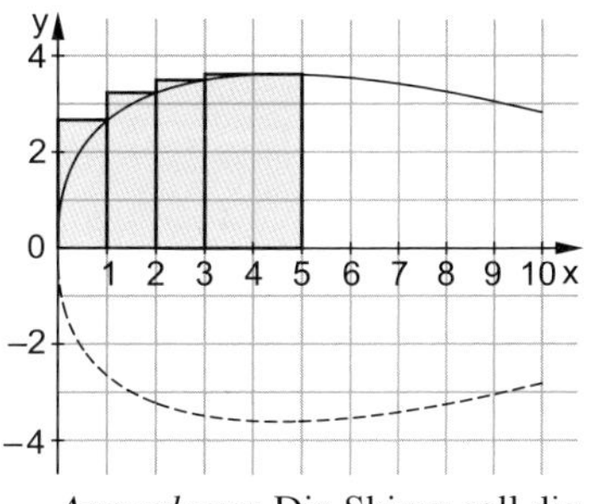

Anmerkung: Die Skizze soll die Abschätzung verdeutlichen.

$V_4 = \pi \cdot w(4{,}55)^2 \cdot 2 \approx 82{,}03$ (Hochpunkt laut Aufgabenteil b)

$V = V_1 + V_2 + V_3 + V_4 = 175{,}09 < 200$

Damit kann man feststellen, dass $I(5) < V < 200$ gilt.
Somit muss die Füllhöhe größer als 5 cm sein, um eine Flüssigkeitsmenge von 200 $m\ell$ zu erreichen.

Anmerkung: Alternative Abschätzungen sind möglich!

Aufgabe 1 – Lehrerauswahl II: Analysis

BE

1.1 Der Graph einer ganzrationalen Funktion g dritten Grades mit Definitionsbereich $\mathbb{R}$ hat den Tiefpunkt $(0|0)$ und den Wendepunkt $\left(-\frac{1}{2}\,\middle|\,\frac{5}{4}\right)$.

a Bestimmen Sie einen Funktionsterm von g. 6
(zur Kontrolle: $g(x) = \frac{5}{2}x^2 \cdot (2x+3)$)

b Betrachtet wird die Tangente an den Graphen von g in dessen Wendepunkt. Berechnen Sie die Größe des Winkels, unter dem diese Tangente die x-Achse schneidet. 3

Die Abbildung 1 zeigt den Graphen der in $\mathbb{R}$ definierten Funktion h mit
$h(x) = 5x^2 \cdot e^{\frac{2}{3}x^3}$.

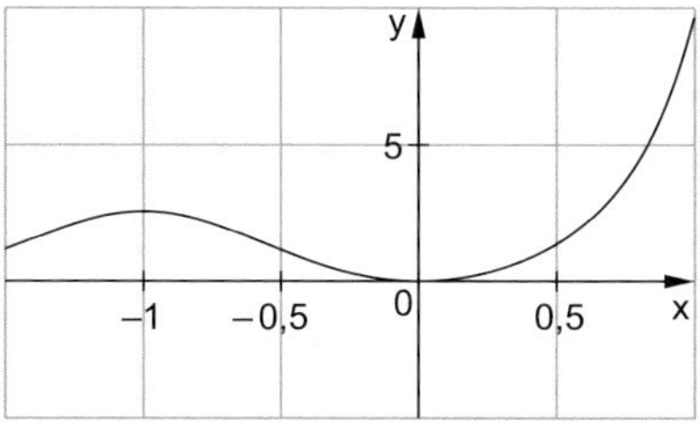

Abb. 1

c Zeigen Sie, dass
$h'(x) = 10x \cdot (1 + x^3) \cdot e^{\frac{2}{3}x^3}$
ein Term der ersten Ableitungsfunktion von h ist. 3

d Bestimmen Sie rechnerisch die Koordinaten der beiden Extrempunkte des Graphen von h. 3

e Es gilt: $(h(1) - g(1)) \cdot (h(2) - g(2)) < 0$
Geben Sie die Bedeutung dieser Tatsache hinsichtlich der gegenseitigen Lage der Graphen von g und h im Bereich $1 < x < 2$ an. Begründen Sie Ihre Angabe. 3

f Entscheiden Sie, welcher der abgebildeten Graphen I, II und III die in $\mathbb{R}$ definierte Funktion H mit

$$H(x) = \int_0^x h(t)\,dt \text{ darstellt.}$$

Begründen Sie Ihre Entscheidung. 3

I
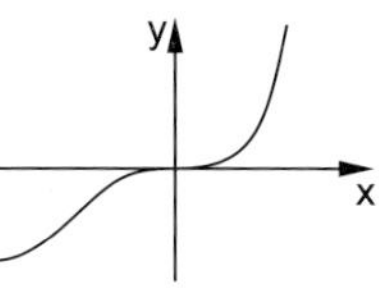

II
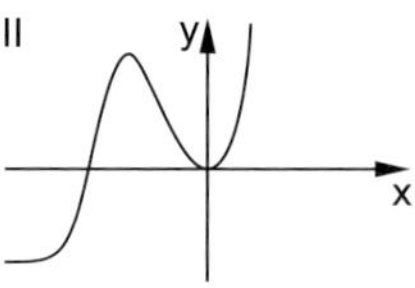

III
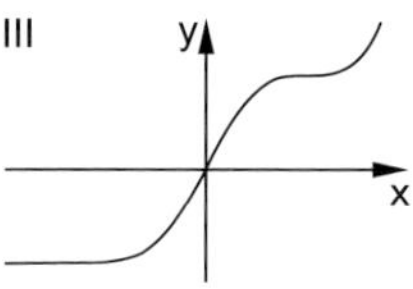

1.2 Der Luftdruck wird in Abhängigkeit von der Höhe über dem Meeresspiegel modellhaft mithilfe der Funktion p mit $p(x) = 1\,000e^{-\frac{x}{8}}$ und $x \in \mathbb{R}_0^+$ beschrieben. Dabei ist x die Höhe über dem Meeresspiegel in Kilometern und p(x) der Luftdruck in Hektopascal (hPa).
Die Abbildung 2 zeigt den Graphen von p.

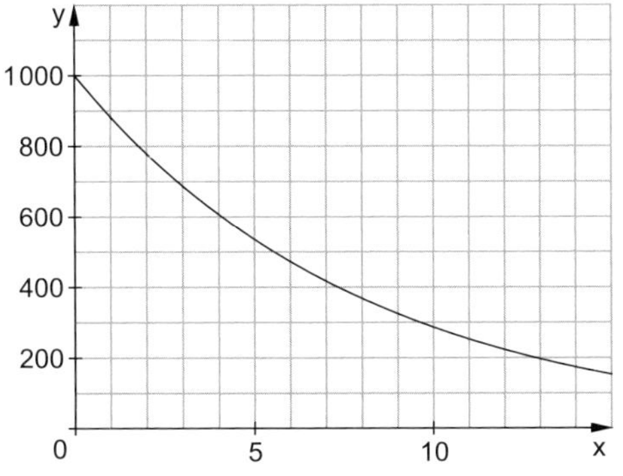

Abb. 2

a Bestimmen Sie grafisch die Höhe, in der der Luftdruck 650 hPa beträgt. Veranschaulichen Sie Ihr Vorgehen in der Abbildung 2. 2

b Zeigen Sie, dass eine Verringerung des Luftdrucks um die Hälfte auf eine Höhenänderung zurückzuführen ist, die unabhängig von der Ausgangshöhe ist. Geben Sie diese Höhenänderung an. 3

c Bestimmen Sie die lokale Änderungsrate des Luftdrucks in einer Höhe von 1,785 km. 3

Laut einer Faustregel sinkt der Luftdruck um 1 hPa, wenn die Höhe um 10 m zunimmt.

d Eine Gruppe von Bergsteigern misst in einer Höhe von 1 785 m einen Luftdruck von 800 hPa.
Bestimmen Sie die Höhe, in der sich die Bergsteiger einige Zeit später befinden, wenn die Faustregel dafür 2 785 m liefert. 4

e Ermitteln Sie eine Gleichung der Funktion, die ausgehend von einem Luftdruck von 800 hPa in einer Höhe von 1 785 m für jeden anderen Luftdruck (in hPa) die der Faustregel entsprechende Höhe (in km) liefert. 3

f Geben Sie die Wertemenge des Terms $-8 \cdot \ln \frac{u}{1000}$ für $0 < u \leq 1000$ an.
Beschreiben Sie die Bedeutung dieses Terms im Sachzusammenhang. 4

40

Hinweise und Tipps

1.1 a **Tipps:**

- Notieren Sie den allgemeinen Term einer ganzrationalen Funktion dritten Grades. Wie viele Unbekannte sind für die Funktion zu bestimmen?
- Sie haben als Informationen einen Tiefpunkt und einen Wendepunkt gegeben. Welche Ableitungen sind bei diesen Informationen mindestens notwendig? Bilden Sie diese Ableitungen.
- Verwenden Sie als Information zunächst den gegebenen Tiefpunkt im Ursprung $T(0\,|\,0)$. Als notwendige Bedingung für diesen Tiefpunkt gilt zudem $g'(0)=0$.
- Welche Eigenschaft gilt analog für einen Wendepunkt? Nutzen Sie bei Bedarf auch die Ihnen zur Verfügung stehende Merkhilfe.
- Sie erhalten ein lineares Gleichungssystem (LGS) mit zwei Gleichungen und zwei verbleibenden Unbekannten. Lösen Sie das LGS und notieren Sie die gefundene Funktion.
- Idealerweise kontrollieren Sie, ob die gefundene Funktion der zur Kontrolle angegebenen Funktion entspricht. Sollte dies nicht der Fall sein, bearbeiten Sie die weiteren Aufgabenteile mit der (richtigen) Kontrollfunktion.

b **Tipps:**

- Beachten Sie, dass nur der Schnittwinkel der Wendetangente mit der x-Achse gefragt ist. Die Wendetangente selbst muss nicht angegeben werden.
- Für den Schnittwinkel benötigen Sie die Steigung der Tangente im Wendepunkt, d. h. den Wert der ersten Ableitung im Wendepunkt.
- Welcher Zusammenhang gilt zwischen Steigung und Steigungswinkel einer Geraden (Merkhilfe!)? Achten Sie beim Bestimmen des Winkels mit dem Taschenrechner darauf, dass dieser auf das Gradmaß eingestellt ist!

c **Tipps:**

- Leiten Sie die Funktion h ab. Beachten Sie dabei sowohl die Produkt- als auch die Kettenregel.
- Formen Sie den Term so um, dass er mit dem angegebenen Term übereinstimmt.

d **Tipps:**

- Sie können Abbildung 1 der Aufgabenstellung entnehmen, dass der Graph der Funktion h zwei Extrempunkte besitzt. Zur Kontrolle sollten Sie Ihre rechnerisch ermittelten Extrempunkte mit der Abbildung vergleichen.
- Bestimmen Sie die Nullstellen der ersten Ableitung von h, indem Sie den Satz vom Nullprodukt anwenden.
- Geben Sie die Koordinaten der gefundenen Extrempunkte an. Da nur die Koordinaten der Extrempunkte gefragt sind, können Sie auf den Nachweis der Hoch- bzw. Tiefpunkte mit der 2. Ableitung verzichten.

e **Tipps:**

- Bei dem angegebenen Term handelt es sich um das Produkt zweier Differenzen, das negativ sein soll.
- Überlegen Sie, wann ein Produkt ein negatives Vorzeichen annimmt.
- Die beiden Faktoren sind die Differenz der Funktionswerte der Funktionen h und g an den Stellen $x=1$ und $x=2$.
- Falls Sie keine Idee bezüglich der gegenseitigen Lage der Graphen von g und h im angegebenen Intervall haben, können Sie die vier betrachteten Funktionswerte konkret berechnen und vergleichen.

f **Tipps:**

- Die Funktion H ist eine Integralfunktion von h. Nach dem Hauptsatz der Differenzial- und Integralrechnung ist jede Integralfunktion H eine Stammfunktion von h.
- Welche der drei Abbildungen kommt als Stammfunktion von h infrage?
- Bei welcher Abbildung erhält man durch grafisches Ableiten im Ursprung einen Berührpunkt (Nullstelle ohne Vorzeichenwechsel) wie beim Graphen von h?

1.2 a **Tipps:**

- Ergänzen Sie zunächst die in der Aufgabe angegebenen Einheiten in Abbildung 2.
- Gesucht ist die Höhe in Kilometern, in der der Luftdruck 650 hPa beträgt.
- Finden Sie in Abbildung 2 den Kurvenpunkt mit dem Funktionswert 650 hPa und lesen Sie den zugehörigen x-Wert in Kilometern ab.

b **Tipps:**

- Die Funktion p ist laut Abbildung 2 streng monoton fallend. Mit steigender Höhe über dem Meeresspiegel nimmt der Luftdruck also kontinuierlich ab.
- Zu bestimmen ist diejenige Höhenänderung d, bei der sich der Luftdruck unabhängig von der Ausgangshöhe x halbiert.
- Stellen Sie eine Gleichung auf, die den Luftdruck bei einer Höhenänderung d bezogen auf die Ausgangshöhe x mit dem halbierten Luftdruck in der Ausgangshöhe x gleichsetzt.
- Lösen Sie diese Gleichung nach d auf.

c **Tipps:**

- Die lokale Änderungsrate des Luftdrucks in einer Höhe von 1,785 km entspricht der Steigung der Funktion p an der Stelle $x = 1{,}785$.
- Bilden Sie die erste Ableitung p' an der Stelle $x = 1{,}785$. Denken Sie an die Kettenregel und vergessen Sie nicht, die Einheit der lokalen Änderungsrate anzugeben.

d **Tipps:**

- Zu bestimmen ist die tatsächliche Höhe der Bergsteiger, wenn die angegebene Faustregel einen Höhenwert von 2 785 m liefert.
- Bestimmen Sie zunächst anhand des Höhenunterschieds, den die Bergsteiger laut Faustregel überwunden haben, den neuen Luftdruck und bestimmen Sie dann die zugehörige tatsächliche Höhe mit der gegebenen Funktion p.

e **Tipps:**

- Gesucht ist eine Gleichung, die dem Luftdruck (x-Werte) die entsprechende Höhe (y-Werte) zuordnet. Beachten Sie, dass die Höhe in Kilometern angegeben sein soll.
- Laut Faustregel besteht zwischen Luftdruck und Höhe ein linearer Zusammenhang. Ermitteln Sie die Steigung der linearen Funktion und achten Sie auf die Einheiten.
- Mithilfe des gegebenen Wertes von 800 hPa in einer Höhe von 1,785 km lässt sich die Funktionsgleichung eindeutig angeben.

f **Tipps:**

- Welche Werte kann der Term auf dem angegebenen Intervall annehmen?
- Betrachten Sie die Intervallgrenzen und beziehen Sie Überlegungen zu Stetigkeit und Monotonie mit ein.
- Beachten Sie, dass Sie bei der Lösung der Teilaufgaben b und d auf einen ähnlichen Term gekommen sind. Bei diesen Aufgabenteilen wurde jeweils eine Höhe bzw. ein Höhenunterschied bei gegebenem Luftdruck ermittelt. Welche Größe wird dann im Sachzusammenhang für die Variable u eingesetzt?

Lösungen

1.1 a **Bestimmen eines Funktionsterms**

Die allgemeine Polynomfunktion 3. Grades lautet:

$g(x) = ax^3 + bx^2 + cx + d$

Für einen Wendepunkt wird die zweite Ableitung benötigt:

$g'(x) = 3ax^2 + 2bx + c$

$g''(x) = 6ax + 2b$

1. Bedingung: Tiefpunkt in $T(0 \mid 0) \quad \Rightarrow \quad$ 2 Informationen

$g(0) = 0 \quad \Rightarrow \quad d = 0$

$g'(0) = 0 \quad \Rightarrow \quad c = 0$

2. Bedingung: Wendepunkt in $W\left(-\frac{1}{2} \mid \frac{5}{4}\right) \quad \Rightarrow \quad$ 2 Informationen

$g\left(-\frac{1}{2}\right) = \frac{5}{4} \quad \Rightarrow \quad -\frac{1}{8}a + \frac{1}{4}b - \frac{1}{2}c + d = \frac{5}{4}$

$g''\left(-\frac{1}{2}\right) = 0 \quad \Rightarrow \quad -3a + 2b = 0$

Durch Einsetzen von $d = 0$ und $c = 0$ ergeben sich zwei Gleichungen:

I. Gleichung: $\quad -\frac{1}{8}a + \frac{1}{4}b = \frac{5}{4}$

II. Gleichung: $\quad -3a + 2b = 0$

Lösung mit dem Additionsverfahren:

$I \cdot (-8) + II: \quad -2a = -10 \quad \Leftrightarrow \quad a = 5$

eingesetzt in II: $-3 \cdot 5 + 2b = 0 \quad \Leftrightarrow \quad b = \frac{15}{2}$

Es ergibt sich die Funktion:

$g(x) = 5x^3 + \frac{15}{2}x^2 = \frac{5}{2}x^2 \cdot (2x + 3)$ (*Hinweis:* Dies entspricht der Kontrollfunktion.)

b **Berechnen eines Steigungswinkels**

1. Ableitung von g: $g'(x) = 15x^2 + 15x$

Steigung im Wendepunkt: $g'\left(-\frac{1}{2}\right) = -\frac{15}{4}$

Es gilt: $\tan(\alpha) = -\frac{15}{4} \quad \Rightarrow \quad \alpha = \tan^{-1}\left(-\frac{15}{4}\right) \quad \Rightarrow \quad \alpha \approx -75{,}07°$

Die Größe des Winkels, unter dem die Tangente im Wendepunkt die x-Achse schneidet, beträgt ungefähr 75°.

c **Nachweis einer Ableitungsfunktion**

$h(x) = 5x^2 \cdot e^{\frac{2}{3}x^3}$

Erste Ableitung bilden mithilfe der Produkt- und Kettenregel:

$h'(x) = 10x \cdot e^{\frac{2}{3}x^3} + 5x^2 \cdot e^{\frac{2}{3}x^3} \cdot 2x^2 = 10x \cdot e^{\frac{2}{3}x^3} + 10x^4 \cdot e^{\frac{2}{3}x^3}$

Faktorisieren durch Ausklammern:

$h'(x) = 10x \cdot (1 + x^3) \cdot e^{\frac{2}{3}x^3}$

Damit ist gezeigt, dass der angegebene Term die Ableitungsfunktion von h ist.

d **Bestimmen der Extrempunkte**

Notwendige Bedingung: $h'(x) = 0$

$10x \cdot (1 + x^3) \cdot e^{\frac{2}{3}x^3} = 0$ Satz vom Nullprodukt

Faktor 1: $10x = 0 \quad \Leftrightarrow \quad x_1 = 0$ passt zur Abbildung

Faktor 2: $(1 + x^3) = 0 \quad \Leftrightarrow \quad x_2 = -1$ passt zur Abbildung

Faktor 3: $e^{\frac{2}{3}x^3} > 0$ für alle $x \in \mathbb{R}$

Es gilt: $h(0) = 0$ Tiefpunkt $(0 \mid 0)$

$h(-1) = 5e^{-\frac{2}{3}}$ Hochpunkt $(-1 \mid 5e^{-\frac{2}{3}})$

Anmerkung: Nach der Art der Extrempunkte ist nicht gefragt. Man sieht aber anhand Abbildung 1, dass es sich bei dem Extrempunkt im Ursprung um einen Tiefpunkt handelt (Berührpunkt „von oben“) und entsprechend bei dem Extrempunkt $(-1 \mid 5e^{-\frac{2}{3}})$ um einen Hochpunkt.

e **Begründung der gegenseitigen Lage der Graphen von g und h**

Ein Produkt aus zwei Faktoren ist negativ, wenn die Faktoren unterschiedliche Vorzeichen besitzen.

Faktor 1, $h(1) - g(1)$, ist die Differenz der Funktionswerte von h und g an der Stelle 1. Liegt der Graph von h an der Stelle 1 oberhalb des Graphen von g an dieser Stelle, ist der Wert der Differenz positiv. Liegt der Graph von h an der Stelle 1 unterhalb des Graphen von g an dieser Stelle, ist der Wert der Differenz negativ.

Faktor 2, $h(2) - g(2)$, entspricht analog dazu der Differenz der Funktionswerte von h und g an der Stelle 2.

Wenn $(h(1) - g(1)) \cdot (h(2) - g(2)) < 0$ gilt, muss einer der beiden Werte für die Differenz negativ und einer positiv sein. Damit liegt an einer der beiden Stellen der Graph von h oberhalb des Graphen von g und an der anderen Stelle ist es umgekehrt.

Da die beiden Funktionen g und h im Bereich $1 < x < 2$ stetig sind, muss es somit auf diesem Intervall mindestens einen Schnittpunkt der beiden Graphen geben.

Hinweis: Man kann die vier Werte auch berechnen und vergleichen. Es gilt:

$g(1) = 12{,}5$ und $g(2) = 70$

$h(1) \approx 9{,}7$ und $h(2) \approx 4\,142{,}5$

Somit gilt: $(h(1) - g(1)) < 0$ und $(h(2) - g(2)) > 0$

f **Zuordnung eines Graphen**

Für die Integralfunktion $H(x) = \int_0^x h(t)\,dt$ gilt: $H'(x) = h(x)$

Gesucht ist damit der Graph einer Stammfunktion von h.

Graph I hat im Ursprung einen Sattelpunkt (Wendepunkt mit waagrechter Tangente). Durch grafisches Ableiten ergibt sich: $H'(0) = h(0) = 0$

Da Graph I monoton steigend ist, muss der Graph der zugehörigen Ableitungsfunktion zudem durchgehend oberhalb (bzw. auf) der x-Achse liegen.
Diese beiden Bedingungen sind laut Abbildung 1 für die Funktion h erfüllt.

Umgekehrt muss eine Stammfunktion von h monoton steigend sein und im Ursprung die Steigung 0 haben.

Die Graphen II und III haben im Ursprung keinen Sattelpunkt und kommen deshalb als Stammfunktion von h nicht infrage.

1.2 a **Ablesen aus der Abbildung**

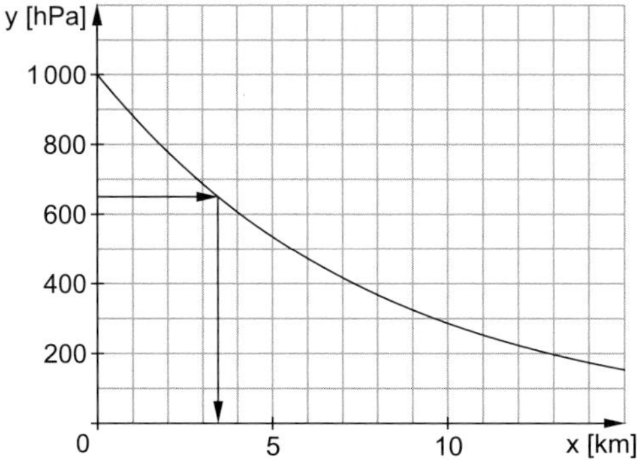

In einer Höhe von ca. 3,4 km beträgt der Luftdruck 650 hPa.

b **Höhenänderung bei Halbierung des Luftdrucks**

Luftdruck in Ausgangshöhe x: $p(x) = 1\,000 \cdot e^{-\frac{x}{8}}$

Luftdruck bei Höhenänderung d: $p(x+d) = 1\,000 \cdot e^{-\frac{x+d}{8}}$

Halbierter Luftdruck bzgl. Ausgangshöhe x: $\frac{p(x)}{2} = \frac{1\,000}{2} \cdot e^{-\frac{x}{8}}$

Es soll gelten: $p(x+d) = \frac{p(x)}{2}$

$$1\,000 \cdot e^{-\frac{x+d}{8}} = \frac{1\,000}{2} \cdot e^{-\frac{x}{8}} \quad |:1\,000$$

$$e^{-\frac{x+d}{8}} = \frac{1}{2} \cdot e^{-\frac{x}{8}} \quad \text{Anwenden der Potenzgesetze}$$

$$e^{-\frac{x}{8}} \cdot e^{-\frac{d}{8}} = \frac{1}{2} \cdot e^{-\frac{x}{8}} \quad |:e^{-\frac{x}{8}}$$

$$e^{-\frac{d}{8}} = \frac{1}{2} \quad |\ln$$

$$-\frac{d}{8} = \ln\frac{1}{2} \quad |\cdot(-8)$$

$$d = -8 \cdot \ln\frac{1}{2} \approx 5{,}55$$

Bei einer Höhenzunahme von ca. 5,55 km halbiert sich der Luftdruck.

c **Bestimmen der lokalen Änderungsrate**

Ausgangsfunktion: $p(x) = 1\,000 \cdot e^{-\frac{x}{8}}$

Ableitungsfunktion: $p'(x) = 1\,000 \cdot e^{-\frac{x}{8}} \cdot \left(-\frac{1}{8}\right) = -125 \cdot e^{-\frac{x}{8}}$

Es gilt: $p'(1,785) = -125 \cdot e^{-\frac{1,785}{8}} \approx -100$

Die lokale Änderungsrate in einer Höhe von 1,785 km beträgt $-100\,\frac{\text{hPa}}{\text{km}}$.

d **Bestimmen der tatsächlichen Höhe**

In einer Höhe von 1 785 m messen die Bergsteiger einen Luftdruck von 800 hPa.

Die Faustregel liefert in der neuen Höhe 2 785 m, also einen Höhenunterschied von 2 785 m – 1 785 m = 1 000 m.

Somit muss der Luftdruck laut Faustregel um 100 hPa abgenommen haben.

Gesucht ist somit die tatsächliche Höhe x (in km), für die gilt:

$$p(x) = 700$$

$$1\,000 \cdot e^{-\frac{x}{8}} = 700 \qquad |:1\,000$$

$$e^{-\frac{x}{8}} = 0,7 \qquad |\ln$$

$$-\frac{x}{8} = \ln 0,7 \qquad |\cdot(-8)$$

$$x = -8 \cdot \ln 0,7 \approx 2,853$$

Die Bergsteiger befinden sich in einer Höhe von ca. 2 853 m.

e **Ermitteln der Funktionsgleichung laut Faustregel**

Die Faustegel beschreibt einen linearen Zusammenhang. Ein linearer Zusammenhang bedeutet, dass sich eine Geradengleichung ergeben muss.

Ansatz: $y = mx + c$ (Luftdruck x in hPa; Höhe y in km)

Steigung: $m = -0,01\,\frac{\text{km}}{\text{hPa}}$ (Bei einer Zunahme des Luftdrucks um 1 hPa nimmt die Höhe um 10 m = 0,01 km ab.)

Der Wert von 800 hPa in einer Höhe von 1,785 km ist vorgegeben. Eingesetzt folgt:

$$1,785\text{ km} = -0,01\,\frac{\text{km}}{\text{hPa}} \cdot 800\text{ hPa} + c$$

$$\Leftrightarrow \qquad c = 9,785\text{ km}$$

Es ergibt sich folgende Funktionsgleichung:

$$y = -0,01x + 9,785$$

f **Angeben der Wertemenge und der Bedeutung eines Terms**

Bestimmung der Wertemenge von $-8 \cdot \ln\frac{u}{1000}$ für $0 < u \le 1\,000$:

Für $u \to 0$ folgt: $\ln\frac{u}{1000} \to -\infty$

Damit strebt der Wert des Terms $-8 \cdot \ln\frac{u}{1000}$ gegen $+\infty$.

Für $u = 1\,000$ ergibt sich als Wert des Terms: $-8 \cdot \ln\frac{1000}{1000} = -8 \cdot \ln 1 = 0$

Auf dem gegebenen Intervall sind die Werte des Terms stetig und streng monoton fallend. Für $0 < u \leq 1\,000$ nehmen die Werte des Terms also kontinuierlich ab und es ergibt sich die Wertemenge:
$W = [0; +\infty[$

Auflösen der Funktionsgleichung $y = 1\,000 \cdot e^{-\frac{x}{8}}$ nach x ergibt:

$$\frac{y}{1\,000} = e^{-\frac{x}{8}} \quad |\ln$$

$$\ln \frac{y}{1\,000} = -\frac{x}{8}$$

$$-8 \cdot \ln \frac{y}{1\,000} = x$$

Mit dem gegebenen Term $-8 \cdot \ln \frac{u}{1\,000}$ wird also für jeden Luftdruck u zwischen 0 und 1 000 hPa die dazugehörige Höhe in Kilometern angegeben.

Aufgabe 2 – Lehrerauswahl I: Stochastik

BE

In einer Stadt sind 60 % der Bürger mit der Arbeit des dortigen Bürgermeisters zufrieden; 30 % sind unzufrieden und die verbleibenden Bürger sind neutral.
Für eine Bürgersprechstunde lädt der Bürgermeister zufällig zehn Bürger ein.

a Berechnen Sie jeweils die Wahrscheinlichkeit für die folgenden Ereignisse:
A: Fünf oder sechs der eingeladenen Bürger sind mit der Arbeit des Bürgermeisters zufrieden.
B: Höchstens sechs der eingeladenen Bürger sind mit der Arbeit des Bürgermeisters zufrieden. 4

b Bestimmen Sie die zu erwartende Anzahl der Bürger in dieser Gruppe, die mit dem Bürgermeister zufrieden sind.
Berechnen Sie die Wahrscheinlichkeit, dass die tatsächliche Anzahl der zufriedenen Bürger hiervon um drei abweicht[1]. 3

Zur nächsten Bürgersprechstunde kommen sechs zufriedene, drei unzufriedene und ein neutraler Bürger. Im Bürgersprechzimmer sitzen von links nach rechts die sechs zufriedenen, die drei unzufriedenen und der neutrale Bürger.

c Erläutern Sie die Bedeutung des Terms $6! \cdot 3! \cdot 1!$ im Sachzusammenhang. 2

Für ein Projekt im Stochastik-Unterricht werden die Bürger von einer Abiturklasse in mehreren Umfragen unabhängig voneinander zufällig befragt.

d In einer dieser Umfragen wurden 366 Bürger befragt. Die Wahrscheinlichkeit, dass die Anzahl der zufriedenen Bürger genau doppelt so groß ist wie der Rest, wird mit P bezeichnet.
Untersuchen Sie, ob P kleiner als 0,1 % ist. 3

e Eine andere Schülergruppe setzt sich zum Ziel, bei ihrer Umfrage höchstens 40 neutrale Bürger zu erhalten, dabei jedoch möglichst viele Bürger zu befragen. Sie möchte ihr Ziel mit einer Wahrscheinlichkeit von mindestens 80 % erreichen. Bestimmen Sie die Anzahl von Bürgern, die sie hierzu höchstens befragen sollte. 4

f Bei der Umfrage einer weiteren Schülergruppe gaben 268 von 500 befragten Bürgern an, den Bürgermeister wieder zu wählen.
Beurteilen Sie, ob der Bürgermeister auf Grundlage dieser Befragung mit 95 %iger Sicherheit damit rechnen kann, bei der anstehenden Wahl die absolute Mehrheit der Stimmen zu erhalten, wenn man davon ausgeht, dass alle Bürger zur Wahl gehen. 3

1 Anmerkung der Redaktion: Gemeint ist „…hiervon um höchstens drei abweicht."

Der Anteil der Frauen unter allen Bürgern beträgt in dieser Stadt 52 % und es gibt dort 48 % männliche Bürger. Dabei sind

- 24 % der Bürger zufrieden und männlich;
- 30 % der unzufriedenen Bürger weiblich.

g Weisen Sie nach, dass 40 % der zufriedenen Bürger männlich sind. 2

h Weisen Sie nach, dass die folgenden Aussagen wahr sind.
(1) „Unter allen neutralen Bürgern sind 30 % Männer."
(2) „Etwa 13,5 % aller Frauen sind neutral." 4

25

Hinweise und Tipps

a **Tipps:**

- Während es bei der Zufriedenheit mit dem Bürgermeister drei Ausprägungen gibt (zufrieden, unzufrieden und neutral), sind bei Teilaufgabe a und b nur zwei mögliche Ergebnisse relevant: „zufrieden" (Z) und das Gegenereignis „nicht zufrieden" ($\overline{Z}$). Damit handelt es sich um ein Bernoulli-Experiment.
- Definieren Sie die Zufallsgröße X als Anzahl der Bürger, die zufrieden sind.
- Ereignis A: Mithilfe der Bernoulli-Formel können Sie die Wahrscheinlichkeit für genau 5 bzw. genau 6 zufriedene Bürger berechnen.
- Ereignis B: Die Formulierung „höchstens" weist darauf hin, dass maximal 6 zufriedene Bürger dabei sein dürfen. Damit kann man die Wahrscheinlichkeiten von „kein zufriedener Bürger" bis „genau 6 zufriedene Bürger" summieren/kumulieren.
- Nutzen Sie die im Taschenrechner dafür vorgesehenen Funktionen.

b **Tipps:**

- Die zu erwartende Anzahl an zufriedenen Bürgern ermittelt man mithilfe des Erwartungswertes.
- Bei der Binomialverteilung berechnet man den Erwartungswert mit $E(X) = \mu = n \cdot p$.
- Die Wahrscheinlichkeit, dass die tatsächliche Anzahl der zufriedenen Bürgern um höchstens 3 vom Erwartungswert abweicht, berechnet man durch $P(\mu - 3 \leq X \leq \mu + 3)$.

c **Tipps:**

- Allgemein gilt: Für n verschiedene Objekte gibt es n! Vertauschungen/Permutationen.
- Welchen Einfluss hat die vorgegebene Sitzordnung auf die Anzahl der Vertauschungen?

d **Tipps:**

- Wie groß ist die Anzahl an zufriedenen Bürgern unter den 366 Befragten, wenn es genau doppelt so viele zufriedene Bürger sind wie der Rest?
- Mithilfe der Bernoulli-Formel kann man die Wahrscheinlichkeit berechnen, dass genau diese Anzahl zufriedener Bürger vorhanden ist.

e **Tipps:**

- Definieren Sie eine passende neue Zufallsgröße.
- Welche Trefferwahrscheinlichkeit liegt anhand der neu definierten Zufallsgröße vor?
- Die Formulierung „höchstens" weist darauf hin, dass maximal 40 neutrale Bürger dabei sein dürfen.
- Die Formulierung „mindestens 80 %" weist darauf hin, dass die Wahrscheinlichkeit größer oder gleich 0,8 sein muss.
- Nutzen Sie den Taschenrechner, um mit einem Näherungsverfahren den passenden Wert von n zu ermitteln.

f **Tipps:**

- Berechnen Sie anhand des Umfrageergebnisses die relative Häufigkeit, dass ein Befragter den Bürgermeister wieder wählen würde.
- Nutzen Sie die Merkhilfe, um das Vertrauensintervall für 95 %ige Sicherheit zu bestimmen (c-Wert aus Tabelle ablesen).
- Wie müssen die Werte im Vertrauensintervall sein, damit eine absolute Mehrheit der Stimmen bei gegebener Sicherheit vorliegt?

g **Tipps:**

- Definieren Sie Abkürzungen für die verschiedenen Ausprägungen (männlich, weiblich sowie zufrieden, unzufrieden, neutral).
- Bestimmen Sie alle Wahrscheinlichkeiten, die gegeben sind.
- Ermitteln Sie die bedingte Wahrscheinlichkeit dafür, dass ein Bürger männlich ist, wenn er zufrieden ist.

h **Tipps:**

- Erstellen Sie ein Baumdiagramm und übertragen Sie alle gegebenen Werte. Ermitteln Sie weitere Werte.
- Alternativ können Sie auch eine modifizierte Vierfeldertafel erstellen.
- Verwenden Sie jeweils die Formel für die bedingte Wahrscheinlichkeit, um die Aussagen zu bestätigen.

Lösungen

a **Wahrscheinlichkeiten berechnen**

Die Formel von Bernoulli lautet: $P(X=k)=\binom{n}{k}\cdot p^k\cdot(1-p)^{n-k}$

X: Anzahl der Bürger, die mit der Arbeit des Bürgermeisters zufrieden sind

$n=10$ Insgesamt werden 10 Bürger zur Bürgersprechstunde eingeladen.

$p=0{,}6$ 60 % der Bürger sind zufrieden.

$(1-p)=1-0{,}6=0{,}4$

$$P(A)=P(X=5)+P(X=6)=\binom{10}{5}\cdot 0{,}6^5\cdot 0{,}4^5+\binom{10}{6}\cdot 0{,}6^6\cdot 0{,}4^4$$
$$\approx 0{,}2007+0{,}2508=0{,}4515$$

Die Wahrscheinlichkeit, dass fünf oder sechs der eingeladenen Bürger mit der Arbeit des Bürgermeisters zufrieden sind, beträgt ungefähr 45 %.

$$P(B)=P(X\le 6)=P(X=0)+P(X=1)+P(X=2)+P(X=3)+P(X=4)$$
$$+P(X=5)+P(X=6)\approx 0{,}6177$$

Die Wahrscheinlichkeit, dass höchstens sechs der eingeladenen Bürger mit der Arbeit des Bürgermeisters zufrieden sind, beträgt ungefähr 62 %.

b **Erwartungswert ermitteln**

$E(X)=\mu=n\cdot p=10\cdot 0{,}6=6$

Bei einer Stichprobe von 10 Bürgern erwartet man 6 zufriedene Bürger.

Wahrscheinlichkeit ermitteln

Untere Grenze: $\mu-3=6-3=3$

Obere Grenze: $\mu+3=6+3=9$

$P(3\le X\le 9)=P(X\le 9)-P(X\le 2)\approx 0{,}9940-0{,}0123=0{,}9817$

Die Wahrscheinlichkeit, dass die tatsächliche Anzahl der zufriedenen Bürger vom Erwartungswert um höchstens drei abweicht, beträgt ungefähr 98 %.

c **Bedeutung des Terms im Sachzusammenhang**

Allgemein gilt: Für n verschiedene Objekte gibt es n! Vertauschungen/Permutationen.

6! gibt die Anzahl der Vertauschungen der 6 zufriedenen Bürger auf den ersten 6 Plätzen an; 3! gibt die Anzahl der Vertauschungen der 3 unzufriedenen Bürger auf den nächsten 3 Plätzen an und 1! gibt die Anzahl der Vertauschungen des neutralen Bürgers auf dem letzten Platz an.

Somit steht der Term $6!\cdot 3!\cdot 1!$ für die Anzahl der unterschiedlichen Verteilungen der 10 Bürger auf die 10 Sitzplätze unter den gegebenen Rahmenbedingungen.

d **Wahrscheinlichkeit berechnen**

Anzahl zufriedener Bürger $=366\cdot\frac{2}{3}=244$ Anzahl Rest $=366-244=122$

oder

x: Anzahl der Bürger, die nicht zufrieden sind

$2x+x=366$

$x=122$

Das Ereignis C wird definiert durch

C: Die Anzahl der zufriedenen Bürger beträgt genau 244.

$$P(C) = \binom{366}{244} \cdot 0{,}6^{244} \cdot 0{,}4^{122} \approx 0{,}00138 > 0{,}001 \mathrel{\hat=} 0{,}1\,\%$$

Die Wahrscheinlichkeit, dass genau doppelt so viele zufriedene Bürger wie nicht zufriedene dabei sind, ist größer als 0,1 %.

e **Höchstanzahl der befragten Bürger bestimmen**

Zufallsgröße Y: Anzahl an neutralen Bürgern unter n zufällig befragten Bürgern

Trefferwahrscheinlichkeit: $p = 0{,}1$

Gesucht ist die maximale Anzahl der Befragten n, sodass gilt:
$P(Y \le 40) \ge 0{,}8$

Mit dem WTR kann man für verschiedene Werte für n die Wahrscheinlichkeit $P(Y \le 40)$ berechnen. Mithilfe einer Intervallschachtelung ergeben sich folgende Werte:

Für $n = 358$ ergibt sich: $P(Y \le 40) \approx 0{,}7983 < 0{,}8$

Für $n = 357$ ergibt sich: $P(Y \le 40) \approx 0{,}8034 > 0{,}8$

Es sollten höchstens 357 Bürger befragt werden.

f **Vertrauensintervall ermitteln und im Sachzusammenhang deuten**

Anzahl der Befragten $n = 500$

absolute Häufigkeit, dass Befragter den Bürgermeister wieder wählt $= 268$

relative Häufigkeit, dass Befragter den Bürgermeister wieder wählt $h = \frac{268}{500} = 0{,}536$

Vertrauensintervall (siehe Merkhilfe):

$$\left[h - c \cdot \sqrt{\frac{h \cdot (1-h)}{n}};\ h + c \cdot \sqrt{\frac{h \cdot (1-h)}{n}} \right]$$

Sicherheitswahrscheinlichkeit 95 %: $c = 1{,}96$ (aus der Merkhilfe)

Vertrauensintervall:

$$\left[0{,}536 - 1{,}96 \cdot \sqrt{\frac{0{,}536 \cdot (1-0{,}536)}{500}};\ 0{,}536 + 1{,}96 \cdot \sqrt{\frac{0{,}536 \cdot (1-0{,}536)}{500}} \right] \approx [0{,}4923; 0{,}5797]$$

Für eine absolute Mehrheit der Stimmen müssten die Werte im Vertrauensintervall alle über 50 % liegen.

Das Vertrauensintervall erhält Werte, die kleiner sind als 50 %. Der Bürgermeister kann somit nicht mit 95 %iger Sicherheit damit rechnen, bei der Wahl eine absolute Mehrheit der Stimmen zu erhalten.

g **Bedingte Wahrscheinlichkeit nachweisen**

Z: zufrieden $P(Z) = 0{,}6$
U: unzufrieden $P(U) = 0{,}3$
N: neutral $P(N) = 0{,}1$
M: männlich $P(M) = 0{,}48$
W: weiblich $P(W) = 0{,}52$

Bürger, die zufrieden und männlich sind: $P(Z \cap M) = 0{,}24$

Die Formel für die gesuchte bedingte Wahrscheinlichkeit lautet:

$$P_Z(M) = \frac{P(Z \cap M)}{P(Z)} = \frac{0,24}{0,6} = 0,4$$

Es gilt: 40 % der zufriedenen Bürger sind männlich.

h **Aussagen über bedingte Wahrscheinlichkeiten nachweisen**
Baumdiagramm:

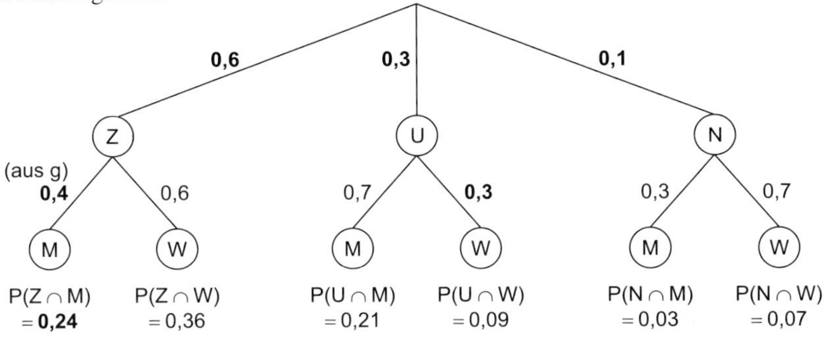

Anmerkung: Das Baumdiagramm ist nicht Bestandteil der erwarteten Lösung. Es soll Ihnen helfen, den Lösungsweg besser nachzuvollziehen. Die **fett gedruckten Werte** sind durch die Aufgabenstellung bzw. durch Teilaufgabe g bereits bekannt.

Nebenrechnung:

$$P(U \cap M) = 0,3 \cdot 0,7 = 0,21$$

$$P(M) = P(Z \cap M) + P(U \cap M) + P(N \cap M)$$

$$0,48 = 0,24 + 0,21 + P(N \cap M) \quad \Rightarrow \quad P(N \cap M) = 0,48 - 0,45 = 0,03$$

Zu (1): Unter allen neutralen Bürgern sind 30 % männlich:

$$P_N(M) = \frac{P(N \cap M)}{P(N)} = \frac{0,03}{0,1} = 0,3$$

Die Aussage stimmt. Unter allen neutralen Bürgern sind 30 % Männer.

Weitere Nebenrechnungen:

$$P(Z \cap W) = 0,6 \cdot 0,6 = 0,36$$

$$P(U \cap W) = 0,3 \cdot 0,3 = 0,09$$

$$P(N \cap W) = P(W) - P(Z \cap W) - P(U \cap W) = 0,52 - 0,36 - 0,09 = 0,07$$

Zu (2): Etwa 13,5 % aller Frauen sind neutral:

$$P_W(N) = \frac{P(N \cap W)}{P(W)} = \frac{0,07}{0,52} \approx 0,1346$$

Die Aussage stimmt. Ca. 13,5 % der Frauen sind neutral.

Aufgabe 2 – Lehrerauswahl II: Stochastik

BE

2.1 Ein Unternehmen stellt in großer Stückzahl technische Geräte her. Ein Viertel der hergestellten Geräte sind fehlerhaft. Die Anzahl fehlerhafter Geräte in einer Stichprobe soll modellhaft als binomialverteilt angenommen werden.

a 20 Geräte werden zufällig ausgewählt.
Bestimmen Sie für folgende Ereignisse jeweils eine Wahrscheinlichkeit:
A: „Genau fünf Geräte sind fehlerhaft."
B: „Mehr als fünf Geräte sind fehlerhaft."
C: „Mindestens drei, aber weniger als acht Geräte sind fehlerhaft." 5

b Beschreiben Sie im Sachzusammenhang ein Zufallsexperiment, bei dem die Wahrscheinlichkeit eines Ereignisses mit dem Term $1-(0{,}25^8+0{,}75^8)$ berechnet werden kann. Geben Sie dieses Ereignis an. 3

c Von den fehlerhaften Geräten werden 80 % so nachbearbeitet, dass sie ebenfalls fehlerfrei sind. Alle fehlerfreien Geräte werden ausgeliefert.
Berechnen Sie die Wahrscheinlichkeit dafür, dass ein zufällig ausgewähltes ausgeliefertes Gerät nachbearbeitet wurde. 4

Kurz nach einer Änderung im Herstellungsverfahren stellt das Unternehmen den Anteil fehlerhafter Geräte von 25 % infrage. Um bei einer Sicherheitswahrscheinlichkeit von 95 % einen Schätzwert für den Anteil fehlerhafter Geräte zu ermitteln, wird eine Stichprobe von 100 Geräten betrachtet. Abbildung 1 zeigt die Graphen der folgenden für $p \in [0;\, 1]$ definierten Funktionen:

$$f\colon p \mapsto p - 1{,}96 \cdot \sqrt{\frac{p(1-p)}{100}} \qquad g\colon p \mapsto p + 1{,}96 \cdot \sqrt{\frac{p(1-p)}{100}}$$

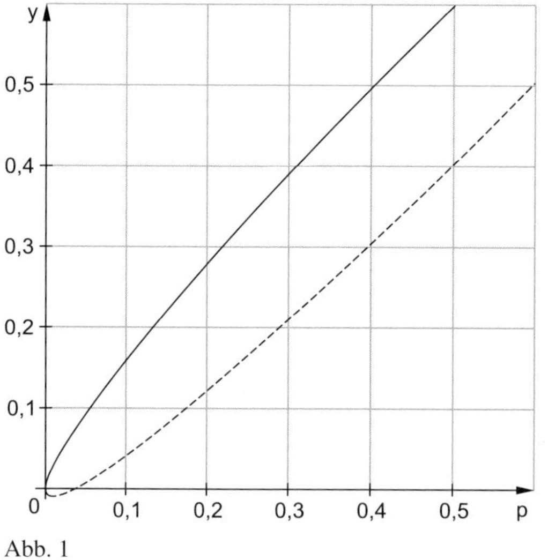

Abb. 1

d Bestimmen Sie grafisch alle möglichen Anzahlen fehlerhafter Geräte in der Stichprobe, für die bei einer Sicherheitswahrscheinlichkeit von 95 % jeweils Anlass dazu bestehen würde, die Korrektheit des gegebenen Anteils fehlerhafter Geräte infrage zu stellen. 3

e Die betrachtete Stichprobe enthält 19 fehlerhafte Geräte. Bestimmen Sie grafisch das zu dieser Anzahl gehörende Konfidenzintervall zur Sicherheitswahrscheinlichkeit 95 %. 3

2.2 Eine binomialverteilte Zufallsgröße Y gibt für eine Trefferwahrscheinlichkeit p mit $0 \leq p \leq 1$ die Anzahl der Treffer bei 20 Versuchen an.

a Abbildung 2 zeigt die symmetrische Wahrscheinlichkeitsverteilung einer Zufallsgröße der Wertemenge {0; 1; 2; ...; 20}.

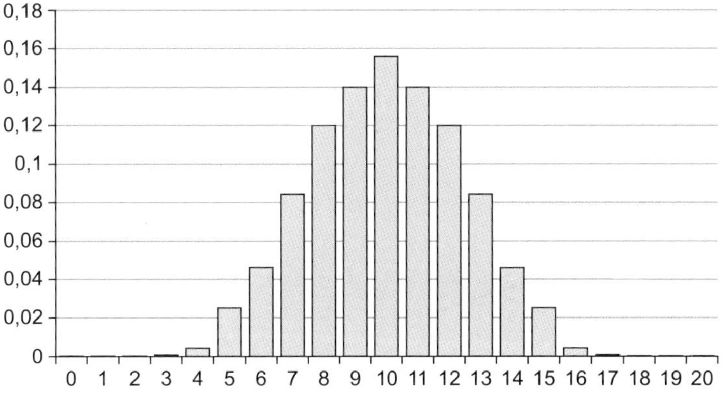

Abb. 2

Begründen Sie, dass es sich nicht um die Wahrscheinlichkeitsverteilung von Y handeln kann. 3

b Bestimmen Sie diejenigen Werte von p, für die die Wahrscheinlichkeit dafür, dass Y den Wert 10 annimmt, 4,7 % ist. 4

25

Hinweise und Tipps

2.1 a Tipps:

- Ereignis A: Nutzen Sie die Bernoulli-Formel und die Funktion Ihres WTR.
- Ereignis B: Wie lautet das Gegenereignis? Berechnen Sie die Wahrscheinlichkeit mit dem Gegenereignis und nutzen Sie die Funktion der kumulierten Wahrscheinlichkeit Ihres WTR.
- Ereignis C: Nutzen Sie auch hier die Funktion der kumulierten Wahrscheinlichkeit. Achten Sie auf die Formulierung: „Mindestens drei" bedeutet „größer oder gleich drei" und „weniger als acht" bedeutet „weniger oder gleich sieben".

b Tipps:

- Beachten Sie, dass der Term mit „1 – …" beginnt. Es handelt sich also um die Wahrscheinlichkeit eines Gegenereignisses.
- Welche Wahrscheinlichkeiten werden im Sachzusammenhang durch die Terme $0{,}25^8$ und $0{,}75^8$ berechnet? Wie lang muss in diesem Fall die Bernoulli-Kette sein?

c Tipps:

- Zeichnen Sie zur Veranschaulichung ein Baumdiagramm und bestimmen Sie die Wahrscheinlichkeit dafür, dass ein Gerät ausgeliefert wird.
- Beachten Sie bei der Formulierung der Aufgabe, dass es sich um eine bedingte Wahrscheinlichkeit handelt.

d Tipps:

- Machen Sie sich zunächst klar, was die y-Achse in Abbildung 1 bedeutet.
- Zu untersuchen ist die Wahrscheinlichkeit fehlerhafter Geräte $p = 0{,}25$.
- Lesen Sie aus Abbildung 1 jeweils den oberen und unteren Wert der relativen Häufigkeit bei einer Wahrscheinlichkeit von $p = 0{,}25$ ab.
- Innerhalb dieser Grenzen gäbe es keinen Anlass, die Wahrscheinlichkeit von 0,25 infrage zu stellen. Bei welchen möglichen Anzahlen fehlerhafter Geräte gäbe es dann Anlass, die Korrektheit der Wahrscheinlichkeit von 0,25 infrage zu stellen?

e Tipps:

- Wie groß ist die relative Häufigkeit bei einer Stichprobe von 100 Geräten, wenn es 19 fehlerhafte Geräte gibt?
- Lesen Sie aus Abbildung 1 entsprechend die obere und untere Grenze des zugehörigen Konfidenzintervalls bei einer relativen Häufigkeit von 0,19 ab.

2.2 a Tipps:

- Überlegen Sie, für welchen Wert der Trefferwahrscheinlichkeit p sich bei einer binomialverteilten Zufallsgröße Y eine symmetrische Verteilung ergibt.
- Zeigen Sie, dass die Wahrscheinlichkeiten bei dieser Trefferwahrscheinlichkeit p nicht der in Abbildung 2 abgebildeten Wahrscheinlichkeitsverteilung entsprechen. Nutzen Sie die Funktionen Ihres WTR.

b Tipps:

- Wie lautet die Bernoulli-Formel für 10 Treffer bei 20 Versuchen mit der unbekannten Trefferwahrscheinlichkeit p? Diese Wahrscheinlichkeit soll 4,7 % betragen.
- Lösen Sie die entstandene Gleichung nach p auf.
- Den Binomialkoeffizienten $\binom{20}{10}$ können Sie mit dem WTR oder der Formel aus der Merkhilfe berechnen.

Lösungen

2.1 a **Wahrscheinlichkeiten berechnen**

X: Anzahl der fehlerhaften Geräte

X ist $B_{20;\,0,25}$-verteilt.

Ereignis A:

$$P(A) = P(X = 5) = \binom{20}{5} \cdot 0,25^5 \cdot 0,75^{15} \approx 0,2023$$

Die Wahrscheinlichkeit für genau 5 fehlerhafte Geräte liegt bei 20,23 %.

Ereignis B:

Das Gegenereignis zu „mehr als 5" lautet „maximal 5" fehlerhafte Geräte.

$$P(B) = P(X > 5) = 1 - P(X \leq 5) \approx 1 - 0,6172 = 0,3828$$

Die Wahrscheinlichkeit für mehr als 5 fehlerhafte Geräte liegt bei 38,28 %.

Ereignis C:

$$P(C) = P(3 \leq X < 8) = P(X \leq 7) - P(X \leq 2) \approx 0,8982 - 0,0913 = 0,8069$$

Die Wahrscheinlichkeit für mindestens 3, aber weniger als 8 fehlerhafte Geräte liegt bei 80,69 %.

b **Zufallsexperiment und Ereignis im Sachzusammenhang beschreiben**

Es handelt sich um eine Bernoulli-Kette der Länge $n = 8$, ein passendes Zufallsexperiment im Sachzusammenhang lautet also:

„Acht Geräte werden zufällig ausgewählt."

Mit der in Teilaufgabe a definierten Zufallsgröße X gilt:

$P(X = 8) = 0,25^8$ „alle acht Geräte sind fehlerhaft"

$P(X = 0) = \binom{8}{0} \cdot 0,25^0 \cdot 0,75^8 = 0,75^8$ „kein Gerät von acht ist fehlerhaft"

Der Term $1 - (0,25^8 + 0,75^8)$ beschreibt die Wahrscheinlichkeit folgenden Ereignisses:

„Bei einer Stichprobe von acht Geräten mit einer Fehlerwahrscheinlichkeit von 25 % sind weder alle acht Geräte fehlerhaft noch alle acht Geräte fehlerfrei."

c **Bedingte Wahrscheinlichkeit berechnen**

f: Gerät ist fehlerhaft.

a: Gerät wird ausgeliefert.

n: Gerät wird nachbearbeitet.

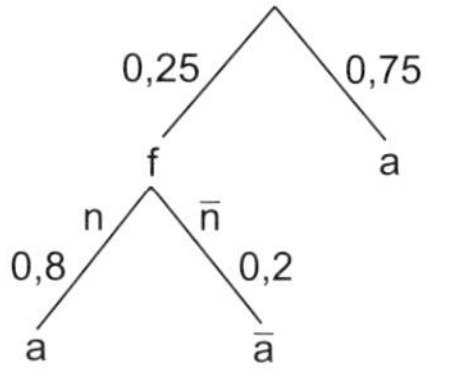

Gesucht ist die Wahrscheinlichkeit dafür, dass ein Gerät nachbearbeitet wurde unter der Bedingung, dass es ausgeliefert wurde, also $P_a(n)$.

Mit $P(a) = 0,75 + 0,25 \cdot 0,8 = 0,95$ gilt:

$$P_a(n) = \frac{P(a \cap n)}{P(a)} = \frac{0,25 \cdot 0,8}{0,95} \approx 0,2105$$

Die gesuchte Wahrscheinlichkeit beträgt 21,05 %.

d **Anzahlen fehlerhafter Geräte grafisch bestimmen**

Auf der y-Achse stehen jeweils die relativen Häufigkeiten h der Stichprobe für einen Schätzwert für p bei einer 95 %igen Sicherheitswahrscheinlichkeit.

Bei einer Wahrscheinlichkeit von $p = 0{,}25$ können folgende Werte näherungsweise aus Abbildung 1 abgelesen werden:

$h_1 \approx 0{,}16$ untere Grenze

$h_2 \approx 0{,}34$ obere Grenze

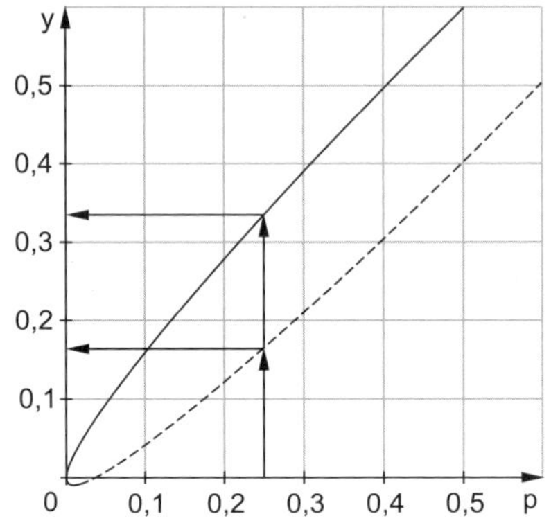

Bei einem Stichprobenumfang von 100 bedeutet das, dass es keinen Anlass für Zweifel an $p = 0{,}25$ bei einer Anzahl defekter Geräte zwischen 16 und 34 gäbe.

Umgekehrt gilt:
Bei einer Anzahl fehlerhafter Geräte von mehr als 34 oder weniger als 16 in der Stichprobe würde Anlass bestehen, an der Korrektheit der Wahrscheinlichkeit von 25 % zu zweifeln.

e **Konfidenzintervall grafisch ermitteln**

Die relative Häufigkeit beträgt:

$$h = \frac{19}{100} = 0{,}19 \quad \text{(Wert auf y-Achse)}$$

Auf der x-Achse lassen sich näherungsweise die beiden Wahrscheinlichkeiten $p_1 \approx 0{,}13$ und $p_2 \approx 0{,}27$ ablesen.

Es ergibt sich also näherungsweise das zugehörige Konfidenzintervall von: $[0{,}13; 0{,}27]$

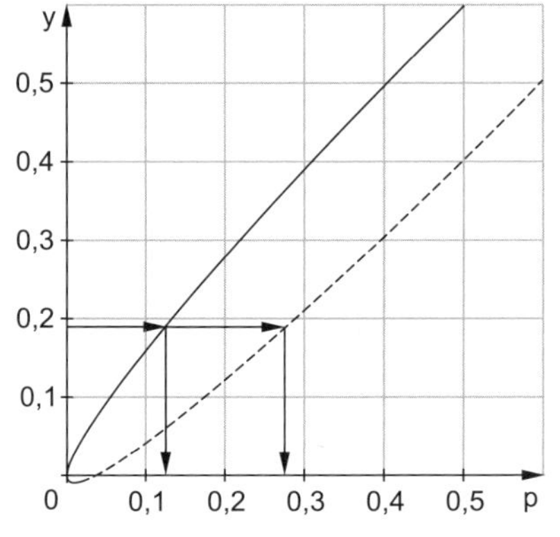

2.2 a **Nicht zutreffende Wahrscheinlichkeitsverteilung begründen**

Eine symmetrische Wahrscheinlichkeitsverteilung ergibt sich bei der Binomialverteilung nur bei einer Trefferwahrscheinlichkeit von $p = 0{,}5$.

Für die Zufallsgröße Y ergäben sich dann folgende Wahrscheinlichkeiten:

$P(Y = 7) \approx 0{,}074$

$P(Y = 8) \approx 0{,}120$

$P(Y = 9) \approx 0{,}160$

$P(Y = 10) \approx 0{,}176$

Hinweis: Lassen Sie sich die Wahrscheinlichkeiten, wenn möglich, in einer Liste Ihres WTR anzeigen.

Diese Wahrscheinlichkeiten entsprechen nicht den in Abbildung 2 dargestellten Wahrscheinlichkeiten (z. B. ist dort für 9 Treffer die Wahrscheinlichkeit gleich 0,14).

Anmerkung: Es genügt natürlich, wenn Sie genau einen Wert finden, der nicht der angegebenen Wahrscheinlichkeit in Abbildung 2 entspricht.

b **Werte von p für gegebene Wahrscheinlichkeit bestimmen**

Die Bernoulli-Formel für 10 Treffer bei 20 Versuchen lautet:

$$P(Y=10)=\binom{20}{10}\cdot p^{10}\cdot(1-p)^{10}$$

Diese Wahrscheinlichkeit soll 4,7 % = 0,047 betragen:

$$\binom{20}{10}\cdot p^{10}\cdot(1-p)^{10}=0{,}047 \qquad \left|\ \text{mit } \binom{20}{10}=184\,756\right.$$

$$184\,756\cdot p^{10}\cdot(1-p)^{10}=0{,}047 \qquad |:184\,756$$

$$p^{10}\cdot(1-p)^{10}=0{,}000000254 \qquad |\ (\ )^{0,1}$$

$$p\cdot(1-p)\approx 0{,}219$$

$$p-p^2-0{,}219=0$$

$$p^2-p+0{,}219=0 \qquad |\ \text{p-q-Formel}$$

$$p_1\approx 0{,}324 \quad \text{und} \quad p_2\approx 0{,}676$$

Die beiden gesuchten Trefferwahrscheinlichkeiten betragen ca. 32,4 % und 67,6 %.

Aufgabe 3 – Lehrerauswahl I: Lineare Algebra

BE

3.1 In einem Museum gibt es einen quaderförmigen Raum, in dem ein Kunstwerk in Pyramidenform ausgestellt wird. Die Seitenflächen der Pyramide sind undurchsichtig. Im Modell liegt der Boden des Raums in einem Teil der x_1x_2-Ebene mit $x_2 \geq 0$. Die quadratische Grundfläche ABCD der Pyramide hat die Eckpunkte $A(0|4|0)$, $B(4|4|0)$, $C(4|8|0)$ und D. Die Spitze S der Pyramide liegt vier Längeneinheiten senkrecht über dem Schnittpunkt der beiden Diagonalen der Grundfläche. Eine Längeneinheit entspricht einem Meter (m).

a Begründen Sie, dass die Spitze der Pyramide im Punkt $S(2|6|4)$ liegt. 2

b Zeichnen Sie die Pyramide in ein räumliches Koordinatensystem ein. 3

c Berechnen Sie den Winkel φ, den die Seitenkante AS der Pyramide mit dem Boden einschließt. 2

d Die Seitenflächen der Pyramide werden mit einem Material beschichtet, das 15 Cent pro Quadratzentimeter (cm^2) kostet.
Ermitteln Sie die Kosten dieser Beschichtung in Euro. 3

Im Punkt $K(0|9|3)$ ist eine Überwachungskamera angebracht, wobei die Pyramide die Überwachung des gesamten Raumes verhindert. Die Ebene E enthält die drei Punkte K, S und C.

e Ermitteln Sie eine Gleichung der Ebene E in Koordinatenform. 4
(zur Kontrolle: E: $x_1 + x_2 + x_3 = 12$)

f Ein punktförmiges Objekt bewegt sich vom Punkt $P(5|4|2)$ aus in Richtung des Vektors $\overrightarrow{AC}$.
Bestimmen Sie die Koordinaten des Punktes Q, an dem das Objekt von der Kamera erstmalig erfasst werden kann. 4

3.2 Gegeben sind die Matrizen

$$A = \begin{pmatrix} 1 & 2 \\ -1 & 0 \end{pmatrix},\ B = \begin{pmatrix} 1 & -1 \\ 0 & 2 \end{pmatrix} \text{ und } C = \begin{pmatrix} 1 & -2 \\ 2 & 1 \end{pmatrix}.$$

a Die Matrix $D = \begin{pmatrix} 3 & b \\ a & 4 \end{pmatrix}$ ist das Ergebnis einer Matrizenmultiplikation, bei der zwei der Matrizen A, B, C verwendet wurden.
Bestimmen Sie die Multiplikation und geben Sie die Werte von a und b an. 3

b Für eine Folge von Matrizen $B_1, B_2, B_3, \ldots$ gilt:
$B_1 = B, \quad B_2 = B \cdot B, \quad B_3 = B \cdot B \cdot B \ldots$
Berechnen Sie die Matrizen B_2 und B_3.
Ermitteln Sie die kleinste natürliche Zahl n, sodass ein Koeffizient der Matrix B_n größer als 1 000 ist. 4

25

Hinweise und Tipps

3.1 a **Tipps:**

- Die Diagonalen der quadratischen Grundfläche schneiden sich orthogonal und der Schnittpunkt ist jeweils die Mitte der Diagonalen. Die x_1- und x_2-Koordinaten dieses Schnittpunktes sind auch die x_1- und x_2-Koordinaten der Spitze S.
- Da die Grundfläche in einem Teil der x_1x_2-Ebene ($x_3 = 0$) liegt, sich die Spitze S vier Längeneinheiten senkrecht über dem Boden befindet und die x_3-Koordinate die Höhe der Pyramide angibt, muss die x_3-Koordinate der Spitze 4 sein.

b **Tipps:**

- Die Punkte A, B und C sind gegeben. Da die Grundfläche der Pyramide ein Quadrat ist, muss der Punkt D wie der Punkt A auf der x_2-Achse liegen. Der Punkt D liegt außerdem in x_2-Richtung „auf der Höhe" des Punktes C.
- Zeichnen Sie die Punkte A, B, C, D und S des Modells in ein dreidimensionales Koordinatensystem ein und verbinden Sie die Punkte der Grundfläche und jeden dieser vier Punkte mit der Spitze S.

c **Tipps:**

- In der Merkhilfe findet sich die Formel zur Bestimmung des Winkels zwischen einer Geraden und einer Ebene. Dieser lässt sich mithilfe des Richtungsvektors $\vec{u}$ der Geraden und des Normalenvektors $\vec{n}$ der Ebene berechnen.
- Stellt man sich die Seitenkante AS als Teil der Geraden durch die Punkte A und S vor, ist der Vektor $\overrightarrow{AS}$ ein Richtungsvektor $\vec{u}$ dieser Geraden. Nach Aufgabenstellung liegt der Boden des Raums in einem Teil der x_1x_2-Ebene. Jeder zugehörige Normalenvektor $\vec{n}$ verläuft daher parallel zur x_3-Achse. Wählen Sie einen beliebigen solchen Vektor und berechnen Sie damit den gesuchten Winkel φ.

d **Tipps:**

- Die vier Seitenflächen der Pyramide sind gleich große, gleichschenklige Dreiecke. Berechnet man den Flächeninhalt eines dieser vier Seitendreiecke und multipliziert diesen mit dem Faktor 4, so erhält man die gesamte zu beschichtende Fläche.
- Da eine Längeneinheit einem Meter (m) entspricht, folglich eine Flächeneinheit einem Quadratmeter (m^2), müssen die Kosten zunächst in € pro m^2 umgerechnet werden. Die gesuchten Kosten für die Beschichtung in Euro ergeben sich durch Multiplikation der gesamten Fläche mit diesen Kosten.
- Wählt man als Seitendreieck z. B. das Dreieck ABS, lässt sich der Flächeninhalt dieses gleichschenkligen Dreiecks mit $A_{\Delta ABS} = \frac{1}{2} \cdot |\overrightarrow{AB}| \cdot |\overrightarrow{M_{AB}S}|$ berechnen.

e **Tipp:**

Da die Ebene E die drei Punkte K, S und C enthält, können z. B. die beiden Vektoren $\overrightarrow{KS}$ und $\overrightarrow{KC}$ als Spannvektoren der Ebene E aufgefasst werden. Mit $\vec{n}_E = \overrightarrow{KS} \times \overrightarrow{KC}$ lässt sich ein Normalenvektor dieser Ebene E berechnen, dessen Komponenten als Koeffizienten für eine Ebenengleichung in Koordinatenform $n_1x_1 + n_2x_2 + n_3x_3 = b$ verwendet werden können. Durch Punktprobe mit K (oder S oder C) lässt sich schließlich der Wert der Konstanten b berechnen.

f **Tipps:**

- Anhand der Zeichnung aus Teilaufgabe b kann man sich die beschriebene Situation verdeutlichen. In welcher Koordinatenebene ist die Überwachungskamera angebracht, wenn die x_1-Koordinate des Punktes K null ist?
- Das punktförmige Objekt befindet sich zunächst von der Überwachungskamera aus betrachtet „hinter" der Pyramide und kann somit von dieser nicht erfasst werden. Es bewegt sich in Richtung des Vektors $\overrightarrow{AC}$, also in Richtung einer Diagonalen der Grundfläche. Diese Bewegung lässt sich mit einer Geraden b mathematisch modellieren. Stellen Sie mit P als Aufpunkt und dem Richtungsvektor $\overrightarrow{AC}$ diese Geradengleichung auf.
- Über welche Seitenkante der Pyramide muss sich das Objekt hinausbewegen, um erstmalig von der Kamera erfasst werden zu können? Die Eckpunkte dieser Seitenkante und der Punkt K, in dem die Überwachungskamera installiert ist, bilden eine Ebene. Schneidet die Bewegungsgerade b diese Ebene KSC, so tritt das punktförmige Objekt in den Überwachungsbereich der Kamera.
- Die Koordinaten dieses Schnittpunktes sind somit die Koordinaten des gesuchten Punktes Q, an dem das Objekt von der Kamera erstmalig erfasst werden kann.

3.2 a **Tipps:**

- Überprüfen Sie zunächst, ob $a_{11} \cdot b_{11} + a_{12} \cdot b_{21}$, $a_{11} \cdot c_{11} + a_{12} \cdot c_{21}$ bzw. $b_{11} \cdot c_{11} + b_{12} \cdot c_{21}$ den Wert $d_{11} = 3$ ergibt. Da die Matrizenmultiplikation nicht kommutativ ist, kann es auch erforderlich sein zu überprüfen, ob $b_{11} \cdot a_{11} + b_{12} \cdot a_{21}$, $c_{11} \cdot a_{11} + c_{12} \cdot a_{21}$ bzw. $c_{11} \cdot b_{11} + c_{12} \cdot b_{21}$ diesen Wert $d_{11} = 3$ ergibt.
- Haben Sie die passende Multiplikation gefunden, können Sie die Werte a und b nach der vollständigen Matrizenmultiplikation aus der Ergebnismatrix ablesen.

b **Tipps:**

- Berechnen Sie die Matrizen $B_2 = B \cdot B$ und $B_3 = B \cdot B \cdot B = B_2 \cdot B$ durch Matrizenmultiplikation.
- Vergleichen Sie die sich entsprechenden Komponenten der Matrizen B_1, B_2 und B_3 miteinander. Die Zahlenwerte welcher Komponenten bleiben nach jeder Multiplikation konstant? Welcher Wert wird kleiner, welcher Wert immer größer?
- Die Zahlenfolge 2, 4, 8, (16, 32, …) gibt das Anwachsen dieser größer werdenden Komponente wieder. Welche Gesetzmäßigkeit lässt sich dabei feststellen und an welcher Stelle n befindet sich der erste Zahlenwert, der größer als 1 000 ist?

Lösungen

3.1 a **Begründung, dass die Spitze der Pyramide im Punkt S(2 | 6 | 4) liegt**

Die Diagonalen der quadratischen Grundfläche ABCD schneiden sich orthogonal und der Schnittpunkt ist jeweils die Mitte der Diagonalen.

Mit den beiden Punkten A und C lässt sich die Mitte der Diagonalen $\overline{AC}$ bestimmen:

$$M_{AC}\left(\frac{a_1+c_1}{2}\,\middle|\,\frac{a_2+c_2}{2}\,\middle|\,\frac{a_3+c_3}{2}\right)=M_{AC}\left(\frac{0+4}{2}\,\middle|\,\frac{4+8}{2}\,\middle|\,\frac{0+0}{2}\right)=M_{AC}(2\,|\,6\,|\,0)$$

Dieser Mittelpunkt liegt in der x_1x_2-Ebene. Da die Spitze S senkrecht über diesem Punkt liegt, stimmen die x_1- und x_2-Koordinaten dieses Schnittpunktes somit mit den x_1- und x_2-Koordinaten der Spitze S überein.

Da die Grundfläche in einem Teil der x_1x_2-Ebene ($x_3=0$) liegt, sich die Spitze S vier Längeneinheiten über dem Boden befindet und die x_3-Koordinate die Höhe der Pyramide angibt, muss die x_3-Koordinate der Spitze also $x_3=0+4=4$ sein.

Mit diesen Überlegungen lässt sich begründen, dass die Spitze der Pyramide im Punkt S(2 | 6 | 4) liegt.

b **Zeichnen der Pyramide in ein räumliches Koordinatensystem**

Die Punkte A, B und C sind gegeben. Da die Grundfläche der Pyramide ein Quadrat ist, muss der Punkt D wie der Punkt A auf der x_2-Achse liegen, also $x_1=x_3=0$. Der Punkt D liegt außerdem in x_2-Richtung „auf der Höhe“ des Punktes C. Beide Punkte stimmen also in der x_2-Koordinate überein. Folglich hat der Punkt D die Koordinaten D(0 | 8 | 0).

Überträgt man die Punkte in ein dreidimensionales Koordinatensystem und verbindet die Eckpunkte der Grundfläche und jeden dieser vier Punkte mit der Spitze S, so könnte die Pyramide gezeichnet so aussehen:

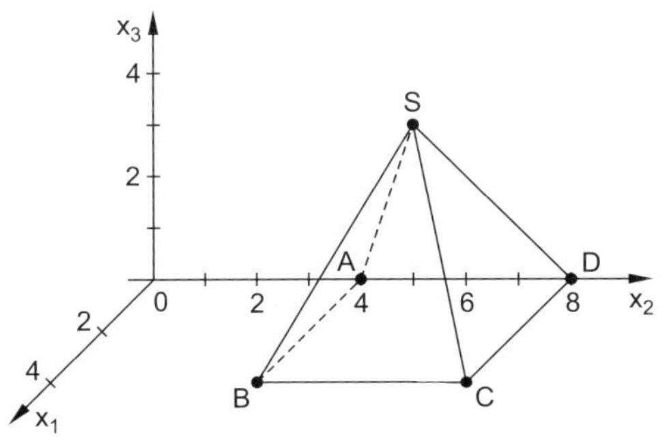

c **Berechnen des Winkels zwischen Seitenkante der Pyramide und Boden**

Die Formel zur Bestimmung des Winkels zwischen einer Geraden und einer Ebene ist:

$$\sin(\varphi)=\frac{|\vec{u}\cdot\vec{n}|}{|\vec{u}|\cdot|\vec{n}|}\quad\text{(vgl. Merkhilfe)}$$

Die Seitenkante AS der Pyramide kann man sich als Strecke auf der Geraden g durch die Punkte A und S vorstellen; folglich ist der Vektor $\overrightarrow{AS}$ ein Richtungsvektor dieser Geraden. Der Winkel φ, den die Seitenkante AS mit dem Boden einschließt, lässt sich mithilfe dieses Richtungsvektors und eines Normalenvektors $\vec{n}$ zum Boden berechnen.

$$\vec{u} = \overrightarrow{AS} = \begin{pmatrix} 2 \\ 6 \\ 4 \end{pmatrix} - \begin{pmatrix} 0 \\ 4 \\ 0 \end{pmatrix} = \begin{pmatrix} 2 \\ 2 \\ 4 \end{pmatrix}$$

Nach Aufgabenstellung liegt der Boden des Raums in einem Teil der x_1x_2-Ebene. Jeder Normalenvektor $\vec{n}$ zum Boden verläuft daher parallel zur x_3-Achse und hat die Form $\vec{n} = \begin{pmatrix} 0 \\ 0 \\ n_3 \end{pmatrix}$, wobei n_3 eine beliebige reelle Zahl ist. Mit z. B. $n_3 = 1$ ist $\vec{n} = \begin{pmatrix} 0 \\ 0 \\ 1 \end{pmatrix}$ ein möglicher Normalenvektor des Bodens.

Für den Winkel φ ergibt sich somit die Gleichung:

$$\sin(\varphi) = \frac{|\vec{u} \cdot \vec{n}|}{|\vec{u}| \cdot |\vec{n}|} = \frac{|2 \cdot 0 + 2 \cdot 0 + 4 \cdot 1|}{\sqrt{2^2 + 2^2 + 4^2} \cdot \sqrt{0^2 + 0^2 + 1^2}} = \frac{|4|}{\sqrt{24} \cdot \sqrt{1}} = \frac{4}{\sqrt{24}}$$

$$\Rightarrow \quad \sin^{-1}\left(\frac{4}{\sqrt{24}}\right) = 54{,}7356\ldots$$

Der Winkel φ, den die Seitenkante AS der Pyramide mit dem Boden einschließt, beträgt somit ca. 54,74°.

d **Ermittlung der Kosten für die Beschichtung der Seitenflächen der Pyramide**

Die vier Seitenflächen der Pyramide sind gleich große, gleichschenklige Dreiecke. Berechnet man den Flächeninhalt eines dieser Seitendreiecke ($A = \frac{1}{2} \cdot \text{Grundseite} \cdot \text{Höhe}$) und multipliziert diesen mit 4, so erhält man die gesamte zu beschichtende Fläche.

Da eine Längeneinheit einem Meter (m) entspricht, folglich eine Flächeneinheit einem Quadratmeter (m^2), die Kosten zur Beschichtung der Seitenflächen aber in Cent pro Quadratzentimeter (cm^2) angegeben sind, lassen sich die Kosten in € für einen Quadratmeter wie folgt berechnen:

$$15\,\frac{\text{ct}}{\text{cm}^2} = 15 \cdot 10\,000\,\frac{\text{ct}}{\text{m}^2} = 150\,000\,\frac{\text{ct}}{\text{m}^2} = 1\,500\,\frac{€}{\text{m}^2}$$

Somit ergeben sich die gesuchten Kosten für die Beschichtung in € mit:

$$K = 4 \cdot A_{\text{Seitendreieck}} \cdot 1\,500\,\frac{€}{\text{m}^2}$$

Wählt man als Seitendreieck das Dreieck ABS, ist die Höhe h dieses gleichschenkligen Dreiecks die Länge der Strecke $\overline{M_{AB}S}$. Also lässt sich der Flächeninhalt dieses Dreiecks mit $A_{\Delta ABS} = \frac{1}{2} \cdot |\overrightarrow{AB}| \cdot |\overrightarrow{M_{AB}S}|$ berechnen. Hierbei ist:

$$|\overrightarrow{AB}| = \sqrt{(4-0)^2 + (4-4)^2 + (0-0)^2} = \sqrt{4^2 + 0^2 + 0^2} = 4$$

Für den Mittelpunkt der Strecke $\overline{AB}$ gilt:

$$M_{AB}\left(\frac{a_1 + b_1}{2} \,\middle|\, \frac{a_2 + b_2}{2} \,\middle|\, \frac{a_3 + b_3}{2}\right) = M_{AB}\left(\frac{0+4}{2} \,\middle|\, \frac{4+4}{2} \,\middle|\, \frac{0+0}{2}\right) = M_{AB}(2\,|\,4\,|\,0)$$

Zusammen mit den Koordinaten der Spitze $S(2\,|\,6\,|\,4)$ errechnet sich die Länge der Höhe h dieses Seitendreiecks mit:

$$h = |\overrightarrow{M_{AB}S}| = \sqrt{(2-2)^2 + (6-4)^2 + (4-0)^2} = \sqrt{0^2 + 2^2 + 4^2} = \sqrt{20} = 2 \cdot \sqrt{5}$$

Mit diesen Werten erhält man als Flächeninhalt des Seitendreiecks ABS:

$$A_{\Delta ABS} = \frac{1}{2} \cdot |\overrightarrow{AB}| \cdot |\overrightarrow{M_{AB}S}| = \frac{1}{2} \cdot 4 \cdot 2 \cdot \sqrt{5} = 4 \cdot \sqrt{5}$$

Vier dieser Seitendreiecke werden beschichtet, also wird folgende Gesamtfläche A_{gesamt} mit dem Material beschichtet:

$A_{gesamt} = 4 \cdot 4 \cdot \sqrt{5}\ m^2 = 16 \cdot \sqrt{5}\ m^2$

Da pro m^2 Kosten in Höhe von 1 500 € entstehen, betragen die Gesamtkosten K:

$K = 16 \cdot \sqrt{5}\ m^2 \cdot 1500 \frac{€}{m^2} = 24\,000 \cdot \sqrt{5}\ € \approx 53\,665{,}63146\ €$

Die Kosten der Beschichtung betragen etwa 53 665,63 €.

e **Ermitteln einer Ebenengleichung in Koordinatenform**

Die Ebene E enthält die drei Punkte K, S und C, die nicht auf einer Geraden liegen (siehe Zeichnung in Teilaufgabe b). Daher können die beiden Vektoren $\overrightarrow{KS}$ und $\overrightarrow{KC}$ als Spannvektoren dieser Ebene E aufgefasst werden. Es gilt:

$$\overrightarrow{KS} = \begin{pmatrix} 2 \\ 6 \\ 4 \end{pmatrix} - \begin{pmatrix} 0 \\ 9 \\ 3 \end{pmatrix} = \begin{pmatrix} 2 \\ -3 \\ 1 \end{pmatrix} \quad \text{und} \quad \overrightarrow{KC} = \begin{pmatrix} 4 \\ 8 \\ 0 \end{pmatrix} - \begin{pmatrix} 0 \\ 9 \\ 3 \end{pmatrix} = \begin{pmatrix} 4 \\ -1 \\ -3 \end{pmatrix}$$

Mit dem Vektorprodukt lässt sich ein Normalenvektor $\vec{n}_E$ der Ebene E berechnen:

$$\vec{n}_E = \overrightarrow{KS} \times \overrightarrow{KC} = \begin{pmatrix} -3 \cdot (-3) - 1 \cdot (-1) \\ 1 \cdot 4 - 2 \cdot (-3) \\ 2 \cdot (-1) - (-3) \cdot 4 \end{pmatrix} = \begin{pmatrix} 10 \\ 10 \\ 10 \end{pmatrix}$$

Die Komponenten dieses Normalenvektors können als Koeffizienten einer Ebenengleichung $n_1x_1 + n_2x_2 + n_3x_3 = b$ in Koordinatenform eingesetzt werden.

Die Gleichung der Ebene E in Koordinatenform hat bis hierher also die Form:

$10 \cdot x_1 + 10 \cdot x_2 + 10 \cdot x_3 = b$

Die Konstante b ergibt sich aus einer Punktprobe mit den Koordinaten des Punktes K (oder des Punktes S bzw. C). Mit $K(0\,|\,9\,|\,3)$ ergibt sich die Bestimmungsgleichung:

$10 \cdot 0 + 10 \cdot 9 + 10 \cdot 3 = 0 + 90 + 30 = 120 = b$

Somit ist die Gleichung $10x_1 + 10x_2 + 10x_3 = 120$ bzw. nach Äquivalenzumformung

$$\begin{aligned} 10x_1 + 10x_2 + 10x_3 &= 120 \quad |:10 \\ x_1 + x_2 + x_3 &= 12 \end{aligned}$$

die Gleichung E: $x_1 + x_2 + x_3 = 12$ eine Gleichung der Ebene E in Koordinatenform.

f **Bestimmung der Koordinaten des Punktes Q, an dem das punktförmige Objekt von der Überwachungskamera erstmalig erfasst werden kann**

Anhand der Zeichnung aus Teilaufgabe b kann man sich die beschriebene Situation verdeutlichen. Die Überwachungskamera ist im Punkt $K(0\,|\,9\,|\,3)$, also in der x_2x_3-Ebene angebracht. Sie befindet sich 1 m „rechts" von der Grundseite $\overline{CD}$ der Pyramidengrundfläche und ist 3 m über dem Boden installiert. Das punktförmige Objekt im Punkt $P(5\,|\,4\,|\,2)$ kann von der Überwachungskamera nicht erfasst werden, da es von den beiden undurchsichtigen Seitendreiecken CDS bzw. ADS verdeckt wird. Es bewegt sich in Richtung des Vektors $\overrightarrow{AC}$, also in Richtung der Diagonalen $\overline{AC}$ der Grundfläche.

Mit $P(5\,|\,4\,|\,2)$ als Aufpunkt und dem Richtungsvektor $\overrightarrow{AC} = \begin{pmatrix} 4-0 \\ 8-4 \\ 0-0 \end{pmatrix} = \begin{pmatrix} 4 \\ 4 \\ 0 \end{pmatrix}$ lässt sich diese Bewegung mit einer Geraden b mathematisch modellieren.

Für die Gleichung dieser Geraden b gilt:

$$b\colon \vec{x} = \begin{pmatrix} 5 \\ 4 \\ 2 \end{pmatrix} + r \cdot \begin{pmatrix} 4 \\ 4 \\ 0 \end{pmatrix} \quad \text{mit } r \in \mathbb{R}$$

Da sich das punktförmige Objekt in Richtung des Vektors $\overrightarrow{AC}$ auf die Seitenkante $\overline{CS}$ zubewegt, bleibt es so lange von den beiden undurchsichtigen Seitendreiecken CDS bzw. ADS verdeckt, bis es diese Seitenkante erreicht hat. Durchstößt die „Bewegungsgerade“ die Ebene E, die die Punkte K, S und C bilden, so ist dieser Schnittpunkt der gesuchte Punkt Q, an dem das Objekt von der Überwachungskamera erstmalig erfasst werden kann.

Mit $b\colon \vec{x} = \begin{pmatrix} x_1 \\ x_2 \\ x_3 \end{pmatrix} = \begin{pmatrix} 5 \\ 4 \\ 2 \end{pmatrix} + r \cdot \begin{pmatrix} 4 \\ 4 \\ 0 \end{pmatrix} = \begin{pmatrix} 5+4\cdot r \\ 4+4\cdot r \\ 2+0\cdot r \end{pmatrix} = \begin{pmatrix} 5+4r \\ 4+4r \\ 2 \end{pmatrix}$ und der in Teilaufgabe e

bestimmten Ebenengleichung E: $x_1 + x_2 + x_3 = 12$ ergibt sich:

$$\begin{aligned} (5+4r)+(4+4r)+2 &= 12 \\ 8r + 11 &= 12 \quad |-11 \\ 8r &= 1 \quad |:8 \\ r &= \frac{1}{8} \end{aligned}$$

Der Ortsvektor des Schnittpunktes Q der Bewegungsgeraden b und der Ebene E lautet:

$$\vec{q} = \begin{pmatrix} 5 \\ 4 \\ 2 \end{pmatrix} + \frac{1}{8} \cdot \begin{pmatrix} 4 \\ 4 \\ 0 \end{pmatrix} = \begin{pmatrix} \frac{11}{2} \\ \frac{9}{2} \\ 2 \end{pmatrix}$$

Somit hat der gesuchte Punkt Q, an dem das Objekt von der Kamera erstmalig erfasst werden kann, die Koordinaten $Q\left(\frac{11}{2} \mid \frac{9}{2} \mid 2\right)$.

3.2 a **Bestimmen einer Matrizenmultiplikation**

Zunächst überprüft man, bei welcher Matrizenmultiplikation sich der Wert $d_{11} = 3$ ergibt. Es gilt:

$$A \cdot B = \begin{pmatrix} 1\cdot 1 + 2\cdot 0 & d_{12} \\ d_{21} & d_{22} \end{pmatrix} = \begin{pmatrix} \mathbf{1} & d_{12} \\ d_{21} & d_{22} \end{pmatrix} \neq D$$

$$A \cdot C = \begin{pmatrix} 1\cdot 1 + 2\cdot 2 & d_{12} \\ d_{21} & d_{22} \end{pmatrix} = \begin{pmatrix} \mathbf{5} & d_{12} \\ d_{21} & d_{22} \end{pmatrix} \neq D$$

$$B \cdot C = \begin{pmatrix} 1\cdot 1 + (-1)\cdot 2 & d_{12} \\ d_{21} & d_{22} \end{pmatrix} = \begin{pmatrix} \mathbf{-1} & d_{12} \\ d_{21} & d_{22} \end{pmatrix} \neq D$$

$$B \cdot A = \begin{pmatrix} 1\cdot 1 + (-1)\cdot(-1) & d_{12} \\ d_{21} & d_{22} \end{pmatrix} = \begin{pmatrix} \mathbf{2} & d_{12} \\ d_{21} & d_{22} \end{pmatrix} \neq D$$

Schließlich kann festgestellt werden, dass für die Matrizenmultiplikation $C \cdot A$ gilt:

$$C \cdot A = \begin{pmatrix} 1\cdot 1 + (-2)\cdot(-1) & d_{12} \\ d_{21} & d_{22} \end{pmatrix} = \begin{pmatrix} \mathbf{3} & d_{12} \\ d_{21} & d_{22} \end{pmatrix}$$

Mit

$$C \cdot A = \begin{pmatrix} 3 & 1 \cdot 2 + (-2) \cdot 0 \\ 2 \cdot 1 + 1 \cdot (-1) & 2 \cdot 2 + 1 \cdot 0 \end{pmatrix} = \begin{pmatrix} \mathbf{3} & 2 \\ 1 & \mathbf{4} \end{pmatrix}$$

ist auch nachgewiesen, dass sich bei der Multiplikation $C \cdot A$ der Wert $d_{22} = 4$ ergibt.

Aus der Matrix $D = C \cdot A = \begin{pmatrix} 3 & 2 \\ 1 & 4 \end{pmatrix}$ ergeben sich die Werte $a = 1$ und $b = 2$.

b **Berechnen von Matrizenmultiplikationen**

Es gilt:

$$B_1 = \begin{pmatrix} 1 & -1 \\ 0 & 2 \end{pmatrix}$$

$$B_2 = B \cdot B = \begin{pmatrix} 1 \cdot 1 + (-1) \cdot 0 & 1 \cdot (-1) + (-1) \cdot 2 \\ 0 \cdot 1 + 2 \cdot 0 & 0 \cdot (-1) + 2 \cdot 2 \end{pmatrix} = \begin{pmatrix} 1 & -3 \\ 0 & 4 \end{pmatrix}$$

$$B_3 = B \cdot B \cdot B = B_2 \cdot B = \begin{pmatrix} 1 \cdot 1 + (-3) \cdot 0 & 1 \cdot (-1) + (-3) \cdot 2 \\ 0 \cdot 1 + 4 \cdot 0 & 0 \cdot (-1) + 4 \cdot 2 \end{pmatrix} = \begin{pmatrix} 1 & -7 \\ 0 & 8 \end{pmatrix}$$

Ermitteln der kleinsten Potenz, sodass der Wert 1 000 überschritten wird

Aus dem Vergleich dieser drei Matrizen und den hierbei wiederkehrenden Produktsummen liegt der Schluss nahe, dass die Komponenten der ersten Spalte jeder Matrix B_n konstant bleiben. Betrachtet man

$$B_4 = B \cdot B \cdot B \cdot B = B_3 \cdot B = \begin{pmatrix} 1 \cdot 1 + (-7) \cdot 0 & 1 \cdot (-1) + (-7) \cdot 2 \\ 0 \cdot 1 + 8 \cdot 0 & 0 \cdot (-1) + 8 \cdot 2 \end{pmatrix} = \begin{pmatrix} 1 & -15 \\ 0 & 16 \end{pmatrix},$$

so bestätigt sich diese Vermutung.

Bei $b_{11} = 1 \cdot 1 + (-7) \cdot 0 = 1$ ergibt das zweite Produkt immer den Wert null und b_{11} hat konstant den Wert 1. Bei $b_{21} = 0 \cdot 1 + 8 \cdot 0$ enthält jedes Produkt immer den Faktor null und somit ist auch der Wert der Summe konstant gleich null.

Folglich hat jede Matrix B_n die Form $B_n = \begin{pmatrix} 1 & b_{12} \\ 0 & b_{22} \end{pmatrix}$.

Sei die „vorhergehende" Matrix $B_{n-1} = \begin{pmatrix} 1 & c \\ 0 & d \end{pmatrix}$, so gilt:

$$B_n = \begin{pmatrix} 1 & b_{12} \\ 0 & b_{22} \end{pmatrix} = \begin{pmatrix} 1 & c \\ 0 & d \end{pmatrix} \cdot \begin{pmatrix} 1 & -1 \\ 0 & 2 \end{pmatrix} = \begin{pmatrix} 1 & 1 \cdot (-1) + c \cdot 2 \\ 0 & 0 \cdot (-1) + d \cdot 2 \end{pmatrix} = \begin{pmatrix} 1 & -1 + c \cdot 2 \\ 0 & d \cdot 2 \end{pmatrix}$$

Da c eine negative Zahl ist, wird die Komponente $b_{12} = -1 + c \cdot 2$ bei jeder Matrizenmultiplikation immer kleiner und kann somit nie größer als 1 000 werden.

Betrachtet man nun die Komponente b_{22} der Matrix B_n, so ist zu erkennen, dass diese doppelt so groß ist wie die b_{22}-Komponente der „vorhergehenden" Matrix B_{n-1}. Bei B_1 ist $b_{22} = 2$, bei B_2 ist $b_{22} = 2 \cdot 2 = 2^2$, bei B_3 ist $b_{22} = 2 \cdot 2 \cdot 2 = 2^3$, bei B_4 ist $b_{22} = 2 \cdot 2 \cdot 2 \cdot 2 = 2^4$ … und folglich ist sie bei B_n gleich $b_{22} = 2 \cdot 2 \cdot \ldots \cdot 2 = 2^n$.

Gesucht ist also die kleinste natürliche Zahl n, für die gilt $2^n > 1000$.

Aus $2^n > 1000$ ergibt sich durch Logarithmieren auf beiden Seiten:

$n > \log_2(1000)$ bzw. $n > 9{,}96578\ldots$

Die kleinste natürliche Zahl n, sodass eine Komponente der Matrix B_n größer als 1 000 ist, ist die Zahl $n = 10$.

Aufgabe 3 – Lehrerauswahl II: Vektorgeometrie

BE

Gegeben sind der Punkt $L\left(-\frac{25}{4} \mid -8 \mid 6\right)$ und die Gerade $g\colon \vec{x} = \begin{pmatrix} 0 \\ -12 \\ 9 \end{pmatrix} + a \cdot \begin{pmatrix} 1 \\ 0 \\ 0 \end{pmatrix}$, $a \in \mathbb{R}$.

a Begründen Sie, dass g parallel zur x_1-Achse und dabei nicht durch L verläuft. 2

b L und g liegen in der Ebene E.
Ermitteln Sie eine Gleichung von E in Koordinatenform. 4
(zur Kontrolle: E: $3x_2 + 4x_3 = 0$)

In der Abbildung ist neben L und g das Viereck OPQR dargestellt, dessen Eckpunkte $O(0 \mid 0 \mid 0)$, $P\left(-\frac{25}{2} \mid 0 \mid 0\right)$, $Q\left(-\frac{25}{2} \mid -12 \mid 9\right)$ und $R(0 \mid -12 \mid 9)$ in E liegen.
Q und R liegen außerdem auf g.

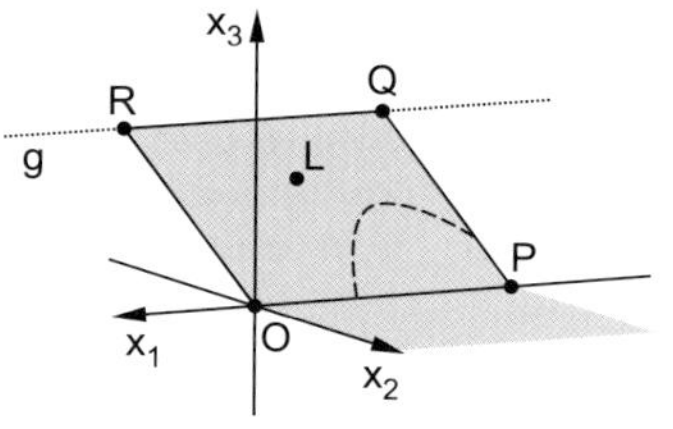

c Begründen Sie, dass OPQR ein Rechteck ist. 2

d Beschreiben Sie ein Verfahren, mit dem man die Koordinaten des Punkts S ermitteln könnte, für den das Viereck OPSR ein ebenes Drachenviereck ist. 3

Das Viereck OPQR stellt modellhaft den geneigten Teil einer Minigolfbahn dar, der Punkt L das Loch dieser Bahn. Im verwendeten Koordinatensystem beschreibt die x_1x_2-Ebene den horizontalen Untergrund; eine Längeneinheit entspricht 10 cm in der Realität.

e Berechnen Sie den Flächeninhalt des geneigten Teils der Bahn. 2

f Berechnen Sie die Größe des Winkels, den der geneigte Teil der Bahn mit dem Untergrund einschließt. 3

Im Folgenden wird der in der Abbildung gestrichelt dargestellte Teil des Wegs eines Minigolfballs betrachtet. Der Ball soll im Folgenden als punktförmig angenommen werden. Seine Positionen auf dem dargestellten Teil des Wegs können durch Punkte $B_k\left(-5 - 3k \mid -8k + \frac{8}{3}k^2 \mid 6k - 2k^2\right)$ mit geeigneten Werten von $k \in \mathbb{R}$ beschrieben werden.

g Weisen Sie nach, dass der Ball auf dem betrachteten Teil seines Wegs durchgehend Kontakt zur Minigolfbahn hat. 2

h Berechnen Sie im Modell die Koordinaten des Punkts, in dem der Ball auf die seitliche Begrenzung der Minigolfbahn trifft. 4

i Ermitteln Sie die maximale Höhe über dem Untergrund, die der Ball erreicht. 3

25

Hinweise und Tipps

a **Tipps:**
- Mit welchem Richtungsvektor kann die x_1-Achse beschrieben werden? Sind dieser Richtungsvektor und der Richtungsvektor der Geraden g parallel, d. h. Vielfache voneinander? Wenn ja, verläuft g parallel zur x_1-Achse.
- Setzen Sie den Ortsvektor des angegebenen Punktes L in die Geradengleichung der Geraden g ein. Lässt sich kein Wert für $a \in \mathbb{R}$ finden, sodass eine wahre Aussage entsteht, liegt der Punkt L nicht auf der Geraden g.

b **Tipps:**
- Mit g liegen auch der Aufpunkt und der Richtungsvektor der Geraden in der Ebene E. Da der Punkt L nicht auf g liegt (siehe Teilaufgabe a), kann mit dem Aufpunkt der Geraden und dem Punkt L ein zweiter Spannvektor der Ebene E bestimmt werden.
- Formen Sie anschließend diese Ebenengleichung von der Parameterform in die Koordinatenform um.

c **Tipps:**
- Stellen Sie zunächst die Seiten des Vierecks OPQR als Vektoren $\overrightarrow{OP}$, $\overrightarrow{PQ}$, $\overrightarrow{QR}$ und $\overrightarrow{OR}$ dar. Nach Berechnung der Längen dieser Vektoren kann festgestellt werden, ob die gegenüberliegenden Seiten gleich lang und parallel sind.
- Die Orthogonalität der Seiten kann mit dem Skalarprodukt der entsprechenden Vektoren nachgewiesen werden.

d **Tipps:**
- Eine Skizze des beschriebenen ebenen Drachenvierecks mit den bereits gegebenen Punkten O, P und R kann Ihnen helfen, sich die Lage des gesuchten Punktes S zu veranschaulichen. Aus dieser Skizze und den Eigenschaften eines Drachenvierecks wird ersichtlich, dass die Diagonale PR die Diagonale OS halbiert. Der Schnittpunkt T der Diagonalen lässt sich mit einer Hilfsebene, die senkrecht zur Geraden durch die Punkte P und R verläuft und den Ursprung $O(0\,|\,0\,|\,0)$ enthält, berechnen. Die Koordinaten des Punktes S erhält man dann aus dem Ortsvektor $\overrightarrow{OS} = 2 \cdot \overrightarrow{OT}$.
- Beschreiben Sie mit diesen Überlegungen ein Verfahren, mit dem die gesuchten Koordinaten (aus den Komponenten des Vektors $\overrightarrow{OS}$) bestimmt werden können.

e **Tipp:**
In Teilaufgabe c wurde nachgewiesen, dass das Viereck OPQR ein Rechteck ist. Mit $|\overrightarrow{OP}| \cdot |\overrightarrow{PQ}|$ lässt sich daher der Flächeninhalt des geneigten Teils der Bahn berechnen.

f **Tipps:**
- Zur Berechnung des Winkels α zwischen zwei Ebenen findet sich in der Merkhilfe die Formel $\cos(\alpha) = \frac{|\vec{n}_1 \cdot \vec{n}_2|}{|\vec{n}_1| \cdot |\vec{n}_2|}$.
- In Teilaufgabe b ist die Ebenengleichung des geneigten Teils der Bahn, also des Rechtecks OPQR, in Koordinatenform angegeben. Wie lässt sich hieraus ein Normalenvektor $\vec{n}_1$ dieses Teils der Bahn bestimmen?
- Die x_1x_2-Ebene beschreibt den horizontalen Untergrund (siehe Aufgabenstellung). Ein Normalenvektor $\vec{n}_2$ zur x_1x_2-Ebene hat die Form $\vec{n}_2 = \begin{pmatrix} 0 \\ 0 \\ x_3 \end{pmatrix}$ mit $x_3 \in \mathbb{R}$.
- Berechnen Sie mit den beiden Normalenvektoren die Größe des gesuchten Winkels.

g **Tipp:**

Der in der Abbildung gestrichelt dargestellte Teil des Wegs des Minigolfballs verläuft ausschließlich im geneigten Teil der Minigolfbahn, d. h. in der Ebene E. Damit der Ball durchgehend Kontakt zur Minigolfbahn hat, muss für jeden Wert $k \in \mathbb{R}$ der Punkt B_k in der Ebene E liegen. Dies kann durch Punktprobe nachgewiesen werden.

h **Tipp:**

Anhand der Abbildung erkennt man, dass mit der seitlichen Begrenzung der Minigolfbahn die Strecke PQ gemeint ist. Betrachtet man die Strecke PQ als Teil der Geraden g_{PQ}, die durch diese beiden Punkte verläuft, so kann mit Punktprobe der Wert für k berechnet werden, für den B_k auf der Geraden g_{PQ} liegt. Setzt man diesen Wert für k in die Koordinaten von B_k ein, erhält man die Koordinaten des Punktes, in dem der Ball auf die seitliche Begrenzung der Minigolfbahn trifft.

i **Tipps:**

- Welche Koordinate des Punktes B_k gibt die Höhe des Balls über dem horizontalen Untergrund (x_1x_2-Ebene) an?
- Für welchen Wert k nimmt dieser Term ein Maximum an? Berechnen Sie mit diesem Wert dann den exakten Wert dieser Koordinate.

Lösungen

a **Begründung, dass die Gerade g parallel zur x_1-Achse verläuft**

Alle Punkte, die auf der x_1-Achse liegen, haben die Koordinaten $(x_1 \,|\, 0 \,|\, 0)$ mit $x_1 \in \mathbb{R}$ bzw. den Ortsvektor $\vec{x} = \begin{pmatrix} x_1 \\ 0 \\ 0 \end{pmatrix}$; $x_1 \in \mathbb{R}$. Betrachtet man die x_1-Achse als Gerade, beschreibt jeder dieser Ortsvektoren die Richtung der x_1-Achse. Der Richtungsvektor $\vec{r}_g = \begin{pmatrix} 1 \\ 0 \\ 0 \end{pmatrix}$ der Geraden g und die Richtungsvektoren der x_1-Achse sind Vielfache zueinander und damit parallel. Somit sind auch die beiden Geraden parallel.

Nachweis, dass der Punkt L nicht auf der Geraden g liegt

Setzt man den Ortsvektor $\vec{\ell}$ des Punktes $L\left(-\frac{25}{4} \,\middle|\, -8 \,\middle|\, 6\right)$ in die Gleichung der Geraden g ein, so erhält man die Vektorgleichung

$$\vec{\ell} = \begin{pmatrix} -\frac{25}{4} \\ -8 \\ 6 \end{pmatrix} = \begin{pmatrix} 0 \\ -12 \\ 9 \end{pmatrix} + a \cdot \begin{pmatrix} 1 \\ 0 \\ 0 \end{pmatrix}$$

und hieraus die drei Gleichungen des linearen Gleichungssystems:

$$\begin{array}{lrcl} \text{I} & -\dfrac{25}{4} = 0 + a \cdot 1 & & \text{I} \quad -\dfrac{25}{4} = a \\ \text{II} & -8 = -12 + a \cdot 0 & \Leftrightarrow & \text{II} \quad -8 = -12 \\ \text{III} & 6 = 9 + a \cdot 0 & & \text{III} \quad 6 = 9 \end{array}$$

Da die Gleichungen II und III falsche Aussagen darstellen, ist das lineare Gleichungssystem unlösbar. Somit ist auch die Vektorgleichung unlösbar und es ist nachgewiesen, dass der Punkt L nicht auf der Geraden g liegt. Die Gerade g verläuft daher nicht durch L.

b **Ermitteln einer Gleichung der Ebene E, in der der Punkt L und die Gerade g liegen**

Mit g liegen auch der Aufpunkt $R(0 \,|\, -12 \,|\, 9)$ und der Richtungsvektor $\vec{r}_g = \begin{pmatrix} 1 \\ 0 \\ 0 \end{pmatrix}$ dieser Geraden in der Ebene E. Beide können also für die Gleichung der Ebene E in Parameterform genutzt werden. Da in Teilaufgabe a nachgewiesen wurde, dass der Punkt L nicht auf der Geraden g liegt, sind der Vektor $\vec{r}_g$ und der Vektor

$$\overrightarrow{RL} = \begin{pmatrix} -\frac{25}{4} - 0 \\ -8 - (-12) \\ 6 - 9 \end{pmatrix} = \begin{pmatrix} -\frac{25}{4} \\ 4 \\ -3 \end{pmatrix}$$

nicht parallel zueinander. Der Vektor $\overrightarrow{RL}$ stellt also einen zweiten Spannvektor der Ebene E dar.

Hieraus ergibt sich als Ebenengleichung der Ebene E in Parameterform:

$$E\colon \vec{x} = \begin{pmatrix} 0 \\ -12 \\ 9 \end{pmatrix} + a \cdot \begin{pmatrix} 1 \\ 0 \\ 0 \end{pmatrix} + b \cdot \begin{pmatrix} -\frac{25}{4} \\ 4 \\ -3 \end{pmatrix}; \; a, b \in \mathbb{R}$$

Diese muss nun noch in die Koordinatenform umgewandelt werden.

Mit dem Vektorprodukt erhält man einen Normalenvektor $\vec{n}_E$ der Ebene E:

$$\begin{pmatrix}1\\0\\0\end{pmatrix}\times\begin{pmatrix}-\frac{25}{4}\\4\\-3\end{pmatrix}=\begin{pmatrix}0\cdot(-3)-0\cdot 4\\0\cdot\left(-\frac{25}{4}\right)-1\cdot(-3)\\1\cdot 4-0\cdot\left(-\frac{25}{4}\right)\end{pmatrix}=\begin{pmatrix}0\\3\\4\end{pmatrix}=\vec{n}_E$$

Hiermit ergibt sich für die Koordinatenform zunächst:

$0\cdot x_1+3\cdot x_2+4\cdot x_3=b$

Die Punktprobe mit dem Aufpunkt $R(0\,|-12\,|\,9)$ der Geraden g (oder mit dem Punkt L) ergibt als Bestimmungsgleichung für die Konstante b:

$0\cdot 0+3\cdot(-12)+4\cdot 9=0-36+36=0=b$

Die Ebene E, in der der Punkt L und die Gerade g liegen, kann folglich durch die Ebenengleichung E: $3x_2+4x_3=0$ in Koordinatenform beschrieben werden.

c **Begründung, dass das Viereck OPQR ein Rechteck ist**

Die Seiten des Vierecks OPQR können mithilfe folgender Vektoren dargestellt werden:

$$\overrightarrow{OP}=\begin{pmatrix}-\frac{25}{2}\\0\\0\end{pmatrix}-\begin{pmatrix}0\\0\\0\end{pmatrix}=\begin{pmatrix}-\frac{25}{2}\\0\\0\end{pmatrix}\quad\text{mit}\quad|\overrightarrow{OP}|=\sqrt{\left(-\frac{25}{2}\right)^2+0^2+0^2}=\frac{25}{2}$$

$$\overrightarrow{PQ}=\begin{pmatrix}-\frac{25}{2}\\-12\\9\end{pmatrix}-\begin{pmatrix}-\frac{25}{2}\\0\\0\end{pmatrix}=\begin{pmatrix}0\\-12\\9\end{pmatrix}\quad\text{mit}\quad|\overrightarrow{PQ}|=\sqrt{0^2+(-12)^2+9^2}=\sqrt{225}=15$$

$$\overrightarrow{QR}=\begin{pmatrix}0\\-12\\9\end{pmatrix}-\begin{pmatrix}-\frac{25}{2}\\-12\\9\end{pmatrix}=\begin{pmatrix}\frac{25}{2}\\0\\0\end{pmatrix}\quad\text{mit}\quad|\overrightarrow{QR}|=\sqrt{\left(\frac{25}{2}\right)^2+0^2+0^2}=\frac{25}{2}$$

$$\overrightarrow{OR}=\begin{pmatrix}0\\-12\\9\end{pmatrix}-\begin{pmatrix}0\\0\\0\end{pmatrix}=\begin{pmatrix}0\\-12\\9\end{pmatrix}\quad\text{mit}\quad|\overrightarrow{OR}|=\sqrt{0^2+(-12)^2+9^2}=\sqrt{225}=15$$

Der Nachweis, dass gegenüberliegende Seiten gleich lang und parallel sind, ist damit erbracht.

Mit

$$\overrightarrow{OP}\cdot\overrightarrow{PQ}=\begin{pmatrix}-\frac{25}{2}\\0\\0\end{pmatrix}\cdot\begin{pmatrix}0\\-12\\9\end{pmatrix}=0+0+0=0\quad\text{bzw.}\quad\overrightarrow{PQ}\cdot\overrightarrow{QR}=\begin{pmatrix}0\\-12\\9\end{pmatrix}\cdot\begin{pmatrix}\frac{25}{2}\\0\\0\end{pmatrix}=0+0+0=0\quad\text{bzw.}$$

$$\overrightarrow{QR}\cdot\overrightarrow{OR}=\begin{pmatrix}\frac{25}{2}\\0\\0\end{pmatrix}\cdot\begin{pmatrix}0\\-12\\9\end{pmatrix}=0+0+0=0\quad\text{bzw.}\quad\overrightarrow{OR}\cdot\overrightarrow{OP}=\begin{pmatrix}0\\-12\\9\end{pmatrix}\cdot\begin{pmatrix}-\frac{25}{2}\\0\\0\end{pmatrix}=0+0+0=0$$

ist der Nachweis der Orthogonalität erbracht: Alle Skalarprodukte ergeben den Wert null.

Hinweis: Ist nachgewiesen, dass in einem Viereck die gegenüberliegenden Seiten gleich lang und parallel sind, kann es sich bei diesem Viereck nur um ein Parallelogramm oder ein Rechteck handeln. Für den Nachweis, dass es sich um ein Rechteck handelt, genügt es daher bereits zu zeigen, dass einer der vier Winkel ein rechter Winkel ist – die drei anderen müssen dann auch eine Winkelgröße von 90° haben.

d **Beschreibung eines Verfahrens**

Eine Skizze des beschriebenen ebenen Drachenvierecks mit den gegebenen Punkten O, P und R kann etwa so aussehen wie rechts dargestellt.

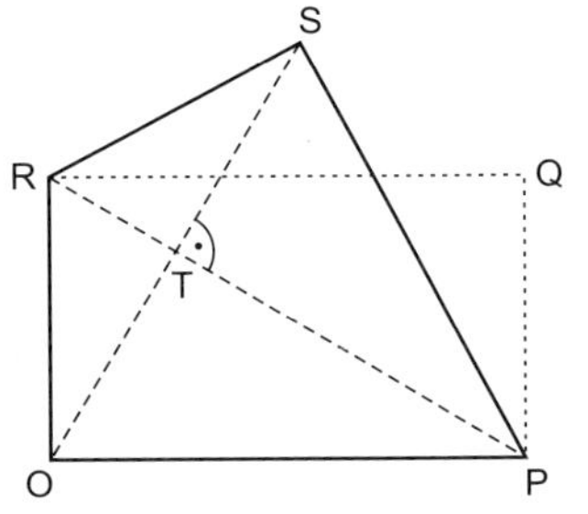

Aus dieser Skizze und den Eigenschaften eines Drachenvierecks wird ersichtlich, dass die Diagonale PR die Diagonale OS halbiert. Der Schnittpunkt T der Diagonalen lässt sich mit einer Hilfsebene F, die senkrecht zur Geraden durch die Punkte P und R verläuft und den Ursprung O enthält, berechnen.

Mit dem so bestimmten Ortsvektor $\overrightarrow{OT}$ des Schnittpunktes T (Einsetzen der Komponenten der Geraden PR in die Ebenengleichung der Hilfsebene F) erhält man die Koordinaten des Punktes S aus den Komponenten des Ortsvektors $\overrightarrow{OS} = 2 \cdot \overrightarrow{OT}$.

Ein Verfahren, mit dem die Koordinaten des Punktes S ermittelt werden könnten, beinhaltet daher die folgenden Schritte (die Ausführung der einzelnen Rechenschritte ist in der Aufgabenstellung nicht gefordert, aber hier ergänzend hinzugefügt!):

1. Bestimmung der Geraden durch die Punkte P und R

$$g_{PR}: \vec{x} = \overrightarrow{OP} + r \cdot \overrightarrow{PR} = \begin{pmatrix} -\frac{25}{2} \\ 0 \\ 0 \end{pmatrix} + r \cdot \begin{pmatrix} 0-\left(-\frac{25}{2}\right) \\ -12-0 \\ 9-0 \end{pmatrix} = \begin{pmatrix} -\frac{25}{2} \\ 0 \\ 0 \end{pmatrix} + r \cdot \begin{pmatrix} \frac{25}{2} \\ -12 \\ 9 \end{pmatrix}$$

2. Bestimmung der Hilfsebene F in Koordinatenform, die senkrecht zur Geraden g_{PR} verläuft und den Ursprung $O(0\,|\,0\,|\,0)$ enthält – der Normalenvektor dieser Hilfsebene ist der Richtungsvektor der Geraden g_{PR}

$$F: \frac{25}{2} \cdot x_1 + (-12) \cdot x_2 + 9 \cdot x_3 = b$$

Mit $O(0\,|\,0\,|\,0) \in F$ ergibt sich: $b = 0$

Ebenengleichung der Ebene F: $\frac{25}{2}x_1 - 12x_2 + 9x_3 = 0$

3. Bestimmung des Schnittpunktes T der Geraden g_{PR} mit der Hilfsebene F durch Einsetzen der Komponenten der Geraden g_{PR} in die Ebenengleichung der Hilfsebene F

$$\frac{25}{2} \cdot \left(-\frac{25}{2} + \frac{25}{2} \cdot r\right) - 12 \cdot (0 - 12 \cdot r) + 9 \cdot (0 + 9 \cdot r) = 0$$

$$-\frac{625}{4} + \frac{625}{4} \cdot r - 12 \cdot 0 + 144 \cdot r + 9 \cdot 0 + 81 \cdot r = 0$$

$$-\frac{625}{4} + \frac{1525}{4} \cdot r = 0$$

$$\frac{1525}{4} \cdot r = \frac{625}{4}$$

$$r = \frac{625}{4} \cdot \frac{4}{1525} = \frac{25}{61}$$

$r = \frac{25}{61}$ eingesetzt in die Geradengleichung der Geraden g_{PR}:

$$\overrightarrow{OT} = \begin{pmatrix} -\frac{25}{2} \\ 0 \\ 0 \end{pmatrix} + \frac{25}{61} \cdot \begin{pmatrix} \frac{25}{2} \\ -12 \\ 9 \end{pmatrix} = \begin{pmatrix} -\frac{450}{61} \\ -\frac{300}{61} \\ \frac{225}{61} \end{pmatrix}$$

4. Bestimmung des Ortsvektors $\overrightarrow{OS}$ zum Eckpunkt S des gesuchten Drachenvierecks

$$\overrightarrow{OS} = 2 \cdot \overrightarrow{OT} = 2 \cdot \begin{pmatrix} -\frac{450}{61} \\ -\frac{300}{61} \\ \frac{225}{61} \end{pmatrix} = \begin{pmatrix} -\frac{900}{61} \\ -\frac{600}{61} \\ \frac{450}{61} \end{pmatrix}$$

5. Angeben der Koordinaten des Punktes S
Die Koordinaten des Punktes S, für den das Viereck OPSR ein ebenes Drachenviereck ist, lauten $S\left(-\frac{900}{61} \,\middle|\, -\frac{600}{61} \,\middle|\, \frac{450}{61}\right)$.

e **Berechnung des Flächeninhalts des geneigten Teils der Bahn**
In Teilaufgabe c wurde nachgewiesen, dass das Viereck OPQR ein Rechteck ist.
Der Flächeninhalt dieses Rechtecks lässt sich daher berechnen aus:

$$A_{OPQR} = |\overrightarrow{OP}| \cdot |\overrightarrow{PQ}| = \frac{25}{2} \cdot 15 = \frac{375}{2} \text{ FE}$$

Die Längen der Vektoren $\overrightarrow{OP}$ und $\overrightarrow{PQ}$ wurden bereits in Teilaufgabe c bestimmt.
Da eine Längeneinheit 10 cm in der Realität entspricht, entspricht eine Flächeneinheit $(10\text{ cm})^2 = 100\text{ cm}^2$. Der Flächeninhalt des geneigten Teils der Bahn beträgt somit:

$$\frac{375}{2} \cdot (10\text{ cm})^2 = 18\,750\text{ cm}^2 = 1{,}875\text{ m}^2$$

f **Berechnen des Winkels zwischen dem geneigten Teil der Bahn und dem Untergrund**
Die Formel zur Berechnung des Winkels α zwischen zwei Ebenen lautet:

$$\cos(\alpha) = \frac{|\vec{n}_1 \cdot \vec{n}_2|}{|\vec{n}_1| \cdot |\vec{n}_2|} \quad \text{(vgl. Merkhilfe)}$$

In Teilaufgabe b ist die Ebenengleichung der Ebene, die den geneigten Teil der Bahn, also das Rechteck OPQR enthält, in Koordinatenform angegeben. Aus den Koeffizienten dieser Gleichung lässt sich ein Normalenvektor $\vec{n}_1$ des geneigten Teils der Bahn ablesen.

$\vec{n}_1 = \begin{pmatrix} 0 \\ 3 \\ 4 \end{pmatrix}$ (oder jedes Vielfache dieses Vektors) stellt einen Normalenvektor dar.

Im verwendeten Koordinatensystem beschreibt die x_1x_2-Ebene den horizontalen Untergrund (siehe Aufgabenstellung). Ein Normalenvektor $\vec{n}_2$ zur x_1x_2-Ebene hat die Form

$\vec{n}_2 = \begin{pmatrix} 0 \\ 0 \\ x_3 \end{pmatrix}$ mit $x_3 \in \mathbb{R}$, also z. B. $\vec{n}_2 = \begin{pmatrix} 0 \\ 0 \\ 1 \end{pmatrix}$.

$$\cos(\alpha) = \frac{\left|\begin{pmatrix} 0 \\ 3 \\ 4 \end{pmatrix} \cdot \begin{pmatrix} 0 \\ 0 \\ 1 \end{pmatrix}\right|}{\left|\begin{pmatrix} 0 \\ 3 \\ 4 \end{pmatrix}\right| \cdot \left|\begin{pmatrix} 0 \\ 0 \\ 1 \end{pmatrix}\right|} = \frac{|4|}{\sqrt{0^2 + 3^2 + 4^2} \cdot \sqrt{0^2 + 0^2 + 1^2}} = \frac{4}{\sqrt{25} \cdot 1} = \frac{4}{5}$$

Mit $\alpha = \cos^{-1}\left(\frac{4}{5}\right) = 36{,}869897\ldots$ ergibt sich für die Größe des Winkels α, den der geneigte Teil der Bahn mit dem Untergrund einschließt, $\alpha \approx 36{,}87°$.

g **Nachweis, dass der Ball durchgehend Kontakt zur Minigolfbahn hat**

Der in der Abbildung gestrichelt dargestellte Teil des Wegs des Minigolfballs verläuft ausschließlich im geneigten Teil der Minigolfbahn. Die Punkte B_k beschreiben für $k \in \mathbb{R}$ die Position des Balls auf dem dargestellten Teil dieses Wegs. Der Nachweis, dass der Ball auf dem betrachteten Teil seines Wegs durchgehend Kontakt zur Minigolfbahn hat, besteht somit darin, zu zeigen, dass für jedes $k \in \mathbb{R}$ der Punkt B_k in der E liegt.

Mit Punktprobe erhält man:

$$0 \cdot (-5-3k) + 3 \cdot \left(-8k + \frac{8}{3}k^2\right) + 4 \cdot (6k - 2k^2) = 0$$

$$0 - 24k + 8k^2 + 24k - 8k^2 = 0$$

$$0k + 0k^2 = 0$$

Für jeden Wert $k \in \mathbb{R}$ ist die letzte Gleichung eine wahre Aussage.

Damit ist nachgewiesen, dass für jeden beliebigen Wert $k \in \mathbb{R}$ der Punkt B_k in der Ebene E liegt und folglich der Ball auf dem betrachteten Teil seines Wegs durchgehend Kontakt zur Minigolfbahn hat.

h **Berechnen des Auftreffpunktes des Balls auf die seitliche Begrenzung**

Anhand der Abbildung erkennt man, dass mit der seitlichen Begrenzung der Minigolfbahn die Strecke PQ gemeint ist. Betrachtet man die Strecke PQ als Teil der Geraden

$$g_{PQ}\colon\ \vec{x} = \overrightarrow{OP} + r \cdot \overrightarrow{PQ} = \begin{pmatrix} -\frac{25}{2} \\ 0 \\ 0 \end{pmatrix} + r \cdot \begin{pmatrix} 0 \\ -12 \\ 9 \end{pmatrix},$$

so lässt sich mit Punktprobe der Wert für k berechnen, für den B_k auf der Geraden g_{PQ} liegt, also der Ball auf die seitliche Begrenzung der Minigolfbahn trifft. Es gilt:

$$\begin{pmatrix} -5-3k \\ -8k + \frac{8}{3}k^2 \\ 6k - 2k^2 \end{pmatrix} = \begin{pmatrix} -\frac{25}{2} \\ 0 \\ 0 \end{pmatrix} + r \cdot \begin{pmatrix} 0 \\ -12 \\ 9 \end{pmatrix}$$

bzw.

$$\begin{array}{lrcl} \text{I} & -5-3k = -\frac{25}{2} + 0r & & \text{I} & -3k = -\frac{25}{2} + 5 & & \text{I} & k = \frac{5}{2} \\ \text{II} & -8k + \frac{8}{3}k^2 = 0 - 12r & \Leftrightarrow & \text{II} & -8k + \frac{8}{3}k^2 = -12r & \Leftrightarrow & \text{II} & -8k + \frac{8}{3}k^2 = -12r \\ \text{III} & 6k - 2k^2 = 0 + 9r & & \text{III} & 6k - 2k^2 = 9r & & \text{III} & 6k - 2k^2 = 9r \end{array}$$

Mit $k = \frac{5}{2}$ (aus I) eingesetzt in Gleichung II ergibt sich:

$$-8 \cdot \frac{5}{2} + \frac{8}{3} \cdot \left(\frac{5}{2}\right)^2 = -12r$$

$$-\frac{10}{3} = -12r$$

$$r = \frac{5}{18}$$

In Gleichung III ergibt sich:

$$6\cdot\frac{5}{2}-2\cdot\left(\frac{5}{2}\right)^2=9r$$

$$\frac{5}{2}=9r$$

$$r=\frac{5}{18}$$

Mit $k=\frac{5}{2}$ erhält man den Punkt

$$B_{\frac{5}{2}}\left(-5-3\cdot\frac{5}{2}\;\middle|\;-8\cdot\frac{5}{2}+\frac{8}{3}\cdot\left(\frac{5}{2}\right)^2\;\middle|\;6\cdot\frac{5}{2}-2\cdot\left(\frac{5}{2}\right)^2\right)=B_{\frac{5}{2}}\left(-\frac{25}{2}\;\middle|\;-\frac{10}{3}\;\middle|\;\frac{5}{2}\right).$$

Im Modell trifft der Ball die Begrenzung der Minigolfbahn im Punkt $B_{\frac{5}{2}}\left(-\frac{25}{2}\;\middle|\;-\frac{10}{3}\;\middle|\;\frac{5}{2}\right)$.

Hinweis: Die Berechnung des Parameters r ist zur Bestimmung des gesuchten Punktes nicht notwendig, sie dient aber zum einen als Nachweis dafür, dass das lineare Gleichungssystem tatsächlich lösbar ist, denn mit $k=\frac{5}{2}$ und $r=\frac{5}{18}$ werden alle drei Gleichungen zu wahren Aussagen. Zum anderen modelliert die Gerade g_{PQ} nur für $0\le r\le 1$ die seitliche Begrenzung des geneigten Teils der Minigolfbahn. Mit $r>1$ läge der Punkt schräg oberhalb der Begrenzung QR und damit außerhalb der Minigolfbahn, mit $r<0$ läge der Punkt unterhalb des Untergrunds (x_1x_2-Ebene).

i **Ermitteln der maximalen Höhe des Balls über dem Untergrund**

Die x_3-Koordinate des Punktes $B_k\left(-5-3k\;\middle|\;-8k+\frac{8}{3}k^2\;\middle|\;6k-2k^2\right)$ gibt die Höhe des Balls über dem horizontalen Untergrund (x_1x_2-Ebene) an. In Abhängigkeit von k lässt sich also die Höhe des Minigolfballs über dem Untergrund beschreiben mit:

$h(k)=6k-2k^2=2k\cdot(3-k)$

Das zugehörige Schaubild ist eine nach unten geöffnete Parabel zweiten Grades. Diese hat im Scheitel ihren größten (Funktions-)wert h_{max}. Die x-Koordinate (hier k-Koordinate) des Scheitels liegt genau in der Mitte zwischen den beiden Nullstellen. Mit

$h(k)=2k\cdot(3-k)=0$

erkennt man die Nullstellen der Parabel bei $k_1=0$ und $k_2=3$. Folglich ist:

$$k_{Scheitel}=\frac{3-0}{2}=\frac{3}{2}$$

Damit gilt für die maximale Höhe des Balls über dem Untergrund:

$$h_{max}=h\left(\frac{3}{2}\right)=6\cdot\frac{3}{2}-2\cdot\left(\frac{3}{2}\right)^2=9-\frac{9}{2}=\frac{9}{2}=4{,}5\text{ LE}$$

Da eine Längeneinheit 10 cm in der Realität entspricht, beträgt die maximale Höhe über dem Untergrund, die der Ball erreicht, $4{,}5\cdot 10\text{ cm}=45\text{ cm}$.

Alternativ zu diesem Rechenweg kann das Maximum von $h(k)=6k-2k^2$ auch mithilfe der ersten ($h'(k)=6-4k$) und zweiten Ableitung ($h''(k)=-4$) berechnet werden.

Aus $h'(k)=6-4k=0$ folgt $k=\frac{3}{2}$ und mit $h''\left(\frac{3}{2}\right)=-4<0$ erhält man ebenfalls:

$$h_{max}=h\left(\frac{3}{2}\right)=4{,}5\text{ LE}$$

Zusammen mit der offiziellen Musterprüfung für das Abitur ab 2024 wurden vom Kultusministerium vier weitere Aufgaben für den neuen Aufgabentyp „Problemlösen“ veröffentlicht, um diesen für unterschiedliche mathematische Gebiete umfassender zu illustrieren.

Die beiden veröffentlichten Aufgaben für das erhöhte Anforderungsniveau sind im Folgenden mit einem entsprechenden Lösungsvorschlag sowie Hinweisen zum Lösungsansatz abgedruckt.

BE

Teil A (ohne Hilfsmittel) – Wahlteil – Aufgabe 6 – Gasleitung

Diese Aufgabe 6 kann in Teil B (mit Hilfsmittel) übernommen und dort bearbeitet werden.

Bearbeiten Sie die folgende Aufgabe unter Berücksichtigung der einzelnen Problemlöseschritte, dokumentieren und reflektieren Sie Ihre Vorgehensweise.

Zwei Häuser sollen an das Gasnetz angeschlossen werden.

Untersuchen Sie, inwieweit die Eigentümer einsparen können, wenn sie eine gemeinsame Lösung für den Verlauf der Leitungen finden und nicht den gestrichelten Vorschlag des Gaswerks akzeptieren.

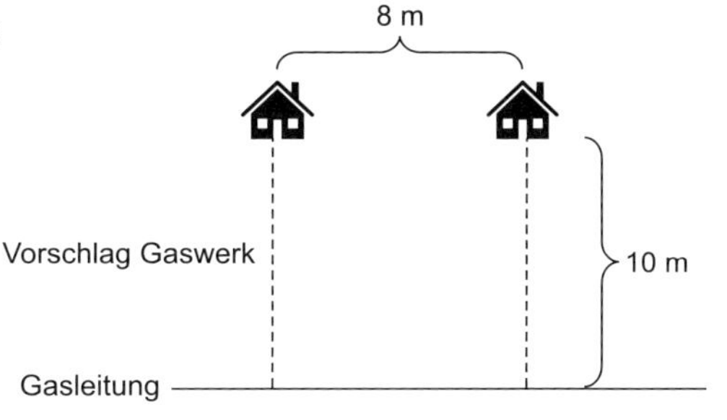

10

10

Hinweise und Tipps

Tipps:

1. Schritt: Analysieren des Problems

- Wie viele Meter Anschlussleitung werden für die beiden Eigentümer insgesamt nach dem Vorschlag des Gaswerks benötigt?
- Welche Idee ergibt sich dann für eine mögliche Verbesserung, d. h. Einsparung an benötigter Anschlussleitung?
- Überlegen Sie, inwiefern die beiden Eigentümer Teile der Anschlussleitung gemeinsam nutzen könnten. Wo müsste dieser gemeinsame Teil der Anschlussleitung dann liegen?
- Skizzieren Sie mögliche Verläufe der Anschlussleitung.

2. Schritt: Durchführung

- Berechnen Sie zu Ihren skizzierten Verläufen jeweils die insgesamt benötigte Länge an Leitungen. Vergleichen Sie jeweils mit dem Vorschlag des Gaswerks.
- Eine erste einfache Möglichkeit der Einsparung ergibt sich durch eine gemeinsam genutzte Anschlussleitung bis zur Mitte zwischen den beiden Häusern.
- Weitere Einsparmöglichkeiten ergeben sich durch schräge Anschlussleitungen der beiden Häuser auf die Mittelsenkrechte zwischen den beiden Häusern. Von dort gibt es eine gemeinsam genutzte Anschlussleitung an die bestehende Gasleitung.
- Eine Näherungslösung finden Sie, indem Sie verschiedene Punkte festlegen, die Gesamtlänge dann einzeln berechnen und in einer Tabelle vergleichen.
- Die optimale Lösung finden Sie, indem Sie eine allgemeine Funktion für die Gesamtlänge der Anschlussleitung aufstellen. Bestimmen Sie dann das globale Minimum dieser Funktion.

3. Schritt: Reflexion

- Was ist Ihnen im Laufe der Bearbeitung aufgefallen? Gibt es praktische Umsetzungsprobleme Ihrer Verbesserungslösung? Was müsste bei der Umsetzung beachtet werden?
- Gibt es Annahmen, die getroffen werden müssen, damit sich Ihre Einsparvorschläge auch erzielen lassen?
- Ist Ihre Lösung überhaupt die kürzest mögliche Variante?
- Falls Sie zu keinem Ergebnis gekommen sind, erläutern Sie warum!
  Konnten Sie die Zielfunktion nicht aufstellen oder hatten Sie ein Problem bei der Bestimmung der Ableitung? Erläutern Sie dann, wie Ihr weiteres Vorgehen gewesen wäre.

Mögliche Lösungsansätze

1. Schritt: Analysieren des Problems
Nach dem Vorschlag des Gaswerks werden insgesamt $2 \cdot 10\ \text{m} = 20\ \text{m}$ Anschlussleitung benötigt.

1. Möglichkeit der Verbesserung bzw. Einsparung (Skizze 1)

Der Punkt A liegt genau in der Mitte der beiden Häuser.

Die beiden Eigentümer teilen sich eine Anschlussleitung zwischen den Punkten A und B (Anschlusspunkt an der Gasleitung).

Von Punkt A aus benötigt jeder Eigentümer noch eine separate Anschlussleitung ans Haus.

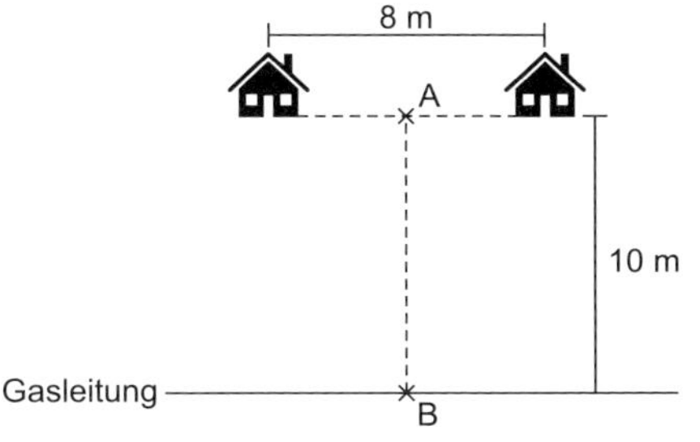

2. Möglichkeit der Verbesserung bzw. Einsparung (Skizze 2)

Punkt A' liegt irgendwo zwischen A und B.

Der Teil zwischen B und A' wird von den Eigentümern gemeinsam genutzt.

Von Punkt A' aus benötigt jeder Eigentümer eine separate Anschlussleitung ans Haus.

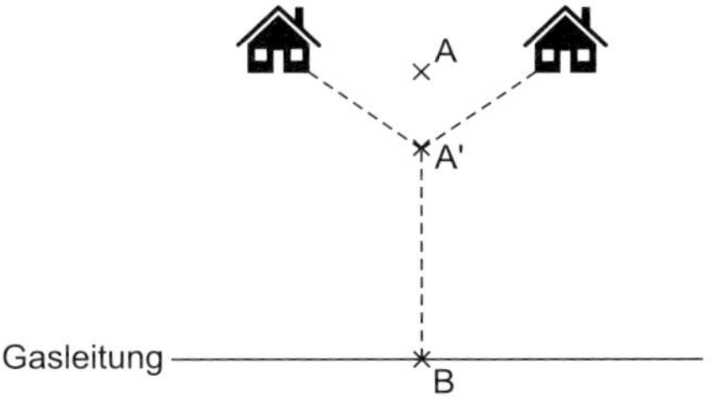

2. Schritt: Durchführung des Lösungsansatzes
1. Möglichkeit der Verbesserung (Skizze 1)
Die gemeinsam genutzte Anschlussleitung ist 10 m lang. Jeder Eigentümer benötigt noch jeweils 4 m Anschlussleitung an sein Haus.

Gesamtlänge der Leitung: $10\ \text{m} + 2 \cdot 4\ \text{m} = 18\ \text{m}$

Es kommt zu einer Einsparung von 2 m Anschlussleitung im Vergleich mit dem Vorschlag des Gaswerks.

2. Möglichkeit der Verbesserung (Skizze 2)
Näherungslösung:
Die Gesamtlänge der Anschlussleitung ist:
$\ell_{ges} = x + 2y$

mit: $x \mathrel{\hat{=}}$ Länge von B bis A' in m
$y \mathrel{\hat{=}}$ Länge von A' bis Haus in m

Die Länge y kann in Abhängigkeit von x ausgedrückt werden:
$y = \sqrt{(10 - x)^2 + 4^2}$ (Pythagoras)

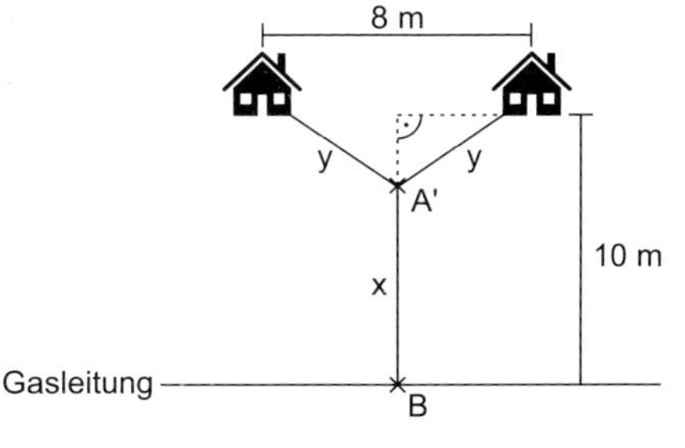

In einer Tabelle werden verschiedene Werte für x in 2 m-Schritten vorgegeben und der zugehörige y-Wert sowie die Gesamtlänge berechnet:

x [m]	y [m]	ℓ_{ges} [m]
0	10,77	21,54
2	8,94	19,88
4	7,21	18,42
6	5,66	17,32
8	4,47	16,94
10	4	18

Die letzte Zeile entspricht dabei der Variante aus der 1. Möglichkeit (Skizze 1).
Man erkennt aus der Tabelle, dass es weiteres Einsparpotenzial gibt. Die Gesamtlänge der Anschlussleitung kann auf knapp 17 m reduziert werden. In diesem Bereich könnte man durch andere Werte für x untersuchen, ob es weiteres Einsparpotenzial gibt.

Optimale Lösung:
Die Zielfunktion für die Gesamtlänge in Abhängigkeit von x ist:

$\ell(x) = x + 2\sqrt{(10-x)^2 + 4^2}$ mit $0 \le x \le 10$, da die Strecke von A' bis B 10 m lang ist.

Gesucht ist das Minimum dieser Funktion im Definitionsbereich.

1. Ableitung (Ableitung der Wurzelfunktion und Kettenregel beachten!):

$$\ell'(x) = 1 + \frac{2}{2\sqrt{(10-x)^2+4^2}} \cdot 2 \cdot (10-x) \cdot (-1)$$

Nullsetzen der ersten Ableitung:

$$1 + \frac{2}{2\sqrt{(10-x)^2+4^2}} \cdot 2(10-x) \cdot (-1) = 0 \qquad \text{Kürzen und Multiplikation mit Nenner}$$

$$\sqrt{(10-x)^2+4^2} - 20 + 2x = 0 \qquad |+20-2x$$

$$\sqrt{(10-x)^2+4^2} = 20 - 2x \qquad |(\,)^2 \quad \text{Achtung: Quadrieren ist keine Äquivalenzumformung!}$$

$$(10-x)^2 + 4^2 = (20-2x)^2$$

$$3x^2 - 60x + 284 = 0 \qquad \text{Lösen der quadratischen Gleichung}$$

$x_1 \approx 12,31 \Rightarrow$ Wert gehört nicht zur Definitionsmenge!

$x_2 \approx 7,69 \Rightarrow$ Wert gehört zur Definitionsmenge

Auf den Nachweis des Minimums kann an dieser Stelle verzichtet werden.

Die zugehörige schräge Anschlussleitung y ergibt sich zu:

$y = \sqrt{(10-7,69)^2 + 4^2} \approx 4,62$

Gesamtlänge der Anschlussleitung: $\ell_{ges} = 7,69\ \text{m} + 2 \cdot 4,62\ \text{m} = 16,93\ \text{m}$

Die Länge der Anschlussleitung kann bis auf eine Gesamtlänge von 16,93 m weiter optimiert werden. Die Eigentümer haben also weiteres Einsparpotenzial.

3. Schritt: Reflexion des Ergebnisses

Die hier dargestellten Lösungsmöglichkeiten sind natürlich nicht alle als Lösung gefordert, sondern stellen nur Vorschläge einer Lösung dar. Je nachdem, auf welche Lösungsmöglichkeit Sie kommen, fallen auch Ihre Reflexionen dazu unterschiedlich aus.

Offensichtlich können mindestens 2 m Anschlussleitung eingespart werden. Weiteres Einsparpotenzial bis auf eine Gesamtlänge von knapp 17 m ist vorhanden.

Mögliche weitere Punkte einer Reflexion zu den dargestellten Lösungsmöglichkeiten könnten sein:

- Wie groß sind die Grundstücke und deren Zuschnitt? Ist eine beliebige Verlegung der Anschlussrohre überhaupt möglich? Gibt es Hindernisse (Bäume, Straßen etc.)?
- Gibt es rechtliche Einwände?
- Muss eine gemeinsam genutzte Anschlussleitung größer dimensioniert werden, da Gas für beide Haushalte durchfließen muss? Macht das die Einsparungen wieder zunichte?
- Wie groß sind die Kosten für spezielle Verzweigungsrohre in Punkt A bzw. A'?
- Es kann zusätzlich ein Anschluss an die bestehende Gasleitung eingespart werden.

Teil A (ohne Hilfsmittel) – Wahlteil – Aufgabe 6 – Pooltestung BE

Diese Aufgabe 6 kann in Teil B (mit Hilfsmittel) übernommen und dort bearbeitet werden.

Bearbeiten Sie die folgende Aufgabe unter Berücksichtigung der einzelnen Problemlöseschritte, dokumentieren und reflektieren Sie Ihre Vorgehensweise.

Es ist bekannt, dass in einer Gruppe von 20 Tieren genau zwei Tiere mit einem Virus infiziert sind. Ein infiziertes Tier wird durch einen idealisierten Test mit 100 %iger Sicherheit erkannt. Ebenso wird ein nicht-infiziertes Tier mit 100 %iger Sicherheit als gesund erkannt.

Der Test ist so empfindlich, dass er den Erreger (und dessen Nicht-Vorhandensein) auch in gemischten Blutproben von mehreren Tieren mit absoluter Sicherheit nachweist.

Da der Test sehr teuer ist, soll ein Vorgehen zum Einsparen von Kosten gesucht werden.

Entwickeln Sie zwei Vorschläge, wie bei der Testung der 20 Tiere vorgegangen werden sollte. 10

10

Hinweise und Tipps

Tipps:

1. Schritt: Analysieren des Problems

- Von insgesamt 20 Tieren sind genau zwei Tiere mit dem Virus infiziert. Überlegen Sie, wie viele Einzeltestungen maximal notwendig sind, um die infizierten Tiere zu identifizieren.
- Beachten Sie bei der Aufgabenstellung, dass die optimale (minimale) Anzahl an Testungen nicht gefragt ist, sondern nur zwei Strategien, die weniger als die nötigen Tests bei Einzeltestung erfordern.

2. Schritt: Durchführung

- Wie kann man die 20 Tiere so in Gruppen einteilen, dass durch Testungen von gemischten Blutproben Tiere für weitere Testungen ausgeschlossen werden und somit teure Tests eingespart werden können?
- Durchdenken Sie die verschiedenen Möglichkeiten Ihrer Strategie. Wie viele Testungen sind mindestens bzw. maximal zu erwarten? Wie viele weitere Testrunden müssen bei Ihrer Teststrategie durchgeführt werden, um die beiden infizierten Tiere genau zu identifizieren?

3. Schritt: Reflexion

- Geben Sie jeweils die Mindest- und Maximalzahl der benötigten Testungen bei Ihren zwei Strategien an.
- Haben Ihre Teststrategien mögliche Vor- und Nachteile? Gibt es praktische Aspekte, die für die eine oder andere Strategie sprechen?
- Führen Ihre Strategien auf jeden Fall immer zu einer Einsparung?

Mögliche Lösungsansätze

1. Schritt: Analysieren des Problems

Nach maximal 19 Testungen ist klar, welche beiden Tiere infiziert sind.

Gesucht sind also zwei Strategien, die weniger als 19 (Einzel-)Testungen erfordern.

2. Schritt: Durchführung des Lösungsansatzes

1. Strategie:

<u>1. Testrunde</u>

Die 20 Tiere werden in zehn Zweiergruppen eingeteilt und es wird jeweils eine Blutmischung der beiden Tiere getestet. In einer ersten Testrunde sind so minimal 2 Testungen und maximal 9 Testungen nötig, um die Zweiergruppen mit den zwei infizierten Tieren zu identifizieren.

[■ ■]	Gruppe von zwei Tieren. Es wird ein Test durchgeführt.
⊕	Test positiv
⊖	Test negativ

Es ergeben sich folgende Möglichkeiten:

- Die beiden ersten Pooltests sind positiv. Unter den vier ersten Tieren müssen sich die infizierten Tiere befinden. Es sind weitere Testungen erforderlich (s. u.).

[■ ■]	[■ ■]	[■ ■]	[■ ■]	[■ ■]	[■ ■]	[■ ■]	[■ ■]	[■ ■]	[■ ■]
⊕	⊕ ⇒ Ende ⇒ 2 Testungen								

- Die ersten neun Pooltests sind alle negativ. Folglich müssen sich in der letzten Zweiergruppe die beiden infizierten Tiere befinden. Es sind keine weiteren Testungen erforderlich.

[■ ■]	[■ ■]	[■ ■]	[■ ■]	[■ ■]	[■ ■]	[■ ■]	[■ ■]	[■ ■]	[■ ■]
⊖	⊖	⊖	⊖	⊖	⊖	⊖	⊖	⊖ ⇒ Ende	

⇒ 9 Testungen

- Nach maximal neun Pooltests sind auf jeden Fall die zwei Zweiergruppen mit möglichen infizierten Tieren identifiziert. Es sind weitere Testungen erforderlich (s. u.).

[■ ■]	[■ ■]	[■ ■]	[■ ■]	[■ ■]	[■ ■]	[■ ■]	[■ ■]	[■ ■]	[■ ■]
⊖	⊖	⊕	⊖	⊖	⊖	⊖	⊖	⊕/⊖ ⇒ Ende	

⇒ 9 Testungen

Anmerkung: Der erste positive Test kann auch erst bei der achten Testung auftreten. Ist erst der neunte Pooltest positiv, dann bleiben die letzten beiden Zweiergruppen übrig.

<u>2. Testrunde</u>

Aus der ersten Testrunde können zwei Zweiergruppen, also insgesamt vier Tiere für weitere Testungen übrig bleiben, unter denen sich die beiden infizierten Tiere befinden müssen. Bei diesen vier Tieren sind entweder 2 oder maximal 3 Einzeltestungen nötig, um die infizierten Tiere zu identifizieren.

■ Einzeltestung

■	■	■	■		
⊕	⊕ ⇒ Ende			⇒ 2 Testungen	
⊖	⊖ ⇒ Ende			⇒ 2 Testungen	
⊖ / ⊕	⊕ / ⊖	⊖ / ⊖ ⇒ Ende		⇒ 3 Testungen	
⊖ / ⊕	⊕ / ⊖	⊕ / ⊕ ⇒ Ende		⇒ 3 Testungen	

2. Strategie:

1. Testrunde

Die 20 Tiere werden in fünf Vierergruppen eingeteilt und es wird jeweils eine Blutmischung der Tiere getestet. In einer ersten Testrunde sind so mindestens 2 und maximal 4 Testungen notwendig.

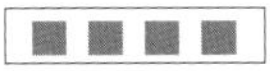 Gruppe von vier Tieren. Es wird ein Test durchgeführt.

Es ergeben sich folgende Möglichkeiten:

- Die beiden ersten Pooltests sind positiv. Folglich müssen sich unter diesen acht Tieren die beiden infizierten Tiere befinden. Es sind weitere Testungen erforderlich (s. u.).

  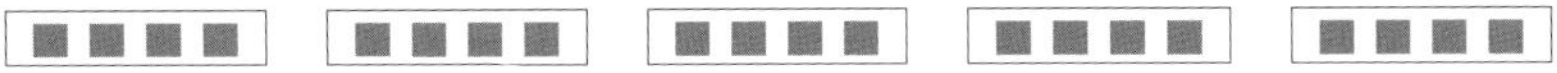

  ⊕ ⊕ $\Rightarrow$ Ende $\Rightarrow$ 2 Testungen

- Die ersten vier Tests sind alle negativ. Folglich müssen sich in der letzten Gruppe die beiden infizierten Tiere befinden. Es sind weitere Testungen notwendig (s. u.).

  ⊖ ⊖ ⊖ ⊖ $\Rightarrow$ Ende

  $\Rightarrow$ 4 Testungen

- Nach maximal vier Pooltests sind zwei Gruppen mit je vier möglicherweise infizierten Tieren übrig. Es sind weitere Testungen notwendig (s. u.).

  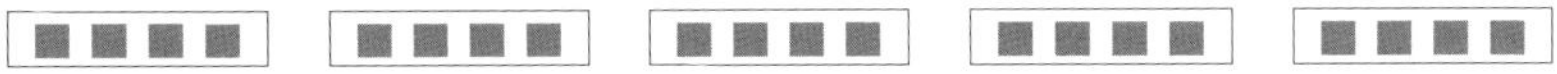

  ⊕ ⊖ ⊖ ⊕/⊖ $\Rightarrow$ Ende

  $\Rightarrow$ 4 Testungen

  Anmerkung: Der erste positive Test kann auch erst in der dritten Testung auftreten. Ist erst der vierte Pooltest positiv, dann bleiben die letzten beiden Vierergruppen übrig.

2. Testrunde

Aus der ersten Testrunde sind entweder vier oder acht Tiere übrig.

Bei vier übrig gebliebenen Tieren kann man mit 2 oder maximal 3 weiteren Einzeltestungen die beiden infizierten Tiere identifizieren (vgl. 2. Testrunde in Strategie 1).

Bei acht übrig gebliebenen Tieren könnte man beispielsweise weitere Pooltestungen mit vier Gruppen à zwei Tieren durchführen:

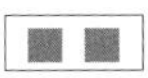 Gruppe von zwei Tieren. Es wird ein Test durchgeführt.

⊕ ⊕ $\Rightarrow$ Ende $\Rightarrow$ 2 Testungen, weitere Tests

⊖ ⊖ ⊖ $\Rightarrow$ Ende $\Rightarrow$ 3 Testungen, keine Tests mehr

⊖ ⊖ ⊕
⊕ ⊖ ⊖ $\Rightarrow$ Ende $\Rightarrow$ 3 Testungen, weitere Tests
⊖ ⊕ ⊖

⊕ ⊖ ⊕
⊖ ⊕ ⊕ $\Rightarrow$ Ende $\Rightarrow$ 3 Testungen, weitere Tests

Nach maximal 3 Testungen hat man entweder die zwei positiven Tiere identifiziert oder noch zwei Gruppen mit zwei Tieren für weitere Testungen übrig.

3. Testrunde

Bei vier übrig gebliebenen Tieren sind wieder mindestens 2 und maximal 3 Einzeltestungen notwendig (vgl. 2. Testrunde in Strategie 1).

3. Schritt: Reflexion des Ergebnisses

1. Strategie:

Bei der ersten Teststrategie mit zunächst zehn Zweiergruppen werden insgesamt mindestens 4 und maximal 12 Testungen benötigt, bis die beiden infizierten Tiere identifiziert sind.
Das ist bereits eine deutliche Einsparung gegenüber maximal 19 Einzeltestungen.

2. Strategie:

Bei der zweiten Strategie mit zunächst fünf Vierergruppen werden insgesamt mindestens 5 und maximal 10 Testungen benötigt, um die infizierten Tiere zu identifizieren.
Dies ist ebenfalls eine gute Möglichkeit zur Einsparung gegenüber 19 Einzeltestungen.

Weitere Strategien mit Pooltestungen sind denkbar (z. B. vier Fünfergruppen mit weiteren Einzel- oder Pooltestungen).

Insgesamt stellen die dargestellten Strategien nicht notwendigerweise eine Einsparung dar. Mit etwas Glück hat man auch bei Einzeltestungen nach wenigen durchgeführten Tests die infizierten Tiere gefunden, im Idealfall sogar nach nur zwei durchgeführten Tests (Wahrscheinlichkeit $\frac{2}{20} \cdot \frac{1}{19} = \frac{2}{380} \approx 0{,}53\,\%$). Ggf. lässt sich auch am Verhalten oder Zustand der Tiere eine Vorauswahl treffen, welche Tiere zuerst getestet werden sollten, um die Wahrscheinlichkeit zu erhöhen.

Ein praktischer Aspekt, der für oder gegen eine der genannten Strategien sprechen könnte, wäre beispielsweise die Ansteckungsgefahr weiterer Tiere mit dem Virus, wenn diese in verschiedene Kleingruppen (10 Gruppen á 2 Tiere oder 5 Gruppen á 4 Tiere) separiert werden. Über eine Verfügbarkeit von geeigneten Käfigen/Stallungen kann nur spekuliert werden, in der Praxis wird dies aber eine nicht zu vernachlässigende Rolle spielen.

Berufliche Gymnasien Baden-Württemberg: Mathematik
Abiturprüfung 2023

Um Ihnen die Prüfung 2023 schnellstmöglich zur Verfügung stellen zu können, bringen wir sie in digitaler Form heraus.

Sobald die Original-Prüfungsaufgaben 2023 freigegeben sind, können sie als PDF auf der Plattform **MyStark** heruntergeladen werden (Zugangscode vgl. Umschlaginnenseite vorne im Buch).

Aktuelle Prüfung

www.stark-verlag.de/mystark